Forschungsberichte aus dem Lehrstuhl für Regelungssysteme

Technische Universität Kaiserslautern

Band 13

Forschungsberichte aus dem Lehrstuhl für Regelungssysteme

Technische Universität Kaiserslautern

Band 13

Herausgeber:

Prof. Dr. Steven Liu

Fabian Kennel

Beitrag zu iterativ lernenden modellprädiktiven Regelungen

Logos Verlag Berlin

λογος

Forschungsberichte aus dem Lehrstuhl für Regelungssysteme
Technische Universität Kaiserslautern

Herausgegeben von
Univ.-Prof. Dr.-Ing. Steven Liu
Lehrstuhl für Regelungssysteme
Technische Universität Kaiserslautern
Erwin-Schrödinger-Str. 12/332
D-67663 Kaiserslautern
E-Mail: sliu@eit.uni-kl.de

Bibliografische Information der Deutschen Nationalbibliothek

Die Deutsche Nationalbibliothek verzeichnet diese Publikation in der Deutschen Nationalbibliografie; detaillierte bibliografische Daten sind im Internet über http://dnb.d-nb.de abrufbar.

ISBN 978-3-8325-4462-1
ISSN 2190-7897

Logos Verlag Berlin GmbH
Comeniushof, Gubener Str. 47,
10243 Berlin
Tel.: +49 (0)30 / 42 85 10 90
Fax: +49 (0)30 / 42 85 10 92
http://www.logos-verlag.de

Beitrag zu iterativ lernenden modellprädiktiven Regelungen

Vom Fachbereich Elektrotechnik und Informationstechnik
der Technischen Universität Kaiserslautern
zur Verleihung des akademischen Grades
Doktor der Ingenieurwissenschaften (Dr.-Ing.)
genehmigte Dissertation

von

Dipl.-Ing. Fabian Kennel
geboren in Kaiserslautern

D 386

Tag der mündlichen Prüfung:	06.01.2017
Dekan des Fachbereichs:	Prof. Dr.-Ing. Hans D. Schotten
Vorsitzender der Prüfungskommision:	Prof. Dr. Ing. Gerhard Huth
1. Berichterstatter:	Prof. Dr.-Ing. Steven Liu
2. Berichterstatter:	Prof. Dr.-Ing. Harald Aschemann

Vorwort

Die vorliegende Dissertation entstand während meiner Tätigkeit als wissenschaftlicher Mitarbeiter am *Lehrstuhls für Regelungssysteme* in den Jahren 2012 bis 2016 im Rahmen des Forschungsprojektes „Trajektorienfolgeregelung einer elektromagnetischen Verdrängerpumpe“ in Kooperation mit der *ProMinent GmbH Entwicklungsabteilung, Heidelberg.*

Mein besonderer Dank gilt meinem Doktorvater Prof. Dr.-Ing. Steven Liu, der mir während meiner Beschäftigung stets die notwendigen Freiräume für meine wissenschaftliche Forschung gewährt hat und mit wertvollen fachlichen Diskussionen den Fokus meiner Arbeit schärfte. Des Weiteren danke ich Herrn Prof. Dr.-Ing. Harald Aschemann für das Interesse an dieser Dissertation und die Übernahme der zweiten Berichterstattung sowie Herrn Prof. Dr.-Ing. Gerhard Huth für die Übernahme des Prüfungsvorsitzes.

Weiter möchte ich mich auch bei der *ProMinent GmbH Entwicklungsabteilung, Heidelberg* für die finanzielle und fachliche Unterstützung sowie die stets fruchtbaren Diskussionen und Ratschläge bedanken. Die sehr gute Zusammenarbeit und der enge freundschaftliche Kontakt zu Kollegen ermöglichte mir stets exzellente Rahmenbedingungen und ebnete den Weg für eine theoretische und zugleich praxisnahe Arbeit. Besonders hervorheben möchte ich hier Herrn Dipl.-Ing. Joachim Schall, der gemeinsam mit Herrn Prof. Dr.-Ing. Steven Liu dieses Projekt initiiert hat sowie Herrn Dipl.-Ing. Jens Kaibel und Herrn Dipl.-Ing. Holger Ludwig für die Übernahme und Begleitung dieses Projektes. Die industrienahe Forschung habe ich stets als spannend und zugleich herausfordernd empfunden. Gleichfalls möchte ich mich bei Herrn Dipl.-Physiker Andreas Streich bedanken für die wertvollen fachlichen und praxisrelevanten Diskussionen sowie für seine Unterstützung bei den im Rahmen des Projektes entstandenen Patentanmeldungen. Dies machte mir die Zusammenarbeit mit der *ProMinent GmbH* stets angenehm. Die Herren Dipl.-Ing. Markus Scheuermann, Dipl.-Ing. Jörg Nowey und Dipl.-Ing. Harald Rauh konnten mir mit zahlreichen zielführenden Ratschlägen rund um die Themen Programmierung und Elektronik stets weiterhelfen. Mit ihrer hilfsbereiten und engagierten Art haben sie stets den Fortgang meiner Arbeit vorangetrieben. Außerdem möchte ich mich bei Herrn Dipl.-Ing. Dietmar Berger, Herrn Dipl.-Ing. Cosmin Silvestru und Herrn Christian Olbert für die wertvolle Unterstützung im Bereich der Schwimmbadchlordosierung sowie für die tatkräftige Hilfe bei der zeitaufwändigen Messdatenaufnahme im *Hallenbad Hasenleiser* der *Stadtwerke Heidelberg* bedanken.

Während meiner Tätigkeit am Lehrstuhl für Regelungssysteme war die enge Zusammenarbeit und rege Diskussion mit sämtlichen Kollegen eine essentielle Grundlage für den erfolgreichen Abschluss meiner Dissertation. Hierbei möchte ich besonders meinen Bürokollegen und Mitdoktoranden Herrn Dipl.-Ing. Felix Berkel erwähnen, der immer ein offenes Ohr für meine fachlichen Fragen hatte und mich stets unterstützte. Gleichermaßen danke ich Herrn Jun.-Prof. Dr.-Ing. Daniel Görges für die vielen fruchtbaren Anregungen und die stetige Hilfe bei den verschiedensten Forschungsfragen. Die Büronachbarn Herrn M. Sc. Markus Bell und Herrn M. Sc. Sebastian Caba, ohne deren unermüdliche Hilfe eine solch gute Betreuung von Schülergruppen nicht möglich gewesen wäre, möchte ich besonders erwähnen für ihre gewinnbringenden forschungsrelevanten Ratschläge. In gleicher Weise möchte ich den Kollegen Herrn M. Sc. Alen Turnwald, Herrn M. Sc. Benjamin Watkins, Herrn M. Sc. Filipe Figueiredo, Herrn M. Sc. Guoqiang Li, Frau M. Sc. Hengyi Wang, Herrn M. Sc. Jawad Ismail, Herrn M. Sc. Markus Lepper, Herrn M. Sc. Min Wu, Herrn Dipl.-Ing. Peter Müller, Herrn M. Sc. Ramin Rostami, Herrn Dr.-Ing. Sanad Al-Areqi, Herrn Dr.-Ing. Stefan Simon, Herrn Dr.-Ing. Sven Reimann, Frau M. Sc. Jianfei Wang, Herrn Dr.-Ing. Tim Nagel, Herrn Dipl.-Ing. Tobias Lepold, Herrn M. Sc. Xiaohai Lin, Frau M. Sc. Yakun Zhou, Herrn, M. Sc. Yun Wan, Herrn M. Sc. Yanhao He, Herrn M. Sc. Giuliano Costantini, Herrn M. Sc. Guihai Luo, Herrn M. Sc. Andreas Weißmann sowie Herrn Priv. Doz. Dr.-Ing. habil. Christian Tuttas danken für die vielen ergiebigen Diskussionen im Bereich der Regelung und die gute Kollegialität. Die Techniker Herrn Thomas Janz und Herrn Swen Becker sowie die Sekretärin Frau Jutta Lenhardt ermöglichten mit ihrer Hilfsbereitschaft stets ein gutes Arbeitsumfeld am Lehrstuhl für Regelungssysteme und haben damit auch einen wichtigen Beitrag für den erfolgreichen Abschluss dieser Dissertation geleistet.

Schließlich danke ich meiner ganzen Familie. Der Rückhalt meiner Eltern über all die Jahre während meiner kompletten Ausbildung und die stetige Unterstützung sowohl im Beruf als auch Privat haben mich und meinen Lebensweg entscheidend geprägt. Die Geduld und das Vertrauen meiner Verlobten Kathrin gaben mir stets den nötigen Rückhalt, sodass ich meine angestrebten Ziele nie aus den Augen verloren habe.

Kaiserslautern, März 2017 *Fabian Kennel*

Inhaltsverzeichnis

Notation

In dieser Dissertation werden skalare Faktoren durch nicht fettgedruckte Kleinbuchstaben und Großbuchstaben ($a, b, ..., A, B, ...\mathfrak{a}, \mathfrak{b}, ..., \alpha, \beta, ...$) ausgedrückt, Vektoren durch fettgedruckte Kleinbuchstaben ($\boldsymbol{a}, \boldsymbol{b}, ..., \boldsymbol{\alpha}, ...$), Matrizen durch fettgedruckte Großbuchstaben ($\boldsymbol{A}, \boldsymbol{B}, ..., \boldsymbol{\Lambda}, ...$) sowie allgemeine offene/geschlossene Mengen durch $\mathbb{A}, \mathbb{B}, ...$ und invariante Mengen durch $\mathcal{A}, \mathcal{B}, ...$.

Operatoren

$\lambda_1(\boldsymbol{A})$	Kleinster Eigenwert der Matrix $\boldsymbol{A}$
$\lambda_\mathrm{r}(\boldsymbol{A}), \lambda_{\max}(\boldsymbol{A})$	Größter Eigenwert der Matrix $\boldsymbol{A}$
$\boldsymbol{A} \prec \boldsymbol{0}$	Negative Definitheit
$\boldsymbol{A} \preceq \boldsymbol{0}$	Negative Semidefinitheit
$\boldsymbol{A} \succ \boldsymbol{0}$	Positive Definitheit
$\boldsymbol{A} \succeq \boldsymbol{0}$	Positive Semidefinitheit
$\boldsymbol{A}^+$	Pseudoinverse einer Matrix
$\boldsymbol{A}^{-1}$	Inverse einer Matrix
$\boldsymbol{A}^T$	Transponierte einer Matrix
$\mathrm{cond}(\boldsymbol{A})$	Konditionierung der Matrix $\boldsymbol{A}$
$\det(\boldsymbol{A})$	Determinante der Matrix $\boldsymbol{A}$
$\mathrm{diag}(\boldsymbol{A}_1, ...)$	Blockdiagonalmatrix mit den Blöcken $\boldsymbol{A}_1, ...$
$\mathrm{dom}(f)$	Definitionsbereich von f
$\ker(\boldsymbol{A})$	Kern der Matrix $\boldsymbol{A}$
$\mathrm{rang}(\boldsymbol{A})$	Rang der Matrix $\boldsymbol{A}$
$\mathrm{span}(\boldsymbol{A})$	Lineare Hülle von $\boldsymbol{A}$

Symbole

$(\cdot)_\mathrm{fok}$	Kennzeichnung eines auf den fokussierten Lernentwurf bezogenen Wertes
$(\cdot)_\mathrm{ILC}$	Kennzeichnung eines aus einer ILC berechneten Wertes
$(\cdot)_\mathrm{MPC}$	Kennzeichnung eines aus einer MPC berechneten Wertes
$(\cdot)_\mathrm{t}$	Kennzeichnung eines auf den transienten Fehler bezogenen Wertes
$(\cdot)_\mathrm{w}$	Kennzeichnung einer Worst-Case-Abschätzung eines Wertes bzw. einer Menge
α	Konvergenzparameter, Verunreinigungsfaktor der Badegäste (Kapitel 5)
$\check{(\cdot)}$	Kennzeichnung eines nominellen Wertes

χ	Grad der Ableitungen für eine flache Beschreibung
δ_{L}	Luftspalt
ϵ	Obere Schranke
ϵ_*	Obere Schranke multiplikativer Unsicherheiten
ϵ_+	Obere Schranke additiver Unsicherheiten
γ_ϕ	Reglerkonvergenzparameter
γ_{E}	Energiegewichtungsparameter
$\hat{(\cdot)}$	Kennzeichnung eines (ab-)geschätzten Wertes
λ	Eigenwert
$\mathbb{N}, \mathbb{R}^+$	Nichtnegative Mengen ohne den Wert 0
$\mathbb{N}_0, \mathbb{R}_0^+$	Nichtnegative Mengen einschließlich dem Wert 0
$\mathcal{D}$	Menge der möglichen Restdynamik
$\mathcal{I}$	Indikatorfunktion
$\mathcal{L}$	Lagrangefunktion
$\mathcal{W}$	Invariante Unsicherheitsmenge
$\mathcal{X}_{\mathrm{f}}$	Invariante Endmenge
$\mathcal{Z}$	Invariante Fehlermenge
$\mathfrak{F}$	Kopplungsmatrix eines Optimierungsproblems in Lifted-Struktur
$\mathfrak{L}_-$	Aktive Beschränkungen
$\mathfrak{Q}$	Gewichtungsmatrix eines Optimierungsproblems in Lifted-Struktur
$\mathfrak{S}_-$	Aktive Sektoren
$\boldsymbol{\Delta}$	Unsicherheitswert
$\boldsymbol{\Gamma}$	Eingangsmatrix in Lifted-Struktur
$\boldsymbol{\kappa}$	Reglermatrix, Reglergesetz
$\boldsymbol{\lambda}$	Lagrangemultiplikatoren für Gleichungsbedingungen
$\boldsymbol{\mathcal{Q}}_{\mathrm{e}}$	Kontinuierliche Zustandsgewichtungsmatrix
$\boldsymbol{\mathcal{Q}}_{\mathrm{u}}$	Kontinuierliche Eingangsgewichtungsmatrix
$\boldsymbol{\mathfrak{a}}$	Punkt-zu-Punkt-Polynomkoeffizienten
$\boldsymbol{\mathfrak{C}}$	Ausgangsmatrix in Lifted-Struktur
$\boldsymbol{\mathfrak{D}}$	Durchgriffsmatrix in Lifted-Struktur
$\boldsymbol{\mu}$	Lagrangemultiplikatoren für Ungleichungsbedingungen
$\boldsymbol{\nu}$	Erweiterter Eingangsvektor eines PzP-Polynomansatzes
$\boldsymbol{\Phi}$	Systemmatrix in Lifted-Struktur
$\boldsymbol{\Phi}^*$	Systemmatrix in Lifted-Struktur bezogen auf die Lifted-Zustände
$\boldsymbol{\Phi}_{\mathrm{E11..22}}$	Ergebnisse einer Matrixexponentialfunktion
$\boldsymbol{\pi}$	Zusammenfassung der Zustände und Störungen in Lifted-Struktur
$\boldsymbol{\Psi}(\cdot, ...)$	Flache Zustandstransformation
$\boldsymbol{\Theta}$	Filtermatrix/Ausblendmatrix
$\boldsymbol{\theta}$	Allgemeine Optimierungsvariable
$\boldsymbol{\Theta}(\cdot, ...)$	Flache Eingangstransformation
$\boldsymbol{\xi}$	Flacher Ausgang
$\boldsymbol{\zeta}$	Erweiterter Zustandsvektor eines PzP-Polynomansatzes
$\boldsymbol{A}$	Systemmatrix
$\boldsymbol{a}_{\mathrm{n}}^T$	Regelungsnormalformkoeffizienten

$\boldsymbol{A}_{\zeta k}$	Diskrete Systemmatrix des PzP-Polynomansatzes von Stützstelle k zu $k+1$
$\boldsymbol{B}$	Eingangsmatrix
$\boldsymbol{B}_{\zeta k}$	Diskrete Eingangsmatrix des PzP-Polynomansatzes von Stützstelle k zu $k+1$
$\boldsymbol{C}$	Ausgangsmatrix
$\boldsymbol{c}$	Allgemeine lineare Kopplungsmatrix
$\boldsymbol{C}_{\mathrm{znz}}$	Ausgangsmatrix in Lifted-Struktur und normierter RNF
$\boldsymbol{D}$	Durchgriffsmatrix
$\boldsymbol{d}$	Systemstörung
$\boldsymbol{E}$	Zustandsfehler in Lifted-Struktur
$\boldsymbol{e}$	Systemzustandsfehler
$\boldsymbol{F}_{\mathrm{s}}$	Selektion der inaktiven Beschränkungen
$\boldsymbol{G}$	Übergangsmatrix/Übergangsoperator, Allgemeine positiv definite Optimierungsmatrix (Kapitel 4)
$\boldsymbol{g}$	Eingangsfunktion
$\boldsymbol{h}$	Ausgangsfunktion
$\boldsymbol{K}$	Zustandsreglermatrix
$\boldsymbol{K}_{\mathrm{L}}$	Symmetrische Gleichungsmatrix eines allgemeinen Optimierungsproblems
$\boldsymbol{L}$	Beobachtungsmatrix, Matrix einer LDL-Zerlegung (Kapitel 4)
$\boldsymbol{L}_{\mathrm{dz}}$	Störbeobachtungsmatrix in Lifted-Struktur
$\boldsymbol{L}_{\mathrm{d}}$	Störbeobachtungsmatrix
$\boldsymbol{L}_{\mathrm{s}}$	Konditionierungsmatrix
$\boldsymbol{L}_{\mathrm{z}}$	Systembeobachtungsmatrix
$\boldsymbol{M}$	Kopplungsmatrix für die Polynomberechnung des reduzierten Entwurfs
$\boldsymbol{P}$	Positiv definite Matrix einer Lyapunovf., Permutationsmatrix (Kapitel 4)
$\boldsymbol{p}$	Basisvektoren
$\boldsymbol{P}_{\mathrm{s}}^{-1}$	Streckeninversion
$\boldsymbol{Q}_{\mathrm{e}}$	Diskrete Zustandsgewichtungsmatrix
$\boldsymbol{Q}_{\mathrm{u}}$	Diskrete Eingangsgewichtungsmatrix
$\boldsymbol{r}$	Residuen einer Optimierung
$\boldsymbol{R}_{\mathrm{rd}}$	Restterme
$\boldsymbol{S}$	Störung in Lifted-Struktur, Slackvariable in Matrix-Struktur (Kapitel 4)
$\boldsymbol{s}(t)$	Punkt-zu-Punkt-Polynom
$\boldsymbol{T}_{\mathrm{lim}}$	Obere Schranken für die einzelnen Abtastzeiten
$\boldsymbol{T}_{\mathrm{ss}}$	Zusammenfassung aller möglichen Abtastzeiten
$\boldsymbol{T}_{\mathrm{s+}}$	Zusammenfassung aller verkürzten Schrittweiten einer ILC
$\boldsymbol{T}_{\mathrm{s}}$	Zusammenfassung aller Schrittweiten einer ILC
$\boldsymbol{U}$	Eingang in Lifted-Struktur
$\boldsymbol{u}$	Systemeingang
$\boldsymbol{u}_{\mathrm{nILC}}$	Additiver ILC-Anteil
$\boldsymbol{v}$	Zusammengefasste Zustände, Eingänge und Störungen
$\boldsymbol{w}$	Zusammengefasste Optimierungsvariablen
$\boldsymbol{W\Sigma V}^T$	Singulärwertzerlegung

$\boldsymbol{X}$	Zustand in Lifted-Struktur
$\boldsymbol{x}$	Systemzustand
$\boldsymbol{Y}$	Ausgang in Lifted-Struktur
$\boldsymbol{y}$	Systemausgang
$\boldsymbol{y}_{\mathrm{nILC}}$	Neue ILC-Referenzgröße
$\boldsymbol{Z}$	Zustand in Lifted-Struktur und RNF
$\boldsymbol{z}$	Systemzustand in RNF
μ	Konvexitätsparameter
μ_{S}	Reibkonstante
ω	Motorgeschwindigkeit
$\overline{(\cdot)}$	Kennzeichnung des Maximalwerts
$\overline{\boldsymbol{L}}_{\mathrm{ILC}}^{\mathrm{u}}$	Geschlossene Lernübertragungsmatrix des ILC-Ausgangs
$\overline{\boldsymbol{L}}_{\mathrm{ILC}}$	Geschlossene Lernübertragungsmatrix der Zustände
$\overline{\sigma}(\boldsymbol{A})$	Maximaler Singulärwert
$\overline{a}_{\mathrm{c}}$	Maximale Zentrifugalbeschleunigung
$\overline{v}_{\mathrm{c}}$	Maximale Kurvengeschwindigkeit
ϕ	Magnetischer Fluss (Kapitel 6), Motorwinkel (Kapital 7)
ϕ_{P}	Plattformwinkel
ρ	Parameter zur strikt konvexen Formulierung der Optimierungsfunktion
$\rho(\cdot)$	Spektralradius
ρ_{L}	Konvergenzparameter
τ	Pfadparameter (Kapitel 4), zeitliche Unsicherheit (Kapitel 5)
$\tilde{(\cdot)}$	Kennzeichnung eines Differenzwertes
$\underline{(\cdot)}$	Kennzeichnung des Minimalwerts
$\underline{\sigma}(\boldsymbol{A})$	Minimaler Singulärwert der Matrix $\boldsymbol{A}$
A_{v}	Streufläche
A_{w}	Wirkfläche
b_{M}	Reibkonstante
$c(t)$	Chlorkonzentration
c_{M}	Motorkonstante
C_{p}	Bahnkurve
c_{s}	Sicherheitsfaktor
d_{m}	Dämpfungskonstante
$f, \boldsymbol{f}$	Funktion, Systemfunktion
F_{s}	Hydraulische Systemkraft
F_{vor}	Vorspannkraft
G	Dosierung pro Hub
i	Elektrischer Strom
i_{A}	Motorstrom
J	Kostenfunktion
J_{M}	Trägheitsmoment des Motors
$J_{\mathrm{s}j+1,+}$	Ortsbezogene Kostenfunktion für Zyklus $j+1$ und verkürzter Schrittweite
k	Federkonstante

k_b	Grundzehrungsparameter
k_g	Gewindesteigung
k_s	Verschmutzungsparameter
L	Lipschitzkonstante
$l(\cdot,\cdot)$	Schrittkosten
L_A	Elektrische Induktivität des Motors
L_dzF	Beobachtungskoeffizient
l_P	Länge zwischen Plattformmittelpunkt und Motoraufhängung
$l_\mathrm{s}(\cdot,\cdot)$	Ortsbezogene Schrittkosten
m	Zeilenanzahl einer Matrix, Anzahl der Ungleichungen (Kapitel 4), Masse des Druckstücks (Kapitel 6)
M_A	Mechanisches Moment
m_d	Anzahl der Störeingänge
M_R	Reibmoment
m_u	Anzahl der Systemeingänge
N	Prädiktionslänge einer ILC
n	Anzahl der Systemzustände, Spaltenanzahl einer Matrix
$N(t)$	Anzahl der Badegäste
N_p	Prädiktionslänge einer MPC
N_c	Aufgenommene äquidistante Wegpunkte
N_fok	Horizontlänge des dynamisch fokussierten Lernentwurfs
N_F	Filterlänge
N_L	Windungszahl der Spule
N_MPC	Horizontlänge des modellprädiktiven Lernentwurfs
N_m	Länge der Spiegelungshorizonts
N_s	Sektorenanzahl
n_s	Sektorenkoeffizient
N_t	Horizontlänge der transienten Fehlerdynamik
n_T	Anzahl der möglichen Schrittweiten
N_u	Stellhorizont
p	Anzahl der Systemausgänge, Zeilenanzahl einer Matrix, Anzahl der Gleichungen (Kapitel 4)
$p(t)$	Verschmutzung
r	Kugelradius
R_δ	Magnetischer Luftwiderstand
R_A	Elektrischer Widerstand des Motors
R_cu	Elektrischer Widerstand
R_fe	Magnetischer Eisenwiderstand
R_mg	Magnetischer Gesamtwiderstand
t	Zeit
T_d	Angestrebte Abtastzeit
T_p	Periodendauer
T_s	Abtastzeit
T_t	Totzeit des Schwimmbadsystems

T_z	Zyklusdauer
u_A	Motorspannung
u_i	Induzierte Spannung
u_{mech}, F_{mech}	Mechanische Kraft
u_V	Eingangsspannung
V	Lyapunovfunktion, Schwimmbadvolumen (Kapitel 5)
V_{dm}	Gespiegelte Kosten
V_{ds}	Gespiegelte aufsummierte Kosten
V_f	Endkosten
w	Unsicherheit
$(\cdot)_i$	Kennzeichnung des aktuellen Zeitschritts
$(\cdot)_j$	Kennzeichnung des aktuellen Zyklus eines wiederholenden Prozesses
$(\cdot)_k$	Kennzeichnung des aktuellen Zeitschritts innerhalb eines Zyklus
$(\cdot)_0$	Initialwert
$(\cdot)_\infty$	Kennzeichnung eines Endwertes
$(\cdot)_r$	Referenzwert
$(\cdot)_\pi$	Kennzeichnung eines auf $\boldsymbol{\pi}$ bezogenen Wertes
$(\cdot)_\sim$	Kennzeichnung eines periodisch eingeschwungenen Wertes
$(\cdot)_{aff}$	Kennzeichnung eines auf den affinen Schritt bezogenen Wertes
$(\cdot)_a$	Kennzeichnung eines nichtzyklischen Wertes
$(\cdot)_{bes}$	Ausgeblendete Bereiche eines Vektors
$(\cdot)_{cc}$	Kennzeichnung eines auf den zentralen Schritt bezogenen Wertes
$(\cdot)_{ds}$	Kennzeichnung eines auf Dense/Sparse-Form bezogenen Wertes
$(\cdot)_d$	Kennzeichnung eines störeingangsbezogenen Wertes, Kennzeichnung einer auf Dense-Form bezogenen Größe (Kapitel 4)
$(\cdot)_e$	Kennzeichnung eines fehlerbezogenen Wertes
$(\cdot)_g$	Kennzeichnung eines zusammengefassten Wertes, Kennzeichnung eines auf Gleichungen bezogenen Wertes (Kapitel 4)
$(\cdot)_i$	Kennzeichnung des realen Istwertes
$(\cdot)_K$	Kennzeichnung eines Wertes bezogen auf die Zustandsreglermatrix $\boldsymbol{K}$
$(\cdot)_L$	Kennzeichnung eines Wertes bezogen auf die Beobachtungsmatrix $\boldsymbol{L}$
$(\cdot)_m$	Kennzeichnung eines gemessenen Wertes
$(\cdot)_{nl}$	Kennzeichnung eines nichtlinearen Wertes
$(\cdot)_n$	Kennzeichnung eines normierten Wertes
$(\cdot)_o$	Kennzeichnung eines beobachtungsbezogenen Wertes
$(\cdot)_{sel}$	Kennzeichnung einer Auswahl eines Vektors
$(\cdot)_u$	Kennzeichnung eines systemeingangsbezogenen Wertes, Kennzeichnung eines auf Ungleichungen bezogenen Wertes (Kapitel 4)
$(\cdot)_x$	Kennzeichnung eines zustandsbezogenen Wertes
$(\cdot)_z$	Kennzeichnung eines Wertes bezogen auf RNF
ν	Grad der Ableitungen der Zustandsgrößen in verallgemeinerter RNF
σ	Singulärwert, Zentrierungsparameter (Kapitel 4)
K_L	Maxwellscher Vorfaktor
x_{ds}	Wechselpunkt Druck-/Saughub

x_{sd}	Wechselpunkt Saug-/Druckhub
${}^{k}\boldsymbol{A}_{\zeta}$	Kontinuierliche Systemmatrix des PzP-Polynomansatzes von Stützstelle k zu $k+1$
${}^{k}\boldsymbol{B}_{\zeta}$	Kontinuierliche Eingangsmatrix des PzP-Polynomansatzes von Stützstelle k zu $k+1$

Weiteres

$(\cdot)^{*}$	Ergebnis einer Optimierung
$\mathbf{0}$	Nullmatrix
$\boldsymbol{I}$	Einheitsmatrix
$\begin{bmatrix} \boldsymbol{A} & * \\ \boldsymbol{B} & \boldsymbol{D} \end{bmatrix}$	Symmetrische Matrix $\begin{bmatrix} \boldsymbol{A} & \boldsymbol{B}^{T} \\ \boldsymbol{B} & \boldsymbol{D} \end{bmatrix}$

Abkürzungen

ILC	Iterative Learning Control
FILC	Focused Iterative Learning Control
MPC	Model Predictive Control
RHC	Receding Horizon Control
ADMM	Alternating Direction Method of Multipliers
FDA	Fast Dual Ascent
FGM	Fast Gradient Method
PDIP	Primal-Dual Interior Point
LMI	Linear Matrix Inequality
ILMPC	Iterative Learning Control using Model Predictive Control
MPILC	Model Predictive Control with Iterative Learning Control
SISO	Single-Input-Single-Output
MIMO	Multi-Input-Multi-Output
LTI	Linear Time Invariant
RNF	Regelungsnormalform
ZOH	Zero-Order-Hold
PEF	Periodisch eingeschwungener Fehlerverlauf
GES	Global exponentiell stabil
PzP	Punkt-zu-Punktansatz
ACQ	Adabie constraint qualification
KKT	Karush-Kuhn-Tucker
MFCQ	Mangasarian-Fromovitz-constraint qualification
LICQ	Linear independence constraint qualification
CG	Conjugate Gradient
LQR	Linear Quadratic Regulator
PID	Proportional-Integral-Derivative
FEM	Finite-Elemente-Methode

1 Einleitung

1.1 Motivation

Durch die zunehmende Automatisierung in der Industrie hat die Regelungstechnik immer mehr an Bedeutung gewonnen. Auch der Alltag wird durch die Regelungstechnik immer stärker geprägt. Gerade in der industriellen Automatisierungstechnik ist Präzision unabdingbar. Hochgenaue Sensorik und leistungsfähige Regelungsmethoden ermöglichen diese.

Die Regelungstechnik kommt überall dort zum Einsatz, wo sie für den Menschen eine Entlastung bzw. eine Verbesserung darstellt: z. B. monotone Arbeiten, hohe Präzision, extreme Geschwindigkeiten, komplexe oder gefährliche Vorgänge. Dennoch ist auch der Mensch in der Lage, komplexe schnelle Vorgänge präzise auszuführen. Ein Tischtennisspieler kann aufgrund von Wiederholungen seine Bewegungsabläufe nach und nach immer weiter verbessern. Er lernt auf Basis seiner wiederholten Versuche. Dieses Prinzip kann auch in der Regelungstechnik angewendet werden und wird als iterativ lernende Regelung (engl.: *Iterative Learning Control* (ILC)) bezeichnet. Gerade für die Industrie ist dieser Ansatz interessant.

Viele in der Industrie benötigten Prozesse laufen zyklisch und damit wiederholt ab. Sie lassen sich in unterschiedliche Formen der Wiederholung unterteilen. Kontinuierliche zyklische Prozesse stellen die einfachste Form dar (z. B. Stanzvorgang einer Stanzmaschine, Pressvorgang einer Strangpresse). Batch-Prozesse, auch Chargenprozesse genannt, sind vor allem aus der Chemieindustrie bekannt. Hierbei handelt es sich um viele einzelne Prozesse, die streng sequenziell abgearbeitet werden (z. B. Produktherstellung aus Edukten im Reaktor, Pick-and-Place-Roboter der Fahrzeugindustrie). Der gesamte Batch-Prozess wird zyklisch wiederholt. Die einzelnen Prozesse können geschaltet oder kontinuierlich ablaufen. Periodische Prozesse stellen den letzten großen Bereich dar (z. B. Kreiselpumpen, Dampfturbinen). Hier wird der Vorgang nach dessen Beendigung ohne Pause repetiert.

Für kontinuierliche zyklische/periodische Prozesse mit bekanntem Referenzverhalten (Referenztrajektorie) eignen sich ILC-Ansätze. Hierbei wird die Regelgüte durch die Auswertung des gemessenen Systemausgangs der letzten Prozesszyklen sowie dem Referenzverhalten stetig verbessert. Iterativ lernende Regelungen können überall dort zu einer Verbesserung führen, wo unbekannte Systemdynamiken oder Systemstörungen repetitiv in einen Prozess eingreifen. Diese lassen sich zyklisch erlernen und im Regelungskonzept berücksichtigen. Für die Industrie ergibt sich dadurch die Möglichkeit, Sensor-/Aktuatorkosten zu sparen, eine höhere Präzision zu erreichen oder eine erhöhte Produktivität und Wirtschaftlichkeit zu erzielen. Iterativ lernende Verfahren können kaskadiert über einen bereits geregelten Prozess gelegt werden. Hierbei werden die Referenzeingänge des Systems iterativ angepasst. Damit sind iterativ lernende Verfahren auch für bereits bestehende Regelungssysteme von Interesse. Sie gehören zu der Gruppe der intelligenten Regelungsverfahren.

1.2 Intelligente Regelungen

Als intelligente Regelungsverfahren werden Regelungsansätze bezeichnet, welche im Entwurf eine Form der künstlichen Intelligenz enthalten. Hierbei steht die Reaktion bzw. das Erlernen aus der Vergangenheit und die damit verbundene Aktion und Prädiktion der Zukunft im Fokus. Eine Vielzahl von regelungstechnischen Methoden wurden in diesem Bereich entwickelt.

Adaptive Regelungsmethoden befassen sich mit der Problematik unbekannter Parameter. Hierbei wird die Systemdynamik $\dot{\boldsymbol{x}} = \boldsymbol{f}(\boldsymbol{x}(t), \boldsymbol{u}(t), \boldsymbol{a}(t))$ um die Dynamik eines gewählten Adaptionsgesetzes $\dot{\hat{\boldsymbol{a}}} = \boldsymbol{b}(\boldsymbol{x}(t))$ erweitert. $\boldsymbol{x}(t), \boldsymbol{u}(t), \boldsymbol{a}(t)$ stellen die Systemzustände, -eingänge und die unbekannten Adaptionsparameter, $\boldsymbol{f}, \boldsymbol{b}$ die Systemdynamik sowie das Adaptionsgesetz dar. Das Adaptionsgesetz wird in das Reglergesetz $\boldsymbol{u} = \boldsymbol{\kappa}(\boldsymbol{x}(t), \hat{\boldsymbol{a}}(t))$ eingebunden. Über eine Lyapunov-Kandidatenfunktion wird üblicherweise die Stabilität nachgewiesen. Basierend auf der Fehlerdynamik der Vergangenheit werden das Adaptionsgesetz und die damit verbundenen geschätzten Parameter angepasst und die Regelung stetig verbessert. Damit wird eine Verbesserung aus der direkten Vergangenheit erreicht.

Modellprädiktive Regelungsmethoden prädizieren das Systemverhalten auf Basis eines bekannten Dynamikmodells. Durch Optimierungsverfahren wird ein optimaler Regler unter Berücksichtigung von Beschränkungen berechnet. So wird eine Verbesserung der Regelung auf Basis prädizierter Informationen erreicht.

Neuronale Netzwerke beschreiben lernfähige Systeme auf Basis von vernetzten einzelnen Regeln und Rechengesetzen, den Neuronen. Durch entsprechende Anregung der Systeme werden diese angelernt. *Fuzzy-Regelungen* verwenden als Neuronen Operationen der booleschen Logik, welche im zweiten Schritt verschwommen/fuzzifiziert werden. *Evolutionäre Algorithmen* machen sich das Prinzip der Evolution aus Zufall, Mutation und Selektion zu Nutze um Systeme anzulernen. Die Verfahren *Neuronale Netzwerke*, *Fuzzy-Regelung* und *Evolutionäre Algorithmen* sind damit an Prinzipien der Biologie und dem menschlichen Verhalten angelehnt.

Iterativ lernende Regelungen kombinieren die Eigenschaften der zuvor genannten Verfahren für die Verbesserung zyklischer Prozesse. Hierbei wird auf Basis der Vergangenheitsinformation eine Vorhersage und damit Verbesserung des zukünftigen Verhaltens errechnet. Das Abspeichern und Nutzen der Vergangenheits- und Zukunftsinformation entspricht dem menschlichen Vorbild.

Weitere intelligente Regelungsmethoden seien hier nicht erwähnt, da sie nicht im Fokus dieser Dissertation liegen.

1.3 Stand von Wissenschaft und Technik

Der Begriff der *iterativ lernenden Regelungen* wurde in englischer Sprache erstmals 1984 von Arimoto beschrieben [AKM84a, AKM84b, AKM86]. In den Veröffentlichungen wurde eine zyklische Reglergütesteigerung von Robotersystemen vorgestellt. Die Konvergenz der ILC-Verfahren gemäß der λ-Norm (siehe auch Anhang A.1)

$$||\boldsymbol{e}_j(t)||_\lambda = \sup_{t\in[0,T_z]} \left\{e^{-\lambda t}||\boldsymbol{e}_j(t)||_\infty\right\} \quad \text{mit } ||\boldsymbol{e}_{j+1}(t)||_\lambda \leq \eta_\lambda ||\boldsymbol{e}_j(t)||_\lambda \tag{1.1}$$

wobei j der Prozesszyklus, $\boldsymbol{e}$ der Regelfehler, T_z die Zyklusdauer, $\lambda > 0$ und $0 < \eta_\lambda < 1$ ist, konnte für *lineare zeitkontinuierliche Systeme* nachgewiesen werden. Bedingung ist, dass die Zyklusdauer, Solltrajektorie, der Systemanfangswert und die Störung für alle Zyklen gleich sind. Um den Beweis führen zu können, muss die reale Strecke einen Systemdurchgriff besitzen, was in der Praxis unüblich ist. Daher wird der differenzierte Ausgang betrachtet. Stationäre Fehler werden damit nicht erkannt. Nachteilig ist bei der Konvergenz nach λ-Norm, dass Fehleranteile zu Beginn eines Zyklus schneller erlernt werden als am Ende eines Zyklus. Eine Erweiterung auf eine *beobachterbasierte ILC* ist in [CS02, TX03] gegeben. Eine Verallgemeinerung auf die Klasse der *nichtlinearen Systeme*

$$\dot{\boldsymbol{x}}_j = \boldsymbol{f}(\boldsymbol{x}_j(t)) + \boldsymbol{g}(\boldsymbol{x}_j(t))\boldsymbol{u}_j(t), \quad \boldsymbol{y}_j = \boldsymbol{h}(\boldsymbol{x}_j(t)) \tag{1.2}$$

mit den globalen Lipschitz-Bedingungen

$$||\boldsymbol{f}(\boldsymbol{x}_1)-\boldsymbol{f}(\boldsymbol{x}_2)|| \leq f_0||\boldsymbol{x}_1-\boldsymbol{x}_2||,\ ||\boldsymbol{g}(\boldsymbol{x}_1)-\boldsymbol{g}(\boldsymbol{x}_2)|| \leq g_0||\boldsymbol{x}_1-\boldsymbol{x}_2||,\ ||\boldsymbol{h}(\boldsymbol{x}_1)-\boldsymbol{h}(\boldsymbol{x}_2)|| \leq h_0||\boldsymbol{x}_1-\boldsymbol{x}_2|| \tag{1.3}$$

konnte in [SO87, CW99, XT03] gezeigt werden.

Neben der Beschreibung im Zeitbereich hat sich eine Vielzahl von *Methoden im Frequenzbereich* entwickelt. Hierbei seien insbesondere die $\mathcal{H}_\infty$*-Methoden* erwähnt [Roo96, AORW96, DMJC99]. Durch die Betrachtung des Systemeingangs im z-Bereich

$$U_{j+1}(z) = Q_{\text{ILC}}(z)(U_j(z) + zL_{\text{ILC}}(z)E_j(z)), \tag{1.4}$$

wobei $Q_{\text{ILC}}(z)$ ein Eingangsfilter, $L_{\text{ILC}}(z)$ die Lern-Funktion und $E(z)$ die Regeldifferenz darstellt, kann die Konvergenzbedingung

$$||Q_{\text{ILC}}(z)(1 - zL_{\text{ILC}}(z)P_s(z))||_\infty < 1 \tag{1.5}$$

hergeleitet werden. $P_s(z)$ beschreibt hierbei die Systemdynamik. Vorteil der Verfahren ist die Abschätzung der Performanz und Robustheit sowie die monotone Konvergenz der ILC. Durch den Entwurf ist die Regelung oftmals konservativ. Nullfehlerkonvergenz ist nicht immer gegeben. Das bedeutet, dass für $j \to \infty$ ein Restfehler bestehen bleibt.

Mit der Einführung der *diskreten iterativ lernenden Regelungen* wird die Konvergenzbetrachtung deutlich vereinfacht. Die Datenspeicherung der vergangenen Zyklen sowie die

Reglerberechnung einer ILC kann aufgrund der Realisierbarkeit lediglich diskret erfolgen. Dies kann im ILC-Entwurf in Form einer Lifted-Struktur der Systembeschreibung

$$\boldsymbol{U}_j = \begin{bmatrix} \boldsymbol{u}_j(0)^T & \boldsymbol{u}_j(1)^T & \cdots & \boldsymbol{u}_j(N)^T \end{bmatrix}^T, \boldsymbol{E}_j = \begin{bmatrix} \boldsymbol{e}_j(0)^T & \boldsymbol{e}_j(1)^T & \cdots & \boldsymbol{u}_j(N)^T \end{bmatrix}^T, \ldots \quad (1.6)$$

berücksichtigt werden, wobei $\boldsymbol{u}(k)$ dem Systemeingang zum Zeitschritt k entspricht. Aufgrund der Struktur und einfachen Beschreibung des Gesamtprozesses ist die Konvergenz der iterativ lernenden Regelung sehr leicht nachzuweisen. Es resultieren performante iterativ lernende Regler bei gleichzeitiger Nullfehlerkonvergenz [Moo93, BX98, LLK00, NG02, Hen02, GSR13]. Auch nichtlineare Systeme sind behandelbar [Xu97, HADJ08, VDS13]. Die Streckendynamik selbst wird auf Basis eines Modells direkt im Design berücksichtigt.

Akausale iterativ lernende Regelungsmethoden gehen einen Schritt weiter. Sie nutzen die modellierte Streckendynamik für eine akausale Streckeninversion $\boldsymbol{P}_{\mathrm{s}}^{-1}$ [DCP96, Gol02, OD08, Wal11]. Damit spiegeln sie den zeitlichen Verlauf der vergangenen Zyklen zur Berechnung der zukünftigen, was einer Prädiktion entspricht.

Um die Lerndynamik und -geschwindigkeit zweckmäßig im ILC-Design zu berücksichtigen, ist es sinnvoll, eine Güte-/Kostenfunktion J einzuführen. Die *optimierungsbasierte ILC* kombiniert diese Idee mit der Prädiktion der Systemdynamik. Auf Basis einer Fehler- und Eingangsgewichtungsmatrix $\boldsymbol{Q}_{\mathrm{e}}, \boldsymbol{Q}_{\mathrm{u}}$ wird ein optimales ILC-Verhalten durch die Minimierung einer Kostenfunktion berechnet. Das Konvergenzverhalten kann durch den Nutzer je nach Anwendung angepasst werden. Durch diese Eigenschaften hat sich die optimierungsbasierte ILC weitestgehend durchgesetzt [AOR96, GN01, OH05, RLR+06, LL07, SGW07, BA11].

Eine Weiterentwicklung der optimierungsbasierten ILC-Verfahren ist die *optimierungsbasierte ILC mit Beschränkungen*. Dies wird dann notwendig, wenn die betrachteten Prozesse an ihren Systemgrenzen betrieben werden. Für die Industrie bedeutet die Ausnutzung der Systemgrenzen eine Steigerung der Wirtschaftlichkeit und Kostenersparnis. Die verwendeten Algorithmen basieren auf den modellprädiktiven Regelungsmethoden (engl.: *Model Predictive Control* (MPC)). Die modellprädiktive Regelung hat sich aufgrund ihrer einfachen Struktur und der zunehmenden Leistungsfähigkeit moderner Mikrocontroller als Regelungsverfahren etabliert. Hierbei wird auf Basis eines prädizierten Systemverhaltens eine Kostenfunktion minimiert. Systembeschränkungen können berücksichtigt werden. Durch die Optimierungsberechnung in jedem Abtastzeitschritt wird das Verfahren zur Regelung. Als hervorzuhebende Merkmale sind die gute Performanz und die optimale Ausnutzung der Systembeschränkungen zu nennen. Eine Kombination von iterativ lernenden und modellprädiktiven Regelungsmethoden ist vielversprechend. Somit kann eine optimale Ausnutzung von Beschränkungen und eine iterative Verbesserung von Regelfehlern robust und performant erreicht werden. Eine Verbindung der beiden Verfahren wurde in der Literatur bereits betrachtet und für lineare Systeme [LLK00, JPS13, GM15] sowie für nichtlineare Systeme [Fre12, LK13] vorgestellt. MPC-Methoden mit iterativ lernendem Verhalten sind in den Arbeiten [WZG07, CB08, WDD10, CB12, Hos15] enthalten. Hierbei wird die Prozessregelung (geschlossener Regelkreis) in den Vordergrund gestellt und nicht das Erlernen von geregelten Prozessen. Eine Trennung von geregeltem Prozess und ILC ist nicht mehr möglich. Bereits bestehende Systeme können nicht betrachtet werden. Aufgrund des beschränkten Zeithorizonts wird die Performanz eingeschränkt. Stabilität und Lösbarkeit kann in der Regel nicht gewährleistet werden. Eine Erweiterung der modellprädiktiven ILC-Verfahren auf Robustheit, wie sie z. B. unter *Min-Max-MPC* in [KBM94, Laz06, RACM06] oder *Tube-based MPC* in [MSR05, LAAC10, MKWF11] zu finden sind, wurde bisher nicht betrachtet.

Einen Sonderfall stellen periodische Prozesse bzw. zyklische Prozesse mit unterschiedlichen Initialzuständen dar. Durch den ILC-Entwurf selbst kann das transiente Verhalten stark wachsen trotz iterativer Verbesserung des Gesamtprozesses. Die Transienten stehen nicht zwingend in direktem Zusammenhang mit den Konvergenzbedingungen. Durch monotone konvergente Verfahren können große Transienten vermieden werden. Sowohl im Zeitbereich [Lon00, ELP+02, NG02] als auch im Frequenzbereich [AORW96, NG02] haben sich hierzu Methoden entwickelt. Periodische Vorgänge beschrieben im Frequenzbereich sind unter anderem auch unter *Repetitive Control* zu finden [TJY99, Ste02, CNC14]. Optimierungsbasierte periodische ILC-Algorithmen mit Beschränkungen sind in [LNL01, GL06, LLCG13, CNC14] enthalten. Eine Konvergenzbetrachtung wird hierbei nicht beschrieben.

Eine große Herausforderung bei iterativ lernenden Regelungsmethoden stellt der enorme Speicherbedarf und Rechenaufwand dar. Zur Speicherreduktion und Rechenzeitersparnis ist es sinnvoll, variable bzw. reduzierte Abtastzeiten zu verwenden [HP00]. Insbesondere für periodische modellprädiktive ILC-Verfahren ist dies relevant [HKB+13, KL14]. In der Literatur wurde diese Fragestellung bisher nur wenig thematisiert. Die Problematik Rechenzeit kann sowohl entwurfsseitig als auch aus Perspektive der Algorithmen angegangen werden.

Auf Seite der Algorithmen sind in den letzten Jahren effiziente Ansätze entwickelt worden. Bei den Verfahren erster Ordnung sind vor allem *Alternating Direction Method of Multipliers* (ADMM) [Eck12, OSB13, OC15] sowie *Fast Dual Ascent* (FDA) [Gis13] zu nennen. Durch Vorkonditionierung und Nesterov's *Fast Gradient Method* (FGM) [Nes04, KF11, Ric12] haben sich diese zu leistungsfähigen Algorithmen entwickelt [GB14b, GB14a, GTSJ15]. Bei den Verfahren zweiter Ordnung gelten die Ansätze der inneren Punktverfahren *Barrier Function Method* [Ber82, BV04] und *Primal-Dual Interior Point Method* (PDIP) [RWR98, NW99, BV04] als effizient [BBM11, DZZ+12]. Aufgrund der günstigen Iterationseigenschaften konnten diese Algorithmen bereits in geeigneter Weise in den Entwurf iterativ lernender Regelungen integriert werden [MTT11, GM15], jedoch nur unter Verlust der Optimalität. Die Speicherproblematik bleibt ebenfalls ungelöst.

Entwurfseitig kann der Speicher- und Rechenaufwand beispielsweise mit iterativ lernenden Regelungen über *Basisfunktionen* erheblich reduziert werden [HOF06, BOKS14, BO15]. Hierbei werden Basisfunktionen zur Berechnung des iterativ erlernten Eingangs verwendet. Nullfehlerkonvergenz ist damit in der Regel nicht gegeben.

Den Optimierungsansatz für weitere Optimierungsziele zu nutzen, wurde in der ILC-Literatur bisher nicht behandelt, birgt jedoch großes Potential. Weitere Ziele können beispielsweise eine Trajektorienoptimierung bzgl. der Prozesszyklusdauer oder des Energieverhaltens sein, was insbesondere für die Wirtschaftlichkeit in der Industrie von großem Interesse ist. Für Robotersysteme wurde die *zeitoptimale Trajektorienplanung* bereits behandelt [CC00, GZ08, VDS+09]. Auch die *energieoptimale Trajektorienplanung* wurde in der Literatur der Robotik angegangen [RCG98, GOS12]. Für modellprädiktive Regelungen sind energiebasierte Methoden unter *Economic MPC* in [DAR11, HPM+12, EDC14] zu finden. Sind die Systeme Störeinflüssen unterlegen, muss die Optimalitätsbetrachtung (zeitoptimal, energieoptimal) neu formuliert werden. Dies wurde in der Literatur bisher nicht betrachtet.

1.4 Zielsetzung und Beiträge dieser Dissertation

In der Industrie hat die Regelung zyklischer periodischer/nichtperiodischer Prozesse eine große Relevanz. Hierbei sind die intelligenten Verfahren zur Störausregelung ein wichtiges Werkzeug. Insbesondere die ILC hat sich durch ihre Struktur als vorteilhaft erwiesen. Über modellbasierte Methoden sind Konvergenz, Performanz und Systemgrenzen optimal im ILC-Entwurf integriert. Eine Kombination von ILC und MPC vereint die Vor- und Nachteile der Verfahren. Aufgrund der überwiegenden Vorteile ist eine Kombination sinnvoll.

Die iterativ lernende Regelung hat durch ihren Entwurf ein günstiges Störverhalten gegenüber periodischer/zyklischer Störungen. Auch unbekannte Dynamiken sind behandelbar. Hierbei kann Nullfehlerkonvergenz erreicht werden. Durch die Betrachtung eines kompletten Prozesszyklus ist optimales Konvergenzverhalten möglich. Durch das in der Regel nichtkausale Entwurfsverfahren lassen sich weiter totzeitbehaftete Systeme behandeln. Die Verfahren selbst gelten als robust gegenüber leichten Störänderungen und Messrauschen. Der Speicherbedarf kann insbesondere bei modellbasierten ILC-Verfahren stark ansteigen.

Die modellprädiktive Regelung zeichnet sich durch ihren einfachen modellbasierten Entwurf aus. Über Gewichtungsmatrizen lässt sich das Regelverhalten optimal im Sinne einer Kostenfunktion einstellen. Systembeschränkungen sind explizit im Entwurf berücksichtigt, bei gleichzeitiger Stabilitätsgarantie. Modellprädiktive Regelungen weisen aufgrund einer Modellprädiktion und Kenntnis der Systemgrenzen gute Performanzeigenschaften auf. Auch Systemstörungen können berücksichtigt werden. Nachteilig ist der enorme Rechenaufwand.

In dieser Dissertation wird eine Kombination der Verfahren ILC und MPC aufgezeigt. Der Entwurf setzt dort an, wo in der Literatur bisher keine Lösungen präsentiert wurden. Die Methode soll auf nichtperiodische/periodische zyklische Prozesse angewendet werden können. Eine MPC mit iterativ lernendem Anteil, aber auch eine ILC mit modellprädiktivem Anteil wird aus dem Aufbau extrahierbar. Eine Separation von ILC und innerem geregelten Prozess wird ermöglicht. Dadurch ist eine Anwendung auch für bereits bestehende Systeme gegeben. Die Herausforderungen beider Verfahren (Speicher-/Rechenbedarf) werden sowohl entwurfsseitig als auch algorithmenseitig angegangen und gelöst. So wird die Methode auch für schnelle lineare und nichtlineare Prozesse speicherarm realisierbar. Weiter ermöglicht die Struktur einen reduzierten ILC-Aufbau, was den Entwurf vereinfacht. Durch die ILC-Optimierung wird nicht nur die Fehlerminimierung abgedeckt. Weitere Ziele wie die Prozesszykluszeiten- oder Energiebedarfsminimierung sind ebenfalls möglich, was die Wirtschaftlichkeit zyklischer Prozesse steigert. Über MPC-Methoden wird eine Robustifizierung in das Verfahren integriert. Die Konvergenz/Lösbarkeit wird nachgewiesen und eine hohe Regelgüte erreicht. Drei Beispielsysteme zeigen die Vielseitigkeit des Entwurfs.

In Kapitel 2 werden die für diese Dissertation benötigten Grundlagen von iterativ lernenden und modellprädiktiven Regelungsmethoden vorgestellt. Die Idee, der Bezug zur klassischen Regelung sowie die Vor- und Nachteile der einzelnen Verfahren bilden die Basis für den in Kapitel 3 dargelegten Entwurf einer iterativ lernenden modellprädiktiven Regelung. Hierbei wird ein Optimierungsentwurf für die möglichen Systemklassen sowie verschiedene Ansätze zur Störgrößenbeobachtung vorgestellt. Die dadurch entstehenden Herausforderungen von Speicher- und Rechenbedarf werden in Kapitel 4 dargelegt und Lösungsansätze präsentiert. Der robuste modellbasierte Entwurf am Beispiel eines Schwimmbadsystems ist in Kapitel 5 dargelegt. Eine energieoptimale Erweiterung der Methode am Beispiel einer oszillierenden Verdrängerpumpe wird in Kapitel 6 vorgestellt. Durch den allgemeinen Entwurfsaufbau kann zusätzlich zeitoptimales Verhalten erreicht werden. Für eine Balancierplattform werden in Kapitel 7 hierfür Entwurf und Ergebnisse präsentiert. Eine Zusammenfassung und Ausblick zukünftiger Forschungsarbeiten in Kapitel 8 schließen die vorliegende Dissertation.

1.5 Beispielsysteme

Zur Verifikation und Verdeutlichung der Aspekte des entwickelten Entwurfs dienen drei verschiedene Beispielsysteme. Hierzu wurde für alle Systeme eine Modellierung und Identifikation am Prüfstand durchgeführt. Die Methoden konnten simulativ aufgebaut und an zwei der drei Prüfständen erfolgreich getestet werden. Für das System Schwimmbad wurde auf eine Implementierung am realen System aufgrund des Badebetriebs verzichtet.

An dieser Stelle sei der *ProMinent GmbH* nochmals ein außerordentlicher Dank für die Bereitstellung der Systeme, die stets gute Zusammenarbeit und finanzielle Unterstützung während der Erarbeitung dieser Dissertation zugesprochen.

Schwimmbad

Die Wasserqualität in Badeanstalten ist in Deutschland nach DIN 19643 durch zulässige Grenzwerte festgelegt. So muss das freie ungebundene Chlor in Badebecken innerhalb der Grenzen 0.3 mg/l bis 0.6 mg/l liegen. Aufgrund von organischen Verunreinigungen kommt es zur Chlorzehrung. Es entsteht gebundenes Chlor. Zur Erhaltung der Wasserqualität wird ungebundenes Chlor nachdosiert. Durch die Größe der einzelnen Badebecken und die langen Rohrleitungssysteme ergeben sich langsame Systemzeitkonstanten und relevante Totzeiten. Insbesondere ältere Bäder gelten aufgrund ihrer horizontalverlaufenden Wasserströmung als träge. Hierdurch wird die Einhaltung der Grenzwerte durch klassische Regelungsmethoden erschwert. Durch das quasizyklische Besucherverhalten kann eine ILC-Struktur dem geregelten Prozess überlagert werden. Hierbei ist nur das generelle Störprofil bekannt, nicht aber der genaue Amplituden-/Zeitverlauf. In dieser Dissertation wird das totzeitbehaftete System durch einen robusten Entwurf (Kapitel 5) angelernt und die Systemgrenzen eingehalten.

Oszillierende Verdrängerpumpe

Die exakte Dosierung von Fluiden in einen Prozess ist insbesondere in der Chemieindustrie eine relevante Anforderung. Sind kleine Mengen in druckbehaftete Systeme einzuprägen, wird häufig auf oszillierende Verdrängerpumpen zurückgegriffen. Eine Form von Verdrängerpumpen stellt die elektromagnetische Dosiereinheit dar. Sie kann über Methoden der nichtlinearen Regelungstechnik geregelt werden. Der unbekannte hinterlagerte hydraulische Prozess beschreibt die Störung des Systems. Starke Druckänderungen innerhalb einer Dosierhubs stellen enorme Anforderungen an die Regelung. Um das Regelverhalten weiter zu verbessern, wird in dieser Arbeit auf ILC-Methoden zurückgegriffen. Aufgrund der geringen Zykluslängen und schnellen Systemzeitkonstanten sind Speicher- und Rechenbedarf ein kritischer Punkt. Die hierzu entwickelten Methoden (Kapitel 4) konnten am Prüfstand erfolgreich getestet werden. Der energiebasierte nichtlineare Entwurf nach Kapitel 6 verringert die aufgenommene Energie der Pumpe in Abhängigkeit des Störverhaltens. Für die Industrie bedeutet eine Energiereduktion zyklischer Prozesse eine Steigerung der Wirtschaftlichkeit.

Balancierplattform

Um die Vielseitigkeit des entwickelten Verfahrens zu zeigen, wurde als drittes Beispielsystem eine Balancierplattform ausgewählt. Hierbei wird eine Kugel entlang einer vorgegebenen geschlossenen Kurve über eine Plattform balanciert. Zwei Gleichstrommotoren stellen die Neigung der Platte ein. Die Kugelposition wird über eine Kamera erfasst. Das Höhenprofil des Parcours ist unbekannt. Das System wird geregelt und einem reduzierten ILC-Entwurf zur Prozesszeitenminimierung nach Kapitel 7 überlagert. So lässt sich die Prozesszykluszeit des Parcours sowie der Regelfehler bei optimaler Ausnutzung der Systemgrenzen (Neigungswinkel) zyklisch verringern. Für Industrieprozesse ist ein solches Entwurfsverfahren direkt mit höheren Stückzahlen und Kosteneinsparungen verbunden.

1.6 Publikationen und Patentanmeldungen

Zu den Inhalten aus Kapitel 2-4 und Kapitel 6-7 sind während der Entstehung der Arbeit die Veröffentlichungen [KGL13, KL14, KML15, KL16] entstanden, welche in Anhang B aufgeführt sind. Hierbei werden hierarchische MPC-Methoden von Energiemanagementsystemen, iterativ lernende modellprädiktive Regelungen mit variablen Abtastzeiten und ein Vergleich verschiedener Regelverfahren für Einspritzventile thematisiert.

In Zusammenarbeit mit der *ProMinent GmbH, Entwicklungsabteilung, Heidelberg* sind im Verlauf der Dissertation mehrere Patentanmeldungen zu den Themen aus Kapitel 6 entstanden, welche in Anhang B aufgelistet sind.

2 Grundlagen der iterativ lernenden und modellprädiktiven Regelung

2.1 Iterativ lernende Regelung

Die Idee der iterativ lernenden Regelung ist an das menschliche Vorbild angelehnt. Hierbei wird ein repetitiver Prozess auf Basis der letzten Zykleninformation iterativ verbessert.

Definition 2.1 (Zyklischer Prozess [Hil00]). *Ein Prozess beschreibt einen über eine längere Zeit andauernden Vorgang, welcher sich ständig verändert. Er wird als zyklisch bezeichnet, falls sich sein veränderndes Verhalten $\boldsymbol{y} \in \mathbb{R}^p$ für ein bestimmtes Zeitintervall T_z (Zyklusdauer) identisch oder ähnlich wiederholt (siehe auch Abbildung 2.2).*

$$\boldsymbol{y}(t) = \boldsymbol{y}(t+\tau_j) \quad \textit{für } t \in [0, T_\mathrm{z}] \textit{ und } \tau_{j+1} \geq \tau_j + T_\mathrm{z} \quad \textit{mit } \boldsymbol{y} \in \mathbb{R}^p, t, \tau_j, T_\mathrm{z} \in \mathbb{R}, j \in \mathbb{N}_0. \tag{2.1}$$

Hierbei bezeichnet T_z die Zyklusdauer, j den aktuellen Zyklus und p die Dimension von $\boldsymbol{y}$. Das Zeitintervall $[\tau_j + T_\mathrm{z}, \tau_{j+1}]$ wird als Nebenzeit beschrieben. Gilt $\tau_{j+1} = \tau_j + T_\mathrm{z}$, ist der Prozess periodisch. Es wird in verschiedene Arten zyklischer Prozesse unterteilt.

Definition 2.2 (Einfacher dynamischer zyklischer Prozess). *Ein Prozess heißt einfach dynamisch, falls der Vorgang einer Systemdynamik analog zu* (2.2) *genügt. Der Prozess heißt zyklisch, falls er zusätzlich Definition 2.1 genügt (Bsp.: Stanzvorgang, Pressvorgang,...).*

Definition 2.3 (Komplexer dynamischer zyklischer Prozess). *Ein Prozess heißt komplex dynamisch, falls er, durch diskrete Ereignisse unterteilt, abschnittsweise Systemdynamiken analog zu* (2.2) *genügt. Der Prozess heißt zyklisch, falls er zusätzlich Definition 2.1 genügt (Bsp.: Batch-Prozess, Fahrzeugbau,...).*

Definition 2.4 (Periodischer zyklischer Prozess). *Ein Prozess heißt periodisch zyklisch, falls er Definition 2.2 oder 2.3 genügt und es gilt $\tau_{j+1} = \tau_j + T_z$ (Bsp.: Walze, Pumpe,...). Gilt $\tau_{j+1} \neq \tau_j + T_z$, heißt er nichtperiodisch zyklisch.*

Weiter kann noch in *diskrete zyklische Prozesse* unterteilt werden, die jedoch nicht im Fokus dieser Dissertation liegen und daher nicht näher beschrieben werden.

Die dynamischen zyklischen Prozesse unterliegen der in der Regel nichtlinearen Systemdynamik

$$\begin{aligned} \dot{\boldsymbol{x}}_j(t) &= \boldsymbol{f}_j(\boldsymbol{x}_j(t), \boldsymbol{u}_j(t), \boldsymbol{d}_j(t), t), \\ \boldsymbol{y}_j(t) &= \boldsymbol{h}_j(\boldsymbol{x}_j(t), \boldsymbol{u}_j(t), \boldsymbol{d}_j(t), t), \end{aligned} \tag{2.2}$$

wobei $\boldsymbol{x}, \boldsymbol{u}, \boldsymbol{d}$ die Systemzustände, den Systemeingang und die Systemstörung bezeichnen. Die Systemdynamik ist durch $\boldsymbol{f}$, die Ausgangsbeschreibung durch $\boldsymbol{h}$ gegeben. Während der Zyklusdauer wird üblicherweise ein Sollverlauf $\boldsymbol{y}_\mathrm{r}$ eingeregelt. Die Regelabweichung

$$\boldsymbol{e}_j(t) = \boldsymbol{y}_\mathrm{r}(t) - \boldsymbol{y}_j(t) \tag{2.3}$$

des aktuellen Prozessverlaufs kann zur Verbesserung des Regelverhaltens der nächsten Zyklen genutzt werden. Durch den Lernoperator $\boldsymbol{\kappa}_\mathrm{ILC}\{\cdot,\cdot,\cdot\}$ lässt sich die iterativ lernende Regelung (die Berechnung von $\boldsymbol{u}_{j+1}(t)$ wird als ILC-Iteration bezeichnet)

$$\boldsymbol{u}_{j+1}(t) = \boldsymbol{\kappa}_\mathrm{ILC}\{\boldsymbol{y}_j(t), \boldsymbol{y}_\mathrm{r}(t), \boldsymbol{u}_j(t)\} \tag{2.4}$$

und damit der Systemeingang für den nächsten Zyklus berechnen.

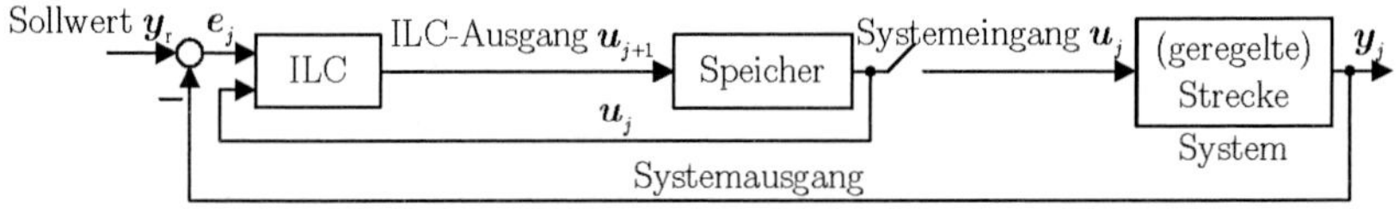

Abbildung 2.1: Klassische ILC-Struktur

Die iterativ lernende Regelung selbst ist aus einem Berechnungs- und einem Speicherblock aufgebaut. Sie wird kaskadiert dem üblicherweise geregelten Prozess überlagert. Nach jedem Zyklus werden die gespeicherten, neu berechneten Daten auf das System geschaltet, was in Abbildung 2.1 durch einen Schalter angedeutet ist. Stellen sich für $t \to \infty$ die stets wiederholenden Verläufe $\lim_{j\to\infty} \boldsymbol{y}_j(t) = \boldsymbol{y}^*(t)$ und $\lim_{j\to\infty} \boldsymbol{u}_j(t) = \boldsymbol{u}^*(t)$ ein, so konvergiert der iterativ lernende Regler asymptotisch. Gilt weiter $\lim_{j\to\infty} \boldsymbol{y}_j(t) = \boldsymbol{y}_\mathrm{r}(t)$, wird von *Nullfehlerkonvergenz* gesprochen. Dies gelingt dann und nur dann, wenn

$$\boldsymbol{u}_{j+1}(t) = \boldsymbol{\kappa}_\mathrm{ILC}\{\boldsymbol{y}_j(t), \boldsymbol{y}_\mathrm{r}(t), \boldsymbol{u}_j(t)\} = \boldsymbol{\kappa}_{\mathrm{ILC_u}}\{\boldsymbol{u}_j(t)\} + \boldsymbol{\kappa}_{\mathrm{ILC_e}}\{\boldsymbol{y}_j(t), \boldsymbol{y}_\mathrm{r}(t)\} = \boldsymbol{u}_j(t) + \Delta\boldsymbol{u}_j(t) \tag{2.5}$$

als Regelgesetz verwendet wird [Moo93]. Beachte, $\Delta\boldsymbol{u}_j(t)$ kann von Zyklen $< j$ abhängen.

Definition 2.5 (Konvergenz der iterativen Regelung). *Eine iterativ lernende Regelung wird als mengenkonvergent bezeichnet, falls eine Schranke $\epsilon < \infty$ und ein $N_\epsilon \in \mathbb{N}_0$ existiert, sodass die Beziehung*

$$||\boldsymbol{e}_j(t)|| = ||\boldsymbol{y}_\mathrm{r}(t) - \boldsymbol{y}_j(t)|| < \epsilon \quad \forall j \geq N_\epsilon, j \in \mathbb{N}_0 \tag{2.6}$$

gilt. Falls weiter $\lim_{j\to\infty} \boldsymbol{u}_j(t) = \boldsymbol{u}^*(t)$, wird von asymptotischer Konvergenz gesprochen. Falls weiter

$$\lim_{j\to\infty} \boldsymbol{e}_j(t) = \boldsymbol{0} \tag{2.7}$$

gilt, wird von Nullfehlerkonvergenz gesprochen. Für

$$||\boldsymbol{e}_{j+1}(t_{j+1})|| < ||\boldsymbol{e}_j(t_j)|| \quad \forall j \in \mathbb{N}_0 \tag{2.8}$$

ist monotone Konvergenz gegeben (t_j, t_{j+1}: siehe Abbildung 2.2)

Eine iterativ lernende Regelung wird als konvergent und nicht als stabil bezeichnet, da während der Zyklen kein geschlossener Kreis vorliegt. Dies unterscheidet die ILC von einer klassischen Regelungsstruktur.

Der ILC-Ausgang und damit Systemeingang kann als angepasste Referenztrajektorie aufgefasst werden. Diese Anpassung ermöglicht es, das reale Systemverhalten dem Referenzverhalten anzugleichen. Daher wird im späteren Verlauf dieser Dissertation die ILC-Referenz mit $\boldsymbol{y}_{\mathrm{ILC}}$ beschrieben.

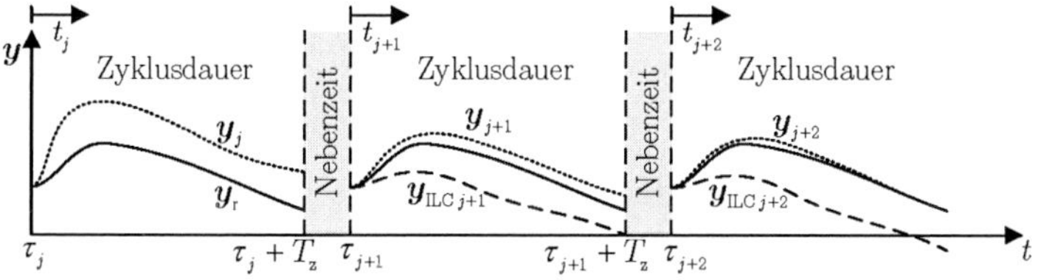

Abbildung 2.2: Ablauf des ILC-Prozesses

In Abbildung 2.2 ist eine solche Anpassung der Referenztrajektorien dargestellt.

Der Lernprozess einer ILC beruht auf der Information der letzten Zyklen. Diese Information kann genutzt werden, um das zukünftige Systemverhalten zu prädizieren und zu verbessern. Die unbekannte Systemdynamik oder Störung wird prädiziert und im Systemeingang berücksichtigt.

Definition 2.6 (Kausalität). *Hängt der Ausgang eines zeitinvarianten Systems lediglich vom aktuellen Eingangswert und den vergangenen Eingangswerten ab, so ist das System kausal.*

Bei einer iterativ lernenden Regelung hängt der ILC-Ausgang üblicherweise nicht nur vom aktuellen Eingangswert und den vergangenen Eingangswerten ab, sondern auch von den zukünftigen Eingangswerten. Damit spricht man von akausalem Lernverhalten. Die Berechnung selbst ist kausal. Nichtzyklische Störungen und Dynamikvorgänge werden durch eine iterativ lernende Regelung im Allgemeinen nicht berücksichtigt und können das Regelverhalten empfindlich beeinflussen. Üblicherweise gelten die folgenden Annahmen:

Annahme 2.1. *Die Solltrajektorie y_{r} ist gegeben, für alle Zyklen unverändert und realisierbar.*

Annahme 2.2. *Der Prozess ist deterministisch und zeitinvariant.*

Annahme 2.3. *Das Störverhalten und der Anfangszustand des Prozesses ist für die betrachteten Zyklen identisch. Man spricht von einer zyklischen Störung (sonst nichtzyklisch).*

Annahme 2.4. *Die Zyklusdauer T_{z} ist konstant.*

2.1.1 Zeitdiskrete iterativ lernende Regelung

Die praktische Umsetzung einer iterativ lernenden Regelung erfolgt aufgrund der digitalen Datenspeicherung der Zykleninformation rechnergestützt. Die kontinuierliche Systemdynamik muss daher diskretisiert werden und liegt lediglich zu abgetasteten Zeitpunkten vor. Aufgrund dieser zeitdiskreten Systeminformation ist es naheliegend, auch den Entwurf der iterativ lernenden Regelung zeitdiskret aufzubauen.

Liegt eine *nichtlineare Systemdynamik*

$$\begin{aligned} \dot{\boldsymbol{x}}_j(t) &= \boldsymbol{f}_j(\boldsymbol{x}_j(t), \boldsymbol{u}_j(t), \boldsymbol{d}_j(t), t), \\ \boldsymbol{y}_j(t) &= \boldsymbol{h}_j(\boldsymbol{x}_j(t), \boldsymbol{u}_j(t), \boldsymbol{d}_j(t), t), \end{aligned} \tag{2.9}$$

vor, so wird diese für den Entwurf einer zeitdiskreten iterativ lernenden Regelung üblicherweise zuerst linearisiert und im Anschluss diskretisiert. Die Linearisierung selbst lässt sich in unterschiedlicher Art und Weise durchführen. Bleibt das System für den betrachteten Prozess lediglich in einem engen Bereich um einen lokalen Arbeitspunkt, erfolgt die Linearisierung in der Regel um diesen Punkt. Kleinere Linearisierungsfehler werden von der iterativ lernenden Regelung als Störanteil aufgefasst und damit berücksichtigt. Durchläuft der Prozess einen großen Arbeitsbereich, erfolgt die Linearisierung üblicherweise um eine Trajektorie $\boldsymbol{T}_0$. Hierbei wird die Referenztrajektorie verwendet, falls das System bereits gut dem Sollverlauf folgt. Ist dies nicht der Fall, ist die tatsächliche Trajektorie zu verwenden, was eine zyklische Neuberechnung von Linearisierung und Diskretisierung erforderlich macht. Für den weiteren Verlauf dieses Abschnitts wird von linearen Systemen oder linearisierten Systemen um eine Referenztrajektorie bzw. um einen Arbeitspunkt ausgegangen. Da die Linearisierungbetrachtung selbst nicht im Fokus dieser Dissertation steht, sei für weitere Informationen auf die entsprechende Literatur verwiesen [Hil00, Hen02, FPW98].

Für die Systemlinearisierung um $\boldsymbol{T}_0(t)$ mit $\boldsymbol{x}_0(t), \boldsymbol{u}_0(t), \boldsymbol{y}_0(t), \boldsymbol{d}_0(t)$, wobei $\boldsymbol{d}_0(t)$ als bekannt angenommen wird (kann über Beobachter erfasst werden (siehe hierzu auch Abschnitt 3.4)), ergibt sich mit den linearisierten Zustandsgrößen, Eingangsgrößen, Ausgangsgrößen und Störgrößen

$$\boldsymbol{x}(t) = \boldsymbol{x}_0(t) + \boldsymbol{\Delta x}(t), \quad \boldsymbol{u}(t) = \boldsymbol{u}_0(t) + \boldsymbol{\Delta u}(t), \quad \boldsymbol{d}(t) = \boldsymbol{d}_0(t) + \boldsymbol{\Delta d}(t), \quad \boldsymbol{y}(t) = \boldsymbol{y}_0(t) + \boldsymbol{\Delta y}(t) \tag{2.10}$$

die Dynamik

$$\begin{aligned} \boldsymbol{\Delta}\dot{\boldsymbol{x}}(t) &= \boldsymbol{A}(\boldsymbol{T}_0(t))\boldsymbol{\Delta x}(t) + \boldsymbol{B}_{\mathrm{u}}(\boldsymbol{T}_0(t))\boldsymbol{\Delta u}_j(t) + \boldsymbol{B}_{\mathrm{d}}(\boldsymbol{T}_0(t))\Delta\boldsymbol{d}(t), \\ \boldsymbol{\Delta y}(t) &= \boldsymbol{C}(\boldsymbol{T}_0(t))\boldsymbol{\Delta x}(t) + \boldsymbol{D}_{\mathrm{u}}(\boldsymbol{T}_0(t))\boldsymbol{\Delta u}_j(t) + \boldsymbol{D}_{\mathrm{d}}(\boldsymbol{T}_0(t))\boldsymbol{\Delta d}(t), \end{aligned} \tag{2.11}$$

mit den linearisierten Systemmatrizen $\boldsymbol{A}(\boldsymbol{T}_0(t)), \boldsymbol{B}(\boldsymbol{T}_0(t)), \boldsymbol{C}(\boldsymbol{T}_0(t)), \boldsymbol{D}(\boldsymbol{T}_0(t))$. Für eine zeitdiskrete Beschreibung muss die Systemdynamik diskretisiert werden. Die diskrete Darstellung der linearisierten Systemdynamik

$$\begin{aligned} \boldsymbol{\Delta x}_{k+1} &= \boldsymbol{A}_k\Delta\boldsymbol{x}_k + \boldsymbol{B}_{\mathrm{u}k}\Delta\boldsymbol{u}_k + \boldsymbol{B}_{\mathrm{d}k}\Delta\boldsymbol{d}_k & \boldsymbol{x} &\in \mathbb{R}^n, \boldsymbol{u} \in \mathbb{R}^{m_{\mathrm{u}}}, \boldsymbol{d} \in \mathbb{R}^{m_{\mathrm{d}}}, \\ \boldsymbol{\Delta y}_k &= \boldsymbol{C}_k\Delta\boldsymbol{x}_k + \boldsymbol{D}_{\mathrm{u}k}\Delta\boldsymbol{u}_k + \boldsymbol{D}_{\mathrm{d}k}\Delta\boldsymbol{d}_k & \boldsymbol{y} &\in \mathbb{R}^p, \end{aligned} \tag{2.12}$$

wobei k den aktuellen Zeitschritt und $\boldsymbol{A}_k, \boldsymbol{B}_{\mathrm{u}k}, \boldsymbol{B}_{\mathrm{d}k}, \boldsymbol{C}_k, \boldsymbol{D}_{\mathrm{u}k}, \boldsymbol{D}_{\mathrm{d}k}$ die diskreten Systemmatrizen darstellen, erfolgt direkt aus der Lösung der Differentialgleichung

$$\begin{aligned} \boldsymbol{A}_k &= e^{\boldsymbol{A}(\boldsymbol{T}_0(kT_\mathrm{s}))T_\mathrm{s}}, \\ \boldsymbol{B}_{\mathrm{u}k} &= \int_{kT_\mathrm{s}}^{(k+1)T_\mathrm{s}} e^{\boldsymbol{A}(\boldsymbol{T}_{0k}(kT_\mathrm{s}))((k+1)T_\mathrm{s}-\tau)} \boldsymbol{B}_\mathrm{u}(\boldsymbol{T}_0(kT_\mathrm{s}))\boldsymbol{\Delta u}(\tau)\mathrm{d}\tau, \\ \boldsymbol{B}_{\mathrm{d}k} &= \int_{kT_\mathrm{s}}^{(k+1)T_\mathrm{s}} e^{\boldsymbol{A}(\boldsymbol{T}_0(kT_\mathrm{s}))((k+1)T_\mathrm{s}-\tau)} \boldsymbol{B}_\mathrm{d}(\boldsymbol{T}_0(kT_\mathrm{s}))\boldsymbol{\Delta d}(\tau)\mathrm{d}\tau \end{aligned} \tag{2.13}$$

des linearisierten Systems. Die Dimensionen der Zustände, Eingänge, Störungen und Ausgänge sind durch $n, m_\mathrm{u}, m_\mathrm{d}$ und p gegeben. Üblicherweise werden für die Abtastzeit T_s der Systemeingang, die Systemstörung und die Systemmatrizen als konstant angenommen. Die durch die Linearisierung und Diskretisierung bleibende Restdynamik wird im ILC-Entwurf als Stördynamik aufgefasst und berücksichtigt. Eine genauere Beschreibung erfolgt in Kapitel 3. Das linearisierte nichtlineare dynamische System kann als *lineares zeitvariantes System* (statt $\boldsymbol{\Delta x}, \ldots$ wird üblicherweise $\boldsymbol{x}, \ldots$ geschrieben)

$$\begin{aligned} \boldsymbol{x}_{k+1} &= \boldsymbol{A}_k\boldsymbol{x}_k + \boldsymbol{B}_{\mathrm{u}k}\boldsymbol{u}_k + \boldsymbol{B}_{\mathrm{d}k}\boldsymbol{d}_k & \boldsymbol{x} \in \mathbb{R}^n, \boldsymbol{u} \in \mathbb{R}^{m_\mathrm{u}}, \boldsymbol{d} \in \mathbb{R}^{m_\mathrm{d}} \\ \boldsymbol{y}_k &= \boldsymbol{C}_k\boldsymbol{x}_k + \boldsymbol{D}_{\mathrm{u}k}\boldsymbol{u}_k + \boldsymbol{D}_{\mathrm{d}k}\boldsymbol{d}_k & \boldsymbol{y} \in \mathbb{R}^p \end{aligned} \tag{2.14}$$

beschrieben werden. Bleiben die Systemmatrizen für den gesamten betrachteten Definitionsbereich konstant und es gilt $\boldsymbol{A}_{k+1} = \boldsymbol{A}_k$, $\boldsymbol{B}_{\mathrm{u}k+1} = \boldsymbol{B}_{\mathrm{u}k}, \ldots$, spricht man von einem *linearen zeitinvarianten System*. Die Zyklusdauer T_z wird durch eine Diskretisierung in N Zeitschritte zerlegt. Die zugehörige Systemdynamik kann über Blockvektoren

$$\boldsymbol{Y}_\mathrm{r} = \begin{bmatrix} \boldsymbol{y}_{\mathrm{r}1} \\ \boldsymbol{y}_{\mathrm{r}2} \\ \vdots \\ \boldsymbol{y}_{\mathrm{r}N} \end{bmatrix}, \quad \boldsymbol{Y} = \begin{bmatrix} \boldsymbol{y}_1 \\ \boldsymbol{y}_2 \\ \vdots \\ \boldsymbol{y}_N \end{bmatrix}, \quad \boldsymbol{X} = \begin{bmatrix} \boldsymbol{x}_1 \\ \boldsymbol{x}_2 \\ \vdots \\ \boldsymbol{x}_N \end{bmatrix}, \quad \boldsymbol{U} = \begin{bmatrix} \boldsymbol{u}_0 \\ \boldsymbol{u}_1 \\ \vdots \\ \boldsymbol{u}_{N-1} \end{bmatrix}, \quad \boldsymbol{S} = \begin{bmatrix} \boldsymbol{d}_0 \\ \boldsymbol{d}_1 \\ \vdots \\ \boldsymbol{d}_{N-1} \end{bmatrix} \tag{2.15}$$

in eine Lifted-Struktur

$$\begin{aligned} \underbrace{\begin{bmatrix} \boldsymbol{x}_1 \\ \boldsymbol{x}_2 \\ \vdots \\ \boldsymbol{x}_N \end{bmatrix}}_{\boldsymbol{X}} &= \underbrace{\begin{bmatrix} \boldsymbol{A}_0 \\ \boldsymbol{A}_1\boldsymbol{A}_0 \\ \vdots \\ \prod_{k=0}^{N-1}\boldsymbol{A}_k \end{bmatrix}}_{\boldsymbol{\Phi}} \boldsymbol{x}_0 + \underbrace{\begin{bmatrix} \boldsymbol{B}_{\mathrm{u}0} & 0 & \cdots & 0 \\ \boldsymbol{A}_1\boldsymbol{B}_{\mathrm{u}0} & \boldsymbol{B}_{\mathrm{u}1} & \ddots & 0 \\ \vdots & \ddots & \ddots & 0 \\ \prod_{k=1}^{N-1}\boldsymbol{A}_k\boldsymbol{B}_{\mathrm{u}0} & \prod_{k=2}^{N-1}\boldsymbol{A}_k\boldsymbol{B}_{\mathrm{u}1} & \cdots & \boldsymbol{B}_{\mathrm{u}N-1} \end{bmatrix}}_{\boldsymbol{\Gamma}_\mathrm{u}} \underbrace{\begin{bmatrix} \boldsymbol{u}_0 \\ \boldsymbol{u}_1 \\ \vdots \\ \boldsymbol{u}_{N-1} \end{bmatrix}}_{\boldsymbol{U}} \\ &+ \underbrace{\begin{bmatrix} \boldsymbol{B}_{\mathrm{d}0} & 0 & \cdots & 0 \\ \boldsymbol{A}_1\boldsymbol{B}_{\mathrm{d}0} & \boldsymbol{B}_{\mathrm{d}1} & \ddots & 0 \\ \vdots & \ddots & \ddots & 0 \\ \prod_{k=1}^{N-1}\boldsymbol{A}_k\boldsymbol{B}_{\mathrm{d}0} & \prod_{k=2}^{N-1}\boldsymbol{A}_k\boldsymbol{B}_{\mathrm{d}1} & \cdots & \boldsymbol{B}_{\mathrm{d}N-1} \end{bmatrix}}_{\boldsymbol{\Gamma}_\mathrm{d}} \underbrace{\begin{bmatrix} \boldsymbol{d}_0 \\ \boldsymbol{d}_1 \\ \vdots \\ \boldsymbol{d}_{N-1} \end{bmatrix}}_{\boldsymbol{S}} \\ \Rightarrow \boldsymbol{X} &= \boldsymbol{\Phi}\boldsymbol{x}_0 + \boldsymbol{\Gamma}_\mathrm{u}\boldsymbol{U} + \boldsymbol{\Gamma}_\mathrm{d}\boldsymbol{S} \end{aligned} \tag{2.16}$$

mit der Ausgangsbeziehung

$$\underbrace{\begin{bmatrix} \boldsymbol{y}_1 \\ \vdots \\ \boldsymbol{y}_N \end{bmatrix}}_{\boldsymbol{Y}} = \underbrace{\begin{bmatrix} \boldsymbol{C}_1 & & \\ & \ddots & \\ & & \boldsymbol{C}_N \end{bmatrix}}_{\mathfrak{C}} \boldsymbol{X} + \underbrace{\begin{bmatrix} \boldsymbol{D}_{\mathrm{u}1} & & \\ & \ddots & \\ & & \boldsymbol{D}_{\mathrm{u}N} \end{bmatrix}}_{\mathfrak{D}_\mathrm{u}} \underbrace{\begin{bmatrix} \boldsymbol{u}_1 \\ \boldsymbol{u}_2 \\ \vdots \\ \boldsymbol{u}_N \end{bmatrix}}_{\boldsymbol{U}_{\mathrm{s}+}} + \underbrace{\begin{bmatrix} \boldsymbol{D}_{\mathrm{d}1} & & \\ & \ddots & \\ & & \boldsymbol{D}_{\mathrm{d}N} \end{bmatrix}}_{\mathfrak{D}_\mathrm{d}} \underbrace{\begin{bmatrix} \boldsymbol{d}_1 \\ \boldsymbol{d}_2 \\ \vdots \\ \boldsymbol{d}_N \end{bmatrix}}_{\boldsymbol{S}_{\mathrm{s}+}}$$

$$\Rightarrow \boldsymbol{Y} = \mathfrak{C}\boldsymbol{X} + \mathfrak{D}_\mathrm{u}\boldsymbol{U}_{\mathrm{s}+} + \mathfrak{D}_\mathrm{d}\boldsymbol{S}_{\mathrm{s}+} \tag{2.17}$$

umgewandelt werden. Die Blockvektoren $\boldsymbol{U}_{\mathrm{s}+}$ und $\boldsymbol{S}_{\mathrm{s}+}$ beschreiben die um einen Zeitschritt nach vorne versetzten Blockvektoren $\boldsymbol{U}$ und $\boldsymbol{S}$. Für lineare zeitinvariante Systeme wird $\boldsymbol{\Gamma}_\mathrm{u}$, $\boldsymbol{\Gamma}_\mathrm{d}$ zu einer unteren Block-Dreiecksmatrix einer *Block-Toeplitz-Matrix*, welche durch die erste Blockspalte, den sogenannten *Markov-Parametern*, vollständig bestimmt ist.

Kann für einen Systemausgang

$$\boldsymbol{y}_k = \boldsymbol{G}\{\boldsymbol{u}_k, \boldsymbol{d}_k, \boldsymbol{x}_0\} \tag{2.18}$$

beschrieben durch den Systemoperator $\boldsymbol{G}\{\cdot,\cdot\}$ eine lineare zeitvariante Übertragungsfunktion gefunden werden, so ist das System durch

$$\underbrace{\begin{bmatrix} \boldsymbol{y}_1 \\ \boldsymbol{y}_2 \\ \vdots \\ \boldsymbol{y}_N \end{bmatrix}}_{\boldsymbol{Y}} = \underbrace{\begin{bmatrix} \boldsymbol{g}_{\mathrm{x}0} \\ \boldsymbol{g}_{\mathrm{x}1} \\ \vdots \\ \boldsymbol{g}_{\mathrm{x}N-1} \end{bmatrix}}_{\boldsymbol{G}_\mathrm{x}} \boldsymbol{x}_0 + \underbrace{\begin{bmatrix} \boldsymbol{g}_{\mathrm{u}0} & 0 & \cdots & 0 \\ \boldsymbol{g}_{\mathrm{u}1} & \boldsymbol{g}_{\mathrm{u}0} & & \vdots \\ \vdots & \vdots & \ddots & \vdots \\ \boldsymbol{g}_{\mathrm{u}N-1} & \boldsymbol{g}_{\mathrm{u}N-2} & \cdots & \boldsymbol{g}_{\mathrm{u}0} \end{bmatrix}}_{\boldsymbol{G}_\mathrm{u}} \boldsymbol{U} + \underbrace{\begin{bmatrix} \boldsymbol{g}_{\mathrm{d}0} & 0 & \cdots & 0 \\ \boldsymbol{g}_{\mathrm{d}1} & \boldsymbol{g}_{\mathrm{d}0} & & \vdots \\ \vdots & \vdots & \ddots & \vdots \\ \boldsymbol{g}_{\mathrm{d}N-1} & \boldsymbol{g}_{\mathrm{d}N-2} & \cdots & \boldsymbol{g}_{\mathrm{d}0} \end{bmatrix}}_{\boldsymbol{G}_\mathrm{d}} \boldsymbol{S}$$

$$\Rightarrow \boldsymbol{Y} = \boldsymbol{G}_\mathrm{x}\boldsymbol{x}_0 + \boldsymbol{G}_\mathrm{u}\boldsymbol{U} + \boldsymbol{G}_\mathrm{d}\boldsymbol{S} \tag{2.19}$$

allgemein bestimmt. Hierbei stellt $\boldsymbol{x}_0$ den Initialzustand dar. Für die nach (2.14) gegebene Systemdynamik ergibt sich

$$\boldsymbol{Y} = \mathfrak{C}\boldsymbol{\Phi}\boldsymbol{x}_0 + \mathfrak{C}\boldsymbol{\Gamma}_\mathrm{u}\boldsymbol{U} + \mathfrak{C}\boldsymbol{\Gamma}_\mathrm{d}\boldsymbol{S} = \boldsymbol{G}_\mathrm{x}\boldsymbol{x}_0 + \boldsymbol{G}_\mathrm{u}\boldsymbol{U} + \boldsymbol{G}_\mathrm{d}\boldsymbol{S} \tag{2.20}$$

als Ausgangsbeziehung (für dieses Kapitel sei der Systemdurchgriff zu Null angenommen).

Problem 2.1. *Für einen zyklischen Prozess mit dem linearen Übertragungsverhalten nach* (2.20) *soll eine iterativ lernende Regelung* $\boldsymbol{U} = \boldsymbol{U}_\mathrm{ILC}$ *entworfen werden, welche asymptotische Konvergenz aufweist.*

Wird hierzu das Lerngesetz in Lifted-Struktur

$$\begin{aligned} \boldsymbol{E}_j &= \boldsymbol{Y}_\mathrm{r} - \boldsymbol{Y}_j, \\ \boldsymbol{U}_{\mathrm{ILC}j+1} &= \boldsymbol{Q}_\mathrm{ILC}(\boldsymbol{U}_{\mathrm{ILC}j} + \boldsymbol{L}_\mathrm{ILC}\boldsymbol{E}_j), \end{aligned} \tag{2.21}$$

verwendet, wobei $\boldsymbol{Q}_\mathrm{ILC}$ der Filtermatrix und $\boldsymbol{L}_\mathrm{ILC}$ der Lernmatrix entspricht, können die Bedingungen für eine konvergente ILC hergeleitet werden.

Theorem 2.1. *Für das Problem 2.1 ist eine iterativ lernende Regelung nach (2.21) genau dann asymptotisch konvergent, falls der Spektralradius $\rho(\boldsymbol{Q}_{\text{ILC}}(\boldsymbol{I} - \boldsymbol{L}_{\text{ILC}}\boldsymbol{G}_{\text{u}}))$ die Bedingung*

$$\rho(\boldsymbol{Q}_{\text{ILC}}(\boldsymbol{I} - \boldsymbol{L}_{\text{ILC}}\boldsymbol{G}_{u})) = \rho(\bar{\boldsymbol{L}}^{\text{u}}_{\text{ILC}}) < 1 \tag{2.22}$$

erfüllt. Nullfehlerkonvergenz ist dann und nur dann gewährleistet, wenn die Filtermatrix $\boldsymbol{Q}_{\text{ILC}}$ der Einheitsmatrix entspricht. Monotone Konvergenz der iterativ lernenden Regelung ist dann gegeben, falls die Bedingung

$$\bar{\sigma}(\boldsymbol{G}_{\text{u}}\boldsymbol{Q}_{\text{ILC}}(\boldsymbol{I} - \boldsymbol{L}_{\text{ILC}}\boldsymbol{G}_{\text{u}})\boldsymbol{G}_{\text{u}}^{-1}) = \overline{\sigma}(\bar{\boldsymbol{L}}_{\text{ILC}}) < 1 \tag{2.23}$$

erfüllt ist. $\overline{\sigma}$ bezeichnet den maximalen Singulärwert (siehe hierzu auch Anhang A.2).

Beweis. Für eine iterativ lernende Regelung nach (2.21) für das System (2.20) mit $\boldsymbol{U}_{\text{ILC}} = \boldsymbol{U}$ kann die Lernübertragungsgleichung

$$\begin{aligned}\boldsymbol{U}_{\text{ILC}j+1} &= \boldsymbol{Q}_{\text{ILC}}\left(\boldsymbol{U}_{\text{ILC}j} + \boldsymbol{L}_{\text{ILC}}\boldsymbol{E}_j\right)\\ &= \boldsymbol{Q}_{\text{ILC}}\left(\boldsymbol{U}_{\text{ILC}j} + \boldsymbol{L}_{\text{ILC}}\left(\boldsymbol{Y}_{\text{r}} - \boldsymbol{G}_{\text{u}}\boldsymbol{U}_{\text{ILC}j} - \boldsymbol{G}_{\text{d}}\boldsymbol{S} - \boldsymbol{G}_{\text{x}}\boldsymbol{x}_0\right)\right)\\ &= \boldsymbol{Q}_{\text{ILC}}(\boldsymbol{I} - \boldsymbol{L}_{\text{ILC}}\boldsymbol{G}_{\text{u}})\boldsymbol{U}_{\text{ILC}j} + \boldsymbol{Q}_{\text{ILC}}\boldsymbol{L}_{\text{ILC}}(\boldsymbol{Y}_{\text{r}} - \boldsymbol{G}_{\text{d}}\boldsymbol{S} - \boldsymbol{G}_{\text{x}}\boldsymbol{x}_0)\end{aligned} \tag{2.24}$$

hergeleitet werden. Diese ist dann asymptotisch konvergent, falls der Spektralradius ρ die hinreichende Bedingung

$$\rho(\boldsymbol{Q}_{\text{ILC}}(\boldsymbol{I} - \boldsymbol{L}_{\text{ILC}}\boldsymbol{G}_{\text{u}})) < 1 \tag{2.25}$$

erfüllt. Der Spektralradius beschreibt den Betrag des betragsmäßig größten Eigenwerts. Für asymptotisch konvergentes Verhalten lässt sich der Grenzwert des ILC-Ausgangs

$$\boldsymbol{U}_{\text{ILC}\infty} = [\boldsymbol{I} - \boldsymbol{Q}_{\text{ILC}}(\boldsymbol{I} - \boldsymbol{L}_{\text{ILC}}\boldsymbol{G}_{\text{u}})]^{-1}\boldsymbol{Q}_{\text{ILC}}\boldsymbol{L}_{\text{ILC}}(\boldsymbol{Y}_{\text{r}} - \boldsymbol{G}_{\text{d}}\boldsymbol{S} - \boldsymbol{G}_{\text{x}}\boldsymbol{x}_0) \tag{2.26}$$

angeben. Der Grenzwert des Regelfehlers bestimmt sich zu

$$\boldsymbol{E}_\infty = \lim_{j\to\infty} \boldsymbol{E}_j = \boldsymbol{Y}_{\text{r}} - \boldsymbol{G}_{\text{u}}\boldsymbol{U}_{\text{ILC}\infty} - \boldsymbol{G}_{\text{d}}\boldsymbol{S} - \boldsymbol{G}_{\text{x}}\boldsymbol{x}_0. \tag{2.27}$$

Mit

$$\boldsymbol{E}_\infty = \left[\boldsymbol{I} - \boldsymbol{G}_{\text{u}}[\boldsymbol{I} - \boldsymbol{Q}_{\text{ILC}}(\boldsymbol{I} - \boldsymbol{L}_{\text{ILC}}\boldsymbol{G}_{\text{u}})]^{-1}\boldsymbol{Q}_{\text{ILC}}\boldsymbol{L}_{\text{ILC}}\right](\boldsymbol{Y}_{\text{r}} - \boldsymbol{G}_{\text{d}}\boldsymbol{S} - \boldsymbol{G}_{\text{x}}\boldsymbol{x}_0) \tag{2.28}$$

ist durch einsetzen ersichtlich, dass $\boldsymbol{E}_\infty = \boldsymbol{0}$ genau dann erfüllt ist, wenn $\boldsymbol{Q}_{\text{ILC}} = \boldsymbol{I}$. Voraussetzung ist die asymptotische Konvergenz von $\boldsymbol{U}_{\text{ILC}}$. Für $\boldsymbol{Q}_{\text{ILC}} \neq \boldsymbol{I}$ kann keine Nullfehlerkonvergenz erreicht werden. Um das Lernverhalten besser beurteilen zu können, wird die Lernübertragungsgleichung mit $\boldsymbol{R}_{\text{rd}} = (\boldsymbol{Y}_{\text{r}} - \boldsymbol{G}_{\text{d}}\boldsymbol{S} - \boldsymbol{G}_{\text{x}}\boldsymbol{x}_0)$ und

$$\begin{aligned}\boldsymbol{U}_{\text{ILC}j+1} &= \boldsymbol{Q}_{\text{ILC}}(\boldsymbol{I} - \boldsymbol{L}_{\text{ILC}}\boldsymbol{G}_{\text{u}})\boldsymbol{U}_{\text{ILC}j} + \boldsymbol{Q}_{\text{ILC}}\boldsymbol{L}_{\text{ILC}}\boldsymbol{R}_{\text{rd}}\\ &= \boldsymbol{Q}_{\text{ILC}}(\boldsymbol{I} - \boldsymbol{L}_{\text{ILC}}\boldsymbol{G}_{\text{u}})\boldsymbol{G}_{\text{u}}^{-1}(\boldsymbol{R}_{\text{rd}} - \boldsymbol{E}_j) + \boldsymbol{Q}_{\text{ILC}}\boldsymbol{L}_{\text{ILC}}\boldsymbol{R}_{\text{rd}}\end{aligned} \tag{2.29}$$

über

$$\begin{aligned}\boldsymbol{E}_{j+1} &= \boldsymbol{Y}_{\text{r}} - \boldsymbol{Y}_{j+1} = \boldsymbol{R}_{\text{rd}} - \boldsymbol{G}_{\text{u}}\boldsymbol{U}_{\text{ILC}j+1}\\ &= \boldsymbol{R}_{\text{rd}} - \boldsymbol{G}_{\text{u}}\boldsymbol{Q}_{\text{ILC}}(\boldsymbol{I} - \boldsymbol{L}_{\text{ILC}}\boldsymbol{G}_{\text{u}})\boldsymbol{G}_{\text{u}}^{-1}(\boldsymbol{R}_{\text{rd}} - \boldsymbol{E}_j) - \boldsymbol{G}_{\text{u}}\boldsymbol{Q}_{\text{ILC}}\boldsymbol{L}_{\text{ILC}}\boldsymbol{R}_{\text{rd}}\end{aligned} \tag{2.30}$$

zu

$$\begin{aligned}
\boldsymbol{E}_\infty - \boldsymbol{E}_{j+1} =& \boldsymbol{E}_\infty - \boldsymbol{R}_{\mathrm{rd}} + \boldsymbol{G}_{\mathrm{u}}\boldsymbol{Q}_{\mathrm{ILC}}(\boldsymbol{I} - \boldsymbol{L}_{\mathrm{ILC}}\boldsymbol{G}_{\mathrm{u}})\boldsymbol{G}_{\mathrm{u}}^{-1}(\boldsymbol{R}_{\mathrm{rd}} - \boldsymbol{E}_j) + \boldsymbol{G}_{\mathrm{u}}\boldsymbol{Q}_{\mathrm{ILC}}\boldsymbol{L}_{\mathrm{ILC}}\boldsymbol{R}_{\mathrm{rd}} \\
=& \boldsymbol{E}_\infty - \boldsymbol{R}_{\mathrm{rd}} + \boldsymbol{G}_{\mathrm{u}}\boldsymbol{Q}_{\mathrm{ILC}}(\boldsymbol{I} - \boldsymbol{L}_{\mathrm{ILC}}\boldsymbol{G}_{\mathrm{u}})\boldsymbol{G}_{\mathrm{u}}^{-1}(\boldsymbol{R}_{\mathrm{rd}} - \boldsymbol{E}_j) \\
& - \boldsymbol{G}_{\mathrm{u}}[\boldsymbol{I} - \boldsymbol{Q}_{\mathrm{ILC}}(\boldsymbol{I} - \boldsymbol{L}_{\mathrm{ILC}}\boldsymbol{G}_{\mathrm{u}})]\boldsymbol{G}_{\mathrm{u}}^{-1}(\boldsymbol{E}_\infty - \boldsymbol{R}_{\mathrm{rd}}) \\
=& \boldsymbol{G}_{\mathrm{u}}\boldsymbol{Q}_{\mathrm{ILC}}(\boldsymbol{I} - \boldsymbol{L}_{\mathrm{ILC}}\boldsymbol{G}_{\mathrm{u}})\boldsymbol{G}_{\mathrm{u}}^{-1}(\boldsymbol{E}_\infty - \boldsymbol{E}_j)
\end{aligned} \tag{2.31}$$

umgeformt. Monotone Konvergenz $||\boldsymbol{E}_\infty - \boldsymbol{E}_{j+1}|| \leq ||\boldsymbol{E}_\infty - \boldsymbol{E}_j||$ (siehe auch Definition 2.5) ist durch die Bedingung

$$||\boldsymbol{E}_\infty - \boldsymbol{E}_{j+1}||_2 \leq \overline{\sigma}[\boldsymbol{G}_{\mathrm{u}}\boldsymbol{Q}_{\mathrm{ILC}}(\boldsymbol{I} - \boldsymbol{L}_{\mathrm{ILC}}\boldsymbol{G}_{\mathrm{u}})\boldsymbol{G}_{\mathrm{u}}^{-1}]\,||\boldsymbol{E}_\infty - \boldsymbol{E}_j||_2 \tag{2.32}$$

mit

$$\overline{\sigma}[\boldsymbol{G}_{\mathrm{u}}\boldsymbol{Q}_{\mathrm{ILC}}(\boldsymbol{I} - \boldsymbol{L}_{\mathrm{ILC}}\boldsymbol{G}_{\mathrm{u}})\boldsymbol{G}_{\mathrm{u}}^{-1}] < 1 \tag{2.33}$$

gewährleistet. Hierbei entspricht $\overline{\sigma}$ dem maximalen Singulärwert. □

Zur Auslegung einer geeigneten Filter- und Lernmatrix wurde eine Vielzahl von Entwurfsverfahren entwickelt. In [ELP+02, BKJS05, NSHR08, SLV+14] wird die Lernmatrix $\boldsymbol{Q}_{\mathrm{ILC}}$ zur Tiefpassfilterung genutzt. Der Tiefpassfilter selbst kann akausal ausgelegt werden, sodass keine Phasenverschiebung entsteht. Als Lernmatrix wird der Parameter l_0 mit $\boldsymbol{L}_{\mathrm{ILC}} = l_0\boldsymbol{I}$ verwendet. Die Konvergenz kann über (2.22) nachgewiesen werden. Durch die Tiefpassfilterung wird die Robustheit gegenüber hochfrequentem Rauschen erhöht.

Wird als Filtermatrix $\boldsymbol{Q}_{\mathrm{ILC}} = \boldsymbol{I}$ verwendet, wird Nullfehlerkonvergenz erreicht. Die Konvergenzbetrachtung des Regelfehlers vereinfacht sich mit

$$\begin{aligned}
\boldsymbol{E}_{j+1} &= \boldsymbol{Y}_{\mathrm{r}} - \boldsymbol{Y}_{j+1} \\
&= \boldsymbol{Y}_{\mathrm{r}} - (\boldsymbol{G}_{\mathrm{x}}\boldsymbol{x}_0 + \boldsymbol{G}_{\mathrm{u}}\boldsymbol{U}_{\mathrm{ILC}j+1} + \boldsymbol{G}_{\mathrm{d}}\boldsymbol{S}) \\
&= \boldsymbol{Y}_{\boldsymbol{r}} - \boldsymbol{Y}_j - \boldsymbol{G}_{\mathrm{u}}\boldsymbol{L}_{\mathrm{ILC}}\boldsymbol{E}_j = (\boldsymbol{I} - \boldsymbol{G}_{\mathrm{u}}\boldsymbol{L}_{\mathrm{ILC}})\boldsymbol{E}_j
\end{aligned} \tag{2.34}$$

zu

$$\rho(\boldsymbol{I} - \boldsymbol{G}_{\mathrm{u}}\boldsymbol{L}_{\mathrm{ILC}}) < 1. \tag{2.35}$$

Monotone Konvergenz wird durch

$$\overline{\sigma}(\boldsymbol{I} - \boldsymbol{G}_{\mathrm{u}}\boldsymbol{L}_{\mathrm{ILC}}) = ||\boldsymbol{I} - \boldsymbol{G}_{\mathrm{u}}\boldsymbol{L}_{\mathrm{ILC}}||_2 < 1 \tag{2.36}$$

sichergestellt.

Für ein MIMO-System mit gleicher Eingangs- und Zustandsgrößenanzahl kann als Lernmatrix die Blockdiagonalmatrix (siehe auch Definition A.12)

$$\boldsymbol{L}_{\mathrm{ILC}} = \mathrm{diag}(\boldsymbol{L}_{\mathrm{ILC}0}, \boldsymbol{L}_{\mathrm{ILC}1}, ..., \boldsymbol{L}_{\mathrm{ILC}N-1}) \in \mathbb{R}^{pN \times m_{\mathrm{u}}N} \quad \text{mit } p = m_{\mathrm{u}} \tag{2.37}$$

mit

$$\rho(\boldsymbol{I} - \boldsymbol{B}_{\mathrm{u}i}\boldsymbol{L}_{\mathrm{ILC}i}) < 1 \quad \text{mit } i = 0, 1, 2, ..., N-1 \tag{2.38}$$

verwendet werden. Aufgrund der Blockdreiecksstruktur von $\boldsymbol{G}_{\mathrm{u}}$ genügt die Betrachtung der Blockdiagonalmatrix $\mathrm{diag}(\boldsymbol{B}_{\mathrm{u}0}, ..., \boldsymbol{B}_{\mathrm{u}N-1})$ zur Konvergenzanalyse. Ist $\boldsymbol{B}_{\mathrm{u}i}$ invertierbar, so kann mit $\boldsymbol{L}_{\mathrm{ILC}i} = \boldsymbol{B}_{\mathrm{u}i}^{-1}$ Nullfehlerkonvergenz nach N Zyklen (siehe auch (2.50)) erreicht werden [PL88]. Dies zeigt die Möglichkeiten von inversionsbasierten Verfahren auf.

2.1.2 Inversionsbasierte Entwurfsverfahren

Wird im Entwurf der iterativ lernenden Regelung die Filtermatrix $\boldsymbol{Q}_{\mathrm{ILC}} = \boldsymbol{I}$ gewählt, ergibt sich die Möglichkeit, die ILC in sinnvoller Weise inversionsbasiert aufzubauen.

Definition 2.7 (Inverses Problem [Lou89]). *Die Bestimmung der Eingangsgrößen $\boldsymbol{U}$ auf Basis der Ausgangsgrößen $\boldsymbol{Y}$ eines Systemmodells $\boldsymbol{Y} = \boldsymbol{G}\{\boldsymbol{U}\}$ wird als inverses Problem*

$$\boldsymbol{U} = \boldsymbol{G}^{-1}\{\boldsymbol{Y}\} \tag{2.39}$$

bezeichnet. Die Ausgangsgrößen werden auch als Daten bezeichnet. Ein Problem ist gut gestellt, falls die Abbildung $\boldsymbol{G} : \mathbb{U} \to \mathbb{Y}, \boldsymbol{U} \mapsto \boldsymbol{Y}$ mit den Vektorräumen $\mathbb{U}$ und $\mathbb{Y}$ die Eigenschaften

- $\boldsymbol{G}(\boldsymbol{U}) = \boldsymbol{Y} \quad \forall \boldsymbol{Y} \in \mathbb{Y}$ *ist lösbar,*
- *die Lösung ist eindeutig,*
- *die Lösung hängt stetig von den Daten ab*

erfüllt. Sonst gilt das Problem als schlecht gestellt.

Wird für ein System nach (2.20) die Eingangsübertragungsfunktion $\boldsymbol{G}_{\mathrm{u}} = \boldsymbol{L}_{\mathrm{g}} - \boldsymbol{G}_{\mathrm{r}}$ umgeschrieben ($\boldsymbol{L}_{\mathrm{g}}$ sei invertierbar), so kann das inverse Problem von (2.20) mit

$$\begin{aligned} (\boldsymbol{L}_{\mathrm{g}} - \boldsymbol{G}_{\mathrm{r}})\boldsymbol{U} + \boldsymbol{G}_{\mathrm{x}}\boldsymbol{x}_0 + \boldsymbol{G}_{\mathrm{d}}\boldsymbol{S} &= \boldsymbol{Y}_{\mathrm{r}} \\ \boldsymbol{L}_{\mathrm{g}}\boldsymbol{U} &= \boldsymbol{Y}_{\mathrm{r}} - \boldsymbol{G}_{\mathrm{x}}\boldsymbol{x}_0 - \boldsymbol{G}_{\mathrm{d}}\boldsymbol{S} + (\boldsymbol{L}_{\mathrm{g}} - \boldsymbol{G}_{\mathrm{u}})\boldsymbol{U} \end{aligned} \tag{2.40}$$

iterativ über

$$\begin{aligned} \boldsymbol{U}_{\mathrm{ILC}j+1} &= \boldsymbol{L}_{\mathrm{g}}^{-1}(\boldsymbol{Y}_{\mathrm{r}} - \boldsymbol{G}_{\mathrm{x}}\boldsymbol{x}_0 - \boldsymbol{G}_{\mathrm{d}}\boldsymbol{S}) + \boldsymbol{U}_{\mathrm{ILC}j} - \boldsymbol{L}_{\mathrm{g}}^{-1}\boldsymbol{G}_{\mathrm{u}}\boldsymbol{U}_{\mathrm{ILC}j} \\ \boldsymbol{U}_{\mathrm{ILC}j+1} &= \boldsymbol{U}_{\mathrm{ILC}j} + \boldsymbol{L}_{\mathrm{g}}^{-1}(\boldsymbol{Y}_{\mathrm{r}} - \boldsymbol{Y}_j) \\ \boldsymbol{U}_{\mathrm{ILC}j+1} &= \boldsymbol{U}_{\mathrm{ILC}j} + \boldsymbol{L}_{\mathrm{ILC}}\boldsymbol{E}_j = \boldsymbol{U}_{\mathrm{ILC}j} + \boldsymbol{\Delta U}_{\mathrm{ILC}j} \end{aligned} \tag{2.41}$$

mittels einer iterativ lernenden Regelung gelöst werden. Nullfehlerkonvergenz nach einem Zyklus gelingt, falls die Eingangsübertragungsfunktion quadratisch und invertierbar ist ($\boldsymbol{L}_{\mathrm{ILC}} = \boldsymbol{G}_{\mathrm{u}}^{-1}$). Dann gilt für (2.34)

$$\boldsymbol{E}_{j+1} = (\boldsymbol{I} - \boldsymbol{G}_{\mathrm{u}}\boldsymbol{L}_{\mathrm{ILC}})\boldsymbol{E}_j = (\boldsymbol{I} - \boldsymbol{G}_{\mathrm{u}}\boldsymbol{G}_{\mathrm{u}}^{-1})\boldsymbol{E}_j = \boldsymbol{0}. \tag{2.42}$$

Für nichteindeutige schlecht gestellte Probleme kann eine Pseudoinverse zur Fehlerminimierung verwendet werden.

Die Fehlerminimierung eines überbestimmten Systems ($Np < Nm_{\mathrm{u}}$) nach (2.20) gelingt über die Fehlerabstandsminimierung $J = \min_{\boldsymbol{U}} ||\boldsymbol{G}_{\mathrm{u}}\boldsymbol{U} - \boldsymbol{R}_{\mathrm{rd}}||_2$ und ergibt $\boldsymbol{U} = (\boldsymbol{G}_{\mathrm{u}}^T\boldsymbol{G}_{\mathrm{u}})^{-1}\boldsymbol{G}_{\mathrm{u}}^T\boldsymbol{R}_{\mathrm{rd}}$. Hierbei beschreibt $\boldsymbol{G}_{\mathrm{u}}^{+} = (\boldsymbol{G}_{\mathrm{u}}^T\boldsymbol{G}_{\mathrm{u}})^{-1}\boldsymbol{G}_{\mathrm{u}}^T$ die Pseudoinverse von $\boldsymbol{G}_{\mathrm{u}}$. Ist das System unterbestimmt ($Np > Nm_{\mathrm{u}}$), kann als Lösung des inversen Problems der Eingang $\boldsymbol{U}$ mit der geringstmöglichen Energie $J = \min_{U} ||\boldsymbol{U}||_2^2 + \boldsymbol{\lambda}^T(\boldsymbol{G}_\mathrm{u}\boldsymbol{U} - \boldsymbol{R}_\mathrm{rd})$ mit $\boldsymbol{U} = \boldsymbol{G}_\mathrm{u}^T(\boldsymbol{G}_\mathrm{u}\boldsymbol{G}_\mathrm{u}^T)^{-1}\boldsymbol{R}_\mathrm{rd}$ angegeben werden.

Es existiert genau dann eine Pseudoinverse zu

$$\boldsymbol{G}_\mathrm{u} = \begin{bmatrix} \boldsymbol{C}_1\boldsymbol{B}_{\mathrm{u}0} & \boldsymbol{0} & \cdots & \boldsymbol{0} \\ \times & \boldsymbol{C}_2\boldsymbol{B}_{\mathrm{u}1} & \ddots & \vdots \\ \vdots & \ddots & \ddots & \boldsymbol{0} \\ \times & \cdots & \times & \boldsymbol{C}_N\boldsymbol{B}_{\mathrm{u}N-1} \end{bmatrix}, \tag{2.43}$$

falls die Matrizen $\boldsymbol{C}_k\boldsymbol{B}_{\mathrm{u}k-1} \in \mathbb{R}^{p\times m_\mathrm{u}}$ der Blockdiagonalen für $k = 1, ..., N$ stets Höchstrang $\mathrm{rang}(\boldsymbol{C}_k\boldsymbol{B}_{\mathrm{u}k-1}) = \min(p, m_\mathrm{u})$ aufweisen. Die Matrix $\boldsymbol{G}_\mathrm{u}$ hat dann ebenfalls Höchstrang $\mathrm{rang}(\boldsymbol{G}_\mathrm{u}) = \min(Np, Nm_\mathrm{u})$. Kein Höchstrang ergibt sich, falls die Zeilen oder Spalten von $\boldsymbol{C}_k\boldsymbol{B}_{k-1}$ linear abhängig voneinander sind. Für den Fall $m_\mathrm{u} > p$ können linear abhängige Spalten durch die Entfernung des Eingangs, der keinen Mehrwert erzielt, entfernt werden. Für den Fall $p > m_\mathrm{u}$ können linear abhängige Zeilen durch die Entfernung des Ausgangs, der für die Systembeschreibung nicht erforderlich ist, entfernt werden. Daher kann für die weiteren Untersuchungen angenommen werden, dass $\boldsymbol{G}_\mathrm{u}$ stets Höchstrang hat.

Das inverse Problem zu MIMO-Systemen kann nur dann eindeutig gelöst werden (gut gestelltes Problem), falls $m_\mathrm{u} = p$ gilt. Dann existiert die Inverse $\boldsymbol{G}_\mathrm{u}$. Sind mehr Eingangsgrößen als Ausgangsgrößen gegeben ($m_\mathrm{u} > p$), ist die Lösung überbestimmt. Es existieren unendlich viele Lösungsmöglichkeiten. Eine Lösungsmöglichkeit stellt $\boldsymbol{U}_\mathrm{ILC}$ mit der geringstmöglichen Energie dar. Hierbei wird Nullfehlerkonvergenz für $k \to \infty$ erreicht ($\rho(\bar{\boldsymbol{L}}_\mathrm{ILC}) < 1$, Theorem 2.1). Für mehr Ausgangsgrößen als Eingangsgrößen ist die Lösung unterbestimmt. Es existiert keine Lösung mit Nullfehlerkonvergenz für $k \to \infty$. Die Konvergenz der iterativ lernenden Regelung selbst kann dann über die Eigenwerte der Fehlerübertragungsmatrix $\bar{\boldsymbol{L}}_\mathrm{ILC}^\mathrm{u}$ sichergestellt werden (Theorem 2.1).

Die Lösung des inversen Problems hängt maßgeblich von den Ausgangsgrößen, den sogenannten Daten, ab. Sind diese durch Messrauschen verfälscht, kann das numerische Ergebnis des inversen Problems enorme Abweichungen zum tatsächlichen Ergebnis aufweisen. Als Maß für die numerische Lösbarkeit eines linearen Gleichungssystems dient die Konditionierung der entsprechenden Matrix.

Definition 2.8 (Kondition einer Matrix (euklidische Norm)). *Die Kondition einer Matrix $\boldsymbol{A}$ bezüglich der euklidischen Norm ist durch*

$$\mathrm{cond}_2(\boldsymbol{A}) = ||\boldsymbol{A}||_2 \, ||\boldsymbol{A}^+||_2 = \frac{\overline{\sigma}}{\underline{\sigma}} \tag{2.44}$$

gegeben. Hierbei stellt $\overline{\sigma}$ den größten Singulärwert und $\underline{\sigma}$ den kleinsten Singulärwert ungleich Null dar.

Entwurf über Singulärwertzerlegung

Für invertierbares Eingangsverhalten nach (2.20), kann Matrix $\boldsymbol{G}_\mathrm{u}$ über Singulärwertzerlegung

$$\begin{aligned}\boldsymbol{G}_\mathrm{u} &= \boldsymbol{W}\boldsymbol{\Sigma}\boldsymbol{V}^T = (\boldsymbol{w}_1\boldsymbol{\sigma}_1 + \ldots + \boldsymbol{w}_n\boldsymbol{\sigma}_n)\boldsymbol{V}^T \\ &= \left(\begin{bmatrix}\sigma_1 w_{11} & 0 & \cdots & 0\\ \vdots & \vdots & \ddots & \vdots\\ \sigma_1 w_{n1} & 0 & \cdots & 0\end{bmatrix} + \ldots + \begin{bmatrix}0 & 0 & \cdots & \sigma_n w_{1n}\\ \vdots & \vdots & \ddots & \vdots\\ 0 & 0 & \cdots & \sigma_n w_{nn}\end{bmatrix}\right)\begin{bmatrix}\boldsymbol{v}_1^T\\ \vdots\\ \boldsymbol{v}_n^T\end{bmatrix} \\ &= \left(\begin{bmatrix}\sigma_1 w_{11} v_{11} & 0 & \cdots & 0\\ \vdots & \vdots & \ddots & \vdots\\ \sigma_1 w_{n1} v_{n1} & 0 & \cdots & 0\end{bmatrix} + \ldots + \begin{bmatrix}0 & 0 & \cdots & \sigma_n w_{1n} v_{1n}\\ \vdots & \vdots & \ddots & \vdots\\ 0 & 0 & \cdots & \sigma_n w_{nn} v_{nn}\end{bmatrix}\right)\end{aligned} \tag{2.45}$$

beschrieben werden. Wird als Lernmatrix für eine iterativ lernende Regelung nun die Inverse $\boldsymbol{G}_\mathrm{u}$ verwendet, so ist über

$$\boldsymbol{\Delta U}_{\mathrm{ILC}j} = \boldsymbol{L}_\mathrm{ILC}\boldsymbol{E}_j = \boldsymbol{V}\boldsymbol{\Sigma}^{-1}\boldsymbol{W}^T\boldsymbol{E}_j = \sum_{i=1}^{n}\sigma_i^{-1}\boldsymbol{v}_i\boldsymbol{w}_i^T\boldsymbol{E}_j = \sum_{i=1}^{n}\sigma_i^{-1}\langle\boldsymbol{E}_j, \boldsymbol{w}_i\rangle\boldsymbol{v}_i \tag{2.46}$$

ersichtlich, dass kleine Singulärwerte σ_i zu einer relevanten Verstärkung von Fehlern in $\boldsymbol{E}_j$ (z. B. Messrauschen, Beobachtungsfehler) führen. Werden bei der Inversenberechnung von $\boldsymbol{G}_\mathrm{u}$ über eine Singulärwertzerlegung kleine Singulärwerte weggelassen, wird der Signalfehler für gestörte Daten (Messrauschen) deutlich verbessert. Dies kann als Tiefpassfilterung interpretiert werden [Lou89]. Mit zunehmender Anzahl der weggelassenen Terme steigt der Approximations-/Regularisierungsfehler. Die Lernmatrix

$$\boldsymbol{L}_\mathrm{ILC} = \left[\begin{array}{c|c}\boldsymbol{\Sigma}_\mathrm{r} & \boldsymbol{0}\\ \hline \boldsymbol{0} & \boldsymbol{0}\end{array}\right] \tag{2.47}$$

mit den r relevanten Singulärwerten wird auch als regularisierte Matrix bezeichnet. Der Gesamtfehler des inversen Problems ergibt sich mit den gestörten Daten $\tilde{\boldsymbol{E}}$ zu

$$\boldsymbol{\Delta}\tilde{\boldsymbol{U}}_{\mathrm{ILC}j} - \boldsymbol{\Delta U}_{\mathrm{ILC}j} = \boldsymbol{L}_\mathrm{ILC}\tilde{\boldsymbol{E}}_j - \boldsymbol{G}_\mathrm{u}^{-1}\boldsymbol{E}_j = \underbrace{\boldsymbol{L}_\mathrm{ILC}(\tilde{\boldsymbol{E}}_j - \boldsymbol{E}_j)}_{\text{Signalfehler}} + \underbrace{(\boldsymbol{L}_\mathrm{ILC} - \boldsymbol{G}_\mathrm{u}^{-1})\boldsymbol{E}_j}_{\text{Regularisierungsfehler}}. \tag{2.48}$$

Für die reduzierte Singulärwertzerlegung ergibt sich als Norm $||\boldsymbol{I} - \boldsymbol{G}_\mathrm{u}\boldsymbol{L}_\mathrm{ILC}||_2 = 1$, sodass stets ein Restfehler übrig bleibt (Lerngesetz: $\boldsymbol{U}_{\mathrm{ILC}j+1} = \boldsymbol{U}_{\mathrm{ILC}j} + \boldsymbol{\Delta}\tilde{\boldsymbol{U}}_{\mathrm{ILC}j}$)

Entwurf über Bandmatrizen

Wird als Lernmatrix eine Bandstruktur der Form $\boldsymbol{L}_\mathrm{ILC} = \mathrm{diag}(\boldsymbol{L}_{\mathrm{ILC}1}, \ldots, \boldsymbol{L}_{\mathrm{ILC}N})$ verwendet ($p = m_\mathrm{u}$), ist der Rechenaufwand von $\boldsymbol{\Delta U}_\mathrm{ILC}$ gering. Die Inversion von $\boldsymbol{G}_\mathrm{u}$ wird damit durch eine Bandmatrix angenähert. Die Parameter $\boldsymbol{L}_{\mathrm{ILC}i}$ können mit unterschiedlichen Verfahren entworfen werden. In [IAT92] wird $\boldsymbol{L}_{\mathrm{ILC}i} = (\boldsymbol{C}_{i+1}\boldsymbol{B}_{\mathrm{u}i})^+$ als Lernparameter verwendet, was eine Nullfehlerkonvergenz in N Schritten erzielt. Für Systeme mit $m_\mathrm{u} \geq p$ ist dies dadurch gegeben, dass die Fehlerübertragungsmatrix

$$\boldsymbol{I} - \boldsymbol{G}_\mathrm{u}\boldsymbol{L}_\mathrm{ILC} = \bar{\boldsymbol{L}}_\mathrm{ILC} \tag{2.49}$$

nilpotent

$$\bar{\boldsymbol{L}}_\mathrm{ILC} = \begin{bmatrix} 0 & \cdots & \cdots & 0 \\ \times & 0 & & \vdots \\ \vdots & \ddots & \ddots & \vdots \\ \times & \cdots & \times & 0 \end{bmatrix}, \quad \bar{\boldsymbol{L}}_\mathrm{ILC}^2 = \begin{bmatrix} 0 & \cdots & \cdots & 0 \\ 0 & 0 & & \vdots \\ \times & \ddots & \ddots & \vdots \\ \times & \times & 0 & 0 \end{bmatrix}, \quad ..., \quad \bar{\boldsymbol{L}}_\mathrm{ILC}^N = \boldsymbol{0} \tag{2.50}$$

ist. Der iterativ erlernte Regelfehler $\boldsymbol{E}_N = \bar{\boldsymbol{L}}_\mathrm{ILC}^N \boldsymbol{E}_0$ ergibt sich damit nach N Schritten zu Null. Mit der Abschätzung

$$||\bar{\boldsymbol{L}}_\mathrm{ILC}||_1 = \left\| \begin{matrix} \boldsymbol{I} - \boldsymbol{C}_1\boldsymbol{B}_\mathrm{u1}\boldsymbol{L}_\mathrm{ILC1} \\ -\boldsymbol{C}_1\boldsymbol{A}_1\boldsymbol{B}_\mathrm{u1}\boldsymbol{L}_\mathrm{ILC1} \\ \vdots \\ -\boldsymbol{C}_1\boldsymbol{A}_1^{N-1}\boldsymbol{B}_\mathrm{u1}\boldsymbol{L}_\mathrm{ILC1} \end{matrix} \right\|_1 \leq ||\boldsymbol{I} - \boldsymbol{C}_1\boldsymbol{B}_\mathrm{u1}\boldsymbol{L}_\mathrm{ILC1}||_1 + ||\boldsymbol{L}_\mathrm{ILC1}||_1 \sum_{i=1}^{N-1} ||\boldsymbol{C}_1\boldsymbol{A}_1^i\boldsymbol{B}_\mathrm{u1}||_1 \tag{2.51}$$

kann mit der monotonen Konvergenzbedingung bzgl. der Spaltensummennorm $||\bar{\boldsymbol{L}}_\mathrm{ILC}||_1 < 1$ mit $\boldsymbol{L}_\mathrm{ILC} = (\boldsymbol{C}_1\boldsymbol{B}_\mathrm{u1})^+$ eine obere Schranke

$$\sum_{i=1}^{N-1} ||\boldsymbol{C}_1\boldsymbol{A}_1^i\boldsymbol{B}_\mathrm{u1}||_1 < \frac{1}{||(\boldsymbol{C}_1\boldsymbol{B}_\mathrm{u1})^+||_1} \tag{2.52}$$

für monotone Konvergenz von zeitinvarianten Systemen gefunden werden [Hil00]. Eine Nullfehlerkonvergenz nach N Schritten kann für eine große Schrittanzahl N sehr träge sein. Große Abtastzeiten verbessern die Konvergenzrate. Für Halteglieder nullter Ordnung ergibt dies jedoch oftmals große Abweichungen zwischen den Abtastwerten. Halteglieder höherer Ordnung wirken diesem Effekt entgegen [Hil00].

Konvergenz bezogen auf die euklidische Norm ist ebenfalls möglich und kann durch

$$\min_{\boldsymbol{L}_\mathrm{ILC}} = ||\boldsymbol{G}_\mathrm{u}\mathrm{diag}(\boldsymbol{L}_\mathrm{ILC1}, ..., \boldsymbol{L}_{\mathrm{ILC}N}) - \boldsymbol{I}||_2^2 \quad \Rightarrow \quad \boldsymbol{L}_{\mathrm{ILC}i} = (\boldsymbol{G}_{\mathrm{u}i}^T\boldsymbol{G}_{\mathrm{u}i})^{-1}\boldsymbol{G}_{\mathrm{u}i}^T\boldsymbol{I}_i \quad \text{für } i = 1, ..., N \tag{2.53}$$

und der Bedingung $||\bar{\boldsymbol{L}}_\mathrm{ILC}||_2 < 1$ gewährleistet werden. Hierbei steht i für die jeweilige Blockspalte der entsprechenden Matrizen. Ein analoges Vorgehen ist für Systeme mit $p > m_\mathrm{u}$ über $\bar{\boldsymbol{L}}_\mathrm{ILC}^\mathrm{u}$ möglich.

Entwurf über Fehleroptimierung

Für Systeme mit $m_\mathrm{u} \leq p$ ist Nullfehlerkonvergenz nur für den Fall $m_\mathrm{u} = p$ möglich. Zur Fehlerreduktion ist es daher sinnvoll, den Entwurf über die konvexe Fehleroptimierung mit der Kostenfunktion

$$J_{j+1} = \min_{\boldsymbol{\Delta U}_{\mathrm{ILC}j}} ||\boldsymbol{E}_{j+1}||_2^2 = \min_{\boldsymbol{\Delta U}_{\mathrm{ILC}j}} \boldsymbol{E}_{j+1}^T\boldsymbol{E}_{j+1} \tag{2.54}$$

durchzuführen. Hierbei ergibt sich $\boldsymbol{\Delta U}_{\mathrm{ILC}j}$ mit $\boldsymbol{E}_{j+1} = \boldsymbol{Y}_{\mathrm{r}} - \boldsymbol{Y}_{j+1} = \boldsymbol{E}_j - \boldsymbol{G}_{\mathrm{u}}\boldsymbol{\Delta U}_{\mathrm{ILC}j}$ und

$$\begin{aligned} J_{j+1} &= (\boldsymbol{E}_j^T - \boldsymbol{\Delta U}_{\mathrm{ILC}j}^T \boldsymbol{G}_{\mathrm{u}}^T)(\boldsymbol{E}_j - \boldsymbol{G}_{\mathrm{u}}\boldsymbol{\Delta U}_{\mathrm{ILC}j}) \\ &= \boldsymbol{E}_j^T \boldsymbol{E}_j^T - 2\boldsymbol{\Delta U}_{\mathrm{ILC}j}^T \boldsymbol{G}_{\mathrm{u}}^T \boldsymbol{E}_j + \boldsymbol{\Delta U}_{\mathrm{ILC}j}^T \boldsymbol{G}_{\mathrm{u}}^T \boldsymbol{G}_{\mathrm{u}} \boldsymbol{\Delta U}_{\mathrm{ILC}j} \\ \frac{\partial J_{j+1}}{\partial \boldsymbol{\Delta U}_{\mathrm{ILC}j}} &= -2\boldsymbol{G}_{\mathrm{u}}^T \boldsymbol{E}_j + 2\boldsymbol{G}_{\mathrm{u}}^T \boldsymbol{G}_{\mathrm{u}}^T \boldsymbol{U}_{\mathrm{ILC}j} \end{aligned} \tag{2.55}$$

zu

$$\boldsymbol{\Delta U}_{\mathrm{ILC}j} = (\boldsymbol{G}_{\mathrm{u}}^T \boldsymbol{G}_{\mathrm{u}})^{-1} \boldsymbol{G}_{\mathrm{u}}^T \boldsymbol{E}_j = \boldsymbol{G}_{\mathrm{u}}^+ \boldsymbol{E}_j. \tag{2.56}$$

Wird als Lernmatrix $\boldsymbol{L}_{\mathrm{ILC}} = \alpha \boldsymbol{G}_{\mathrm{u}}^+$ mit $0 < \alpha \leq 1$ verwendet, so ist die Konvergenzbedingung

$$||\bar{\boldsymbol{L}}_{\mathrm{ILC}}^{\mathrm{u}}||_2 = ||\boldsymbol{I} - \alpha \boldsymbol{G}_{\mathrm{u}}^+ \boldsymbol{G}_{\mathrm{u}}||_2 = ||\boldsymbol{I} - \alpha \boldsymbol{I}||_2 = 1 - \alpha \tag{2.57}$$

stets erfüllt. Die Lösungsgeschwindigkeit des inversen Problems erfolgt damit über den Parameter α. Mit $\alpha = 1$ ist Konvergenz bereits nach der ersten ILC-Iteration erreicht (der Begriff ILC-Iteration entspricht der Berechnung $\boldsymbol{U}_{\mathrm{ILC}j+1} = \boldsymbol{U}_{\mathrm{ILC}j} + \boldsymbol{\Delta U}_{\mathrm{ILC}j}$). Bei schlecht konditionierten Problemen ist es sinnvoll α kleiner zu wählen, um die relevanten Verstärkungen durch kleine Singulärwerte zu mildern. Die Konvergenz für $j \to \infty$ bleibt erhalten. Es gelingt eine Filterwirkung trotz $\boldsymbol{Q}_{\mathrm{ILC}} = \boldsymbol{I}$.

Entwurf über gewichtete Fehleroptimierung

Die Filterung selbst kann auch direkt in den konvexen Optimierungsentwurf integriert werden. Mit der Kostenfunktion

$$J_{j+1} = \min_{\boldsymbol{\Delta U}_{\mathrm{ILC}j}} ||\boldsymbol{E}_{j+1}||_{\boldsymbol{Q}_{\mathrm{e}}}^2 + ||\boldsymbol{\Delta U}_j||_{\boldsymbol{Q}_{\mathrm{u}}}^2 = \min_{\boldsymbol{\Delta U}_{\mathrm{ILC}j}} \boldsymbol{E}_{j+1}^T \boldsymbol{Q}_{\mathrm{e}} \boldsymbol{E}_{j+1} + \boldsymbol{\Delta U}_{\mathrm{ILC}j}^T \boldsymbol{Q}_{\mathrm{u}} \boldsymbol{\Delta U}_{\mathrm{ILC}j} \tag{2.58}$$

kann über die Matrizen $\boldsymbol{Q}_{\mathrm{e}} \succ \boldsymbol{0}$ und $\boldsymbol{Q}_{\mathrm{u}} \succeq \boldsymbol{0}$ die Fehlerreduktion und Modellgenauigkeit unterschiedlich gewichtet werden. So gelingt eine modellbasierte Filterwirkung der iterativ lernenden Regelungsstruktur. Als Regelungsstruktur ergibt sich mit

$$\begin{aligned} J_{j+1} &= \boldsymbol{E}_j^T \boldsymbol{Q}_{\mathrm{e}} \boldsymbol{E}_j^T - 2\boldsymbol{\Delta U}_{\mathrm{ILC}j}^T \boldsymbol{Q}_{\mathrm{e}} \boldsymbol{G}_{\mathrm{u}}^T \boldsymbol{E}_j + \boldsymbol{\Delta U}_{\mathrm{ILC}j}^T (\boldsymbol{G}_{\mathrm{u}}^T \boldsymbol{Q}_{\mathrm{e}} \boldsymbol{G}_{\mathrm{u}} + \boldsymbol{Q}_{\mathrm{u}}) \boldsymbol{\Delta U}_{\mathrm{ILC}j} \\ \frac{\partial J_{j+1}}{\partial \boldsymbol{\Delta U}_{\mathrm{ILC}j}} &= -2\boldsymbol{Q}_{\mathrm{e}} \boldsymbol{G}_{\mathrm{u}}^T \boldsymbol{E}_j + 2(\boldsymbol{G}_{\mathrm{u}}^T \boldsymbol{Q}_{\mathrm{e}} \boldsymbol{G}_{\mathrm{u}} + \boldsymbol{Q}_{\mathrm{u}}) \boldsymbol{U}_{\mathrm{ILC}j} \end{aligned} \tag{2.59}$$

die Lernmatrix zu $\boldsymbol{L}_{\mathrm{ILC}} = (\boldsymbol{G}_{\mathrm{u}}^T \boldsymbol{Q}_{\mathrm{e}} \boldsymbol{G}_{\mathrm{u}} + \boldsymbol{Q}_{\mathrm{u}})^{-1} \boldsymbol{Q}_{\mathrm{e}} \boldsymbol{G}_{\mathrm{u}}^T$.

Theorem 2.2. *Für die Systemdynamik* (2.20) *mit* $m_u \leq p$ *kann über die Kostenfunktion* (2.58) *eine monoton konvergente iterativ lernende Regelung bezüglich der euklidischen Norm berechnet werden. Für vollen Rang von* $\boldsymbol{G}_{\mathrm{u}}$ *wird Nullfehlerkonvergenz für* $k \to \infty$ *erreicht.*

Beweis. Monotones Verhalten der ILC-Kosten für alle $j \in \mathbb{N}_0$ ergibt sich direkt aus der Bedingung, dass

$$||\boldsymbol{E}_{j+1}||_{\boldsymbol{Q}_{\mathrm{e}}}^2 \leq J_{j+1} = \min_{\boldsymbol{\Delta U}_{\mathrm{ILC}j}} ||\boldsymbol{E}_{j+1}||_{\boldsymbol{Q}_{\mathrm{e}}}^2 + ||\boldsymbol{\Delta U}_j||_{\boldsymbol{Q}_{\mathrm{u}}}^2 \leq ||\boldsymbol{E}_j||_{\boldsymbol{Q}_{\mathrm{e}}}^2 \tag{2.60}$$

aufgrund der Optimierung stets erfüllt ist. Die Gleichheit $J_{j+1} = J_j$ ist genau dann erfüllt, falls $\boldsymbol{\Delta U}_{\mathrm{ILC}j} = \mathbf{0}$. Mit $\boldsymbol{\Delta U}_{\mathrm{ILC}j} = \boldsymbol{L}_{\mathrm{ILC}}\boldsymbol{E}_{j+1}$ und der Bedingung, dass $\boldsymbol{L}_{\mathrm{ILC}}$ vollen Rang hat ($\ker(\boldsymbol{L}_{\mathrm{ILC}}) = 0$), ist $\boldsymbol{E}_{j+1} = \mathbf{0}$ die einzige Lösung von $\boldsymbol{\Delta U}_{\mathrm{ILC}j} = \mathbf{0}$, was Nullfehlerkonvergenz für $k \to \infty$ bedeutet. □

Die Sensitivität gegenüber hochfrequentem Rauschverhalten kann über

$$\|\boldsymbol{L}_{\mathrm{ILC}}\|_\infty = \|(\boldsymbol{G}_\mathrm{u}^T\boldsymbol{Q}_\mathrm{e}\boldsymbol{G}_\mathrm{u} + \boldsymbol{Q}_\mathrm{u})^{-1}\boldsymbol{Q}_\mathrm{e}\boldsymbol{G}_\mathrm{u}^T\|_\infty \leq \frac{\overline{\sigma}(\boldsymbol{G}_\mathrm{u})\overline{\sigma}(\boldsymbol{Q}_\mathrm{e})}{\underline{\sigma}(\boldsymbol{G}_\mathrm{u}^T\boldsymbol{Q}_\mathrm{e}\boldsymbol{G}_\mathrm{u} + \boldsymbol{Q}_\mathrm{u})} \leq \frac{\overline{\sigma}(\boldsymbol{G}_\mathrm{u})\overline{\sigma}(\boldsymbol{Q}_\mathrm{e})}{\underline{\sigma}(\boldsymbol{Q}_\mathrm{u})} \tag{2.61}$$

abgeschätzt werden. Hierbei beschreibt $\overline{\sigma}(\boldsymbol{G}_\mathrm{u})$ die Eingangsrichtung mit der größten Verstärkung, was als stationäre Verstärkung eines überdämpften Systems interpretiert werden kann. Die obere Schranke der Sensitivität wird damit maßgeblich durch $\boldsymbol{Q}_\mathrm{e}$ und $\boldsymbol{Q}_\mathrm{u}$ bestimmt (unabhängig von der Abtastzeit des Systems). Die Sensitivität der Einschrittlösung eines invertierbaren Systems

$$\|\boldsymbol{G}_\mathrm{u}^{-1}\|_\infty = \frac{1}{\underline{\sigma}(\boldsymbol{G}_\mathrm{u})} \tag{2.62}$$

ist an die Abtastzeit gekoppelt. Für kleine Abtastzeiten wandern die Singulärwerte des Systems immer weiter gegen Null und die iterativ lernende Regelung wird hoch sensitiv gegenüber Messrauschen. Daher ist ein Entwurf über Gewichtungsmatrizen sinnvoll. Filterwirkung, monotone Konvergenz und Nullfehlerkonvergenz können erreicht werden [LLK00].

2.1.3 Robustheit

Wird eine iterativ lernende Regelung verwendet, sollte diese robustes Verhalten gegenüber Modellunsicherheiten, nichtzyklischen Störungen, Messrauschen, Systembeschränkungen und Anfangszustandsfehlern aufweisen.

Modellunsicherheiten

Modellunsicherheiten in $\boldsymbol{G}_{\mathrm{u}j}$ aufgrund nichtbetrachteter Dynamiken, unsicherer Modellparameter oder Linearisierungen um eine Trajektorie können als allgemeine additive Störung

$$\boldsymbol{G}_{\mathrm{u}j_\mathrm{i}} = \boldsymbol{G}_{\mathrm{u}j} + \boldsymbol{\Delta}_{j+} \quad \Rightarrow \quad \frac{\|\boldsymbol{G}_{\mathrm{u}j_\mathrm{i}} - \boldsymbol{G}_{\mathrm{u}j}\|}{\|\boldsymbol{G}_{\mathrm{u}j}\|} = \frac{\|\boldsymbol{\Delta}_{j+}\|}{\|\boldsymbol{G}_{\mathrm{u}j}\|} \quad \Rightarrow \quad \max_j \frac{\|\boldsymbol{\Delta}_{j+}\|}{\|\boldsymbol{G}_{\mathrm{u}j}\|} \leq \epsilon_+ \quad \forall j \in \mathbb{N}_0 \tag{2.63}$$

bzw. multiplikative Störung

$$\boldsymbol{G}_{\mathrm{u}j_\mathrm{i}} = \boldsymbol{\Delta}_{j*}\boldsymbol{G}_{\mathrm{u}j} \quad \Rightarrow \quad \frac{\|\boldsymbol{G}_{\mathrm{u}j_\mathrm{i}} - \boldsymbol{\Delta}_{j*}\boldsymbol{G}_{\mathrm{u}j}\|}{\|\boldsymbol{G}_{\mathrm{u}j}\|} \quad \Rightarrow \quad \max_j \frac{\|\boldsymbol{G}_{\mathrm{u}j_\mathrm{i}} - \boldsymbol{\Delta}_{j*}\boldsymbol{G}_{\mathrm{u}j}\|}{\|\boldsymbol{G}_{\mathrm{u}j}\|} \leq \epsilon_* \quad \forall j \in \mathbb{N}_0 \tag{2.64}$$

aufgefasst werden. Hierbei beschreibt $\boldsymbol{G}_{\mathrm{u}j}$ das Systemmodellverhalten und $\boldsymbol{G}_{\mathrm{u}j_\mathrm{i}}$ das reale Systemverhalten. Der Index j zeigt an, dass das Systemverhalten von Zyklus zu Zyklus unterschiedlich sein kann. Dies ist beispielsweise bei linearisierten nichtlinearen Systemen um eine Trajektorie der Fall. $\boldsymbol{\Delta}_{j+}$ und $\boldsymbol{\Delta}_{j*}$ beschreiben die additiven bzw. multiplikativen Unsicherheiten des aktuellen Zyklus, ϵ_+ und ϵ_* die jeweiligen oberen relativen Schranken.

Theorem 2.3. *Wird für ein Systemmodell nach* (2.20) *eine iterativ lernende Regelung der Form* $\boldsymbol{U}_{\mathrm{ILC}j+1} = \boldsymbol{U}_{\mathrm{ILC}j} + \alpha \boldsymbol{L}_{\mathrm{ILC}j}\boldsymbol{E}_j$ *mit* $0 < \alpha \leq 1$ *entworfen, so konvergiert die iterativ lernende Regelung für das reale Systemverhalten* $\boldsymbol{G}_{\mathrm{u}j_\mathrm{i}}$*, wenn der relative additive Fehler die Bedingung*

$$\frac{||\boldsymbol{G}_{\mathrm{u}j_\mathrm{i}} - \boldsymbol{G}_{\mathrm{u}j}||}{\boldsymbol{G}_{\mathrm{u}j}} = \frac{||\boldsymbol{\Delta}_{j+}||}{\boldsymbol{G}_{\mathrm{u}j}} \leq \epsilon_+ < \frac{1 - ||\bar{\boldsymbol{L}}_{\mathrm{ILC}j}||}{||\boldsymbol{G}_{\mathrm{u}j}||\,||\boldsymbol{L}_{\mathrm{ILC}j}||}, \tag{2.65}$$

bzw. der relative multiplikative Fehler die Bedingung

$$\frac{||\boldsymbol{G}_{\mathrm{u}j_\mathrm{i}} - \boldsymbol{\Delta}_{j*}\boldsymbol{G}_{\mathrm{u}j}||}{\boldsymbol{G}_{\mathrm{u}j}} \leq \epsilon_* < \frac{1 - ||\bar{\boldsymbol{L}}_{\mathrm{ILC}j}||}{||\boldsymbol{G}_{\mathrm{u}j}||\,||\boldsymbol{L}_{\mathrm{ILC}j}||}. \tag{2.66}$$

erfüllt. Die Abschätzung ist unabhängig von α*.*

Beweis. Für die Norm der Fehlerübertragungsmatrix des realen Systemverhaltens $\boldsymbol{L}_{\mathrm{ILC}j_\mathrm{i}}$ ergibt sich mit dem Lerngesetz $\boldsymbol{\Delta U}_{\mathrm{ILC}j} = \alpha \boldsymbol{L}_{\mathrm{ILC}j}\boldsymbol{E}_j$ die obere Abschätzung

$$\begin{aligned} ||\bar{\boldsymbol{L}}_{\mathrm{ILC}j_\mathrm{i}}|| &= ||\boldsymbol{I} - \alpha \boldsymbol{G}_{\mathrm{u}j_\mathrm{i}}\boldsymbol{L}_{\mathrm{ILC}j}|| = ||\alpha(\boldsymbol{I} - \boldsymbol{G}_{\mathrm{u}j}\boldsymbol{L}_{\mathrm{ILC}j}) - \alpha\boldsymbol{\Delta}_{j+} + (1-\alpha)\boldsymbol{I}|| \\ &\leq \alpha||\bar{\boldsymbol{L}}_{\mathrm{ILC}j}|| + \alpha\epsilon_+||\boldsymbol{G}_\mathrm{u}||\,||\boldsymbol{L}_{\mathrm{ILC}j}|| + 1 - \alpha, \end{aligned} \tag{2.67}$$

bzw.

$$\begin{aligned} ||\bar{\boldsymbol{L}}_{\mathrm{ILC}j_\mathrm{i}}|| &= ||\boldsymbol{I} - \alpha \boldsymbol{G}_{\mathrm{u}j_\mathrm{i}}\boldsymbol{L}_{\mathrm{ILC}j}|| = ||\boldsymbol{I} - \alpha\boldsymbol{\Delta}_{j*}\boldsymbol{G}_{\mathrm{u}j}\boldsymbol{L}_{\mathrm{ILC}j}|| \\ &\leq \alpha||\bar{\boldsymbol{L}}_{\mathrm{ILC}j}|| + \alpha\epsilon_*||\boldsymbol{G}_\mathrm{u}||\,||\boldsymbol{L}_{\mathrm{ILC}j}|| + 1 - \alpha. \end{aligned} \tag{2.68}$$

Die iterativ lernende Regelung konvergiert für die reale Strecke, falls $||\bar{\boldsymbol{L}}_{\mathrm{ILC}j_\mathrm{i}}|| < 1$. Eingesetzt in (2.67) und (2.68) ergibt sich damit unabhängig vom Parameter α mit $0 < \alpha \leq 1$ die obere Konvergenzschranke für additive Unsicherheiten zu (2.65) und für multiplikative Unsicherheiten zu (2.66) (siehe auch [Hil00]). □

Um den Konvergenznachweis für eine reale Strecke durchführen zu können, muss für die Menge $\mathbb{G}$ der möglichen Übertragungsfunktionen $\boldsymbol{G}_{\mathrm{u}j}$ eine Fehlerbetrachtung $\boldsymbol{\Delta}_{j+}, \boldsymbol{\Delta}_{j*}$ eingeführt und Abschätzung ϵ_+, ϵ_* errechnet werden.

Wird als iterativ lernende Regelung ein gewichteter Fehleroptimierungsentwurf verwendet, kann für eine multiplikative Unsicherheitsbeschreibung die Bedingung $||\bar{\boldsymbol{L}}_{\mathrm{ILC}j_\mathrm{i}}|| < 1$ durch

$$\boldsymbol{E}_{j+1} = (\boldsymbol{I} - \boldsymbol{G}_{\mathrm{u}j_\mathrm{i}}(\boldsymbol{G}_{\mathrm{u}j}^T\boldsymbol{Q}_\mathrm{e}\boldsymbol{G}_{\mathrm{u}j} + \boldsymbol{Q}_\mathrm{u})^{-1}\boldsymbol{Q}_\mathrm{e}\boldsymbol{G}_{\mathrm{u}j})^T\boldsymbol{E}_j \tag{2.69}$$

angegeben werden. Es ist ersichtlich, dass durch die Gewichtungsmatrizen $\boldsymbol{Q}_\mathrm{e}$ und $\boldsymbol{Q}_\mathrm{u}$ der Einfluss der Unsicherheiten modellbasiert geschwächt werden kann. Durch die Worst-Case-Abschätzungsbedingung

$$\max_{\boldsymbol{\Delta}_{j*}} ||\boldsymbol{I} - \boldsymbol{\Delta}_{j*}\boldsymbol{G}_{\mathrm{u}j}(\boldsymbol{G}_{\mathrm{u}j}^T\boldsymbol{Q}_\mathrm{e}\boldsymbol{G}_{\mathrm{u}j} + \boldsymbol{Q}_\mathrm{u})^{-1}\boldsymbol{Q}_\mathrm{e}\boldsymbol{G}_{\mathrm{u}j}^T|| < 1 \qquad \forall j \in \mathbb{N}_0 \tag{2.70}$$

kann ein $\boldsymbol{Q}_\mathrm{e}$ und $\boldsymbol{Q}_\mathrm{u}$ ermittelt werden, sodass die Fehlerkonvergenz am realen System gewährleistet wird. Die Berechnung gelingt auch für eine Worst-Case-Abschätzung von $\boldsymbol{\Delta}_{j*}$.

Nichtzyklische Störungen

Treten nichtzyklische Störungen in einem System nach (2.20) auf, ergibt sich das Fehlerübertragungsverhalten

$$\boldsymbol{E}_{j+1} = (\boldsymbol{I} - \boldsymbol{G}_\mathrm{u}\boldsymbol{L}_\mathrm{ILC})\boldsymbol{E}_j + \boldsymbol{\Delta}_{\mathrm{a}j}, \tag{2.71}$$

wobei $\boldsymbol{\Delta}_{\mathrm{a}j}$ die nichtzyklische Störung darstellt, welche durch $\max_j ||\boldsymbol{\Delta}_{\mathrm{a}j}|| \leq \epsilon_\mathrm{a} \forall j \in \mathbb{N}_0$ abgeschätzt sei (Worst-Case). $\boldsymbol{L}_\mathrm{ILC}$ ist hierbei zyklusunabhängig. Eine zyklusabhängige Betrachtung ist ebenfalls möglich.

Theorem 2.4. *Wird eine iterativ lernende Regelung für das System* (2.20) *entworfen, ist diese nach Theorem 2.1 durch die Bedingung* $||\bar{\boldsymbol{L}}_\mathrm{ILC}|| < 1$ *konvergent. Für eine eingreifende nichtzyklische Störung mit der Abschätzung* $\max_j ||\boldsymbol{\Delta}_{\mathrm{a}j}|| \leq \epsilon_\mathrm{a} \forall j \in \mathbb{N}_0$ *und* $||\boldsymbol{\Delta}_{aj}|| > 0$ *wird keine Nullfehlerkonvergenz erreicht. Die Fehlernorm für* $j \to \infty$ *kann durch*

$$||\boldsymbol{E}_\infty|| \leq \frac{\epsilon_\mathrm{a}}{1 - ||\bar{\boldsymbol{L}}_\mathrm{ILC}||} \tag{2.72}$$

abgeschätzt werden.

Beweis. Für das Fehlerübertragungsverhalten mit additiver nichtzyklischer Störung ergibt sich nach Bildung der Norm die Abschätzung

$$||\boldsymbol{E}_{j+1}|| \leq ||\bar{\boldsymbol{L}}_\mathrm{ILC}||\,||\boldsymbol{E}_j|| + ||\boldsymbol{\Delta}_\mathrm{a}|| \leq ||\bar{\boldsymbol{L}}_\mathrm{ILC}||\,||\boldsymbol{E}_j|| + \epsilon_\mathrm{a}. \tag{2.73}$$

Für diese Abschätzung stellt sich das Verhalten $\boldsymbol{E}_\infty = \boldsymbol{E}_{j+1} = \boldsymbol{E}_j$ für $j \to \infty$ ein, woraus sich (2.72) ergibt [Hil00]. □

Es ist ersichtlich, dass für diese Abschätzung das beste Störverhalten bzgl. nichtzyklischer Störungen für $\boldsymbol{L}_\mathrm{ILC} = \boldsymbol{G}_\mathrm{u}^+$ erreicht wird. Das Rauschverhalten wird hierfür jedoch verschlechtert.

Messrauschen

Ist der Ausgang eines Systems nach (2.20) durch Messrauschen überlagert, ergibt sich für die Fehlermessung

$$\boldsymbol{E}_j = \boldsymbol{E}_{\mathrm{i}j} + \boldsymbol{\Delta}_{\mathrm{i}j}, \tag{2.74}$$

wobei $\boldsymbol{E}_{\mathrm{i}j}$ das reale Fehlerverhalten und $\boldsymbol{E}_j$ das gemessene Fehlerverhalten darstellt. $\boldsymbol{\Delta}_{\mathrm{i}j}$ beschreibt das Rauschverhalten, welches durch $\max_j ||\boldsymbol{\Delta}_{\mathrm{i}j}|| \leq \epsilon_\mathrm{i} \forall j \in \mathbb{N}_0$ abgeschätzt sei (Worst-Case).

Theorem 2.5. *Wird eine iterativ lernende Regelung für das System* (2.20) *entworfen, ist diese nach Theorem 2.1 durch die Bedingung* $||\bar{\boldsymbol{L}}_\mathrm{ILC}|| < 1$ *konvergent. Ist der Systemausgang*

Messrauschen unterlegen, wird keine Nullfehlerkonvergenz erreicht. Die Fehlernorm nach Erreichen der Konvergenz kann mit der Rauschabschätzung $\max_j ||\boldsymbol{\Delta}_{\mathrm{i}j}|| \leq \epsilon_{\mathrm{i}} \forall j \in \mathbb{N}_0$ *durch*

$$||\boldsymbol{E}_\infty|| \leq \left(\frac{1}{||\bar{\boldsymbol{L}}_{\mathrm{ILC}}||} - 1\right)\epsilon_{\mathrm{i}} \tag{2.75}$$

abgeschätzt werden.

Beweis. Für das Fehlerübertragungsverhalten unter Messrauschen ergibt sich nach Bildung der Norm die Abschätzung

$$||\boldsymbol{E}_{j+1}|| \leq ||\bar{\boldsymbol{L}}_{\mathrm{ILC}}||\,||\boldsymbol{E}_j|| + ||\bar{\boldsymbol{L}}_{\mathrm{ILC}}||\,||\boldsymbol{\Delta}_{\mathrm{i}}|| \leq ||\bar{\boldsymbol{L}}_{\mathrm{ILC}}||\,||\boldsymbol{E}_j|| + ||\bar{\boldsymbol{L}}_{\mathrm{ILC}}||\epsilon_{\mathrm{i}}. \tag{2.76}$$

Für diese Abschätzung stellt sich das Verhalten $\boldsymbol{E}_\infty = \boldsymbol{E}_{j+1} = \boldsymbol{E}_j$ für $j \to \infty$ ein, woraus sich (2.75) ergibt. □

Für $\boldsymbol{L}_{\mathrm{ILC}} \approx \boldsymbol{G}_{\mathrm{u}}^{+}$ wird die obere Schranke der Rauschabschätzung stark angehoben. Insbesondere die kleinen Singulärwerte der durch $\boldsymbol{L}_{\mathrm{ILC}}$ angenäherten Systeminversen heben das Rauschverhalten an (siehe auch (2.46)).

Systembeschränkungen

Ist das betrachtete System Beschränkungen unterlegen und werden diese durch die Systemzustände, -ausgänge oder -eingänge erreicht, kann es sein, dass der Regelfehler $||\boldsymbol{E}_j||$ an diesen Stellen nicht zu Null werden kann. Diese Bereiche lassen sich in der Fehlerbetrachtung ausblenden, wie in Abbildung 2.3 verdeutlicht.

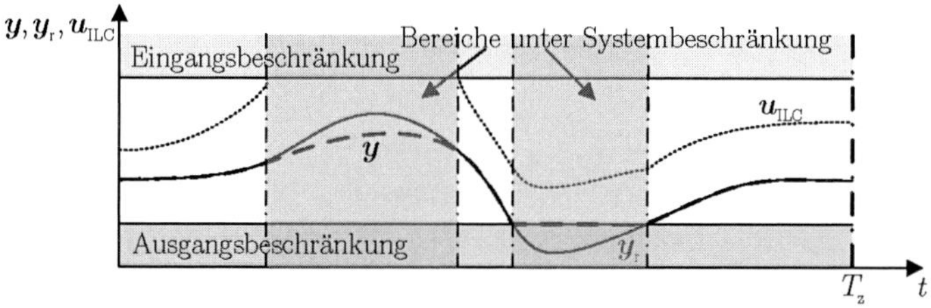

Abbildung 2.3: Iterativ lernender Prozess unter Beschränkungen

Damit wird nicht mehr der komplette Fehlerverlauf betrachtet, sondern die Fehlerselektion $\boldsymbol{E}_{\mathrm{sel}j} = \boldsymbol{\Theta}_{\mathrm{sel}}\boldsymbol{E}_j$ mit

$$\boldsymbol{\Theta}_{\mathrm{sel}} = \mathrm{diag}(\boldsymbol{I}_{\mathrm{s1}}, \boldsymbol{0}_{\mathrm{b1}}, \boldsymbol{I}_{\mathrm{s2}}, ...). \tag{2.77}$$

$\boldsymbol{I}_{\mathrm{s1}}, ..., \boldsymbol{I}_{\mathrm{s}m_{\mathrm{sel}}}$ stellt hierbei die m_{sel} Einheitsmatrizen mit der Dimensionsgröße der verwendeten Bereiche, $\boldsymbol{0}_{\mathrm{s1}}, ..., \boldsymbol{0}_{\mathrm{s}m_{\mathrm{bes}}}$ die m_{bes} Nullmatrizen mit der Dimensionsgröße der ausgeblendeten Bereiche dar. Die euklidische Fehlernorm kann durch

$$||\boldsymbol{E}||_2 \leq ||\boldsymbol{E}_{\mathrm{bes}}||_2 + ||\boldsymbol{E}_{\mathrm{sel}}||_2 \quad \text{mit } \boldsymbol{E}_{\mathrm{bes}} = (\boldsymbol{I} - \boldsymbol{\Theta}_{\mathrm{sel}})\boldsymbol{E},\ \boldsymbol{E}_{\mathrm{sel}} = \boldsymbol{\Theta}_{\mathrm{sel}}\boldsymbol{E} \tag{2.78}$$

abgeschätzt werden. Für eine iterativ lernende Regelungsstruktur der Form $\boldsymbol{U}_{\mathrm{ILC}j+1} = \boldsymbol{U}_{\mathrm{ILC}j} + \boldsymbol{\Theta}_{\mathrm{sel}j}\boldsymbol{L}_{\mathrm{ILC}}\boldsymbol{E}_j$, für welche die Bedingung $||\boldsymbol{I} - \boldsymbol{G}_{\mathrm{u}}\boldsymbol{L}_{\mathrm{ILC}}|| < 1$ erfüllt ist, ergibt sich schließlich für die euklidische Fehlernorm

$$||\boldsymbol{E}_{\mathrm{sel}j+1}||_2 \leq ||\boldsymbol{I} - \boldsymbol{G}_{\mathrm{u}}\boldsymbol{L}_{\mathrm{ILC}}||_2||\boldsymbol{E}_{\mathrm{sel}j}||_2. \tag{2.79}$$

Hierbei wird vorausgesetzt, dass in der Filtermatrix $\boldsymbol{\Theta}_j$ mit fortlaufender Iteration lediglich Nullmatrizen und keine Einheitsmatrizen hinzukommen dürfen [Hen02].

Anfangszustandsfehler

Ist die iterativ lernende Regelung Variationen im Anfangszustand des Prozesses $\boldsymbol{x}_0$ unterlegen, kann für eine konstante Lernmatrix keine Nullfehlerkonvergenz erreicht werden. Es ergibt sich für die Fehlerübertragungsfunktion

$$\boldsymbol{E}_{j+1} = (\boldsymbol{I} - \boldsymbol{G}_{\mathrm{u}}\boldsymbol{L}_{\mathrm{ILC}})\boldsymbol{E}_j - \boldsymbol{G}_{\mathrm{x}}(\boldsymbol{x}_{0_{j+1}} - \boldsymbol{x}_{0_j}) = (\boldsymbol{I} - \boldsymbol{G}_{\mathrm{u}}\boldsymbol{L}_{\mathrm{ILC}})\boldsymbol{E}_{j+1} - \boldsymbol{G}_{\mathrm{x}}\boldsymbol{\Delta x}_{0_j}, \tag{2.80}$$

wobei $\boldsymbol{\Delta x}_{0_j}$ der Variation des Anfangszustands entspricht. Kann für die Anfangszustandvariation/Anfangszustandsfehler eine obere Schranke $\max_j \|\boldsymbol{\Delta x}_{0_j}\| \leq \epsilon_{\mathrm{x0}} \forall j \in \mathbb{N}_0$ bestimmt werden, ist eine Abschätzung der Fehlernorm möglich.

Theorem 2.6. *Für eine iterativ lernende Regelung $\boldsymbol{U}_{\mathrm{ILC}j+1} = \boldsymbol{U}_{\mathrm{ILC}j} + \boldsymbol{L}_{\mathrm{ILC}}\boldsymbol{E}_j$ für ein System nach* (2.20) *mit $||\bar{\boldsymbol{L}}_{\mathrm{ILC}}|| < 1$ und einem beschränkten maximalen Anfangszustandsfehler $\max_j \|\boldsymbol{\Delta x}_{0_j}\| \leq \epsilon_{x_0} \forall j \in \mathbb{N}_0$ wird für $||\boldsymbol{\Delta x}_{0_j}|| > \boldsymbol{0}$ keine Nullfehlerkonvergenz erreicht. Die Fehlernorm kann in diesem Fall durch*

$$||\boldsymbol{E}_{\infty}|| \leq \frac{||\boldsymbol{G}_{\mathrm{x}}||\epsilon_{\mathrm{x0}}}{1 - ||\bar{\boldsymbol{L}}_{\mathrm{ILC}}||} \tag{2.81}$$

abgeschätzt werden.

Beweis. Die Fehlerübertragungsfunktion kann mit $\epsilon_{\mathrm{x_0}}$ durch

$$||\boldsymbol{E}_{j+1}||_2 \leq ||\bar{\boldsymbol{L}}_{\mathrm{ILC}}||\,||\boldsymbol{E}_j|| + ||\boldsymbol{G}_{\mathrm{x}}||\,||\boldsymbol{\Delta x}_{0_j}|| \leq ||\bar{\boldsymbol{L}}_{\mathrm{ILC}}||\,||\boldsymbol{E}_j|| + ||\boldsymbol{G}_{\mathrm{x}}||\,\epsilon_{\mathrm{x0}} \tag{2.82}$$

abgeschätzt werden. Über $||\boldsymbol{E}_{\infty}|| = ||\boldsymbol{E}_{j+1}|| = \boldsymbol{E}_j$ berechnet sich die obere Fehlerschranke zu (2.81) [Hil00]. □

Alternativ kann der Anfangszustandsfehler aus der iterativ lernenden Regelung herausgerechnet werden. Dies gelingt, indem statt der iterativ lernenden Regelung $\boldsymbol{U}_{\mathrm{ILC}j+1} = \boldsymbol{U}_{\mathrm{ILC}j} + \boldsymbol{L}_{\mathrm{ILC}}\boldsymbol{E}_j$ stets die Steuertrajektorie $\boldsymbol{U}^{\mathrm{s}}_{\mathrm{ILC}j+1} = \boldsymbol{U}_{\mathrm{ILC}j+1} - \boldsymbol{G}_{\mathrm{u}}^{+}\boldsymbol{G}_{\mathrm{x}}\boldsymbol{x}_{0_{j+1}}$ auf das System angewendet wird. Das System bestimmt sich zu

$$\begin{aligned}\boldsymbol{Y}_{j+1} &= \boldsymbol{G}_{\mathrm{u}}(\boldsymbol{U}_{\mathrm{ILC}j} + \boldsymbol{L}_{\mathrm{ILC}}\boldsymbol{E}_j) - \boldsymbol{G}_{\mathrm{u}}\boldsymbol{G}_{\mathrm{u}}^{+}\boldsymbol{G}_{\mathrm{x}}\boldsymbol{x}_0 + \boldsymbol{G}_{\mathrm{x}}\boldsymbol{x}_0 + \boldsymbol{G}_{\mathrm{d}}\boldsymbol{S}\\ &= \boldsymbol{G}_{\mathrm{u}}(\boldsymbol{U}_{\mathrm{ILC}j} + \boldsymbol{L}_{\mathrm{ILC}}\boldsymbol{E}_j) + \boldsymbol{G}_{\mathrm{d}}\boldsymbol{S}.\end{aligned} \tag{2.83}$$

Der Einfluss des Anfangszustands wird damit unterdrückt. Für diesen Ansatz muss die Pseudoinverse des Systems existieren. Die Systembeschränkungen dürfen nicht erreicht werden. Eine Eliminierung von $\boldsymbol{x}_0$ ist nur für sehr gute Modellkenntnis sinnvoll [Hen02].

Für periodische Prozesse ergeben sich für den Beginn jeder Periode ebenfalls variierende Anfangszustände. Wird ein gewichteter Optimierungsansatz für die iterativ lernende Regelung verwendet, kann die Anfangszustandsvariation im Reglerkonzept berücksichtigt werden. Für die Lifted-Systembeschreibung

$$\begin{aligned}\boldsymbol{X}_j &= \boldsymbol{\Phi}\boldsymbol{x}_{0_j} + \boldsymbol{\Gamma}_{\mathrm{u}}\boldsymbol{U}_{\mathrm{ILC}j} + \boldsymbol{\Gamma}_{\mathrm{d}}\boldsymbol{S}\\ \boldsymbol{Y}_j &= \boldsymbol{G}_{\mathrm{x}}\boldsymbol{x}_{0_j} + \boldsymbol{G}_{\mathrm{u}}\boldsymbol{U}_{\mathrm{ILC}j} + \boldsymbol{G}_{\mathrm{d}}\boldsymbol{S}\end{aligned} \tag{2.84}$$

mit der Periodendauer T_{p} und N Abtastzeitschritten für eine Periode kann eine Differenzbeschreibung

$$\begin{aligned}\boldsymbol{\Delta x}_{0_{j+1}} &= \boldsymbol{\Phi}_N\boldsymbol{\Delta x}_{0_j} + \boldsymbol{\Gamma}_{\mathrm{u}N}\boldsymbol{\Delta U}_{\mathrm{ILC}j}\\ \boldsymbol{\Delta Y}_j &= \boldsymbol{G}_{\mathrm{x}}\boldsymbol{\Delta x}_{0_j} + \boldsymbol{G}_{\mathrm{u}}\boldsymbol{\Delta U}_{\mathrm{ILC}j}\end{aligned} \tag{2.85}$$

des Systems angegeben werden. Hierbei ist $\boldsymbol{\Delta x}_{0_j} = \boldsymbol{x}_{0_j} - \boldsymbol{x}_{0_{j-1}}$ und $\boldsymbol{\Delta Y}_j = \boldsymbol{Y}_j - \boldsymbol{Y}_{j-1}$. Mit Index N von $\boldsymbol{\Gamma}_{\mathrm{u}N}$ und $\boldsymbol{\Phi}_N$ wird Abtastzeitschritt N aus der entsprechenden Matrix ausgewählt. Hieraus ergibt sich das System

$$\underbrace{\begin{bmatrix}\boldsymbol{\Delta x}_{0_{j+1}}\\ \boldsymbol{E}_{j+1}\end{bmatrix}}_{\boldsymbol{E}_{j+1_{\mathrm{x}0}}} = \underbrace{\begin{bmatrix}\boldsymbol{\Phi}_N & \boldsymbol{0}\\ \boldsymbol{G}_{\mathrm{x}} & \boldsymbol{I}\end{bmatrix}}_{\bar{\boldsymbol{G}}_{\mathrm{x}}}\begin{bmatrix}\boldsymbol{\Delta x}_{0_j}\\ \boldsymbol{E}_j\end{bmatrix} + \underbrace{\begin{bmatrix}\boldsymbol{\Gamma}_{\mathrm{u}N}\\ \boldsymbol{G}_{\mathrm{u}}\end{bmatrix}}_{\bar{\boldsymbol{G}}_{\mathrm{u}}}\boldsymbol{\Delta U}_{\mathrm{ILC}j} \quad \Rightarrow \quad \begin{aligned}\boldsymbol{E}_{j+1_{\mathrm{x}0}} &= \bar{\boldsymbol{G}}_{\mathrm{x}}\boldsymbol{E}_{j_{\mathrm{x}0}} + \bar{\boldsymbol{G}}_{\mathrm{u}}\boldsymbol{\Delta U}_{\mathrm{ILC}j},\\ \boldsymbol{E}_{j+1} &= \bar{\boldsymbol{G}}_{\mathrm{xe}}\boldsymbol{E}_{j_{\mathrm{x}0}} + \boldsymbol{G}_{\mathrm{u}}\boldsymbol{\Delta U}_{\mathrm{ILC}j}.\end{aligned} \tag{2.86}$$

Der Optimierungsentwurf nach (2.58) kann durch die Betrachtung aller Zyklen $j \to \infty$ zu

$$J_{j+1} = \min_{\boldsymbol{\Delta U}_{\mathrm{ILC}j}} \sum_{j=0}^{\infty} ||\boldsymbol{E}_{j+1}||^2_{\boldsymbol{Q}_{\mathrm{e}}} + ||\boldsymbol{\Delta U}_{\mathrm{ILC}j}||^2_{\boldsymbol{Q}_{\mathrm{u}}} = \min_{\boldsymbol{\Delta U}_{\mathrm{ILC}j}} \sum_{j=0}^{\infty} \left\| \begin{matrix}\boldsymbol{E}_{j_{\mathrm{x}0}}\\ \boldsymbol{\Delta U}_{\mathrm{ILC}j}\end{matrix} \right\|^2_{\bar{\boldsymbol{Q}}} \tag{2.87}$$

mit

$$\bar{\boldsymbol{Q}} = \begin{bmatrix}\bar{\boldsymbol{G}}_{\mathrm{xe}}^T\boldsymbol{Q}_{\mathrm{e}}\bar{\boldsymbol{G}}_{\mathrm{xe}} & \bar{\boldsymbol{G}}_{\mathrm{xe}}^T\boldsymbol{Q}_{\mathrm{e}}\boldsymbol{G}_{\mathrm{u}}\\ \boldsymbol{G}_{\mathrm{u}}^T\boldsymbol{Q}_{\mathrm{e}}\bar{\boldsymbol{G}}_{\mathrm{xe}} & \boldsymbol{G}_{\mathrm{u}}^T\boldsymbol{Q}_{\mathrm{e}}\boldsymbol{G}_{\mathrm{u}} + \boldsymbol{Q}_{\mathrm{u}}\end{bmatrix} \tag{2.88}$$

umgeformt werden [LNL01]. Die Lösung erfolgt über die algebraische Riccati-Gleichung. Damit wird die iterativ lernende Regelung in eine algebraische Beziehung überführt.

2.1.4 Vor- und Nachteile

Die iterativ lernende Regelung ist ein Verfahren zur iterativen Verbesserung zyklischer Prozesse. Sie zeichnet sich durch ihre einfache Struktur aus und kann kaskadiert über bereits bestehende geregelte Prozesse gelegt werden. Zyklisches Störverhalten wird hiermit robust erlernt und unterdrückt. Das Fehlerverhalten wird nach und nach verbessert. Unbekannte Dynamiken lassen sich in den Entwurf integrieren. Für eine Vielzahl von Systemen kann damit Nullfehlerkonvergenz erreicht, bzw. die Fehlernorm für $j \to \infty$ robust abgeschätzt werden. Iterativ lernende Regelungen haben im Allgemeinen eine gute Rauschunterdrückung. Insbesondere die diskreten modellbasierten iterativ lernenden Methoden in Lifted-Struktur zeichnen sich durch ihre einfache Konvergenzbeschreibung aus. Für den Entwurf ist oftmals eine Beobachtung der Systemzustände und Störungen notwendig. Hierfür kann ein iterativ lernender Beobachter eingesetzt und in das ILC-Verfahren integriert werden. Bei inversions- und optimierungsbasierten Verfahren ist in der Regel ein hoher Speicheraufwand notwendig. Durch die Integration einer Optimierung in den Entwurf können neben der Fehlerminimierung weitere Optimierungsziele einbezogen werden, was einen großen Vorteil dieser Verfahren darstellt. Nichtzyklische Prozessstörungen verschlechtern das iterativ lernende Regelungsverhalten. Systembeschränkungen sind im Entwurf allgemein nicht berücksichtigt. Die Vor- und Nachteile sind in Tabelle 2.1 nochmals gegenübergestellt.

Vorteile	Nachteile
Einfache Struktur	Speicheraufwand
Unterdrückung zyklischer Störungen	Zustands- und Störbeobachtung notwendig
Gute Rauschunterdrückung	Beschränkungen sind nicht berücksichtigt
Berücksichtigung unbekannter Dynamiken	Lernverhalten für nichtzyklische Störungen
Präzise Trajektorienverfolgung	
Iterative Verbesserung des Regelfehlers	
Einfache Konvergenzkriterien	
Monotone Konvergenz	
Auch für bestehende Regelstrecke geeignet	
Erweiterte Optimierungsmöglichkeiten	

Tabelle 2.1: Vor- und Nachteile der iterativ lernenden Regelung

Aufgrund der einfachen Struktur und Konvergenzbeschreibung sind die diskreten iterativ lernenden Regelungen weit verbreitet. Insbesondere die optimierungsbasierten Verfahren haben sich durch ihr monotones Konvergenzverhalten durchgesetzt. Die Möglichkeit weitere Optimierungsansätze zu integrieren stellt das große Potential dieser Verfahren dar. Die Methoden selbst sind durch modellprädiktive Verfahren erweiterbar, sodass auch Beschränkungen im Entwurf optimal berücksichtigt werden können. Wird die iterativ lernende Regelung in eine geschlossene Regelung umgewandelt, wird der Einfluss nichtzyklischer Störungen reduziert. Die Einbindung der modellprädiktiven Regelungsmethoden in einen iterativ lernenden Regelungsentwurf ist damit folgerichtig.

2.2 Modellprädiktive Regelung

Die modellprädiktive Regelung (engl.: *Model Predictive Control* (MPC)) gehört zu den intelligenten und damit modernen Regelungsverfahren. Der Ansatz wurde in den 1960ern eingeführt. Eine Anwendung in der Industrie erfolgte erstmals in den 1980ern. Viele Veröffentlichungen sind auf diesem Gebiet entstanden. Die Monographien [CB99, Mac00, Ros03, KH05, RM09] geben einen guten Einblick in die Thematik. Eine Übersicht der Methoden ist in den Veröffentlichungen [BM99, ML99, MRRS00, May14] dargelegt.

Die Idee des Verfahrens ist sehr einfach beschrieben. Auf Basis eines diskretisierten Modells wird die System- und Stördynamik für einen Horizont von N_p Zeitschritten prädiziert. Für diesen Horizont kann nun der optimale Steuereingang für eine vorgegebene Referenztrajektorie berechnet werden. Eine Kostenfunktion dient als Grundlage. Systembeschränkungen sind in das Optimierungsproblem integriert. Der erste berechnete Steuereingang wird auf das System geschaltet. Im nächsten Zeitschritt erfolgt die erneute Optimierungsberechnung. Damit wird die Steuerung in eine Regelung umgewandelt. Man spricht auch von einer Regelung mit gleitendem Horizont (engl.: *Receding Horizon Control* (RHC)).

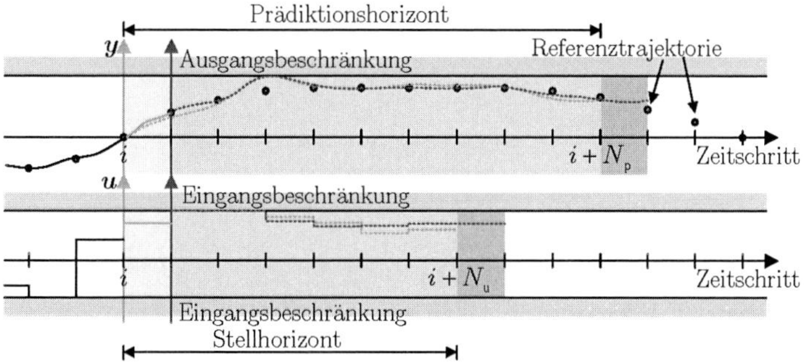

Abbildung 2.4: MPC: Strategie

Abbildung 2.4 veranschaulicht die Vorgehensweise. Hierbei beschreiben die durchgezogenen Trajektorien den vergangenen Verlauf. Die gestrichelten Trajektorien zeigen die Prädiktion des Systems. Das Referenzverhalten ist durch Punkte skizziert. Der Horizont von System und Eingang kann unterschiedlich gewählt werden. Man spricht von Prädiktionshorizont N_p (System) und Stellhorizont $N_\mathrm{u} \leq N_\mathrm{p}$ (Eingang). Für die Zeitschritte $i + l$ mit $N_\mathrm{u} \leq l \leq N_\mathrm{p}$ und $l \in \mathbb{N}$ wird die Stellgröße entweder zu Null oder $\boldsymbol{u}_{i+l} = \boldsymbol{u}_{i+N_\mathrm{u}-1}$ angenommen. Die Stabilität der Regelung, Lösbarkeit der Optimierung und Robustheit gegenüber Unsicherheiten gehören zu den Herausforderungen der modellprädiktiven Regelung. Hierzu wurde eine Vielzahl an Methoden entwickelt.

Beschränkungen optimal in ein Regelungskonzept zu integrieren ist gerade für die Industrie ein interessanter Aspekt. So können Systeme bei gleichzeitiger Stabilitätsgarantie ideal ausgelastet werden. Aufgrund des Rechenaufwands sind in der Vergangenheit lediglich Prozesse mit langsamer Dynamik behandelt worden. Moderne effiziente Optimierungsalgorithmen ermöglichen mittlerweile jedoch auch den Einsatz für schnelle Systeme.

2.2.1 Unbeschränktes Optimierungsproblem

Das allgemeine unbeschränkte modellprädiktive Optimierungsproblem für ein nichtlineares System nach (2.2) kann durch die Kostenfunktion ($l(\boldsymbol{x}(t), \boldsymbol{u}(t))$ und $V_\mathrm{f}(\boldsymbol{x}(N_\mathrm{p}T_\mathrm{s}), \boldsymbol{u}(N_\mathrm{p}T_\mathrm{s}))$ sind positiv definite und konvexe Funktionen)

$$\begin{aligned} J_\mathrm{c} = V^*_{N_\mathrm{p}}(\boldsymbol{x}_\mathrm{m}(iT_\mathrm{s})) &= \min_{\boldsymbol{x}(t),\boldsymbol{u}(t)} \int_{t=0}^{N_\mathrm{p}T_\mathrm{s}} l(\boldsymbol{x}(t), \boldsymbol{u}(t))\mathrm{d}t + V_\mathrm{f}(\boldsymbol{x}(N_\mathrm{p}T_\mathrm{s}), \boldsymbol{u}(N_\mathrm{p}T_\mathrm{s})) \\ \text{mit } \dot{\boldsymbol{x}}(t) &= \boldsymbol{f}(\boldsymbol{x}(t), \boldsymbol{u}(t), \boldsymbol{d}(t), t) \\ \boldsymbol{x}(0) &= \boldsymbol{x}_\mathrm{m}(iT_\mathrm{s}) \end{aligned} \tag{2.89}$$

beschrieben werden. Der Term V_f steht hierbei für den finalen Kostenterm, $\boldsymbol{x}_\mathrm{m}(iT_\mathrm{s})$ stellt den gemessenen Systemzustand zu Zeitschritt i dar. Die Werte von $\boldsymbol{x}(t)$ und $\boldsymbol{u}(t)$ ergeben sich aus der Prädiktion des Systemmodells (analog zu (2.2)). Wird die Regelstrecke über (2.11) und (2.14) linearisiert und diskretisiert, bestimmt sich die diskrete Kostenfunktion zu

$$\begin{aligned} J = V^*_{N_\mathrm{p}}(\boldsymbol{x}_i) &= \min_{\boldsymbol{x}_k,\boldsymbol{u}_k} \sum_{k=0}^{N_\mathrm{p}-1} l_k(\boldsymbol{x}_k, \boldsymbol{u}_k) + V_\mathrm{f}(\boldsymbol{x}_{N_\mathrm{p}}, \boldsymbol{u}_{N_\mathrm{p}}) \\ \text{mit } \boldsymbol{x}_{k+1} &= \boldsymbol{A}_k\boldsymbol{x}_k + \boldsymbol{B}_{\mathrm{u}k}\boldsymbol{u}_k + \boldsymbol{B}_{\mathrm{d}k}\boldsymbol{d}_k, \quad k = 0, ..., N_\mathrm{p}-1, \\ \boldsymbol{x}_0 &= \boldsymbol{x}_i. \end{aligned} \tag{2.90}$$

Hierbei wurde die Annahme $N_\mathrm{u} = N_\mathrm{p}$ angenommen. Es gilt $\boldsymbol{x}_i = \boldsymbol{x}_\mathrm{m}(iT_\mathrm{s})$. Als Kostenelement $l(\boldsymbol{x}(t), \boldsymbol{u}(t))$ wird häufig eine gewichtete quadratische Beschreibung

$$l(\boldsymbol{x}(t), \boldsymbol{u}(t)) = \boldsymbol{x}(t)^T\boldsymbol{Q}_\mathrm{x}\boldsymbol{x}(t) + \boldsymbol{u}(t)^T\boldsymbol{Q}_\mathrm{u}\boldsymbol{u}(t) \tag{2.91}$$

gewählt. Die Matrizen $\boldsymbol{Q}_\mathrm{x} \succeq \boldsymbol{0}$ und $\boldsymbol{Q}_\mathrm{u} \succ \boldsymbol{0}$ stellen die Gewichtungsmatrizen der Zustände und Eingänge dar. Die Kosten über einen Zeitschritt können über die Integration berechnet werden. Sie werden als Schrittkosten bezeichnet. Für ein lineares System berechnen sich die Schrittkosten über

$$\boldsymbol{x}(kT_\mathrm{s}+\tau) = \boldsymbol{\Phi}_k(\tau)\boldsymbol{x}(kT_\mathrm{s}) + \boldsymbol{\Gamma}_{\mathrm{u}k}(\tau)\boldsymbol{u}(kT_\mathrm{s}) + \boldsymbol{\Gamma}_{\mathrm{d}k}(\tau)\boldsymbol{d}(kT_\mathrm{s}) \quad (\boldsymbol{\Phi}_k(T_\mathrm{s}) = \boldsymbol{A}_k, \boldsymbol{\Gamma}_{\mathrm{u}k}(T_\mathrm{s}) = \boldsymbol{B}_{\mathrm{u}k}) \tag{2.92}$$

mit

$$\boldsymbol{\Phi}_k(\tau) = e^{\boldsymbol{A}\tau}, \quad \boldsymbol{\Gamma}_\mathrm{u}(\tau) = \int_0^\tau e^{\boldsymbol{A}\eta}\mathrm{d}\eta\boldsymbol{B}_\mathrm{u}, \quad \boldsymbol{\Gamma}_\mathrm{d}(\tau) = \int_0^\tau e^{\boldsymbol{A}\eta}\mathrm{d}\eta\boldsymbol{B}_\mathrm{d} \tag{2.93}$$

zu

$$l(\boldsymbol{x}_k, \boldsymbol{u}_k) = \int_0^{T_\mathrm{s}} \boldsymbol{x}(t)^T\boldsymbol{Q}_\mathrm{x}\boldsymbol{x}(t) + \boldsymbol{u}(t)^T\boldsymbol{Q}_\mathrm{u}\boldsymbol{u}(t)\mathrm{d}\tau = \begin{bmatrix}\boldsymbol{x}_k^T & \boldsymbol{u}_k^T & \boldsymbol{d}_k^T\end{bmatrix} \begin{bmatrix} \boldsymbol{Q}_\mathrm{x} & \boldsymbol{Q}_\mathrm{xu} & \boldsymbol{Q}_\mathrm{xd} \\ \boldsymbol{Q}_\mathrm{ux} & \boldsymbol{Q}_\mathrm{u} & \boldsymbol{Q}_\mathrm{ud} \\ \boldsymbol{Q}_\mathrm{dx} & \boldsymbol{Q}_\mathrm{du} & \boldsymbol{Q}_\mathrm{d} \end{bmatrix} \begin{bmatrix}\boldsymbol{x}_k \\ \boldsymbol{u}_k \\ \boldsymbol{d}_k\end{bmatrix}, \tag{2.94}$$

wobei

$$\begin{bmatrix} \boldsymbol{Q}_{\mathrm{x}} & \boldsymbol{Q}_{\mathrm{xu}} & \boldsymbol{Q}_{\mathrm{xd}} \\ \boldsymbol{Q}_{\mathrm{ux}} & \boldsymbol{Q}_{\mathrm{u}} & \boldsymbol{Q}_{\mathrm{ud}} \\ \boldsymbol{Q}_{\mathrm{dx}} & \boldsymbol{Q}_{\mathrm{du}} & \boldsymbol{Q}_{\mathrm{d}} \end{bmatrix} = \int_0^{T_{\mathrm{s}}} \begin{bmatrix} \boldsymbol{\Phi}_k^T(\tau) & 0 & 0 \\ \boldsymbol{\Gamma}_{\mathrm{u}k}^T(\tau) & \boldsymbol{I} & 0 \\ \boldsymbol{\Gamma}_{\mathrm{d}k}^T(\tau) & 0 & \boldsymbol{I} \end{bmatrix} \begin{bmatrix} \boldsymbol{\mathcal{Q}}_{\mathrm{x}} & 0 & 0 \\ 0 & \boldsymbol{\mathcal{Q}}_{\mathrm{u}} & 0 \\ 0 & 0 & 0 \end{bmatrix} \begin{bmatrix} \boldsymbol{\Phi}_k(\tau) & \boldsymbol{\Gamma}_{\mathrm{u}k}(\tau) & \boldsymbol{\Gamma}_{\mathrm{d}k}(\tau) \\ 0 & \boldsymbol{I} & 0 \\ 0 & 0 & \boldsymbol{I} \end{bmatrix} \mathrm{d}\tau \tag{2.95}$$

nach [Van78] über die Matrixexponentialfunktion

$$\exp \begin{bmatrix} -\boldsymbol{A}^T & 0 & 0 & \boldsymbol{\mathcal{Q}}_{\mathrm{x}} & 0 & 0 \\ -\boldsymbol{B}_{\mathrm{u}}^T & 0 & 0 & 0 & \boldsymbol{\mathcal{Q}}_{\mathrm{u}} & 0 \\ -\boldsymbol{B}_{\mathrm{d}}^T & 0 & 0 & 0 & 0 & 0 \\ 0 & 0 & 0 & \boldsymbol{A} & \boldsymbol{B}_{\mathrm{u}} & \boldsymbol{B}_{\mathrm{d}} \\ 0 & 0 & 0 & 0 & 0 & 0 \\ 0 & 0 & 0 & 0 & 0 & 0 \end{bmatrix} T_{\mathrm{s}} = \begin{bmatrix} \boldsymbol{\Phi}_{\mathrm{E11}} & \boldsymbol{\Phi}_{\mathrm{E12}} \\ 0 & \boldsymbol{\Phi}_{\mathrm{E22}} \end{bmatrix} \tag{2.96}$$

durch

$$\begin{bmatrix} \boldsymbol{Q}_{\mathrm{x}} & \boldsymbol{Q}_{\mathrm{xu}} & \boldsymbol{Q}_{\mathrm{xd}} \\ \boldsymbol{Q}_{\mathrm{ux}} & \boldsymbol{Q}_{\mathrm{u}} & \boldsymbol{Q}_{\mathrm{ud}} \\ \boldsymbol{Q}_{\mathrm{dx}} & \boldsymbol{Q}_{\mathrm{du}} & \boldsymbol{Q}_{\mathrm{d}} \end{bmatrix} = \boldsymbol{\Phi}_{\mathrm{E22}}^T \boldsymbol{\Phi}_{\mathrm{E12}}, \quad \begin{bmatrix} \boldsymbol{\Phi}_k(T_{\mathrm{s}}) & \boldsymbol{\Gamma}_{\mathrm{u}k}(T_{\mathrm{s}}) & \boldsymbol{\Gamma}_{\mathrm{d}k}(T_{\mathrm{s}}) \\ 0 & \boldsymbol{I} & 0 \\ 0 & 0 & \boldsymbol{I} \end{bmatrix} = \boldsymbol{\Phi}_{\mathrm{E22}} \tag{2.97}$$

bestimmt ist. Der Beweis ist in [Van78] und [FPW98] gezeigt. Hierbei wird die Annahme getroffen, dass das Eingangsverhalten von $\boldsymbol{u}$ und $\boldsymbol{d}$ für einen Abtastzeitschritt einem Halteglied nullter Ordnung entspricht (eine exaktere Störeingangsbeschreibung erfolgt in Kapitel 3). Für ein lineares zeitvariantes System ergibt sich damit eine konvexe quadratische Optimierungsfunktion. In der Literatur sind als Schrittkosten ebenfalls die Summennorm und Maximumsnorm üblich. Diese können in ein lineares Optimierungsproblem umgewandelt werden. Sowohl für quadratische als auch für lineare Optimierungsprobleme existieren effiziente Lösungsverfahren. Der Fokus dieser Dissertation liegt jedoch auf der Lösung von konvexen quadratischen Optimierungsproblemen (Kapitel 4). Dieses kann dann mit $\boldsymbol{u}_i^* = \boldsymbol{\kappa}_{\mathrm{MPC}i}(\boldsymbol{x}_i)$ eindeutig gelöst werden. Das beschriebene System muss hierbei stabilisierbar und detektierbar sein (kein Rangverlust bei der Lösung des inversen Problems).

Definition 2.9 (Stabilisierbarkeit [KS72]). *Ein zeitdiskretes linearisiertes System nach Formulierung (2.14) heißt stabilisierbar, falls eine Matrix $\boldsymbol{K}_k$ existiert, sodass $\boldsymbol{A}_k - \boldsymbol{B}_{uk}\boldsymbol{K}_k$ global asymptotisch stabil ist. Für die Eigenwerte gilt $\rho(\boldsymbol{A}_k - \boldsymbol{B}_{uk}\boldsymbol{K}_k) < 1$.*

Definition 2.10 (Detektierbarkeit [KS72]). *Ein zeitdiskretes linearisiertes System nach Formulierung (2.14) heißt detektierbar, falls eine Matrix $\boldsymbol{L}_k$ existiert, sodass $\boldsymbol{A}_k - \boldsymbol{L}_k\boldsymbol{C}_k$ global asymptotisch stabil ist. Für die Eigenwerte gilt $\rho(\boldsymbol{A}_k - \boldsymbol{L}_k\boldsymbol{C}_k) < 1$.*

Theorem 2.7 (Stabilisierbarkeit [Isi95]). *Sei $\Lambda_{\mathrm{S}} = \{\lambda_i(\boldsymbol{A}_k) : |\lambda_i(\boldsymbol{A}_k)| \geq 1\}$ die Menge an Eigenwerten auf und außerhalb des Einheitskreises, dann ist das Matrixpaar $(\boldsymbol{A}_k, \boldsymbol{B}_k)$ stabilisierbar genau dann, wenn $\begin{bmatrix}(\boldsymbol{A}_k - \lambda_i\boldsymbol{I}) & \boldsymbol{B}_k\end{bmatrix}$ vollen Rang n für alle $\lambda_i \in \Lambda_{\mathrm{S}}$ besitzt.*

Theorem 2.8 (Detektierbarkeit [Isi95]). *Sei $\Lambda_{\mathrm{D}} = \{\lambda_i(\boldsymbol{A}_k) : |\lambda_i(\boldsymbol{A}_k)| \geq 1\}$ die Menge an Eigenwerten auf und außerhalb des Einheitskreises, dann ist das Matrixpaar $(\boldsymbol{C}_k, \boldsymbol{A}_k)$ stabilisierbar genau dann, wenn $\begin{bmatrix}(\boldsymbol{A}_k - \lambda_i\boldsymbol{I})^T & \boldsymbol{C}_k^T\end{bmatrix}^T$ vollen Rang n für alle $\lambda_i \in \Lambda_{\mathrm{D}}$ besitzt.*

Die Stabilität einer modellprädiktiven Regelung ist nicht inhärent gegeben und muss durch geeignete Maßnahmen sichergestellt werden. Für quadratische aber auch für andere Kostenbeschreibungen gelingt dies unter anderem über den Endkostenterm $V_\mathrm{f}(\boldsymbol{x}_{N_\mathrm{p}}, \boldsymbol{x}_{N_\mathrm{p}})$. Hierdurch wird die Kostenfunktion zur Lyapunov-Funktion.

Theorem 2.9 (Stabilität nichtautonomer Systeme [Mar03]). *Falls in der Umgebung $\mathbb{S} \in \mathbb{R}^n$ der Ruhelage $\boldsymbol{x}_\mathrm{R}$ eines diskreten nichtautonomen Systems eine Funktion $V : \mathbb{S} \times \mathbb{N}_0 \to \mathbb{R}$ existiert, für die gilt*
(i) $V_k(\boldsymbol{x}_k)$ ist positiv definit,
(ii) $\Delta V_k(\boldsymbol{x}) = V_{k+1}(\boldsymbol{x}_{k+1}) - V_k(\boldsymbol{x}_k)$ ist negativ semidefinit,
so ist die Ruhelage $\boldsymbol{x}_\mathrm{R}$ stabil. Falls weiter
(iii) $V_k(\boldsymbol{x}_k)$ dekreszent ist,
dann ist die Ruhelage $\boldsymbol{x}_\mathrm{R}$ gleichmäßig stabil. Falls weiter
(ii') $\Delta V_k(\boldsymbol{x}) = V_{k+1}(\boldsymbol{x}_{k+1}) - V_k(\boldsymbol{x}_k)$ negativ definit ist,
so ist die Ruhlelage $\boldsymbol{x}_\mathrm{R}$ gleichmäßig asymptotisch stabil. Falls weiter $\mathbb{S} = \mathbb{R}^n$ und
(iv) $V_k(\boldsymbol{x}_k)$ radial unbeschränkt ist,
so ist die Ruhelage $\boldsymbol{x}_\mathrm{R}$ global gleichmäßig asymptotisch stabil.

Definition 2.11 (Control-Lyapunov-Funktion [Mar03]). *Eine kontinuierliche Funktion $V : \mathbb{S} \times \mathbb{N}_0^+ \to \mathbb{R}$ definiert auf $\mathbb{S} \in \mathbb{R}^n$, welche den Ursprung enthält, wird als Control-Lyapunov-Funktion bezeichnet, falls sie gleichmäßige Stabilität nach Theorem 2.9 gewährleistet und ein Reglergesetz $\boldsymbol{u} = \boldsymbol{\kappa}(\boldsymbol{x}_k)$ besteht, sodass $V_k(\boldsymbol{f}(\boldsymbol{x}_k, \boldsymbol{\kappa}(\boldsymbol{x}_k))) - V_k(\boldsymbol{x}_k) \leq 0, \forall \boldsymbol{x}_k \in \mathbb{S}$.*

Theorem 2.10 (Stabilität: gemeinsame Lyapunov-Funktion [Laz06]). *Das System $\boldsymbol{x}_{k+1} = \boldsymbol{A}_k \boldsymbol{x}_k + \boldsymbol{B}_{\mathrm{u}k} \boldsymbol{u}$ mit dem Reglergesetz $\boldsymbol{u} = -\boldsymbol{K}\boldsymbol{x}_k$ ist global gleichmäßig stabil, falls eine symmetrische Matrix $\boldsymbol{P} \succ \boldsymbol{0}$ existiert, sodass*

$$(\boldsymbol{A}_k - \boldsymbol{B}_{\mathrm{u}k}\boldsymbol{K})^T \boldsymbol{P} (\boldsymbol{A}_k - \boldsymbol{B}_{\mathrm{u}k}\boldsymbol{K}) \prec \boldsymbol{0} \quad \forall k \in \mathbb{N}_0. \tag{2.98}$$

Die quadratische Funktion $V_k(\boldsymbol{x}_k) = \boldsymbol{x}_k^T \boldsymbol{P} \boldsymbol{x}_k$ wird als gemeinsame quadratische Lyapunov-Funktion bezeichnet.

Der Beweis ist in Anhang A.4 beschrieben. Liegt die bekannte Störung des Optimierungsproblems lediglich bis Zeitschritt $N_\mathrm{p} - 1$ vor, sodass sich das System für die Zeitschritte $> N_\mathrm{p} - 1$ zu

$$\boldsymbol{x}_{k+1} = \boldsymbol{A}_k \boldsymbol{x}_k + \boldsymbol{B}_{\mathrm{u}k} \boldsymbol{u}_k \tag{2.99}$$

vereinfacht, kann Stabilität in einfacher Weise garantiert werden. Als Referenztrajektorie wird zunächst $\boldsymbol{x}_\mathrm{R} = \boldsymbol{0}$ betrachtet.

Theorem 2.11 (Stabilität des unbeschränkten Problems [MRRS00, KH05, Laz06]). *Die Ruhelage $\boldsymbol{x}_\mathrm{R} = \boldsymbol{0}$ des Systems nach (2.90) mit $\boldsymbol{d}_i = \boldsymbol{0} \forall i \geq N_\mathrm{p}$, wobei $\boldsymbol{d}$ bekannt ist, $\boldsymbol{u}_i^* = \boldsymbol{\kappa}_{\mathrm{MPC}i}(\boldsymbol{x}_i)$ und den quadratischen Schrittkosten nach (2.94) ist global asymptotisch stabil, falls $\boldsymbol{Q}_\mathrm{x} \succ \boldsymbol{0}$, $\boldsymbol{Q}_\mathrm{u} \succeq \boldsymbol{0}$ und die Endkosten durch $V_\mathrm{f}(\boldsymbol{x}_{N_\mathrm{p}}) = \boldsymbol{x}_{N_\mathrm{p}}^T \boldsymbol{P} \boldsymbol{x}_{N_\mathrm{p}}$ mit $\boldsymbol{P} \succ \boldsymbol{0}$ und*

$$(\boldsymbol{A}_i - \boldsymbol{B}_{\mathrm{u}i}\boldsymbol{K})^T \boldsymbol{P} (\boldsymbol{A}_i - \boldsymbol{B}_{\mathrm{u}i}\boldsymbol{K}) - \boldsymbol{P} \preceq -\boldsymbol{Q}_{\mathrm{x}i} - \boldsymbol{Q}_{\mathrm{xu}i}\boldsymbol{K} - \boldsymbol{K}^T \boldsymbol{Q}_{\mathrm{ux}i} - \boldsymbol{K}^T \boldsymbol{Q}_{\mathrm{u}i} \boldsymbol{K} \prec \boldsymbol{0} \tag{2.100}$$

für alle $i \in \mathbb{N}_0$ bestimmt sind und $\boldsymbol{K}$ so gewählt wird, dass (2.99) stabil ist.

Beweis. Sei die Kostenbeschreibung $V^*_{N_\mathrm{p}}(\boldsymbol{x}_k)$ eine Lyapunov-Kandidaten-Funktion. Für quadratische Schrittkosten ist sie positiv definit und radial unbeschränkt (siehe Beweis zu Theorem 2.10). Zu zeigen ist damit $\Delta V^*_{N_\mathrm{p}}(\boldsymbol{x}_k) < 0\,\forall \boldsymbol{x}_k \neq \boldsymbol{0}$. Für die Optimierungsberechnung aus Zeitschritt i ergibt sich die optimale Steuertrajektorie $\boldsymbol{U}^*_i(\boldsymbol{x}_i) = [\boldsymbol{u}^*_i, ..., \boldsymbol{u}^*_{i+N_\mathrm{p}}]$. Mit $\boldsymbol{U}_{i+1|i}(\boldsymbol{x}_i) = [\boldsymbol{u}^*_{i+1|i}, ..., \boldsymbol{u}^*_{i+N_\mathrm{p}|i}, -\boldsymbol{K}\boldsymbol{x}^*_{i+N_\mathrm{p}|i}]$ kann für den nächsten Zeitschritt eine suboptimale Steuertrajektorie mit den suboptimalen Kosten

$$
\begin{aligned}
V_{N_\mathrm{p},i+1|i}(\boldsymbol{x}_{i+1}, \boldsymbol{U}_{i+1|i}(\boldsymbol{x}_i)) = \\
& V^*_{N_\mathrm{p},i}(\boldsymbol{x}_i) && \text{alte Optimierungskosten}\\
& -l_{0,i}(\boldsymbol{x}_{i|i}, \boldsymbol{u}_{i|i}) && \text{alte 0-Schrittkosten}\\
& -V_\mathrm{f}(\boldsymbol{x}_{i+N_\mathrm{p}|i}) && \text{alter Endkostenterm}\\
& +l_{N_\mathrm{p},i+1}(\boldsymbol{x}_{i+N_\mathrm{p}|i}, \boldsymbol{K}\boldsymbol{x}_{i+N_\mathrm{p}|i}) && \text{neue } N\text{-Schrittkosten}\\
& +V_\mathrm{f}((\boldsymbol{A}_{N_\mathrm{p}} - \boldsymbol{B}_{\mathrm{u}N_\mathrm{p}}\boldsymbol{K})\boldsymbol{x}_{i+N_\mathrm{p}|i}) && \text{neuer Endkostenterm}
\end{aligned}
\tag{2.101}
$$

angegeben werden. Schreibweise $i+1|i$ verdeutlicht, dass Elemente für Zeitschritt $i+1$ auf Basis von Zeitschritt i verwendet werden. Falls $V_{N_\mathrm{p},i+1|i}(\boldsymbol{x}_{i+1}, \boldsymbol{U}_{i+1|i}(\boldsymbol{x}_i)) - V^*_{N_\mathrm{p},i}(\boldsymbol{x}_i)$ negativ definit ist, folgt damit, dass $V^*_{N_\mathrm{p},i+1}(\boldsymbol{x}_{i+1}) - V^*_{N_\mathrm{p},i}(\boldsymbol{x}_i)$ negativ definit ist, wodurch die Stabilität der modellprädiktiven Regelung gewährleistet ist. Damit ergibt sich die Bedingung

$$
\boldsymbol{x}^T_{i+N_\mathrm{p}|i}(\boldsymbol{A}^T_{\mathrm{K}N_\mathrm{p}}\boldsymbol{P}\boldsymbol{A}_{\mathrm{K}N_\mathrm{p}} - \boldsymbol{P})\boldsymbol{x}_{i+N_\mathrm{p}|i} \leq -\boldsymbol{x}^T_{i+N_\mathrm{p}|i}(\boldsymbol{Q}_{\mathrm{x}i} + \boldsymbol{Q}_{\mathrm{xu}i}\boldsymbol{K} + \boldsymbol{K}^T\boldsymbol{Q}_{\mathrm{ux}i} + \boldsymbol{K}^T\boldsymbol{Q}_{\mathrm{u}i}\boldsymbol{K})\boldsymbol{x}_{i+N_\mathrm{p}|i} < 0
\tag{2.102}
$$

mit $\boldsymbol{A}_{\mathrm{K}N_\mathrm{p}} = \boldsymbol{A}_{N_\mathrm{p}} - \boldsymbol{B}_{\mathrm{u}N_\mathrm{p}}\boldsymbol{K}$, woraus (2.100) resultiert. Für $\mathcal{Q}_\mathrm{x} \succ \boldsymbol{0}$, $\mathcal{Q}_\mathrm{u} \succeq \boldsymbol{0}$ ist $(\boldsymbol{Q}_{\mathrm{x}i} + \boldsymbol{Q}_{\mathrm{xu}i}\boldsymbol{K} + \boldsymbol{K}^T\boldsymbol{Q}_{\mathrm{xu}i} + \boldsymbol{K}^T\boldsymbol{Q}_{\mathrm{u}i}\boldsymbol{K}) \succ \boldsymbol{0}$ stets erfüllt, was den Beweis abschließt. □

Ein geeignetes $\boldsymbol{P}$ und $\boldsymbol{K}$ kann über die Minimierung von linearen Matrixgleichungen (engl.: *Linear Matrix Inequalitiy*(LMI)) bestimmt werden. Für Ruhelagen $\boldsymbol{x}_\mathrm{R} \neq \boldsymbol{0}$ erfolgt der Beweis analog [MRRS00]. Die Herausforderung $\boldsymbol{d}_i \neq \boldsymbol{0} \forall i \geq N_\mathrm{p}$ wird in Kapitel 3 angegangen.

2.2.2 Beschränktes Optimierungsproblem

Ist die Regelstrecke Systembeschränkungen unterlegen, können diese in das modellprädiktive Optimierungsproblem integriert werden. Die Kostenfunktion ist dann durch

$$
\begin{aligned}
J_\mathrm{c} = V^*_{N_\mathrm{p}}(\boldsymbol{x}_\mathrm{m}(iT_\mathrm{s})) = \min_{\boldsymbol{x}(t),\boldsymbol{u}(t)} \int_{t=0}^{N_\mathrm{p}T_\mathrm{s}} l(\boldsymbol{x}(t), \boldsymbol{u}(t))\mathrm{d}t + V_\mathrm{f}(\boldsymbol{x}(N_\mathrm{p}T_\mathrm{s}), \boldsymbol{u}(N_\mathrm{p}T_\mathrm{s}))\\
\text{mit} \quad \dot{\boldsymbol{x}}(t) = \boldsymbol{f}(\boldsymbol{x}(t), \boldsymbol{u}(t), \boldsymbol{d}(t), t)\\
(\boldsymbol{x}(t), \boldsymbol{u}(t)) \in \mathbb{Q}_\mathrm{x}(t) \times \mathbb{Q}_\mathrm{u}(t), t \in [0, N_\mathrm{p}T_\mathrm{s}]\\
\boldsymbol{x}(N_\mathrm{p}T_\mathrm{s}) \in \mathcal{X}_\mathrm{f}\\
\boldsymbol{x}(0) = \boldsymbol{x}_\mathrm{m}(iT_\mathrm{s})
\end{aligned}
\tag{2.103}
$$

für eine zeitkontinuierliche Beschreibung bzw. durch

$$
\begin{aligned}
J = V_{N_\mathrm{p}}^*(\boldsymbol{x}_i) &= \min_{\boldsymbol{x}_k, \boldsymbol{u}_k} \sum_{k=0}^{N_\mathrm{p}-1} l_k(\boldsymbol{x}_k, \boldsymbol{u}_k) + V_\mathrm{f}(\boldsymbol{x}_{N_\mathrm{p}}, \boldsymbol{u}_{N_\mathrm{p}}) \\
\text{mit} \quad \boldsymbol{x}_{k+1} &= \boldsymbol{A}_k \boldsymbol{x}_k + \boldsymbol{B}_{\mathrm{u}k} \boldsymbol{u}_k + \boldsymbol{B}_{\mathrm{d}k} \boldsymbol{d}_k, \quad k = 0, ..., N_\mathrm{p} - 1, \\
\boldsymbol{x}_k, &\in \mathbb{Q}_{\mathrm{x}k}, \quad k = 1, ..., N_\mathrm{p} \qquad \boldsymbol{u}_k \in \mathbb{Q}_{\mathrm{u}k}, \quad k = 0, ..., N_\mathrm{p} - 1 \\
\boldsymbol{x}_{N_\mathrm{p}} &\in \mathcal{X}_\mathrm{f} \\
\boldsymbol{x}_0 &= \boldsymbol{x}_i.
\end{aligned}
\tag{2.104}
$$

für eine zeitdiskrete Beschreibung bestimmt. Die Mengen $\mathbb{Q}_{\mathrm{x}k} \subseteq \mathbb{R}^n$ und $\mathbb{Q}_{\mathrm{u}k} \subseteq \mathbb{R}^{m_\mathrm{u}}$ stellen die konvexen Beschränkungen des Systems zu jedem Zeitschritt dar. $\mathcal{X}_\mathrm{f}$ beschreibt eine zulässige konvexe und kompakte invariante Menge des Systems.

Definition 2.12 (Invariante Menge [KGBM04]). *Die Menge $\mathcal{X} \subseteq \mathbb{R}^n$ wird invariante Menge für ein diskretes nichtlineares System*

$$\boldsymbol{x}_{k+1} = \boldsymbol{f}(\boldsymbol{x}_k) \tag{2.105}$$

genannt, falls für $\boldsymbol{x}_0 \in \mathcal{X} \Rightarrow \boldsymbol{f}(\boldsymbol{x}_k) \in \mathcal{X} \quad \forall k \in \mathbb{N}_0$ gilt.

Definition 2.13 (Zulässige Menge [KGBM04]). *Die Menge $\mathcal{X} \subseteq \mathbb{R}^n$ wird zulässige Menge für ein diskretes nichtlineares System (2.105) mit dem Reglergesetz $\boldsymbol{u}_k = \boldsymbol{f}_\mathrm{c}(\boldsymbol{x}_k)$ und den Beschränkungen $\mathbb{Q}_x, \mathbb{Q}_u$ genannt, falls für $\boldsymbol{x}_k \in \mathcal{X} \Rightarrow (\boldsymbol{x}_k, \boldsymbol{f}_\mathrm{c}(\boldsymbol{x}_k)) \in \mathbb{Q}_x, \mathbb{Q}_u$ gilt.*

Theorem 2.12 (Rekursive Lösbarkeit der Optimierung [MRRS00]). *Das Optimierungsproblem (2.104) mit dem optimalen Reglergesetz $\boldsymbol{u}_i^* = \boldsymbol{\kappa}_{\mathrm{MPC}i}(\boldsymbol{x}_i)$, den quadratischen Kosten $l_k(\boldsymbol{x}_k, \boldsymbol{u}_k)$ und der Endmenge $\mathcal{X}_\mathrm{f}$ ist lösbar für alle $i > 0$, falls es lösbar für $i = 0$ ist, die Störung $\mathbf{d}$ bekannt ist und für $i > N_\mathrm{p} - 1$ zu Null wird, und die Endmenge invariant und zulässig für das geschlossene System $\boldsymbol{x}_{k+1} = (\boldsymbol{A}_k - \boldsymbol{B}_{\mathrm{u}k}\boldsymbol{K})\boldsymbol{x}_k$ ist. Die Matrix $\boldsymbol{K}$ wird durch Theorem 2.10 bestimmt. Es wird von rekursiver Lösbarkeit des Optimierungsproblems gesprochen.*

Beweis. Die Menge $\mathcal{X}_\mathrm{f}$ ist invariant und zulässig für $\boldsymbol{u}_i = -\boldsymbol{K}\boldsymbol{x}_i$ mit $(\boldsymbol{x}_i, \boldsymbol{u}_i) \in \mathbb{Q}_{\mathrm{x}i} \times \mathbb{Q}_{\mathrm{u}i} \forall i \in \mathbb{N}^+$. Das Optimierungsproblem (2.104) ist lösbar für $i = 0$. Eine zulässige suboptimale Lösung für den nächsten Zeitschritt ist damit $\boldsymbol{U}_{i+1|i}(\boldsymbol{x}_i)$, da hierfür die Menge $\mathcal{X}_\mathrm{f}$ ebenfalls erreicht und durch $\boldsymbol{u}_{N_\mathrm{p}} = -\boldsymbol{K}\boldsymbol{x}_{N_\mathrm{p}}$ nicht wieder verlassen wird. Mit $V_{N_\mathrm{p}, i+1|i}(\boldsymbol{x}_{i+1}, \boldsymbol{U}_{i+1|i}(\boldsymbol{x}_i)) > V_{N_\mathrm{p}, i+1}^*(\boldsymbol{x}_{i+1})$ ist die *rekursive Lösbarkeit* für alle $i > 0$ erfüllt. □

Die Stabilität der beschränkten Optimierung ergibt sich durch Theorem 2.11. Die Lösungsmenge $\mathcal{X}_{\mathrm{E}N_\mathrm{p}} = \{\boldsymbol{x}_{i=0} \in \mathbb{Q}_{\mathrm{x}i=0} | \exists \boldsymbol{U}_0 : \boldsymbol{x}_k \in \mathbb{Q}_{\mathrm{x}k}, \boldsymbol{u}_k \in \mathbb{Q}_{\mathrm{u}k} \forall k \in \{0, ..., N_\mathrm{p} - 1\}, \boldsymbol{x}_{N_\mathrm{p}} \in \mathcal{X}_\mathrm{f}\}$ wird als *Einzugsbereich* der Optimierung bezeichnet. Der Aufbau und die Lösung modellprädiktiver Optimierungsprobleme wird in Kapitel 3 und Kapitel 4 detailliert betrachtet.

2.2.3 Robustheit

Für die bisher betrachteten Probleme wurde zunächst die Annahme getroffen, dass die Störung bekannt, die Zustände messbar und die Systemdynamik exakt bestimmt ist. Ist dies nicht der Fall, muss das modellprädiktive Optimierungsproblem robustifiziert werden. Somit wird sichergestellt, dass trotz Unsicherheiten im Optimierungsproblem stets alle Beschränkungen des Systems eingehalten werden. Das Optimierungsproblem ist lösbar für alle i. Die Stabilität des Systemverhaltens wird garantiert. Ist ein System additiven Unsicherheiten unterlegen, kann keine asymptotische Stabilität erreicht werden. Eine erreichbare invariante Menge lässt sich üblicherweise bestimmen. Man spricht von einer robust invarianten Menge.

In der Literatur kann in drei unterschiedliche Ansätze der robusten modellprädiktiven Regelung unterschieden werden. In den Veröffentlichungen und Monographien [KBM96, BM99, MRRS00, MS07, LAR$^+$09] wird ein Überblick der robusten Methoden vorgestellt.

Die erste Gruppe der robusten Methoden ist ein offenes Regelkreisverfahren (keine Rückführbetrachtung). Hierzu sind Worst-Case-Unsicherheitsmengen für die einzelnen Zeitschritte der Optimierung zu berechnen. Eine abgeschätzte obere Unsicherheitsschranke macht die Berechnung möglich. Anschließend werden die Beschränkungen der Optimierung über den Prädiktionshorizont verengt. Dies geschieht durch Minkowski-Differenz von Beschränkungs- und Unsicherheitsmengen. Für eine Lösung der Optimierung sind die realen Systembeschränkungen für alle möglichen Unsicherheiten stets erfüllt. Da die Unsicherheitsmengen mit dem Horizont N_p anwachsen, ist eine Lösung der Optimierung für große Werte von N_p nicht mehr möglich (leere Lösungsmenge). Ein kleiner Horizont macht die Verfahren in der Regel konservativ. Weitere Informationen sind der Literatur [MAC02, RM09] zu entnehmen.

Die zweite Gruppe der robusten Verfahren formuliert und löst ein Min-Max-Problem. Hierbei werden Kosten in Bezug auf die Unsicherheiten maximiert. Eine Minimierung erfolgt in Bezug auf Eingang $\boldsymbol{u}$. Die Formulierung ist sowohl am offenen Regelkreis (Folge von Eingangswerten) als auch am geschlossenen Regelkreis (Folge von Reglergesetzen) möglich. Gelöst werden kann das Problem über eine dynamische Programmierung [RM09] oder über lineare Matrixungleichungen [KBM96, Löf03]. Auch eine Lösung über explizite modellprädiktive Regelungsverfahren ist realisierbar [MRC07, AB09]. Der Rechenaufwand der drei genannten Verfahren steigt exponentiell mit dem Prädiktionshorizont und der Systemgröße. Berechnungen über quadratische Programme führen zu konservativen Abschätzungen [DMS99, ARMC07]. Die Min-Max-Optimierung ist nur für kleine Systeme und kurze Prädiktionshorizonte sinnvoll.

Die dritte Gruppe der robusten Methoden beschreibt ein schlauchbasiertes Verfahren (engl.: *Tube Model Predictive Control*) [MSR05, LAAC10]. Hierbei wird ein Rückführungsterm eingeführt, der die Systemdynamik trotz Störung innerhalb eines Schlauchs um den prädizierten Verlauf hält. Der Einfluss der Störung wird damit begrenzt. Dies reduziert die Konservativität. Die Berechnung erfolgt über die üblichen effizienten Algorithmen der quadratischen Programmierung. Große Systeme und Horizonte sind realisierbar. Diese Eigenschaften machen die Ansätze von Tube MPC auch für ILC-Probleme sinnvoll nutzbar.

Tube MPC

Der Grundgedanke von Tube MPC ist die Einführung einer Rückführung $\boldsymbol{u} = \check{\boldsymbol{u}} - \boldsymbol{K}(\boldsymbol{x} - \check{\boldsymbol{x}})$. Hierbei entspricht $\boldsymbol{u}$ und $\boldsymbol{x}$ den tatsächlichen Eingängen und Zuständen, $\check{\boldsymbol{u}}$ und $\check{\boldsymbol{x}}$ den Eingängen und Zuständen des nominalen prädizierten Systems (System ohne Unsicherheit). Betrachtet werden eingangsseitige additive Systemunsicherheiten

$$\begin{aligned} \boldsymbol{x}_{k+1} &= \boldsymbol{A}_k \boldsymbol{x}_k + \boldsymbol{B}_{\mathrm{u}k} \boldsymbol{u}_k + \boldsymbol{B}_{\mathrm{d}k} \boldsymbol{d}_k + \boldsymbol{w}_k \\ \boldsymbol{y}_k &= \boldsymbol{C}_k \boldsymbol{x}_k + \boldsymbol{D}_{\mathrm{u}k} \boldsymbol{u}_k, \end{aligned} \tag{2.106}$$

welche beschränkt sind und es gilt $\boldsymbol{w} \in \mathcal{W}$. Die Menge $\mathcal{W}$ ist kompakt und enthält den Ursprung. Für die Differenz zwischen nominaler und realer Strecke

$$\check{\boldsymbol{e}}_{k+1} = (\boldsymbol{A}_k - \boldsymbol{B}_{\mathrm{u}k} \boldsymbol{K}) \check{\boldsymbol{e}}_k + \boldsymbol{w}_k \tag{2.107}$$

kann eine robust invariante Menge berechnet werden.

Definition 2.14. *Eine Menge $\mathcal{Z} \subseteq \mathbb{R}^n$ wird robust invariante Menge für ein diskretes linear zeitvariantes System nach* (2.107) *genannt, falls*

$$\check{\boldsymbol{e}}_0 \in \mathcal{Z} \Rightarrow (\boldsymbol{A}_k - \boldsymbol{B}_{\mathrm{u}k} \boldsymbol{K}) \check{\boldsymbol{e}}_k + \boldsymbol{w}_k \in \mathcal{Z} \quad \forall k \in \mathbb{N}_0, \check{\boldsymbol{e}}_k \in \mathcal{Z}, \boldsymbol{w}_k \in \mathcal{W} \tag{2.108}$$

gilt. Die minimale robust invariante Menge beschreibt die invariante Menge, die in jeder möglichen robust invarianten Menge enthalten ist.

Existiert eine robust invariante Menge $\mathcal{Z}$ für ein System nach (2.106) mit dem Reglergesetz $\boldsymbol{u} = \check{\boldsymbol{u}} - \boldsymbol{K}(\boldsymbol{x} - \check{\boldsymbol{x}})$, ist stets garantiert, dass $\boldsymbol{x} \in \check{\boldsymbol{x}} \oplus \mathcal{Z}$ (Minkowski-Summe). Werden nun die Beschränkungen durch $\bar{\mathbb{Q}}_{\mathrm{x}k} = \mathbb{Q}_{\mathrm{x}k} \ominus \mathcal{Z}$ und $\bar{\mathbb{Q}}_{\mathrm{u}k} = \mathbb{Q}_{\mathrm{u}k} \ominus \boldsymbol{K}\mathcal{Z}$ (Minkowski-Differenz) über die robust invariante Menge $\mathcal{Z}$ verengt, kann folgendes Optimierungsproblem

$$\begin{aligned} J = V^*_{N_\mathrm{p}}(\boldsymbol{x}_i) &= \min_{\check{\boldsymbol{x}}_k, \check{\boldsymbol{u}}_k} \sum_{k=0}^{N_\mathrm{p}-1} l_k(\check{\boldsymbol{x}}_k, \check{\boldsymbol{u}}_k) + V_\mathrm{f}(\check{\boldsymbol{x}}_{N_\mathrm{p}}, \check{\boldsymbol{u}}_{N_\mathrm{p}}) \\ \text{mit} \quad \check{\boldsymbol{x}}_{k+1} &= \boldsymbol{A}_k \check{\boldsymbol{x}}_k + \boldsymbol{B}_{\mathrm{u}k} \check{\boldsymbol{u}}_k + \boldsymbol{B}_{\mathrm{d}k} \boldsymbol{d}_k, \quad k = 0, ..., N_\mathrm{p} - 1, \\ \boldsymbol{u}_k &= \check{\boldsymbol{u}}_k - \boldsymbol{K}(\boldsymbol{x}_k - \check{\boldsymbol{x}}_k) \\ \check{\boldsymbol{x}}_k &\in \bar{\mathbb{Q}}_{\mathrm{x}k}, \quad k = 1, ..., N_\mathrm{p} \qquad \check{\boldsymbol{u}}_k \in \bar{\mathbb{Q}}_{\mathrm{u}k}, \quad k = 0, ..., N_\mathrm{p} - 1 \\ \check{\boldsymbol{x}}_{N_\mathrm{p}} &\in \bar{\mathcal{X}}_\mathrm{f} \\ \boldsymbol{x}_i &\in \check{\boldsymbol{x}}_0 \oplus \mathcal{Z}. \end{aligned} \tag{2.109}$$

aufgestellt werden. Ist die Systemdynamik durch das nominale Verhalten gegeben, so ist die Stabilität und rekursive Lösbarkeit des Problems direkt nach Theorem 2.11 und Theorem 2.12 gegeben. Hierbei werden quadratische Kosten mit $\boldsymbol{\mathcal{Q}}_\mathrm{x} \succeq \boldsymbol{0}$, $\boldsymbol{\mathcal{Q}}_\mathrm{u} \succ \boldsymbol{0}$, Endkosten $\boldsymbol{V}_\mathrm{f} = \check{\boldsymbol{x}}^T_{N_\mathrm{p}} \boldsymbol{P} \check{\boldsymbol{x}}_{N_\mathrm{p}}$ mit $\boldsymbol{P} \succ \boldsymbol{0}$ sowie $\boldsymbol{d}_i = \boldsymbol{0}$ $\forall i \geq N_\mathrm{p}$ angenommen, wobei $\boldsymbol{d}$ bekannt ist. Die Matrix $\boldsymbol{K}$ und die Menge $\mathcal{X}_\mathrm{f}$ sind durch die Theoreme bestimmt. Das reale System verlässt die Menge $\check{\boldsymbol{x}} \oplus \mathcal{Z}$ nicht. Mit dieser Bedingung und den Bedingungen $\check{\boldsymbol{x}}_k \in \bar{\mathbb{Q}}_{\mathrm{x}k}$ und $\check{\boldsymbol{u}}_k \in \bar{\mathbb{Q}}_{\mathrm{u}k}$

werden die realen Beschränkungen, falls eine Lösung von (2.109) für $i = 0$ existiert, nicht verletzt. Die Endmenge $\bar{\mathcal{X}}_\mathrm{f}$ mit $\boldsymbol{A}_{\mathrm{K}i}\bar{\mathcal{X}}_\mathrm{f} \subset \bar{\mathcal{X}}_\mathrm{f}, \bar{\mathcal{X}}_\mathrm{f} \subset \mathbb{Q}_\mathrm{x} \ominus \mathcal{Z}, \boldsymbol{K}\bar{\mathcal{X}}_\mathrm{f} \subset \mathbb{Q}_\mathrm{u} \ominus \boldsymbol{K}\mathcal{Z}$ wird für das nominale System erreicht. Alle Beschränkungen des realen Systems werden eingehalten. Durch die Bedingung $\boldsymbol{x}_i \in \bar{\boldsymbol{x}}_0 \oplus \mathcal{Z}$ ist die Bedingung für die rekursive Lösbarkeit und Stabilität stets erfüllt. Dies führt auf das folgende Theorem.

Theorem 2.13. *[MSR05] Erfüllt ein Optimierungsproblem nach* (2.109) *die Theoreme 2.11 und 2.12, so ist der geschlossene Regelkreis des Systems* $\boldsymbol{x}_{i+1} = \boldsymbol{A}_i\boldsymbol{x}_i + \boldsymbol{B}_{ui}\boldsymbol{\kappa}_{\mathrm{MPC}i}(\boldsymbol{x}_i, \check{\boldsymbol{x}}_i) + \boldsymbol{B}_{\mathrm{d}i}\boldsymbol{d}_i + \boldsymbol{w}_i$ *in* $\check{\mathcal{X}}_{\mathrm{E}N_\mathrm{p}} = \{\boldsymbol{x}_{i=0} \in \bar{\mathbb{Q}}_{xi=0} | \exists \check{\boldsymbol{U}}_0 : \boldsymbol{x}_k \in \bar{\mathbb{Q}}_{xk}, \boldsymbol{u}_k \in \bar{\mathbb{Q}}_{uk} \forall k \in \{0, ..., N_\mathrm{p}-1\}, \check{\boldsymbol{x}}_{N_\mathrm{p}} \in \bar{\mathcal{X}}_\mathrm{f}\}$ *mit* $\boldsymbol{d}_i = \boldsymbol{0} \forall i \geq N_\mathrm{p}$, *wobei* $\boldsymbol{d}$ *bekannt ist, und* $\boldsymbol{w}_i \in \mathcal{W}$ *sowie dem Reglergesetz* $\boldsymbol{\kappa}_i(\boldsymbol{x}_i, \check{\boldsymbol{x}}_i) = \boldsymbol{\kappa}_{\mathrm{MPC}i}(\check{\boldsymbol{x}}_i) - \boldsymbol{K}(\boldsymbol{x}_i - \check{\boldsymbol{x}}_i)$ *für alle* $i \geq 0$ *stabil. Der Regelkreis konvergiert asymptotisch gegen die Menge* $\mathcal{Z}$.

Das Theorem 2.13 folgt direkt aus den zuvor erläuterten Zusammenhängen. Die Berechnung der invarianten und robust invarianten Mengen kann für elliptische Beschränkungen über eine LMI-Beschreibung [BGFB94, KBM96, Löf03] oder für polytopische Beschränkungen über polytopische rekursive Berechnungen [KGBM04, RKKM05] erfolgen. In Abbildung 2.5 sind die Zusammenhänge nochmals grafisch dargestellt.

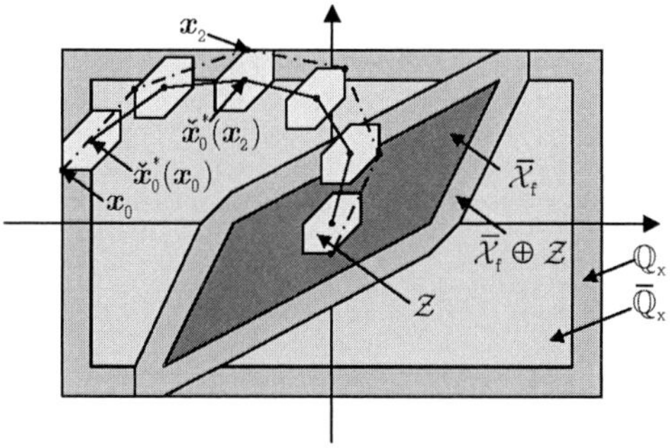

Abbildung 2.5: Tube MPC: Beispiel [MSR05]

Gezeigt ist das exemplarische Verhalten eines Systems zweiter Ordnung mit polytopischer Mengenbeschreibung. Es wird deutlich, dass trotz der Unsicherheit $\boldsymbol{w} \in \mathcal{W}$ die Beschränkungen stets erfüllt sind. Durch die Optimierung des Startwertes ist $\check{\boldsymbol{x}}_0^* \in \bar{\mathbb{Q}}_\mathrm{x}$ für alle $i \in \mathbb{N}_0$ eine zulässige Lösung. Die Endmenge erfüllt die geforderten Bedingungen.

Die Theorie von Tube MPC wurde in der Literatur auf die verschiedensten Systeme und Anforderungen angepasst. So kann das Verfahren auf trajektorienfolgegeregelte Systeme [LAAC10], nichtlineare Systeme [YMCA13], ökonomische Kostenbeschreibungen [BA14], getriggerte [BHA14] oder stochastische Systeme [CCKR12] angewandt werden.

2.2.4 Vor- und Nachteile

Die modellprädiktive Regelung gehört zur Klasse der intelligenten und modernen Regelungsverfahren. Das Konzept ist durch eine Kostenfunktion in einfacher Weise beschrieben. Die Performanz der Methodik kann mittels einer Anpassung der Gewichtungsmatrizen intuitiv eingestellt werden. Durch eine Prädiktion der Systemdynamik lassen sich Störungen und Unsicherheiten des Systems unmittelbar in den Entwurf integrieren. Systembeschränkungen sind im Algorithmus in optimaler Weise berücksichtigt. Die Erweiterung um eine Rückführungsmatrix $\boldsymbol{K}$ trägt zur Robustifizierung des Regelungskonzepts bei. Stabilität und Lösbarkeit der Methode kann über invariante Mengen und eine Endgewichtung systematisch sichergestellt werden. Eine Behandlung von totzeitbehafteten und MIMO-Systemen ist durch den Aufbau der modellprädiktiven Regelung inhärent gegeben. Der Einsatz für eine Vielzahl an Systemen (linearen/nichtlinearen Systemen, zeitvarianten Prozessen, stochastischen Modellen) macht das Verfahren gerade für die Industrie interessant. So können Referenztrajektorien eingeregelt oder Systeme ökonomisch betrieben werden. Die Möglichkeiten des Optimierungsaufbaus sind vielfältig. Da das Verfahren auf einer Prädiktion basiert, ist eine gute Modellkenntnis erforderlich. Aufgrund der Komplexität der Optimierung sind effiziente Optimierungsalgorithmen notwendig. Eine Anwendung auf hochdynamische Systeme ist in der Regel nicht möglich. Die Zustände und Störungen des Systems müssen für das Verfahren beobachtet werden. Tabelle 2.2 fasst die Vor- und Nachteile zusammen.

Vorteile	Nachteile
Einfache Struktur und Einstellregeln	Genaue Modellkenntnis erforderlich
Gute Performance durch Prädiktion	Zustands- und Störbeobachtung notwendig
Berücksichtigung von Beschränkungen	Rechenaufwand
Methode für eine große Systemklasse	
Trajektorienverfolgung möglich	
Erweiterte Optimierungsmöglichkeiten	
Berücksichtigung von Störverhalten	
Robustifizierung der Algorithmen möglich	
Stabilität und Lösbarkeit rekursiv gegeben	

Tabelle 2.2: Vor- und Nachteile der modellprädiktiven Regelung

Eine Kombination von iterativ lernenden und modellprädiktiven Regelungsmethoden ist aufgrund der Vorteile der beiden Verfahren vielversprechend. Die Zusammenführung der Konzepte erscheint sinnvoll, da somit Systembeschränkungen, die robuste Behandlung von Störungen sowie eine Trajektorienverfolgung zielführend vereint werden können. Das Ziel sollte stets eine gute Performanz bei gleichzeitig gewährleisteter asymptotischer Konvergenz sein. Die erweiterten Optimierungsmöglichkeiten der Konzepte sind vielversprechend. Die Nachteile der Verfahren heben sich teilweise gegenseitig auf oder erscheinen behebbar.

3 Iterativ lernende modellprädiktive Regelung

3.1 Ideen und Herausforderungen

Die iterativ lernende modellprädiktive Regelung (engl: *Iterative Learning Model Predictive Control* (ILMPC)) stellt eine Kombination der iterativ lernenden und modellprädiktiven Regelung dar. Abbildung 3.1 veranschaulicht diese Kombination.

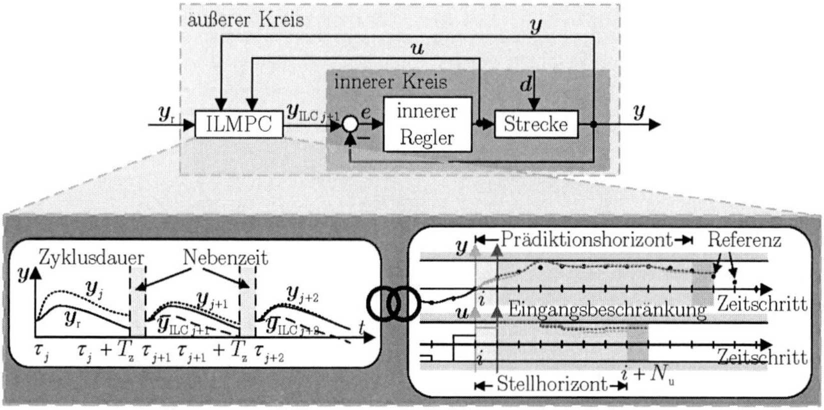

Abbildung 3.1: ILMPC: Kombination aus iterativ lernender Regelung und modellprädiktiven Methoden

Die Idee einer ILMPC ist, den klassischen Ansatz der iterativ lernenden Regelung zu erhalten und um neue Elemente modellprädiktiver Methoden zu erweitern. Damit wird auch weiterhin das Lernkonzept zyklisch aufgebaut und für jeden Zyklus $\boldsymbol{y}_{\mathrm{ILC}j+1}$ neu berechnet. Bereits durchlaufene Zyklen helfen das zukünftige Verhalten zu prädizieren und eine iterative Verbesserung durch die Anpassung von $\boldsymbol{y}_{\mathrm{ILC}j+1}$ zu bewirken. Durch die Erweiterung um ein MPC-Konzept gelingt die Prädiktion modellbasiert. Dies steigert die Qualität der Systemprädiktion und ermöglicht die explizite Berücksichtigung von Beschränkungen.

Damit wird der ILC-Ausgang $\boldsymbol{y}_{\mathrm{ILC}j+1}$ über ein beschränktes Optimierungsproblem berechnet, was die Performanzeigenschaften des ILC-Entwurfs verbessert. Gerade für industrielle Prozesse ist dies eine elementare Eigenschaft. Eine bessere Ausnutzung der Systeme und Systemgrenzen wird möglich. Zusätzlich können durch das beschränkte Optimierungsproblem ebenfalls Optimierungsziele, wie der Energiebedarf des Prozesses oder die Reduktion der Prozesszykluszeit, integriert werden.

Durch den klassischen zyklischen Aufbau gelingt die iterative Verbesserung des Regelfehlers in robuster Art und Weise. Messrauschen, zyklische Störungen und unbekannte Dynamiken lassen sich damit effizient behandeln. Die Bedingung von einer genauen Modellkenntnis, wie sie bei modellprädiktiven Regelungsmethoden normalerweise erforderlich ist, wird hierdurch aufgehoben.

Eine der größten Herausforderungen eines iterativ lernenden modellprädiktiven Regelungsverfahrens ist der enorme Speicher- und Rechenaufwand, der durch die Kombination der Verfahren entsteht. Gerade für periodische Prozesse ist dieser Aufwand relevant, da hier die ILC-Berechnung nicht in den Nebenzeiten erfolgen kann. Ansätze zur Reduktion von Speicherbedarf und Rechenaufwand einer iterativ lernenden modellprädiktiven Regelung werden ausführlich in Kapitel 4 dargelegt.

Im Folgenden werden die Eigenschaften des in dieser Dissertation entwickelten iterativ lernenden modellprädiktiven Regelungsentwurfs näher beschrieben. Weiter wird der Entwurf den Methoden der bisherigen Literatur gegenübergestellt und bewertet.

Separation

In der Literatur wurde eine Kombination von ILC- und MPC-Methoden bereits betrachtet. Die meisten Verfahren nutzen die innergeregelte Strecke. Hierbei wird die Regelung des Prozesses komplett verworfen und durch eine MPC ersetzt [WZG07, CB08, WDD10, CB12, Hos15] (geschlossener Kreis). Eine MPC-Erweiterung um eine erlernte Stör- und Trajektorieninformation ermöglicht eine zyklische Verbesserung des Regelfehlers. Für die meisten Systeme ist eine Änderung der inneren Prozessregelung jedoch nicht wünschenswert/machbar. Der überlagerte Entwurf verhindert diese Problematik und behält die innere Reglerstruktur bei [LLK00, JPS13, GM15]. Hier wird ein Vorsteuerungsterm eingeführt und durch die ILC zyklisch neu berechnet (offener Kreis). In der Praxis ist ein Eingriff in die Aktuatoransteuerung nicht immer möglich. Daher ist es sinnvoll, die Vorsteuerung in Referenzwerte umzurechnen. Eine solche Transformation wurde in der Literatur bisher nicht vorgestellt.

In dieser Dissertation wird ein Entwurf am offenen Regelkreis entwickelt. Der Entwurf wird dem geregelten Prozess kaskadiert überlagert, wodurch ein unabhängiger Entwurf der ILC ermöglicht wird. Analog zu den klassischen ILC-Verfahren wird eine iterative Verbesserung des Regelverhaltens über eine Anpassung der Referenzwerte erreicht. Die Referenzwerte eines Prozesses werden stets von außen vorgegeben. Sie ändern nicht die Reglerstruktur des Prozesses und stellen die einzige Schnittstelle von iterativ lernender Regelung und Prozess dar. Der vorgeschlagene Entwurf eignet sich daher ebenfalls für bereits bestehende bzw. nicht veränderbare Systeme. Eine Anpassung für den geschlossenen Regelkreis ist in einfacher Weise möglich.

Periodizität und zyklusoptimale Konvergenz

Die in der Literatur präsentierten geschlossenen Regelkreisverfahren basieren auf einer Kostenfunktion, welche die quadratische Fehler- und Eingangsnorm beschreibt. In jedem Abtastzeitschritt wird eine Minimierung/Optimierung der Kosten für einen vorgegebenen Prädiktionshorizont berechnet. Deckt dieser Horizont N den kompletten Prozesszyklus ab, spricht man von zyklusoptimaler Optimierung. Zur Gewährleistung der Echtzeitfähigkeit, muss N jedoch begrenzt werden (keine Zyklusoptimalität). Systembeschränkungen sind im Optimierungsproblem enthalten. Die Konvergenz/Lösbarkeit kann nur für bestimmte Systeme garantiert werden. Die Verfahren am offenen Regelkreis betrachten mit der Prädiktion einen kompletten Zyklus. Damit steigt der Rechenaufwand. In der Literatur können deshalb nur zyklische Prozesse mit langen Nebenzeiten und keine periodischen Prozesse behandelt werden. Ein Ansatz zur Verringerung der Rechenzeit wird in [GM15] vorgestellt. Hierbei wird ein Primal Interior-Point Algorithmus zur Lösung des Optimierungsproblems eingesetzt. Jeder Iterationsschritt des Algorithmus stellt eine zulässige Lösung des Problems dar und wird direkt auf den zyklischen Prozess angewendet. Die Iteration der iterativ lernenden Regelung wird damit mit der Iteration des Optimierungsalgorithmus verknüpft. Der Rechenaufwand sinkt. Die Monotonie sowie die Optimalität der ILC-Kosten sind nicht mehr gewährleistet. Periodische Prozesse lassen sich aufgrund der Rechenzeit nicht betrachten.

Das in dieser Arbeit vorgestellte offene Regelkreisverfahren betrachtet den kompletten Prädiktionshorizonts, sodass die Kosten zyklusoptimal sind. Gleichzeitig soll monoton konvergentes Verhalten erreicht, sowie Nullfehlerkonvergenz garantiert werden, falls eine zulässige Eingangsfolge ohne aktive Beschränkungen existiert. Ziel ist es, eine Anwendung auf periodische und nichtperiodische zyklische Prozesse zu ermöglichen. Die Konvergenz und Lösbarkeit soll durch den Entwurf der iterativ lernende Regelung gegeben sein. Die Problematik des Speicher- und Rechenbedarfs ist sowohl entwurfsseitig als auch optimierungsseitig zu lösen. Für periodische Prozesse sollen die Kosten auf das periodisch eingeschwungene Fehlerverhalten bezogen werden. Das transiente Verhalten aufgrund der ILC-Sollwertkorrektur wird dann durch die Nebenbedingungen des aufgestellten Optimierungsproblems berücksichtigt. Die Aufschaltung der Korrektur muss daher nicht zu festen Zeitpunkten erfolgen. Periodische Prozesse auf Basis komplexer Optimierungsprobleme können damit behandelt werden. Die Einführung variabler Abtastzeiten ermöglicht eine weitere Reduktion des Speicher- und Rechenaufwands. Ein fokussierter ILC-Entwurf für Prozessabschnitte beschreibt eine zusätzliche Reduktion. Zyklusoptimalität kann hierfür allerdings nicht mehr gewährleistet werden.

Reduzierter Entwurf und Systemklassen

Für Systeme, bei denen die Störung nur auf ein Teilsystem wirkt, kann der präsentierte Entwurf in eine ILC mit reduzierter Ordnung umgewandelt werden. Damit muss die unterlagerte Dynamik, welche sowohl linear als auch nichtlinear sein kann, nicht explizit betrachtet werden. Die Stabilität und Konvergenz des Gesamtsystems bleibt durch eine robuste Systembetrachtung erhalten. Der ILC-Entwurf vereinfacht sich durch den reduzierten Aufbau. Dies senkt den Speicher- und Rechenbedarf. In der ILC-Optimierung können sowohl nichtlineare als auch lineare Störungen/Systeme/Beschränkungen betrachtet werden.

Optimierungsziele

Die iterativ lernende modellprädiktive Regelung gehört zu den optimierungsbasierten Verfahren. In der Literatur wurden solche Verfahren lediglich zur Fehlerminimierung eingesetzt. Weitere Optimierungsziele wurden bisher nicht betrachtet. Hier besteht jedoch ein großes Potential. In der vorliegenden Dissertation werden weitere Optimierungsziele in den präsentierten Entwurf integriert.

Eine Erweiterung um eine Energiebetrachtung ist insbesondere für die praktische Umsetzung in der Industrie von Interesse. Dies steigert die Wirtschaftlichkeit der zyklischen Prozesse. Energieoptimale Trajektorienplanungen für Robotersysteme wurden bereits in den Arbeiten [RCG98, GOS12] entwickelt. Hierbei wird die exakte Kenntnis der Systemdynamik vorausgesetzt. Systemstörungen treten nicht auf. Die Berechnung erfolgt offline. Sind die getroffenen Annahmen nicht zulässig, wird das optimale Systemverhalten nicht erreicht. Das in dieser Dissertation vorgestellte Verfahren optimiert den Energiebedarf online und iterativ. Trotz unbekannter Systemdynamiken und Störungen wird die Optimalität ermöglicht. Je nach Prozess ist eine Energieersparnis von 50% und mehr realisierbar. Eine energetische Betrachtung führt in der Regel zu nichtkonvexen Problemen, welche üblicherweise mit großem Rechenaufwand verbunden sind. Um die Berechnungen dennoch echtzeitfähig zu realisieren, kann das Optimierungsproblem in zwei Phasen zerlegt werden. In der ersten Phase wird das nichtkonvexe Problem für eine zu erwartende Störklasse offline vorberechnet. In der zweiten Phase wird das nichtkonvexe Problem in ein konvexes Problem umgewandelt und online auf die reale Messung angepasst.

Eine Verkürzung der Zykluszeiten zyklischer Prozesse bedeutet für industrielle Prozesse eine erhöhte Produktivität und Kostenersparnis. Eine Minimierung dieser ist daher von großem Interesse. Für Robotersysteme wurden beispielsweise bereits Ansätze zur Berechnung zeitoptimaler Trajektorien entwickelt [CC00, GZ08, VDS+09]. Diese Berechnungen sind nur für exakte Modellkenntnis und Systeme ohne Störeinwirkung zulässig. Der vorgeschlagene zeitoptimale Entwurf in dieser Dissertation berechnet die Trajektorien iterativ während des Prozessverlaufs. Unbekannte Systemdynamiken und Störungen sind im Entwurf integriert.

Robustheit

Eine Vielzahl zyklischer Prozesse ist Störungen unterlegen, welche quasizyklisch sind, sich jedoch nicht in exakt gleicher Form wiederholen. Der genaue Störeintritt und Amplitudenverlauf der Störung kann daher nicht erlernt werden. Die in dieser Dissertation vorgestellte robuste Methode macht eine Erweiterung auf solche Systeme möglich. Über eine Abschätzung der Störvariation können Systembeschränkungen eingehalten und die Fehlernorm beschränkt werden.

Zusammenfassung

In dieser Dissertation wird ein Entwurf einer iterativ lernenden modellprädiktiven Regelung am offenen Regelkreis vorgestellt. Eine Separation von ILC und geregeltem Prozess wird durch einen kaskadierten Aufbau und Bezug auf die Referenztrajektorien gewährleistet. Zyklusoptimalität ist durch eine komplette Zyklusbetrachtung gegeben. Der innere Prozess muss nicht verändert werden, wodurch sich das Verfahren auch für bereits bestehende Systeme eignet. Gewünscht wird eine entwurfsbedingte monotone Konvergenz und Lösbarkeit sowie eine mögliche Nullfehlerkonvergenz. Das Verfahren soll zweckmäßig sein für lineare und nichtlineare Systeme/Störungen/Beschränkungen. Die Umwandlung in einen reduzierten Entwurf vereinfacht die Betrachtung. Gleichzeitig ist die Konvergenz des Gesamtsystems zu erhalten. Sowohl periodische als auch nichtperiodische zyklische Prozesse sind durch den Entwurf abzudecken. Die Methode soll robust aufgebaut sein und Störvariationen über eine Abschätzung dieser handhaben können. Weitere Optimierungsziele wie eine Berücksichtigung und Minimierung des Energiebedarfs (Kapitel 6) sowie eine Verschnellerung der Zykluszeiten (Kapitel 7) sollen sich im Entwurf integrieren lassen.

Durch die Berücksichtigung des kompletten Prädiktionshorizonts steigt der Speicherbedarf und Rechenaufwand. Diese Problematik lässt sich algorithmenseitig über effiziente Lösungsverfahren und kompakte Speicherstrukturen lösen. Entwurfsseitig ermöglichen variable Abtastzeiten und ein spezieller Systemaufbau eine Reduktion von Speicher- und Rechenzeit. Für periodische Prozesse kann die Kostenfunktion auf den periodisch eingeschwungenen Fehlerverlauf bezogen werden. Damit lassen sich die berechneten ILC-Ausgänge zu beliebigem Zeitpunkt aufschalten (asynchron zur Periodendauer). Bedingung ist, dass das Transientverhalten durch Nebenbedingungen in die Optimierung integriert wird. Komplexe Optimierungsprobleme lassen sich damit realisieren. Der Entwurf eines fokussierten Verfahrens erzielt eine weitere Reduktion des Rechen-/Speicherbedarfs. Die Zyklusoptimalität ist hierbei nicht mehr gewährleistet. Eine energetische Betrachtung führt oft auf eine nichtkonvexe Optimierung mit hohem Rechenaufwand. Diese kann in eine nichtkonvexe Offline-Optimierung und konvexe Online-Optimierung umgewandelt werden. Der Rechenaufwand wird reduziert.

3.2 Betrachtete Systemklassen

3.2.1 Lineare Systeme

Die iterativ lernende modellprädiktive Regelung gehört zu den nichtlinearen optimierungsbasierten Verfahren am offenen Regelkreis und ist für verschiedene Systemklassen geeignet. Die *linear zeitinvarianten Differentialgleichungssysteme* (engl.: *Linear Time Invariant* (LTI)) stellen eine der wichtigsten anwendbaren Systemklasse dar. Diese kann durch eine Systemdifferentialgleichung und Ausgangsbeschreibung der Form

$$\begin{aligned} \dot{\boldsymbol{x}}(t) &= \boldsymbol{A}\boldsymbol{x}(t) + \boldsymbol{B}_{\mathrm{u}}\boldsymbol{u}(t) + \boldsymbol{B}_{\mathrm{d}}\boldsymbol{d}(t) \\ \boldsymbol{y}(t) &= \boldsymbol{C}\boldsymbol{x}(t) + \boldsymbol{D}_{\mathrm{u}}\boldsymbol{u}(t) + \boldsymbol{D}_{\mathrm{d}}\boldsymbol{d}(t) \end{aligned} \tag{3.1}$$

angegeben werden. Für die weitere Analyse ist es sinnvoll, das System in Regelungsnormalform (RNF) zu transformieren. Diese Transformation ist möglich, falls das System vollständig steuerbar ist (siehe Anhang A.4). Es ergibt sich damit das System

$$\begin{aligned} \dot{\boldsymbol{z}}(t) &= \boldsymbol{A}_{\mathrm{z}}\boldsymbol{z}(t) + \boldsymbol{B}_{\mathrm{uz}}\boldsymbol{u}(t) + \boldsymbol{B}_{\mathrm{dz}}\boldsymbol{d}(t) \\ \boldsymbol{y}(t) &= \boldsymbol{C}_{\mathrm{z}}\boldsymbol{z}(t) + \boldsymbol{D}_{\mathrm{uz}}\boldsymbol{u}(t) + \boldsymbol{D}_{\mathrm{dz}}\boldsymbol{d}(t), \end{aligned} \tag{3.2}$$

welches über die Transformation $\boldsymbol{A}_{\mathrm{zn}} = \boldsymbol{S}_{\mathrm{z}}\boldsymbol{A}_{\mathrm{z}}\boldsymbol{S}_{\mathrm{z}}^{-1}$, $\boldsymbol{B}_{\mathrm{uzn}} = \boldsymbol{S}_{\mathrm{z}}\boldsymbol{B}_{\mathrm{uz}}\boldsymbol{S}_{\mathrm{u}}^{-1}$, $\boldsymbol{B}_{\mathrm{dzn}} = \boldsymbol{S}_{\mathrm{z}}\boldsymbol{B}_{\mathrm{dz}}\boldsymbol{S}_{\mathrm{d}}^{-1}$, $\boldsymbol{C}_{\mathrm{zn}} = \boldsymbol{S}_{\mathrm{y}}\boldsymbol{C}_{\mathrm{z}}\boldsymbol{S}_{\mathrm{z}}^{-1}$, $\boldsymbol{D}_{\mathrm{uzn}} = \boldsymbol{S}_{\mathrm{y}}\boldsymbol{D}_{\mathrm{uz}}\boldsymbol{S}_{\mathrm{u}}^{-1}$, $\boldsymbol{D}_{\mathrm{dzn}} = \boldsymbol{S}_{\mathrm{y}}\boldsymbol{D}_{\mathrm{dz}}\boldsymbol{S}_{\mathrm{d}}^{-1}$ mit

$$\begin{aligned} \boldsymbol{z}_{\mathrm{n}} &= \boldsymbol{S}_{\mathrm{z}}\boldsymbol{z}, & \boldsymbol{S}_{\mathrm{z}} &= \mathrm{diag}(\max(|\overline{z}_1|, |\underline{z}_1|), ..., \max(|\overline{z}_n|, |\underline{z}_n|))^{-1} \\ \boldsymbol{u}_{\mathrm{n}} &= \boldsymbol{S}_{\mathrm{u}}\boldsymbol{u}, & \boldsymbol{S}_{\mathrm{u}} &= \mathrm{diag}(\max(|\overline{u}_1|, |\underline{u}_1|), ..., \max(|\overline{u}_{m_{\mathrm{u}}}|, |\underline{u}_{m_{\mathrm{u}}}|))^{-1} \\ \boldsymbol{d}_{\mathrm{n}} &= \boldsymbol{S}_{\mathrm{d}}\boldsymbol{d}, & \boldsymbol{S}_{\mathrm{d}} &= \mathrm{diag}(\max(|\overline{d}_1|, |\underline{d}_1|), ..., \max(|\overline{d}_{m_{\mathrm{d}}}|, |\underline{d}_{m_{\mathrm{d}}}|))^{-1} \\ \boldsymbol{y}_{\mathrm{n}} &= \boldsymbol{S}_{\mathrm{y}}\boldsymbol{y}, & \boldsymbol{S}_{\mathrm{y}} &= \mathrm{diag}(\max(|\overline{y}_1|, |\underline{y}_1|), ..., \max(|\overline{y}_p|, |\underline{y}_p|))^{-1} \end{aligned} \tag{3.3}$$

zu einer normierten Darstellung

$$\begin{aligned} \dot{\boldsymbol{z}}_{\mathrm{n}}(t) &= \boldsymbol{A}_{\mathrm{zn}}\boldsymbol{z}_{\mathrm{n}}(t) + \boldsymbol{B}_{\mathrm{uzn}}\boldsymbol{u}_{\mathrm{n}}(t) + \boldsymbol{B}_{\mathrm{dzn}}\boldsymbol{d}_{\mathrm{n}}(t) \\ \boldsymbol{y}_{\mathrm{n}}(t) &= \boldsymbol{C}_{\mathrm{zn}}\boldsymbol{z}_{\mathrm{n}}(t) + \boldsymbol{D}_{\mathrm{uzn}}\boldsymbol{u}_{\mathrm{n}}(t) + \boldsymbol{D}_{\mathrm{dzn}}\boldsymbol{d}_{\mathrm{n}}(t) \end{aligned} \tag{3.4}$$

umgewandelt werden kann. Hierbei stellen die Werte $\overline{z}_1, \underline{z}_1, ...$ die minimalen/maximalen System-/Eingangs-/Stör-/Ausgangsgrenzen dar. Diese normierte Darstellung sorgt für eine bessere Konditionierung des späteren Optimierungsproblems und eine einfache Einstellung der Gewichtungsmatrizen der Optimierung. Ein solches System kann beispielsweise für den SISO-Fall über die Zustandsregelung $u_{\mathrm{n}} = \boldsymbol{a}_{\mathrm{n}}^T\boldsymbol{z}_{\mathrm{rn}} + \dot{z}_{\mathrm{rn}n} - \boldsymbol{K}\boldsymbol{e}_{\mathrm{zn}} + u_{\mathrm{nILC}}$ geregelt und auf die Referenztrajektorie $\boldsymbol{z}_{\mathrm{rn}}$ bezogen werden (analog für den MIMO-Fall). Hierbei stellt $\boldsymbol{a}_{\mathrm{n}}^T$ die RNF-Koeffizienten dar, $\boldsymbol{u}_{\mathrm{ILC}}$ den Regelungsanteil der später beschriebenen iterativ lernenden Regelung. Für den Regelfehler $\boldsymbol{e}_{\mathrm{zn}} = \boldsymbol{z}_{\mathrm{n}} - \boldsymbol{z}_{\mathrm{rn}}$ ergibt sich

$$\dot{\boldsymbol{e}}_{\mathrm{zn}}(t) = \boldsymbol{A}_{\mathrm{Kzn}}\boldsymbol{e}_{\mathrm{zn}}(t) + \boldsymbol{B}_{\mathrm{uzn}}\boldsymbol{u}_{\mathrm{nILC}}(t) + \boldsymbol{B}_{\mathrm{dzn}}\boldsymbol{d}_{\mathrm{n}}(t). \tag{3.5}$$

Dieser Regelungsentwurf entspricht einer flachen Trajektorienfolgeregelung. Der Begriff der Flachheit wird in Abschnitt 3.2.2 eingeführt. Für die spätere Transformation des ILC-Ausgangs $\boldsymbol{u}_{\mathrm{nILC}}$ auf die Referenztrajektorien muss das System in eine Darstellung nach (3.5) umgewandelt werden können. Falls die verwendete Regelungsstruktur von dieser Darstellung abweicht, kann die fehlende Dynamik in der Regel in die Störung integriert werden, sodass sich (3.5) ergibt. Hierbei wird stets von exakter Kenntnis der Modelldynamik und Zustandsinformation ausgegangen. Ist das Modell Unsicherheiten unterlegen, so sind diese durch einen robusten Reglerentwurf zu berücksichtigen. Für die iterativ lernende Regelung kann eine Parameterunsicherheit als zusätzlicher Störanteil $\boldsymbol{\Delta a}_{\mathrm{n}}^T\boldsymbol{z}_{\mathrm{rn}}$ in $\boldsymbol{d}_{\mathrm{n}}$ betrachtet werden. Werden die Zustände über eine Beobachterstruktur geschätzt, erweitert sich die Systemdynamik um eine additive Unsicherheit $\boldsymbol{w}_{\mathrm{o}}$.

3.2.2 Flache nichtlineare Systeme

Eine weitere wichtige Systemklasse für iterativ lernende Regelungen stellen differentiell flache Systeme der Form

$$\begin{aligned} \dot{\boldsymbol{x}}(t) &= \boldsymbol{f}(\boldsymbol{x}(t), \boldsymbol{u}(t)) \\ \boldsymbol{y}(t) &= \boldsymbol{h}(\boldsymbol{x}(t), \boldsymbol{u}(t)) \end{aligned} \tag{3.6}$$

dar.

Definition 3.1. *Ein System (3.6) heißt differentiell flach, falls eine Funktion $\boldsymbol{\xi}(t) \in \mathbb{R}^m$ (flacher Ausgang) existiert, für die*

- *der Ausdruck*

$$\boldsymbol{\xi} = \boldsymbol{\Theta}(\boldsymbol{x}, \boldsymbol{u}, \dot{\boldsymbol{u}}, ..., \overset{(\alpha)}{\boldsymbol{u}}) \tag{3.7}$$

  mit endlicher Anzahl $\alpha \in \mathbb{N}$ geschrieben werden kann,

- *die Zustände und Eingänge durch*

$$\begin{aligned} \boldsymbol{x} &= \boldsymbol{\Psi}_1(\boldsymbol{\xi}, \dot{\boldsymbol{\xi}}, ..., \overset{(\chi-1)}{\boldsymbol{\xi}}) \\ \boldsymbol{u} &= \boldsymbol{\Psi}_2(\boldsymbol{\xi}, \dot{\boldsymbol{\xi}}, ..., \overset{(\chi)}{\boldsymbol{\xi}}) \quad \text{mit } \chi \in \mathbb{N} < \infty \end{aligned} \tag{3.8}$$

  beschrieben sind, und

- *die Anzahl m_u der Eingänge gleich der Anzahl p der Ausgänge ist ($m_u = p$).*

Die *verallgemeinerte nichtlineare Regelungsnormalform* [Rot97] stellt eine solche flache Beschreibung dar. Diese kann mit $\sum_{i=1}^{m_\mathrm{u}} \nu_i = n$ und

$$\begin{aligned} \boldsymbol{z} &:= \left[\xi_1, \dot{\xi}_1, ..., \overset{(\nu_1-1)}{\xi_1}, ..., \xi_{m_\mathrm{u}}, ..., \overset{(\nu_{m_\mathrm{u}}-1)}{\xi}_{m_\mathrm{u}}\right]^T \\ &= \left[z_{1_1}, z_{1_2}, ..., z_{1_{\nu_1}}, ..., z_{m_\mathrm{u}1}, ..., z_{m_\mathrm{u}\nu_{m_\mathrm{u}}}\right]^T \end{aligned} \tag{3.9}$$

durch

$$\left.\begin{aligned} \dot{z}_{i_j}(t) &= z_{i_{j+1}}(t) \quad \forall j = 1, ..., \nu_i - 1 \\ \dot{z}_{i_{\nu_i}} &= \alpha_i(\boldsymbol{z}(t), \boldsymbol{u}(t), \dot{\boldsymbol{u}}(t), ..., \overset{(\sigma_i)}{\boldsymbol{u}}(t)) \end{aligned}\right\} \forall i = 1, ..., m_\mathrm{u}, \sigma_i \in \mathbb{N} < \infty \tag{3.10}$$

beschrieben werden. Für die Eingangstransformation ergibt sich

$$\boldsymbol{u} = \boldsymbol{\Theta}(\boldsymbol{z}, \dot{\boldsymbol{z}}_\nu, ..., \overset{(\sigma+1)}{\boldsymbol{z}_\nu}) \tag{3.11}$$

mit $\dot{\boldsymbol{z}}_\nu := \left[\dot{z}_{1_{\nu_1}}, ..., \dot{z}_{m_\mathrm{u}\nu_{m_\mathrm{u}}}\right]^T$ und $\sigma = \max(\sigma_i) \forall i = 1, ..., m_\mathrm{u}$. Ein solches System kann beispielsweise durch eine flachheitsbasierte Regelung oder Feedbacklinearisierung geregelt werden. Bei beiden Regelungsformen gelingt eine lineare Reglerauslegung. Das normierte geregelte Gesamtsystem kann in linearer Regelungsnormalform angegeben und auf den Regelfehler bezogen werden mit

$$\dot{\boldsymbol{e}}_\mathrm{zn}(t) = \boldsymbol{A}_\mathrm{Kzn}\boldsymbol{e}_\mathrm{zn}(t) + \boldsymbol{B}_\mathrm{uzn}\boldsymbol{u}_\mathrm{nILC}(t). \tag{3.12}$$

Hierbei stellt $\boldsymbol{u}_{\mathrm{ILC}}$ den zusätzlichen Regelungsanteil durch die iterativ lernende Regelung dar. Treten in der Systemdynamik Störungen auf, müssen diese durch die lineare Form $\boldsymbol{B}_{\mathrm{dzn}}\boldsymbol{d}_{\mathrm{n}}(t)$ in das System integriert werden können. Eine Transformation von $\boldsymbol{u}_{\mathrm{ILC}}$ auf die Referenztrajektorien ist möglich. Ist das System Modellunsicherheiten unterlegen, erfolgt eine robuste Reglerauslegung [Zir10]. Die Restdynamik bedingt durch Modellunsicherheiten ist als additiver Anteil zur Stördynamik zu betrachten. Dieser wird durch die ILC erlernt. Wird eine andere Regelungsform gewählt und liegt das System in der ursprünglichen nichtlinearen Form vor, kann das System nach Abschnitt 2.1.1 linearisiert, diskretisiert und in die spätere Optimierung eingebaut werden. Eine Rücktransformation des ILC-Ausgangs auf die Referenzgrößen ist dann nicht mehr möglich.

3.2.3 Lineare Systeme mit unterlagerter flacher Dynamik

Für Systeme mit unterlagerter flacher Dynamik der Form

$$\begin{aligned}\dot{\boldsymbol{z}}_{\mathrm{n}}(t) &= \boldsymbol{A}_{\mathrm{zn}}\boldsymbol{z}(t) + \boldsymbol{B}_{\mathrm{uzn}}\boldsymbol{u}_{\mathrm{n}}(t) + \boldsymbol{B}_{\mathrm{dzn}}\boldsymbol{d}_{\mathrm{n}}(t)\\ \dot{\boldsymbol{z}}_{\mathrm{nl}}(t) &= \boldsymbol{f}(\boldsymbol{z}_{\mathrm{n}}(t), \boldsymbol{z}_{\mathrm{nl}}(t), \boldsymbol{u}_{\mathrm{nl}}(t))\\ \boldsymbol{u}_{\mathrm{n}}(t) &= \boldsymbol{g}(\boldsymbol{z}(t), \boldsymbol{z}_{\mathrm{nl}}(t))\end{aligned} \tag{3.13}$$

kann eine kaskadierte Regelung oder Integrator-Backstepping-Regelung entworfen werden. Es ist möglich, die iterativ lernende Regelung lediglich auf den linearen Teil anzuwenden.

Beispiel 3.1. *Gegeben sei das System (aus Übersichtlichkeit wird $z_{\mathrm{n}}(t), ...$ zu $z_{\mathrm{n}}, ...$)*

$$\begin{aligned}\dot{z}_{\mathrm{n}} &= z_{\mathrm{n}} + u_{\mathrm{n}} + d_{\mathrm{n}}\\ z_{\mathrm{nl}} &= z_{\mathrm{nl}}^2 + u_{\mathrm{nl}}\\ u_{\mathrm{n}} &= z_{\mathrm{nl}}^3\end{aligned} \tag{3.14}$$

mit der unbekannten Störung d_{n}. Das System soll periodisch durch die Trajektorie $z_{\mathrm{nr}} = 5 + \sin(t)$ betrieben werden. Mit $u_{\mathrm{n}} = u_{\mathrm{nr}} = -2z_{\mathrm{n}} + z_{\mathrm{nr}} + \dot{z}_{\mathrm{nr}} + u_{\mathrm{nILC}}$ ergibt sich für das lineare Teilsystem die stabile Dynamik $\dot{e}_{\mathrm{zn}} = -e_{\mathrm{zn}} + d_{\mathrm{nILC}}$ mit der Lyapunov-Funktion $V_{\mathrm{l}} = \frac{1}{2}(e_{zn} - d_{\mathrm{nILC}})^2$ und der Ableitungsbedingung $\dot{V}_{\mathrm{l}} = -(e_{\mathrm{zn}} - d_{\mathrm{nILC}})^2 + (e_{\mathrm{zn}} - d_{\mathrm{nILC}})\dot{d}_{\mathrm{nILC}}$, wobei $e_{\mathrm{zn}} = z_{\mathrm{n}} - z_{\mathrm{nr}}$ und $d_{\mathrm{nILC}} = d_{\mathrm{n}} + u_{\mathrm{nILC}}$. Für eine kontinuierliche Störung und der endlichen Ableitung $|\dot{d}_{\mathrm{nILC}}| < k_{\mathrm{l}}$ konvergiert das System in die Menge $\mathcal{M} = \{|e_{\mathrm{zn}} - d_{\mathrm{nILC}}| \leq \pm k_{\mathrm{l}} \in \mathbb{R}^+\}$.

Über Integrator-Backstepping kann u_{nr} nun eingeregelt werden. Für die Abweichung w_{nl} bedingt durch die unterlagerte Dynamik ergibt sich $w_{\mathrm{nl}} = z_{\mathrm{nl}}^3 + 2z_{\mathrm{n}} - z_{\mathrm{nr}} - \dot{z}_{\mathrm{nr}} - u_{\mathrm{nILC}}$ mit $\dot{w}_{\mathrm{nl}} = 3z_{\mathrm{nl}}^2(z_{\mathrm{nl}}^2 + u_{\mathrm{nl}}) + 2(-e_{\mathrm{zn}} + \dot{z}_{\mathrm{nr}} + d_{\mathrm{nILC}} + w_{\mathrm{nl}}) - \dot{z}_{\mathrm{nr}} - \ddot{z}_{\mathrm{nr}} - \dot{u}_{\mathrm{nILC}}$. Damit kann für die Lyapunov-Funktion $V_{\mathrm{g}} = \frac{1}{2}(e_{\mathrm{zn}} - d_{\mathrm{nILC}})^2 + \frac{1}{4}w_{\mathrm{nl}}^2$ mit $u_{\mathrm{nl}} = -z_{\mathrm{nl}}^2 + 1/(3z_{\mathrm{nl}}^2)(-\dot{z}_{\mathrm{nr}} + \ddot{z}_{\mathrm{nr}} - 4w_{\mathrm{nl}} + \dot{u}_{\mathrm{nILC}})$ die Ableitung $\dot{V}_{\mathrm{g}} = -(e_{\mathrm{zn}} - d_{\mathrm{nILC}})^2 - w_{\mathrm{nl}}^2 + (e_{\mathrm{zn}} - d_{\mathrm{nILC}})\dot{d}_{\mathrm{nILC}}$ berechnet werden. Das Gesamtsystem konvergiert in die Menge $\mathcal{M}_{\mathrm{g}} = \{|e_{\mathrm{zn}} - d_{\mathrm{nILC}}| \leq k_{\mathrm{l}} \in \mathbb{R}^+, w_{\mathrm{nl}} = 0\}$ ($z_{\mathrm{nl}} = 0$ stellt eine Singularität des Systems dar). Wird u_{nILC} nun von Zyklus zu Zyklus weiter verbessert, so wird d_{nILC} und k_{l} immer kleiner, sodass $e_{\mathrm{zn}} = 0$ möglich wird.

Für den Fall, dass die lineare Dynamik nicht exakt identifiziert wurde und die reale Dynamik durch $\dot{z}_{\mathrm{n}} = 0.9z_{\mathrm{n}} + u_{\mathrm{n}} + d_{\mathrm{n}}$ *gegeben ist, bleibt das Systemverhalten stabil. Mit* $V_{\mathrm{gl}} = \frac{1.1}{2}(e_{\mathrm{zn}} - d^*_{\mathrm{nILC}})^2 + \frac{1}{4}w^2_{\mathrm{nl}}$ *kann gezeigt werden, dass das System in die Menge* $\mathcal{M}_{\mathrm{gl}} = \{1.1|e_{\mathrm{zn}} - d^*_{\mathrm{nILC}}| \leq k^*_{\mathrm{l}} \in \mathbb{R}^+, w_{\mathrm{nl}} = 0\}$ *konvergiert, wobei* $1.1d^*_{\mathrm{nILC}} = d_{\mathrm{n}} - 0.1z_{\mathrm{nr}} + u_{\mathrm{nILC}} = d^*_{\mathrm{n}} + u_{\mathrm{nILC}}$ *ist. Für iterative Verbesserung von* u_{nILC} *kann* $e_{\mathrm{zn}} = 0$ *erreicht werden.*

Für den Fall, dass die nichtlineare Dynamik nicht exakt identifiziert wurde und die reale Dynamik durch $z_{\mathrm{nl}} = 0.9z^2_{\mathrm{nl}} + u_{\mathrm{nl}}$ *gegeben ist, ergibt sich* $\dot{V}_{\mathrm{g}} = -(e_{\mathrm{zn}} - d_{\mathrm{nILC}})^2 - w^2_{\mathrm{nl}} - 0.15z^4_{\mathrm{nl}}w_{\mathrm{nl}} + (e_{\mathrm{zn}} - d_{\mathrm{nILC}})\dot{d}_{\mathrm{nILC}}$. *Kann für* $|0.15z^4_{\mathrm{nl}}|$ *eine obere Schranke* k_{nl} *angegeben werden, konvergiert die Strecke in die Menge* $\mathcal{M}_{\mathrm{gnl}} = \{(e_{\mathrm{zn}} - d_{\mathrm{nILC}} - \frac{1}{2}k_{\mathrm{l}})^2 + (w_{\mathrm{nl}} - \frac{1}{2}k_{\mathrm{nl}})^2 < \frac{1}{4}k^2_{\mathrm{l}} + \frac{1}{4}k^2_{\mathrm{nl}} \in \mathbb{R}^+\}$. *Für iterative Verbesserung von* u_{nILC} *kann* $\mathcal{M}_{\mathrm{gz}} = \{e^2_{\mathrm{zn}} + (w_{\mathrm{nl}} - \frac{1}{2}k_{\mathrm{nl}})^2 < \frac{1}{4}k^2_{\mathrm{nl}} \in \mathbb{R}^+\}$ *erreicht werden.*

Aus dem Beispiel ist ersichtlich, dass sich Modellungenauigkeiten für Systeme nach (3.13) nicht immer erlernen lassen. In (3.13) wirkt die Störung auf das lineare Teilsystem. Die unterlagerte Dynamik wird durch die ILC daher nicht betrachtet. Modellunsicherheiten im berücksichtigten ILC-Modell sind iterativ unterdrückbar. Modellunsicherheiten im nicht berücksichtigten Teilsystem können nicht erlernt werden. Hier bleibt ein beschränkter Restfehler (invariante Menge).

Aus dem Beispiel wird ebenfalls ersichtlich, dass die erste Ableitung von u_{nILC} benötigt wird. Dies hängt mit der Flachheit des Systems zusammen und kann verallgemeinert werden.

Theorem 3.1. *Existiert für das lineare Teilsystem aus* (3.13) *ein Referenzeingang* $\boldsymbol{u}_{\mathrm{nr}} = \boldsymbol{u}_{\mathrm{nILC}}$, *so kann dieser, falls das nichtlineare Teilsystem mit dem flachen Ausgang* $\boldsymbol{u}_{\mathrm{n}}$ *exakt bekannt ist, genau dann asymptotisch stabil trajektorienfolgegeregelt werden, falls* $\boldsymbol{u}_{\mathrm{nILC}}, \ldots, \overset{(\chi)}{\boldsymbol{u}}_{\mathrm{nILC}}$ *existiert.*

Der Nachweis folgt direkt aus den Bedingungen der differentiellen Flachheit (Abschnitt 3.2.2).

Eine iterativ lernende Regelung, welche lediglich ein Teilsystem des Gesamtprozesses berücksichtigt, wird als *ILC mit reduzierter Ordnung* bezeichnet. Hierbei müssen für $\boldsymbol{u}_{\mathrm{nILC}}$ die Ableitungen bis zur Ordnung χ existieren.

3.2.4 Systemannahmen

Für eine ILC-Anwendung auf die diskretisierten betrachteten Systemklassen ergeben sich bestimmte Eigenschaften und hierfür notwendige Bedingungen. Die Eigenschaften betreffen die Nullfehlerkonvergenz sowie die Transformation von $\boldsymbol{u}_{\mathrm{nILC}}$ auf neue Referenztrajektorien.

Annahme 3.1. *Das beschriebene System ist vollständig steuerbar/vollständig beobachtbar.*

Annahme 3.2. *Das beschriebene System ist differentiell flach und kann durch die verallgemeinerte Regelungsnormalform beschrieben werden.*

Annahme 3.3. *Für ein System nach* (3.13) *ist die unterlagerte Dynamik exakt bekannt.*

Annahme 3.1 ist eine elementare Eigenschaft zur Störausregelung und Trajektorienverfolgung. Mit Annahme 3.2 gelingt eine Transformation des ILC-Ausgangs auf die Referenztrajektorien (Theorem 3.2). Ist Annahme 3.3 gegeben, lassen sich unterlagerte Teilsysteme behandeln und Nullfehlerkonvergenz kann erreicht werden (Theorem 3.1).

3.3 Optimierungsentwurf

3.3.1 Konzept

Die Struktur des optimierungsbasierten ILMPC-Entwurfs dieser Dissertation kann als kaskadierter Aufbau beschrieben werden. Hierbei stellt die geregelte Strecke den inneren Kreis dar. Die ILMPC beschreibt den äußeren Kreis. Abbildung 3.2 zeigt den Gesamtaufbau.

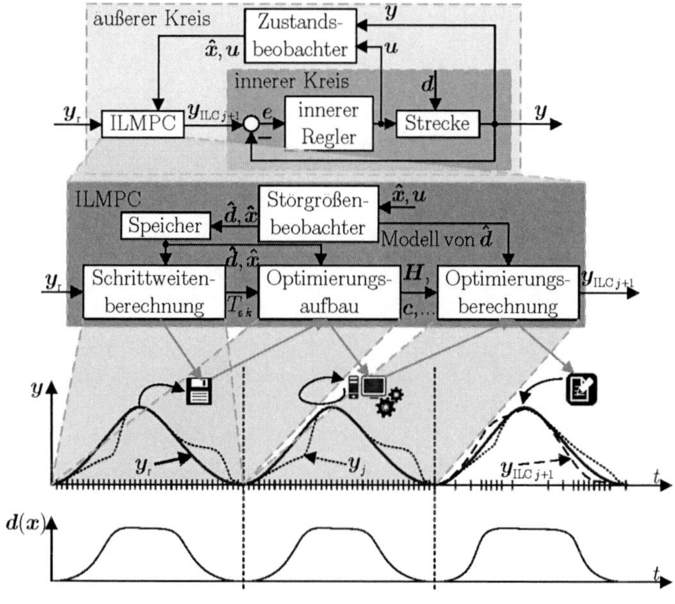

Abbildung 3.2: Separierte Kaskadenstruktur der iterativ lernenden Regelung

Die iterativ lernende modellprädiktive Regelung kann in fünf Abschnitte unterteilt werden:

- Ein Störgrößenbeobachter wird verwendet, um auf Basis der Messgrößen eine Schätzung ($\hat{(\cdot)} \widehat{=}$ Schätzwert) der nicht-/linearen Stördynamik $\hat{d}$ des Prozesses zu erhalten.

Da es sich bei dem Gesamtsystem um einen repetitiven Prozess handelt, kann von einer zyklischen Störung ausgegangen werden. Verschiedene Beobachterformen sind hierfür geeignet. In Abschnitt 3.4 werden einige mögliche Beobachterformen diskutiert.

- Auf Basis von vergangener zyklischer Prozessinformation wird ein zukünftiger iterativ verbesserter Systemeingang $\boldsymbol{y}_{\mathrm{ILC}j+1}$ berechnet. Die Vergangenheitsinformation wird aus einem Speicher geladen.
- Über eine Schrittweitenberechnung werden adaptive Abtastzeiten für die ILC in Abhängigkeit der Stör- und Prozessdynamik berechnet. Die ILC-Stellgrößenberechnung erfolgt damit nur zu den Zeitpunkten, für welche die Dynamik es erfordert. Die Dimension des zu lösenden ILC-Optimierungsproblems wird kleiner. Der Speicher- und Rechenbedarf wird reduziert. Aufgrund des zyklischen Verhaltens müssen die Schrittweiten nur einmal für alle Zyklen berechnet werden. Abschnitt 4.2.1 beschreibt die Vorgehensweise.
- Parallel zur Schrittweitenberechnung kann das ILC-Optimierungsproblem aufgebaut werden ($\boldsymbol{H}$, $\boldsymbol{c}$, ...). Die benötigte Prozessinformation wird aus dem Speicher geladen.
- Sind alle Optimierungsparameter und -matrizen bestimmt, ist das Optimierungsproblem zu lösen. Aufgrund der Berechnungsdauer kann für periodische Prozesse eine ILC-Anwendung nicht direkt erfolgen. In Abbildung 3.2 gelingt die Anwendung erst eine Periode später. Eine beschleunigte Anwendung wird im Folgeabschnitt dargelegt. Für nichtperiodische Prozesse erfolgt die ILC-Optimierung während der Nebenzeiten. Weiter ist ein lineares/nichtlineares Störgrößenmodell in die Optimierung integriert.

Die einzige Schnittstelle von ILC und innerem Regelkreis (innerer und äußerer Kreis) wird durch die angepassten Referenzwerte $\boldsymbol{y}_{\mathrm{ILC}}$ beschrieben. So bleibt der Aufbau der inneren Regelung erhalten (Separation der einzelnen Kreise) und der ILC-Entwurf ist auch für bereits bestehende Systeme geeignet. Die Eingänge $\boldsymbol{y}_{\mathrm{ILC}}$ werden von Zyklus zu Zyklus modifiziert, sodass sich der reale Systemausgang $\boldsymbol{y}$ iterativ dem Referenzverlauf $\boldsymbol{y}_{\mathrm{r}}$ annähert. Der aktuelle Zyklus wird durch j angegeben. Für Systeme in verallgemeinerter Regelungsnormalform gelingt die Berechnung von $\boldsymbol{y}_{\mathrm{ILC}}$ in einfacher Weise.

Theorem 3.2. *Für ein lineares System nach Gleichung* (3.4) *können die Referenzzustände und -eingänge* $\boldsymbol{x}_{\mathrm{ILC}j+1}$, $\boldsymbol{y}_{\mathrm{ILC}j+1}$ *für den nächsten Zyklus über die Prädiktion der auf Regelungsnormalform gebrachten normierten Fehlerzustände* $\boldsymbol{e}_{\mathrm{ILC}j+1} = \boldsymbol{e}_{\mathrm{zn}j+1} - \boldsymbol{e}_{\mathrm{zno}j+1}$ *mit*

$$\begin{aligned} \dot{\boldsymbol{e}}_{\mathrm{zn}j+1}(t) &= \boldsymbol{A}_{\mathrm{zn}}\boldsymbol{e}_{\mathrm{zn}j+1}(t) + \boldsymbol{B}_{\mathrm{uzn}}\boldsymbol{u}_{\mathrm{nILC}j+1}(t) + \boldsymbol{B}_{\mathrm{dzn}}\boldsymbol{d}_{\mathrm{n}}(t) \\ \dot{\boldsymbol{e}}_{\mathrm{zno}j+1}(t) &= \boldsymbol{A}_{\mathrm{zn}}(t)\boldsymbol{e}_{\mathrm{zno}j+1}(t) + \boldsymbol{B}_{\mathrm{dzn}}(t)\boldsymbol{d}_{\mathrm{n}}(t) \end{aligned} \tag{3.15}$$

berechnet werden. Dabei beschreibt $\boldsymbol{e}_{\mathrm{zno}j+1}(t)$ *das Fehlerverhalten ohne ILC-Einfluss.*

Beweis. Hierzu wird das System nach Gleichung (3.15) mit und ohne ILC-Einfluss für den nächsten Zyklus $j+1$ prädiziert. Für den SISO-Fall ergibt sich damit die Differenz

$$\dot{\boldsymbol{e}}_{\mathrm{zn}j+1}(t) - \dot{\boldsymbol{e}}_{\mathrm{zno}j+1}(t) = \boldsymbol{A}_{\mathrm{zn}}\left(\boldsymbol{e}_{\mathrm{zn}j+1}(t) - \boldsymbol{e}_{\mathrm{zno}j+1}(t)\right) + \boldsymbol{B}_{\mathrm{uzn}}\begin{bmatrix}\boldsymbol{a}_{\mathrm{n}}^T & 1\end{bmatrix}\begin{bmatrix}\boldsymbol{e}_{\mathrm{nILC}j+1}(t) \\ \dot{e}_{\mathrm{nILC}nj+1}(t)\end{bmatrix}, \tag{3.16}$$

wobei $\boldsymbol{a}_\mathrm{n}^T$ die RNF-Koeffizienten darstellt. Es folgt $\boldsymbol{e}_{\mathrm{nILC}j+1} = \boldsymbol{e}_{\mathrm{zn}j+1} - \boldsymbol{e}_{\mathrm{zno}j+1}$ und $\dot{e}_{\mathrm{nILC}nj+1} = \dot{e}_{\mathrm{znn}j+1} - \dot{e}_{\mathrm{znon}j+1}$. Hiermit kann $\boldsymbol{x}_{\mathrm{nILC}j+1} = \boldsymbol{x}_{\mathrm{nr}} + \boldsymbol{e}_{\mathrm{nILC}j+1}$ und $\dot{x}_{\mathrm{nILC}nj+1} = \dot{x}_{\mathrm{nr}n} + \dot{e}_{\mathrm{nILC}nj+1}$ errechnet werden. Die Berechnung für den MIMO-Fall erfolgt analog zum SISO-Fall. Über die Ausgangsgleichung bestimmt sich $\boldsymbol{y}_{\mathrm{nILC}}$ und $\dot{y}_{\mathrm{nILC}\nu_i} \forall i = 1, ..., m_\mathrm{u}$. □

Folglich gelingt für Systeme nach Abschnitt 3.2 eine Transformation auf die Referenz- und damit Eingangsgrößen des zyklischen Prozesses. Kann keine Transformation berechnet werden, wird der ILC-Ausgang als Vorsteuerungsanteil auf das System geschaltet. Abbildung 3.3 zeigt die Zusammenhänge.

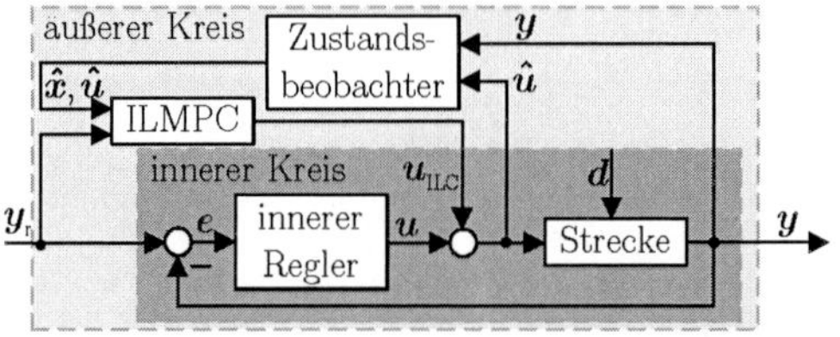

Abbildung 3.3: Vorsteuerungskaskadenstruktur der iterativ lernenden Regelung

Um eine solche Struktur realisieren zu können, muss von außen (ILC) der Zugriff auf die Aktuatoransteuerung gewährleistet sein.

3.3.2 Kostenfunktion

Die iterativ lernende modellprädiktive Regelung (ILMPC) basiert auf einer Kostenfunktion J, welche die Fehlerkosten über eine komplette Zykluslänge T_z beschreibt. Über eine Minimierung der Kostenfunktion wird iterativ für jeden neu startenden Zyklus ein ILC-Ausgang $\boldsymbol{u}_{\mathrm{ILC}j+1}$ berechnet. Die Kostenfunktion ist Nebenbedingungen unterlegen, um die Systemgrenzen und -dynamik in das Minimierungsproblem zu integrieren. Die konvexe Minimierung für Systeme in verallgemeinerter Regelungsnormalform (Abschnitt 3.2) ist durch

$$
\begin{aligned}
J_{j+1} &= \min_{\Delta \boldsymbol{u}_{\mathrm{nILC}j}, \boldsymbol{e}_{\mathrm{zn}}} \frac{1}{2} \int_0^{T_\mathrm{z}} \begin{bmatrix} \boldsymbol{e}_{\mathrm{zn}j+1}(t) \\ \Delta \boldsymbol{u}_{\mathrm{nILC}j}(t) \end{bmatrix}^T \begin{bmatrix} \boldsymbol{Q}_\mathrm{e} & \\ & \boldsymbol{Q}_\mathrm{u} \end{bmatrix} \begin{bmatrix} \boldsymbol{e}_{\mathrm{zn}j+1}(t) \\ \Delta \boldsymbol{u}_{\mathrm{nILC}j}(t) \end{bmatrix} \mathrm{d}t \\
\text{Nb.:} \quad & \dot{\boldsymbol{e}}_{\mathrm{zn}j+1}(t) = \boldsymbol{A}_{\mathrm{zn}} \boldsymbol{e}_{\mathrm{zn}j+1}(t) + \boldsymbol{B}_{\mathrm{uzn}} \boldsymbol{u}_{\mathrm{nILC}j+1}(t) + \boldsymbol{B}_{\mathrm{dzn}} \boldsymbol{d}_\mathrm{n}(t), \\
& \boldsymbol{z}_{\mathrm{n}j+1} \in \mathbb{Q}_\mathrm{z}, \quad \boldsymbol{e}_{\mathrm{zn}j+1} \in \mathbb{Q}_\mathrm{e}, \quad \boldsymbol{u}_{\mathrm{n}j+1} \in \mathbb{Q}_\mathrm{u}, \quad \boldsymbol{e}_{\mathrm{zn}j+1}(0) = \boldsymbol{e}_{\mathrm{zn_m}j}(0)
\end{aligned}
\tag{3.17}
$$

beschrieben, wobei $\boldsymbol{e}_{\mathrm{zn_m}j}$ den gemessenen Fehler des aktuellen Zyklus beschreibt. Für den Fall eines periodischen Prozesses wird die Zykluslänge T_z zur Periodendauer T_p. Der Fehler der Kostenfunktion wird dann auf das sich periodisch einschwingende Fehlerverhalten $\boldsymbol{e}_{\mathrm{zn}\sim}$ mit $\boldsymbol{e}_{\mathrm{zn}\sim 0} = \boldsymbol{e}_{\mathrm{zn}\sim N}$ bezogen ($\sim \hat{=}$ periodisch). Über $\Delta \boldsymbol{u}_{\mathrm{nILC}j}$ wird die ILC-Korrektur

$\boldsymbol{u}_{\text{nILC}j+1} = \boldsymbol{u}_{\text{nILC}j} + \Delta\boldsymbol{u}_{\text{nILC}j}$ für den nächsten Zyklus $j+1$ beschrieben. Die konvexen Mengen $\mathbb{Q}_{\text{z}}$, $\mathbb{Q}_{\text{e}}$, $\mathbb{Q}_{\text{u}}$ stellen die zulässigen Wertebereiche für die Fehler-, Zustands- und Eingangswerte dar. Die Zustandsfehlergewichtungsmatrix $\boldsymbol{\mathcal{Q}}_{\text{e}} \succ \boldsymbol{0}$ muss positiv definit sein, die Eingangsgewichtungsmatrix $\boldsymbol{\mathcal{Q}}_{\text{u}} \succeq \boldsymbol{0}$ muss positiv semidefinit sein. Für $\boldsymbol{\mathcal{Q}}_{\text{u}} = \boldsymbol{0}$ und $\mathbb{Q}_{\text{e}} = \mathbb{R}^n$, $\mathbb{Q}_{\text{u}} = \mathbb{R}^{m_{\text{u}}}$, $\mathbb{Q}_{\text{z}} = \mathbb{R}^n$ wird der Fehler durch die Minimierung von J_j bei der ersten ILC-Iteration direkt zu Null, was einer Streckeninversion entspricht. Nach Abschnitt 2.1.2 ist dies jedoch nicht sinnvoll, da die Rauschsensitivität hierbei enorm verstärkt wird. Über die positive Definitheit der Matrizen wird die Konvexität und damit auch die Eindeutigkeit der Minimierungslösung gewährleistet.

Die betrachtete Systemdynamik des Optimierungsproblems ist linear, wobei die unterlagerte innere Regelung $\boldsymbol{u}_{\text{nR}}$ nicht mehr explizit auftritt. Diese ist durch eine Transformation in $\dot{\boldsymbol{e}}$ und $\boldsymbol{A}_{\text{zn}}\boldsymbol{e}_{\text{zn}}(t)$ enthalten (siehe auch (3.5)). Es gilt $\boldsymbol{u}_{\text{n}} = \boldsymbol{u}_{\text{nR}} + \boldsymbol{u}_{\text{nILC}}$. Eine explizite Darstellung von $\boldsymbol{u}_{\text{nR}}$ kann durch den ILC-Entwurf ebenfalls behandelt werden. Alle Systemklassen aus Abschnitt 3.2 stellen eine mögliche Systemdynamik des ILC-Entwurfs dar. Für nichtlineare flache Systeme, welche nicht in Regelungsnormalform vorliegen, müssen zusätzliche Bedingungen gewährleistet sein. Diese werden im späteren Verlauf beschrieben.

Die Nebenbedingungen sind beliebig erweiterbar. Hierbei lassen sich auch nichtlineare Nebenbedingungen in den Optimierungsentwurf integrieren. Um die Lösbarkeit der Optimierung in einfacher Weise zu gewährleisten, sind konvexe Nebenbedingungen zu verwenden. Der Initialzustand der ILMPC-Prädiktion wird durch die Messung des letzten Iterationszyklus $\boldsymbol{e}_{\text{zn}_\text{m}j-1}(0)$ festgelegt. Bei diesem Entwurf gilt die Annahme, dass der Initialwert stets gleich bleibt. Ist diese Annahme unzulässig, kann dies berücksichtigt werden, was im späteren Verlauf beschrieben wird.

Für die Berechnung der ILC-Optimierung muss die Kostenfunktion diskretisiert werden. Es ergibt sich für die Kostenfunktion die diskrete Darstellung

$$J_{j+1} = \min_{\Delta\boldsymbol{u}_{\text{nILC}j},\boldsymbol{e}_{\text{zn}}} \frac{1}{2}\sum_{k=0}^{N-1}\int_{kT_{\text{s}k}}^{(k+1)T_{\text{s}k}} \begin{bmatrix}\boldsymbol{e}_{\text{zn}\,j+1}\\ \Delta\boldsymbol{u}_{\text{nILC}j}\end{bmatrix}^T \begin{bmatrix}\boldsymbol{\mathcal{Q}}_{\text{e}} & \\ & \boldsymbol{\mathcal{Q}}_{\text{u}}\end{bmatrix} \begin{bmatrix}\boldsymbol{e}_{\text{zn}\,j+1}\\ \Delta\boldsymbol{u}_{\text{nILC}j}\end{bmatrix} \mathrm{d}t = \frac{1}{2}\sum_{k=0}^{N-1} \boldsymbol{v}_k^T\boldsymbol{Q}_k\boldsymbol{v}_k, \tag{3.18}$$

wobei $\boldsymbol{v}^T = \begin{bmatrix}\boldsymbol{e}_{\text{zn}\,j+1}^T & \boldsymbol{u}_{\text{nILC}j+1}^T & \boldsymbol{u}_{\text{nILC}j}^T & \boldsymbol{d}_{\text{n}}^T\end{bmatrix}$. Die Abtastzeit zu Zeitschritt k wird durch $T_{\text{s}k}$ beschrieben mit $\sum_{k=0}^{N-1} T_{\text{s}k} = T_{\text{z}}$. Für jeden Zeitschritt k kann die Schrittweite $T_{\text{s}k}$ unterschiedlich sein. Der Parameter N gibt die Horizontlänge des Optimierungsproblems an. Die Matrix $\boldsymbol{Q}_k$ ergibt sich nach [FPW98] zu

$$\boldsymbol{Q}_k = \int_0^{T_{\text{s}k}} \mathfrak{A}(\tau)^T \begin{bmatrix}\boldsymbol{\mathcal{Q}}_{\text{e}} & & & \\ & \boldsymbol{\mathcal{Q}}_{\text{u}} & -\boldsymbol{\mathcal{Q}}_{\text{u}} & \\ & -\boldsymbol{\mathcal{Q}}_{\text{u}} & \boldsymbol{\mathcal{Q}}_{\text{u}} & \\ & & & 0\end{bmatrix} \mathfrak{A}(\tau)\mathrm{d}\tau, \quad \mathfrak{A}(\tau)^T = \begin{bmatrix}\boldsymbol{A}_{\text{zn}}^T(\tau) & 0 & 0 & 0\\ \boldsymbol{B}_{\text{uzn}}^T(\tau) & \boldsymbol{I} & 0 & 0\\ 0 & 0 & \boldsymbol{I} & 0\\ \boldsymbol{B}_{\text{dzn}}^T(\tau) & 0 & 0 & \boldsymbol{I}\end{bmatrix}, \tag{3.19}$$

was über Matrixexponentialfunktionen nach [Van78] berechnet werden kann (siehe auch Abschnitt 2.2). Die Matrizen aus $\mathfrak{A}(\tau)$ bestimmen sich zu $\boldsymbol{A}_{\text{zn}}(\tau) = e^{\boldsymbol{A}_{\text{zn}}\tau}$, $\boldsymbol{B}_{\text{uzn}}(\tau) = \int_0^\tau e^{\boldsymbol{A}_{\text{zn}}\eta}\mathrm{d}\eta\boldsymbol{B}_{\text{uzn}}$ und $\boldsymbol{B}_{\text{dzn}}(\tau) = \int_0^\tau e^{\boldsymbol{A}_{\text{zn}}\eta}\mathrm{d}\eta\boldsymbol{B}_{\text{dzn}}$. Für die diskretisierte Systemdynamik ergibt sich

$$e_{\mathrm{zn}k+1\,j+1} = A_{\mathrm{zn}k} e_{\mathrm{zn}k\,j+1} + B_{\mathrm{uzn}k} u_{\mathrm{nILC}k\,j+1} + B_{\mathrm{dzn}k} d_{\mathrm{n}k} \tag{3.20}$$

mit

$$A_{\mathrm{zn}k} = e^{A_{\mathrm{zn}} T_{\mathrm{s}k}}, \quad B_{\mathrm{uzn}k} = \int_0^{T_{\mathrm{s}k}} e^{A_{\mathrm{zn}}\eta} \mathrm{d}\eta B_{\mathrm{uzn}}, \quad B_{\mathrm{dzn}k} = \int_0^{T_{\mathrm{s}k}} e^{A_{\mathrm{zn}}\eta} \mathrm{d}\eta B_{\mathrm{dzn}}. \tag{3.21}$$

Ist die Systemdynamik nichtlinear, so gelingt in der Regel eine Linearisierung nach Abschnitt 2.1.1 sowie Diskretisierung nach Gleichung (3.19). Es ergibt sich eine Gleichung analog zu (3.20), wobei die Matrizen $A_{\mathrm{zn}k}$, $B_{\mathrm{uzn}k}$ und $B_{\mathrm{dzn}k}$ nun abhängig von der Dynamik des Systems sind (gilt auch für $d_{\mathrm{n}k}$). Diese Dynamikabhängigkeit führt in der Regel zu einer für die Optimierungsrechnung aufwändigen Dynamikanpassung in jedem Optimierungslösungsschritt. Falls das Referenzverhalten bereits gut durch die Systemdynamik beschrieben wird, kann das System auch entlang der Referenztrajektorie linearisiert werden. Die Lerngeschwindigkeit für $\mathcal{Q}_{\mathrm{e}}$ und $\mathcal{Q}_{\mathrm{u}}$ muss hierbei so gewählt werden, dass die Konvergenz der ILC trotz Modellungenauigkeiten gewährleistet ist (Abschnitt 2.1.3). Falls die Nebenbedingungen und Kosten der Optimierung trotz Nichtlinearitäten konvex bleiben, ist auch hier Nullfehlerkonvergenz möglich.

3.3.3 Reduzierter Entwurf

Diskretisierung der Kostenfunktion

Um den ILC-Ausgang u_{ILC} eines reduzierten ILMPC-Entwurfs für Systemklassen nach 3.2.3 asymptotisch stabil einzuregeln, muss u_{ILC} nach Theorem 3.1 Ableitungen bis zur Ordnung χ aufweisen. Dies erfordert eine Neuformulierung der diskretisierten Differentialgleichung (3.20) sowie der diskreten Kostenfunktion (3.18). Bisher wurde ein Halteglied nullter Ordnung (engl: *Zero-Order-Hold* (ZOH)) für den ILC-Ausgang verwendet. Für ILC-Ausgang höherer Ordnung gibt es eine Vielzahl an Möglichkeiten. In dieser Dissertation werden polynomielle Ansätze vorgestellt. Es sei erwähnt, dass die entwickelte Vorgehensweise auch für andere Ansätze geeignet ist. Abbildung 3.4 skizziert zwei der möglichen Polynomansätze.

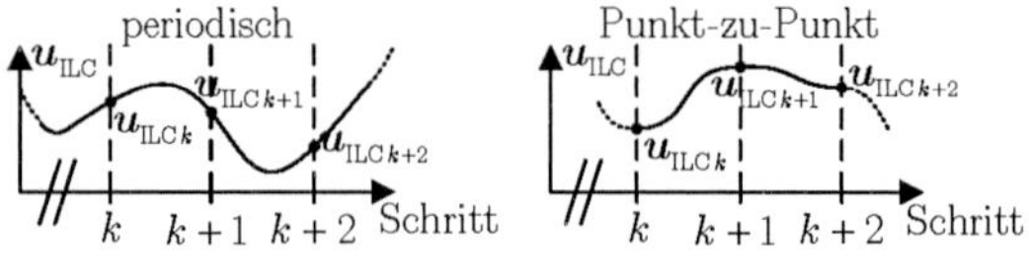

Abbildung 3.4: ILC-Ausgang mit periodischem und Punkt-zu-Punkt Polynomverhalten

Hierbei stellen $u_{\mathrm{ILC}k}, u_{\mathrm{ILC}k+1}, ...$ jeweils die Stützstellen der ILC-Optimierungsberechnung dar. Die kontinuierlichen Verläufe beschreiben die polynomiellen ILC-Ausgänge, welche durch die unterlagerte Dynamik eingeregelt werden können. Die linke Abbildung beschreibt einen periodischen Polynomansatz, die rechte Abbildung einen Punkt-zu-Punkt Polynomansatz. Beide Ansätze haben Vor- und Nachteile, welche sich im weiteren Verlauf ergeben.

Für Punkt-zu-Punkt Polynome kann der Ansatz

$$\begin{aligned} \boldsymbol{s}_k(t_{\mathrm{s}k}) &= \boldsymbol{\mathfrak{a}}_{0k} + \boldsymbol{\mathfrak{a}}_{1k} t_{\mathrm{s}k} + \ldots + \boldsymbol{\mathfrak{a}}_{(2\chi-1)k} t_{\mathrm{s}k}^{2\chi-1} \\ \text{Nb.:} \quad \boldsymbol{s}_k(0) &= \boldsymbol{\mathfrak{a}}_{0k} = \boldsymbol{u}_{\mathrm{ILC}k} \\ \boldsymbol{s}_k(T_{\mathrm{s}k}) &= \boldsymbol{\mathfrak{a}}_{0k} + \boldsymbol{\mathfrak{a}}_{1k} T_{\mathrm{s}k} + \ldots + \boldsymbol{\mathfrak{a}}_{(2\chi-1)k} T_{\mathrm{s}k}^{2\chi-1} = \boldsymbol{u}_{\mathrm{ILC}k+1} \\ \dot{\boldsymbol{s}}_k(0) &= \dot{\boldsymbol{s}}_k(T_{\mathrm{s}k}) = \ldots = \overset{(\chi)}{\boldsymbol{s}}_k(0) = \overset{(\chi)}{\boldsymbol{s}}_k(T_{\mathrm{s}k}) = 0 \end{aligned} \tag{3.22}$$

gewählt werden. Hierbei beschreibt $\boldsymbol{s}_k(t_{\mathrm{s}k})$ den polynomiellen Verlauf zwischen den Stützstellen $\boldsymbol{u}_{\mathrm{ILC}k}$ und $\boldsymbol{u}_{\mathrm{ILC}k+1}$ für $0 \leq t_{\mathrm{s}k} \leq T_{\mathrm{s}k}$. Die Koeffizienten des Polynoms können durch

$$\begin{bmatrix} \boldsymbol{I} & 0 & 0 & \cdots & 0 \\ \boldsymbol{I} & \boldsymbol{I}T_{\mathrm{s}k} & \boldsymbol{I}T_{\mathrm{s}k}^2 & \cdots & \boldsymbol{I}T_{\mathrm{s}k}^{2\chi-1} \\ & \boldsymbol{I} & 0 & \cdots & 0 \\ & \boldsymbol{I} & 2\boldsymbol{I}T_{\mathrm{s}k} & \cdots & (2\chi-1)\boldsymbol{I}T_{\mathrm{s}k}^{2\chi-2} \\ & \vdots & \vdots & & \vdots \end{bmatrix} \begin{bmatrix} \boldsymbol{\mathfrak{a}}_{0k} \\ \boldsymbol{\mathfrak{a}}_{1k} \\ \boldsymbol{\mathfrak{a}}_{2k} \\ \vdots \\ \boldsymbol{\mathfrak{a}}_{(2\chi-1)k} \end{bmatrix} = \begin{bmatrix} \boldsymbol{u}_{\mathrm{ILC}k} \\ \boldsymbol{u}_{\mathrm{ILC}k+1} \\ 0 \\ \vdots \\ 0 \end{bmatrix} \\ \Rightarrow \boldsymbol{M}_k \boldsymbol{\mathfrak{a}}_k = \boldsymbol{\mathfrak{u}}_{\mathrm{s}k} \tag{3.23}$$

eindeutig bestimmt werden. Diese hängen lediglich von $\boldsymbol{u}_{\mathrm{ILC}k}$ und $\boldsymbol{u}_{\mathrm{ILC}k+1}$ ab. Matrix $\boldsymbol{M}_k$ hat Dimension $2\chi m_{\mathrm{u}} \times 2\chi m_{\mathrm{u}}$ und ist stets regulär. Die Koeffizienten sind hierbei durch

$$\boldsymbol{\mathfrak{a}}_k = \boldsymbol{M}_k^{-1} \boldsymbol{\mathfrak{u}}_{\mathrm{s}k} = \begin{bmatrix} \boldsymbol{m}_{11k}^{-1} & \boldsymbol{m}_{12k}^{-1} & \cdots & \boldsymbol{m}_{12\chi k}^{-1} \\ \boldsymbol{m}_{21k}^{-1} & \boldsymbol{m}_{22k}^{-1} & \cdots & \boldsymbol{m}_{22\chi k}^{-1} \\ \vdots & \vdots & \ddots & \vdots \\ \boldsymbol{m}_{2\chi 1k}^{-1} & \boldsymbol{m}_{2\chi 2k}^{-1} & \cdots & \boldsymbol{m}_{2\chi 2\chi k}^{-1} \end{bmatrix} \begin{bmatrix} \boldsymbol{u}_{\mathrm{ILC}k} \\ \boldsymbol{u}_{\mathrm{ILC}k+1} \\ 0 \\ \vdots \end{bmatrix} \Rightarrow \begin{cases} \boldsymbol{\mathfrak{a}}_{0k} = \boldsymbol{m}_{11k}^{-1} \boldsymbol{u}_{\mathrm{ILC}k} + \boldsymbol{m}_{12k}^{-1} \boldsymbol{u}_{\mathrm{ILC}k+1} \\ \boldsymbol{\mathfrak{a}}_{1k} = \boldsymbol{m}_{21k}^{-1} \boldsymbol{u}_{\mathrm{ILC}k} + \boldsymbol{m}_{22k}^{-1} \boldsymbol{u}_{\mathrm{ILC}k+1} \\ \vdots = \vdots \\ \boldsymbol{\mathfrak{a}}_{(2\chi-1)k} = \boldsymbol{m}_{2\chi 1k}^{-1} \boldsymbol{u}_{\mathrm{ILC}k} + \boldsymbol{m}_{2\chi 2k}^{-1} \boldsymbol{u}_{\mathrm{ILC}k+1} \end{cases} \tag{3.24}$$

definiert. Eingesetzt in Gleichung (3.22) ergibt sich

$$\begin{aligned} \boldsymbol{s}_k(t_{\mathrm{s}k}) &= (\boldsymbol{m}_{11k}^{-1} \boldsymbol{u}_{\mathrm{ILC}k} + \cdots + \boldsymbol{m}_{2\chi 1k}^{-1} \boldsymbol{u}_{\mathrm{ILC}k} t_{\mathrm{s}k}^{2\chi-1}) + (\boldsymbol{m}_{12k}^{-1} \boldsymbol{u}_{\mathrm{ILC}k+1} + \cdots + \boldsymbol{m}_{2\chi 2k}^{-1} \boldsymbol{u}_{\mathrm{ILC}k+1} t_{\mathrm{s}k}^{2\chi-1}) \\ &= \boldsymbol{s}_{k_k}(t_{\mathrm{s}k}) + \boldsymbol{s}_{k_{k+1}}(t_{\mathrm{s}k}), \end{aligned} \tag{3.25}$$

womit die Differentialgleichung aus (3.17) für einen polynomiellen ILC-Ausgang diskretisiert werden kann. Die Annahme, dass die Störung zwischen zwei Abtastschritten ebenfalls polynomielles Verhalten aufweist, ist gerade für große Abtastzeiten sinnvoll. Dies verbessert das Regelverhalten zwischen den ILC-Abtastzeitschritten.

Zunächst soll der Fall $\boldsymbol{d}_{\mathrm{n}} = \boldsymbol{0}$ betrachtet werden. Für das dynamische Verhalten zwischen den Zeitschritten k und $k+1$ mit $T_{\mathrm{s}k}$ ergibt sich die normierte und auf Regelungsnormalform bezogene Differentialgleichung

$$\dot{\boldsymbol{e}}_{\mathrm{zn}}(t) = \boldsymbol{A}_{\mathrm{zn}} \boldsymbol{e}_{\mathrm{zn}}(t) + \boldsymbol{B}_{\mathrm{uzn}}(\boldsymbol{s}_{\mathrm{n}k_k}(t_{\mathrm{s}k}) + \boldsymbol{s}_{\mathrm{n}k_{k+1}}(t_{\mathrm{s}k})). \tag{3.26}$$

Mit dem Zusammenhang ${}^{2\chi-1}\dot{\boldsymbol{u}}_k = {}^{2\chi-2}\boldsymbol{u}_k = \frac{1}{(2\chi-2)!}\boldsymbol{u}_{\mathrm{nILC}k}t_{\mathrm{s}k}^{2\chi-2}$, ..., ${}^{2}\dot{\boldsymbol{u}}_k = \boldsymbol{u}_{\mathrm{nILC}k}$ können $\boldsymbol{s}_{\mathrm{n}k_k}$ und $\boldsymbol{s}_{\mathrm{n}k_{k+1}}$ als Zustände umformuliert werden. Das resultierende Differentialgleichungssystem ist definiert zwischen den Zeitschritten k und $k+1$. Es kann beschrieben werden durch

$$\begin{bmatrix} \dot{\boldsymbol{e}}_{\mathrm{zn}} \\ {}^{2\chi-1}\dot{\boldsymbol{u}}_k \\ \vdots \\ {}^{2}\dot{\boldsymbol{u}}_k \\ {}^{2\chi-1}\dot{\boldsymbol{u}}_{k+1} \\ \vdots \\ {}^{2}\dot{\boldsymbol{u}}_{k+1} \end{bmatrix} = \begin{bmatrix} \boldsymbol{A}_{\mathrm{zn}} & (2\chi-1)!\boldsymbol{m}_{2\chi1k}^{-1}\boldsymbol{B}_{\mathrm{uzn}} \cdots & 1!\boldsymbol{m}_{21k}^{-1}\boldsymbol{B}_{\mathrm{uzn}} & (2\chi-1)!\boldsymbol{m}_{2\chi2k}^{-1}\boldsymbol{B}_{\mathrm{uzn}} \cdots & 1!\boldsymbol{m}_{22k}^{-1}\boldsymbol{B}_{\mathrm{uzn}} \\ & \boldsymbol{I} & & & \\ & & \ddots & & \\ \boldsymbol{0} & \cdots \quad \cdots & \boldsymbol{0} & \boldsymbol{0} \quad \cdots & \boldsymbol{0} \\ & & & \boldsymbol{I} & \\ & & & & \ddots \\ \boldsymbol{0} & \cdots \quad \cdots & \boldsymbol{0} & \boldsymbol{0} \quad \cdots & \boldsymbol{0} \end{bmatrix} \begin{bmatrix} \boldsymbol{e}_{\mathrm{zn}} \\ {}^{2\chi-1}\boldsymbol{u}_k \\ \vdots \\ {}^{2}\boldsymbol{u}_k \\ {}^{2\chi-1}\boldsymbol{u}_{k+1} \\ \vdots \\ {}^{2}\boldsymbol{u}_{k+1} \end{bmatrix}$$

$$+ \begin{bmatrix} \boldsymbol{m}_{11k}^{-1}\boldsymbol{B}_{\mathrm{uzn}} & \boldsymbol{m}_{12k}^{-1}\boldsymbol{B}_{\mathrm{uzn}} \\ \boldsymbol{0} & \boldsymbol{0} \\ \vdots & \vdots \\ \boldsymbol{I} & \boldsymbol{0} \\ \boldsymbol{0} & \boldsymbol{0} \\ \vdots & \vdots \\ \boldsymbol{0} & \boldsymbol{I} \end{bmatrix} \begin{bmatrix} \boldsymbol{u}_{\mathrm{nILC}k} \\ \boldsymbol{u}_{\mathrm{nILC}k+1} \end{bmatrix} \Rightarrow \dot{\boldsymbol{\zeta}}_k = {}^{k}\boldsymbol{A}_{\zeta}\boldsymbol{\zeta}_k + {}^{k}\boldsymbol{B}_{\zeta}\boldsymbol{\nu}_k. \tag{3.27}$$

Hierbei wurde auf die Abhängigkeiten von (t) bzw. $(t_{\mathrm{s}k})$ zur Übersichtlichkeit verzichtet. Nach [Van78] gelingt die Diskretisierung über

$$\boldsymbol{M}_{\mathrm{e}k} = \exp\left(\begin{bmatrix} {}^{k}\boldsymbol{A}_{\zeta} & {}^{k}\boldsymbol{B}_{\zeta} \\ \boldsymbol{0} & \boldsymbol{0} \end{bmatrix} T_{\mathrm{s}k}\right) = \begin{bmatrix} \boldsymbol{A}_{\zeta k} & \boldsymbol{B}_{\zeta k} \\ \boldsymbol{0} & \boldsymbol{I} \end{bmatrix}. \tag{3.28}$$

Aufgrund des Gültigkeitsbereichs $0 \leq t_{\mathrm{s}k} \leq T_{\mathrm{s}k}$ ergeben sich für die diskrete Differentialgleichung zu Zeitschritt k mit $t_{\mathrm{s}k} = 0$ die Initialwerte ${}^{2\chi-1}\boldsymbol{u}_k = {}^{2\chi-2}\boldsymbol{u}_k = ... = {}^{2}\boldsymbol{u}_k = \boldsymbol{0}$. Dies erlaubt eine Vereinfachung des interessierenden Teils der diskreten Differentialgleichung zu

$$\boldsymbol{e}_{\mathrm{zn}k+1} = \boldsymbol{A}_{\mathrm{zn}k}\boldsymbol{e}_{\mathrm{zn}k} + \boldsymbol{B}_{\mathrm{uzn}k_0}\boldsymbol{u}_{\mathrm{nILC}k} + \boldsymbol{B}_{\mathrm{uzn}k_1}\boldsymbol{u}_{\mathrm{nILC}k+1}, \tag{3.29}$$

wobei $\boldsymbol{A}_{\mathrm{zn}k} = \boldsymbol{A}_{\zeta k_{1:n,1:n}}$, $\boldsymbol{B}_{\mathrm{uzn}k_0} = \boldsymbol{B}_{\zeta k_{1:n,1:m_{\mathrm{u}}}}$ und $\boldsymbol{B}_{\mathrm{uzn}k_1} = \boldsymbol{B}_{\zeta k_{1:n,m_{\mathrm{u}}+1:2m_{\mathrm{u}}}}$. Gleichung (3.29) beschreibt die exakte Diskretisierung für den gewählten Punkt-zu-Punkt Polynomansatz. Der Ausdruck $\boldsymbol{u}_{\mathrm{nILC}}({}^{k}t_{\mathrm{s}k})$ mit ${}^{k}t_{\mathrm{s}k} = t_{\mathrm{s}k} + \sum_{i=0}^{k-1} T_{\mathrm{s}i}$ kann durch

$$\begin{aligned} &\begin{bmatrix} \boldsymbol{0} & (2\chi-1)!\boldsymbol{m}_{2\chi1k}^{-1} \cdots 1!\boldsymbol{m}_{21k}^{-1} & (2\chi-1)!\boldsymbol{m}_{2\chi2k}^{-1} \cdots 1!\boldsymbol{m}_{22k}^{-1} \end{bmatrix} \boldsymbol{\zeta}_k(t, t_{\mathrm{s}k}) + \begin{bmatrix} \boldsymbol{m}_{11k}^{-1} & \boldsymbol{m}_{12k}^{-1} \end{bmatrix} \boldsymbol{\nu}_k(t_{\mathrm{s}k}) \\ &= \begin{bmatrix} \boldsymbol{0} & \boldsymbol{M}_{\mathrm{I}0k} & \boldsymbol{M}_{\mathrm{I}1k} \end{bmatrix} \underbrace{\begin{bmatrix} \boldsymbol{e}_{\mathrm{zn}}(t) \\ \boldsymbol{u}_{\mathrm{I}k}(t_{\mathrm{s}k}) \\ \boldsymbol{u}_{\mathrm{I}k+1}(t_{\mathrm{s}k}) \end{bmatrix}}_{\boldsymbol{\zeta}_k(t,t_{\mathrm{s}k})} + \begin{bmatrix} \boldsymbol{M}_{\mathrm{U}0k} & \boldsymbol{M}_{\mathrm{U}1k} \end{bmatrix} \boldsymbol{\nu}_k(t_{\mathrm{s}k}) = \boldsymbol{u}_{\mathrm{nILC}}({}^{k}t_{\mathrm{s}k}) \end{aligned} \tag{3.30}$$

ausgedrückt werden. Hierbei entsprechen $\boldsymbol{u}_{\mathrm{I}k}$ und $\boldsymbol{u}_{\mathrm{I}k+1}$ den jeweiligen integralen Zuständen. Die Einbindung der Störung in die Dynamik gelingt analog zur bisher beschriebenen Vorgehensweise. Durch $\boldsymbol{\zeta}_k^T = \begin{bmatrix} \boldsymbol{e}_{\mathrm{zn}j+1}^T & \boldsymbol{u}_{\mathrm{I}k\,j+1}^T & \boldsymbol{u}_{\mathrm{I}k+1\,j+1}^T & \boldsymbol{u}_{\mathrm{I}k\,j}^T & \boldsymbol{u}_{\mathrm{I}k+1\,j}^T & \boldsymbol{d}_{\mathrm{I}k}^T & \boldsymbol{d}_{\mathrm{I}k+1}^T \end{bmatrix}$ und Eingang

$\boldsymbol{\nu}_k^T = \begin{bmatrix}\boldsymbol{u}_{\mathrm{nILC}k\,j+1}^T & \boldsymbol{u}_{\mathrm{nILC}k+1\,j+1}^T & \boldsymbol{u}_{\mathrm{nILC}k\,j}^T & \boldsymbol{u}_{\mathrm{nILC}k+1\,j}^T & \boldsymbol{d}_{\mathrm{n}k}^T & \boldsymbol{d}_{\mathrm{n}k+1}^T\end{bmatrix}$ kann die Diskretisierung der Kostenfunktion berechnet werden. Es gilt der Zusammenhang

$$\begin{aligned}\boldsymbol{v}({}^k t_{\mathrm{s}k}) &= \begin{bmatrix}\boldsymbol{I} & & & \\ \boldsymbol{M}_{\mathrm{I}0k} & \boldsymbol{M}_{\mathrm{I}1k} & & \\ & \boldsymbol{M}_{\mathrm{I}0k} & \boldsymbol{M}_{\mathrm{I}1k} & \\ & & \boldsymbol{M}_{\mathrm{I}0k} & \boldsymbol{M}_{\mathrm{I}1k}\end{bmatrix}\boldsymbol{\zeta}_k(t, t_{\mathrm{s}k}) + \begin{bmatrix}\boldsymbol{M}_{\mathrm{U}0k} & \boldsymbol{M}_{\mathrm{U}1k} & & \\ & \boldsymbol{M}_{\mathrm{U}0k} & \boldsymbol{M}_{\mathrm{U}1k} & \\ & & \boldsymbol{M}_{\mathrm{U}0k} & \boldsymbol{M}_{\mathrm{U}1k}\end{bmatrix}\boldsymbol{\nu}_k(t_{\mathrm{s}k}) \\ &= \begin{bmatrix}\boldsymbol{G}_{\zeta k} & \boldsymbol{G}_{\nu k}\end{bmatrix}\begin{bmatrix}\boldsymbol{\zeta}_k(t, t_{\mathrm{s}k}) \\ \boldsymbol{\nu}_k(t_{\mathrm{s}k})\end{bmatrix}.\end{aligned} \tag{3.31}$$

Aus Gründen der Übersichtlichkeit wurde angenommen, dass alle Elemente aus $\boldsymbol{\nu}_k$ die gleiche Anzahl an Eingängen m_{u} sowie die gleiche Ableitungsordnung χ aufweisen. Ist dies nicht der Fall, so ist $\boldsymbol{M}_{\mathrm{I|U0|1}}$ elementabhängig. Eingesetzt in (3.18) ergibt sich schließlich $J_{j+1} = \min\limits_{\boldsymbol{\Delta u}_{\mathrm{nILC}j}, \boldsymbol{e}_{\mathrm{zn}}} \frac{1}{2}\sum_{k=0}^{N-1} \boldsymbol{v}_{\mathrm{g}\zeta k}^T \boldsymbol{Q}_{\mathrm{g}\zeta k} \boldsymbol{v}_{\mathrm{g}\zeta k}$ mit $\boldsymbol{v}_{\mathrm{g}\zeta k}^T = \begin{bmatrix}\boldsymbol{\zeta}_k^T & \boldsymbol{\nu}_k^T\end{bmatrix}$ und

$$\boldsymbol{Q}_{\mathrm{g}\zeta k} = \int_0^{T_{\mathrm{s}k}} \mathfrak{A}_{\zeta k}(\tau)^T \begin{bmatrix}\boldsymbol{G}_{\zeta k}^T \boldsymbol{\mathcal{Q}}_{\mathrm{g}} \boldsymbol{G}_{\zeta k} & \boldsymbol{G}_{\zeta k}^T \boldsymbol{\mathcal{Q}}_{\mathrm{g}} \boldsymbol{G}_{\nu k} \\ \boldsymbol{G}_{\nu k}^T \boldsymbol{\mathcal{Q}}_{\mathrm{g}} \boldsymbol{G}_{\zeta k} & \boldsymbol{G}_{\nu k}^T \boldsymbol{\mathcal{Q}}_{\mathrm{g}} \boldsymbol{G}_{\nu k}\end{bmatrix} \mathfrak{A}_{\zeta k}(\tau)\mathrm{d}\tau, \quad \mathfrak{A}_{\zeta k}(\tau)^T = \begin{bmatrix}\boldsymbol{A}_{\zeta k}^T(\tau) & \boldsymbol{0} \\ \boldsymbol{B}_{\zeta k}^T(\tau) & \boldsymbol{I}\end{bmatrix}. \tag{3.32}$$

Aufgrund der Initialwerte $(\cdot)_{\mathrm{I}k|k+1} = \boldsymbol{0}$ für $t_{\mathrm{s}k} = 0$ vereinfacht sich die diskrete Kostenfunktion zu $J_{j+1} = \min\limits_{\boldsymbol{\Delta u}_{\mathrm{nILC}j}, \boldsymbol{e}_{\mathrm{zn}}} \frac{1}{2}\sum_{k=0}^{N-1} \boldsymbol{v}_{\zeta k}^T \boldsymbol{Q}_{\zeta k} \boldsymbol{v}_{\zeta k}$ mit $\boldsymbol{v}_{\zeta k}^T = \begin{bmatrix}\boldsymbol{e}_{\mathrm{zn}k}^T & \boldsymbol{\nu}_k^T\end{bmatrix}$. Es ist ersichtlich, dass die Kosten zwischen Zeitschritt k und $k+1$ sowohl von Werten aus Zeitschritt k als auch von Werten aus Zeitschritt $k+1$ abhängen. Dies folgt direkt aus dem Punkt-zu-Punkt Polynomansatz.

Für einen periodischen Polynomansatz

$$\begin{aligned}&\boldsymbol{s}_k(t_{\mathrm{s}k}) = \mathfrak{a}_{0k} + \mathfrak{a}_{1k} t_{\mathrm{s}k} + \ldots + \mathfrak{a}_{(\chi-1)k} t_{\mathrm{s}k}^{\chi-1} \\ &\text{Nb.:}\quad \boldsymbol{s}_k(0) = \mathfrak{a}_{0k} = \boldsymbol{u}_{\mathrm{ILC}k} \\ &\qquad\quad \boldsymbol{s}_k(T_{\mathrm{s}k}) = \mathfrak{a}_{0k} + \mathfrak{a}_{1k} T_{\mathrm{s}k} + \ldots + \mathfrak{a}_{(\chi-1)k} T_{\mathrm{s}k}^{\chi-1} = \boldsymbol{u}_{\mathrm{ILC}k+1} \\ &\qquad\quad \dot{\boldsymbol{s}}_k(0) = \dot{\boldsymbol{s}}_{k-1}(T_{\mathrm{s}k-1}), \ldots, \overset{(\chi)}{\boldsymbol{s}}_k(0) = \overset{(\chi)}{\boldsymbol{s}}_{k-1}(T_{\mathrm{s}k-1}) \forall k = 0, 1, \ldots, N-1 \quad \text{mit } \boldsymbol{s}_{-1} = \boldsymbol{s}_{N-1}\end{aligned} \tag{3.33}$$

kann analog zu (3.23) die Gleichung

$$\boldsymbol{M}_{\mathrm{p}} \mathfrak{a}_{\mathrm{p}} = \mathfrak{u}_{\mathrm{sp}} \tag{3.34}$$

hergeleitet werden. Durch die periodische Beschreibung werden hierbei alle Koeffizienten und Stützstellen einer Periode miteinander verkoppelt. Die Herleitung der Differentialgleichung und Kostenfunktion gelingt analog zum Punkt-zu-Punkt Polynomansatz und soll an dieser Stelle nicht explizit formuliert werden.

Vergleich der Ansätze

Um den präsentierten Punkt-zu-Punkt-Polynomansatz und den periodischen Polynomansatz besser vergleichen zu können, soll ein Beispiel dienen.

Beispiel 3.2. *Gegeben sei ein System mit der Dynamik*

$$\dot{\boldsymbol{e}}_{\mathrm{zn}}(t) = \boldsymbol{A}_{\mathrm{zn}}\boldsymbol{e}_{\mathrm{zn}}(t) + \boldsymbol{B}_{\mathrm{uzn}}u_{\mathrm{nILC}}(t), \quad \boldsymbol{A}_{\mathrm{zn}} = \begin{bmatrix} 0 & 1 \\ -2 & -3 \end{bmatrix}, \quad \boldsymbol{B}_{\mathrm{uzn}} = \begin{bmatrix} 0 \\ 1 \end{bmatrix}, \boldsymbol{e}_{\mathrm{zn}}(0) = \begin{bmatrix} 5 \\ -1 \end{bmatrix}, \tag{3.35}$$

welches mit einem periodischen Eingang u_{nILC} gesteuert wird. Hierbei seien die Stützstellen von u_{nILC} durch $\boldsymbol{U}_{\mathrm{nILC}}^T = \begin{bmatrix} -1 & -9 & 8 & 11 & 3 & -4 & 2 & -6 & 11 & 9 \end{bmatrix}$ beschrieben mit einer äquidistanten Verteilung von $T_{\mathrm{s}} = 2\,\mathrm{s}$. Das Systemverhalten für u_{nILC} nach periodischen/ Punkt-zu-Punkt Polynomansatz mit $\chi = 3$ soll an den Stützstellen berechnet und mit dem realen Verhalten verglichen werden. Es ergibt sich Abbildung 3.5 und Abbildung 3.6.

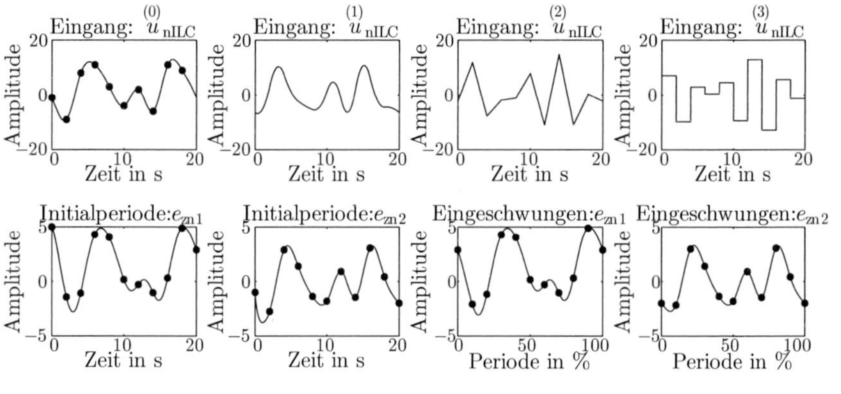

Abbildung 3.5: Systemverhalten: periodischer Polynomansatz

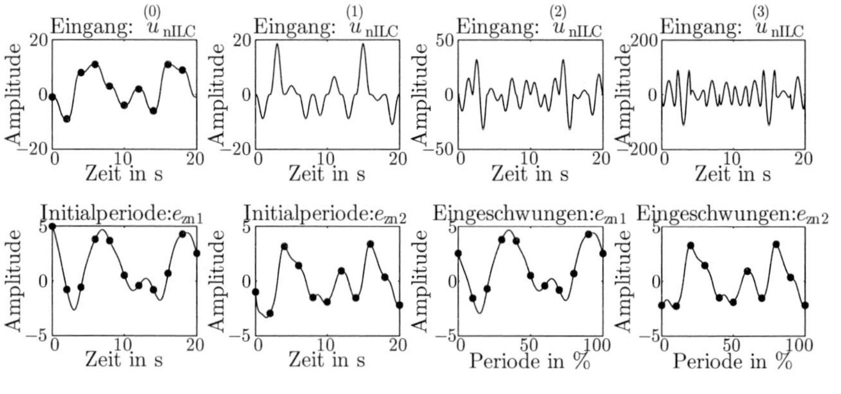

Abbildung 3.6: Systemverhalten: Punkt-zu-Punkt Polynomansatz

Aus dem Beispiel ist ersichtlich, dass die Berechnungen beider Ansätze (Punkte) mit den realen Verläufen übereinstimmen, was aus der exakten Diskretisierung folgt. Für eine periodische Polynombeschreibung bleiben die Amplituden der Ableitungen aufgrund der geringeren Polynomordnung kleiner. Das System erfährt damit eine geringe Dynamikbelastung.

Die Diskretisierung der Systemdynamik und der Kostenfunktion wird in der Regel im Vorfeld berechnet (Rechenzeitersparnis). Werden variable Abtastzeiten genutzt, ist die Berechnung für alle zulässigen Abtastzeiten durchzuführen. Dies ist bei einem Punkt-zu-Punkt Polynomansatz leicht möglich. Für einen periodischen Ansatz sind alle Polynomkoeffizienten über den kompletten Periodenverlauf miteinander verkoppelt. Daher ist eine Berechnung aller zulässigen Abtastzeitkombinationen nicht sinnvoll (Anzahl der Möglichkeiten steigt exponentiell mit N). Hier bleibt die Abtastzeit konstant.

Im ILC-Optimierungsproblem bedeutet eine stärkere Kopplung der Polynomkoeffizienten einen Anstieg des Speicher- und Rechenaufwands. Daher sind periodische Polynomansätze für eine ILC-Optimierung ungeeignet. Der Speicher- und Rechenbedarf für einen Punkt-zu-Punkt-Ansatz bleibt gering. Dieser Ansatz wird im weiteren Verlauf verwendet.

Bezug zur Kostenfunktion

In der Kostenfunktion nach (3.17) wird davon ausgegangen, dass der ILC-Ausgang $\boldsymbol{u}_{\text{nILC}}$, wie durch die Optimierung berechnet, direkt auf das System aufgeschaltet werden kann. Für Systeme mit reduziertem Entwurf ist dies jedoch nicht möglich. Hier liegt durch die unterlagerte Dynamik stets eine Regelabweichung zu $\boldsymbol{u}_{\text{nILC}}$ vor, welche mit $\boldsymbol{w}_{\text{nl}}$ beschrieben werden kann. Die reale Systemdynamik lautet damit

$$\dot{\boldsymbol{e}}_{\text{zn}}(t) = \boldsymbol{A}_{\text{zn}}\boldsymbol{e}_{\text{zn}}(t) + \boldsymbol{B}_{\text{uzn}}\boldsymbol{u}_{\text{nILC}}(t) + \boldsymbol{B}_{\text{uzn}}\boldsymbol{w}_{\text{nl}}(t) + \boldsymbol{B}_{\text{dzn}}\boldsymbol{d}_{\text{n}}(t). \tag{3.36}$$

Der Anteil $\boldsymbol{w}_{\text{nl}}$ ist sowohl von Messrauschen als auch von Modellunsicherheiten abhängig. Damit ist $\boldsymbol{w}_{\text{nl}}$ üblicherweise unbekannt. Eine obere Abschätzung ist für die meisten Systeme, wie in Beispiel 3.1 gezeigt, möglich. Dies erlaubt eine Beschreibung über invariante Mengen. Mit Hilfe von Beschränkungsverengung nach Abschnitt 2.2.3 kann die Unsicherheit $\boldsymbol{w}_{\text{nl}}$ ohne explizite Berechnung in die Optimierung integriert werden. Das betrachtete Systemmodell in (3.17) bleibt damit unverändert. Lediglich die Mengenbeschreibungen sind anzupassen.

3.3.4 Konvergenz und Lösbarkeit

Konvergenz

Um die Konvergenz und Lösbarkeit des iterativ lernenden modellprädiktiven Regelungsentwurfs zu überprüfen, müssen zunächst einige Annahmen getroffen werden. Diese sind zum einen durch die Annahmen 3.1, 3.2, 3.3 gegeben. Zum anderen müssen für Nullfehlerkonvergenz weitere Annahmen gelten.

Annahme 3.4. *Das inverse Problem des Systems ist gut gestellt.*

Annahme 3.5. *Die Störung ist durch einen Initialzyklus bekannt.*

Für die Lösbarkeit und Eindeutigkeit der Optimierung müssen die Kostenfunktion und die zulässigen Mengen konvex sein. Es kann das folgende Theorem aufgestellt werden.

Theorem 3.3 (Nullfehlerkonvergenz für unbeschränkte nichtperiodische ILMPC). *Für die Minimierung der konvexen und diskretisierten Kostenfunktion nach* (3.17) *und* (3.18) *eines zyklischen nichtperiodischen Prozesses weist die iterativ lernende Regelung mit dem iterativ lernenden Reglergesetz* $\boldsymbol{u}_{\mathrm{nILC}j+1} = \boldsymbol{u}_{\mathrm{nILC}j} + \boldsymbol{\Delta u}_{\mathrm{nILC}j}$ *für* $\mathbb{Q}_{\mathrm{e|z|u}} = \mathbb{R}^{n|n|m_{\mathrm{u}}}$ *Nullfehlerkonvergenz auf, falls die Annahmen 3.1, 3.2, 3.3, 3.4, 3.5 erfüllt sind, für die unterlagerte Systemdynamik* $\boldsymbol{w}_{\mathrm{nl}} \approx \boldsymbol{0}$ *gilt und* $\boldsymbol{e}_{\mathrm{zn_m}j} \approx \boldsymbol{e}_{\mathrm{zn_m}j-1}\,\forall j \in \mathbb{N}$.

Beweis. Aufgrund der Minimierung der Kostenfunktion und der gegebenen Annahmen gilt

$$\sum_{k=0}^{N-1}\int_{kT_{\mathrm{s}k}}^{(k+1)T_{\mathrm{s}k}} ||\boldsymbol{e}_{\mathrm{zn}j+1}||^2_{\boldsymbol{\mathcal{Q}}_{\mathrm{e}}}\mathrm{d}t \leq J_{j+1} = \min_{\boldsymbol{\Delta u}_{\mathrm{nILC}j},\boldsymbol{e}_{\mathrm{zn}}} \sum_{k=0}^{N-1}\int_{kT_{\mathrm{s}k}}^{(k+1)T_{\mathrm{s}k}} ||\boldsymbol{e}_{\mathrm{zn}j+1}||^2_{\boldsymbol{\mathcal{Q}}_{\mathrm{e}}} + ||\boldsymbol{\Delta u}_{\mathrm{nILC}j}||^2_{\boldsymbol{\mathcal{Q}}_{\mathrm{u}}}\mathrm{d}t \leq \sum_{k=0}^{N-1}\int_{kT_{\mathrm{s}k}}^{(k+1)T_{\mathrm{s}k}} ||\boldsymbol{e}_{\mathrm{zn}j}||^2_{\boldsymbol{\mathcal{Q}}_{\mathrm{e}}}\mathrm{d}t. \tag{3.37}$$

Die iterativ lernende modellprädiktive Regelung ist damit monoton konvergent. Weiter gilt: Das System ist vollständig steuerbar/beobachtbar (Annahme 3.1), das inverse Problem ist gut gestellt und die Kostenfunktion ist konvex. Damit ist die Minimierung eindeutig. Nach (3.37) ist $J_{j+1} = J_j$ für $j \to \infty$ genau dann erfüllt, falls $\boldsymbol{\Delta U}_{\mathrm{nILC}j} = \boldsymbol{\kappa}_{\mathrm{nILC}j}(\boldsymbol{E}_{\mathrm{zn}j}) = \boldsymbol{0}$ und damit $\boldsymbol{E}_{\mathrm{zn}j} = \boldsymbol{0}$. Damit ist Nullfehlerkonvergenz für $t \to \infty$ gegeben. □

Für periodische Prozesse wird die Kostenfunktion auf den eingeschwungenen periodischen Fehler $\boldsymbol{e}_{\mathrm{zn}\sim}$ bezogen, für welchen $\boldsymbol{e}_{\mathrm{zn}\sim 0} = \boldsymbol{e}_{\mathrm{zn}\sim N-1}$ gilt.

Theorem 3.4 (Nullfehlerkonvergenz für unbeschränkte periodische ILMPC). *Für die Minimierung der konvexen und diskretisierten Kostenfunktion nach* (3.17) *und* (3.18) *eines zyklischen geregelten periodischen Prozesses weist die iterativ lernende Regelung mit dem iterativ lernenden Reglergesetz* $\boldsymbol{u}_{\mathrm{nILC}j+1} = \boldsymbol{u}_{\mathrm{nILC}j} + \boldsymbol{\Delta u}_{\mathrm{nILC}j}$ *für* $\mathbb{Q}_{\mathrm{e|z|u}} = \mathbb{R}^{n|n|m_{\mathrm{u}}}$ *Nullfehlerkonvergenz auf, falls die Annahmen 3.1, 3.2, 3.3, 3.4, 3.5 erfüllt sind und für die unterlagerte Systemdynamik* $\boldsymbol{w}_{\mathrm{nl}} \approx \boldsymbol{0}$ *gilt.*

Beweis. Aufgrund der Minimierung der Kostenfunktion und den gegebenen Annahmen gilt

$$\sum_{k=0}^{N-1}\int_{kT_{\mathrm{s}k}}^{(k+1)T_{\mathrm{s}k}} ||\boldsymbol{e}_{\mathrm{zn}\sim j+1}||^2_{\boldsymbol{\mathcal{Q}}_{\mathrm{e}}}\mathrm{d}t \leq J_{j+1} = \min_{\boldsymbol{\Delta u}_{\mathrm{nILC}j},\boldsymbol{e}_{\mathrm{zn}}} \sum_{k=0}^{N-1}\int_{kT_{\mathrm{s}k}}^{(k+1)T_{\mathrm{s}k}} ||\boldsymbol{e}_{\mathrm{zn}\sim j+1}||^2_{\boldsymbol{\mathcal{Q}}_{\mathrm{e}}} + ||\boldsymbol{\Delta u}_{\mathrm{nILC}j}||^2_{\boldsymbol{\mathcal{Q}}_{\mathrm{u}}}\mathrm{d}t \leq \sum_{k=0}^{N-1}\int_{kT_{\mathrm{s}k}}^{(k+1)T_{\mathrm{s}k}} ||\boldsymbol{e}_{\mathrm{zn}\sim j}||^2_{\boldsymbol{\mathcal{Q}}_{\mathrm{e}}}\mathrm{d}t. \tag{3.38}$$

Die ILMPC ist damit monoton konvergent. Die Systemdynamik

$$\boldsymbol{E}_{\mathrm{zn}j+1} = \boldsymbol{\Phi}^* \boldsymbol{E}_{\mathrm{zn}j} + \boldsymbol{\Gamma}_{\mathrm{u}} \boldsymbol{U}_{\mathrm{nILC}j+1} + \boldsymbol{\Gamma}_{\mathrm{d}} \boldsymbol{S} \quad \text{mit } \boldsymbol{\Phi}^* = \boldsymbol{\Phi}\begin{bmatrix}\boldsymbol{0}^{n\times n(N-1)} & \boldsymbol{I}^{n\times n}\end{bmatrix}, \tag{3.39}$$

welche analog zu Gleichung (2.16) aufgebaut ist, konvergiert zu einem periodisch eingeschwungenen Verhalten, da der Prozess geregelt ist und damit $\rho(\mathbf{\Phi}^*) < 1$. Weiter gilt: Das System ist vollständig stabilisierbar/detektierbar, das inverse Problem ist gut gestellt und die Kostenfunktion ist konvex. Damit ist die Minimierung eindeutig. Nach (3.38) ist $J_{j+1}=J_j$ für $j \to \infty$ genau dann erfüllt, falls $\mathbf{\Delta U}_{\text{nILC}j} = \boldsymbol{\kappa}_{\text{nILC}j}(\boldsymbol{E}_{\text{zn}\sim j}) = \mathbf{0}$ und damit $\boldsymbol{E}_{\sim\text{zn}j} = \mathbf{0}$. Mit $\boldsymbol{E}_{\text{zn}j} \to \boldsymbol{E}_{\sim\text{zn}j}$ für $j \to \infty$ ist Nullfehlerkonvergenz für $t \to \infty$ gegeben. □

Sind die zyklischen Prozesse Beschränkungen unterlegen, wird Nullfehlerkonvergenz aufgrund der geforderten Annahmen nur dann erreicht, falls eine Lösung $\boldsymbol{U}_{\text{nILC}j+1}$ des Optimierungsproblems mit $\boldsymbol{E}_{\text{zn}j} = \mathbf{0}$ existiert. Ansonsten resultiert ein Restfehler $\boldsymbol{E}_{\text{zn}\infty}$ für $j \to \infty$. Die Lösung der Optimierung ist minimal und eindeutig. Die Monotonieeigenschaften der Optimierung bleiben erhalten. Für den Fall $\boldsymbol{w}_{\text{nl}} \neq \mathbf{0}$ wird keine Nullfehlerkonvergenz erreicht. Kann die Unsicherheit durch $\boldsymbol{w}_{\text{nl}} \in \mathcal{W}_{\text{nl}}$ abgeschätzt werden, lässt sich für stabile Prozesse eine invariante Menge $\mathcal{W}_{\text{enl}}$ für die ungestörte Dynamik berechnen (siehe Beispiel 3.1). Der zyklische Prozess konvergiert dann in die Menge $\boldsymbol{E}_{\text{zn}\infty} \oplus \mathcal{W}_{\text{enl}}$. Die Theoreme 3.3 und 3.4 gelten für alle in Abschnitt 3.2 beschriebenen Systemklassen (ebenfalls in nichtlinearer Form), auch für den Fall, dass die Störung $\boldsymbol{d}_{\text{n}}$ nichtlinear von den Zuständen abhängt. Einzige notwendige Bedingung ist, dass die Kostenfunktion stets konvex ist.

Lösbarkeit

Zyklische nichtperiodische Prozesse

Ist die ILC-Optimierung Beschränkungen unterlegen, ist die Frage der Lösbarkeit zu klären. Für einen nichtperiodischen zyklischen Prozess mit gleichen Initialwerten für alle Zyklen ist die Lösbarkeit direkt gegeben, falls eine Lösung für $j = 0$ existiert. Die Lösung $j = 0$ stellt dann auch immer eine Lösung für $j = 1, ..., \infty$ dar (rekursive Lösbarkeit, Abschnitt 2.2.2).

Ist der Initialwert eines zyklischen nichtperiodischen Prozesses für jede Iteration verschieden, ist die Lösbarkeit in anderer Weise sicherzustellen. Für Systeme nach Abschnitt 3.2 in verallgemeinerter RNF kann die Dynamik eines zyklischen nichtperiodischen Prozesses durch

$$\boldsymbol{E}_{\text{zn}j+1} = \mathbf{\Phi}\boldsymbol{e}_{\text{zn}0j} + \mathbf{\Gamma}_{\text{u}}\boldsymbol{U}_{\text{nILC}j+1} + \mathbf{\Gamma}_{\text{d}}\boldsymbol{S} \tag{3.40}$$

angegeben werden. Für den Fall, dass die Menge aller möglichen Initialwerte $\overline{\boldsymbol{e}}_{\text{zn}0} \oplus \mathcal{D}_0$ bekannt ist, wobei $\overline{\boldsymbol{e}}_{\text{zn}0}$ den Mittelwert aller Initialwerte darstellt, lässt sich die maximale Differenz der Dynamik zu Fall $\overline{\boldsymbol{e}}_{\text{zn}0}$ ausrechnen. Mit $\mathbf{\Delta}_{\text{e}0} \in \mathcal{D}_0$ kann die zusätzliche Restdynamik über $\mathcal{D}_{\text{w}0k}$ für jeden Abtastzeitschritt abgeschätzt werden (engl.: *Worst Case*). Die Abschätzung gelingt entweder über Polytop-/Ellipsenberechnung, was oftmals in weiteren Nebenbedingungen resultiert, oder über eine Absolutwertabschätzung

$$\begin{bmatrix} |\mathbf{\Phi}_0| \\ \vdots \\ |\mathbf{\Phi}_{N-1}| \end{bmatrix} \begin{bmatrix} \max|\mathbf{\Delta}_{\text{e}01}| \\ \vdots \\ \max|\mathbf{\Delta}_{\text{e}0n}| \end{bmatrix} = \begin{bmatrix} \mathfrak{D}_{\text{w}01} \\ \vdots \\ \mathfrak{D}_{\text{w}0N} \end{bmatrix} \Rightarrow \begin{bmatrix} \mathcal{D}_{\text{w}01} \\ \vdots \\ \mathcal{D}_{\text{w}0N} \end{bmatrix}. \tag{3.41}$$

Abbildung 3.7 fasst die Abschätzungsstrategien für ein System zweiter Ordnung in Regelungsnormalform mit den RNF-Koeffizienten $\boldsymbol{a}^T = \left[-5 \; -3\right]$, einem Initialmittelwert $\overline{\boldsymbol{e}}_{\mathrm{zn}0} = \mathbf{0}$ mit $\Delta_{\mathrm{e}0_1} < 1$, $\Delta_{\mathrm{e}0_2} < 1$ bzw. $||\boldsymbol{\Delta}_{\mathrm{e}0}||_2 < 1$ für $N = 9$ und $T_{\mathrm{s}} = 0.5\,\mathrm{s}$ zusammen.

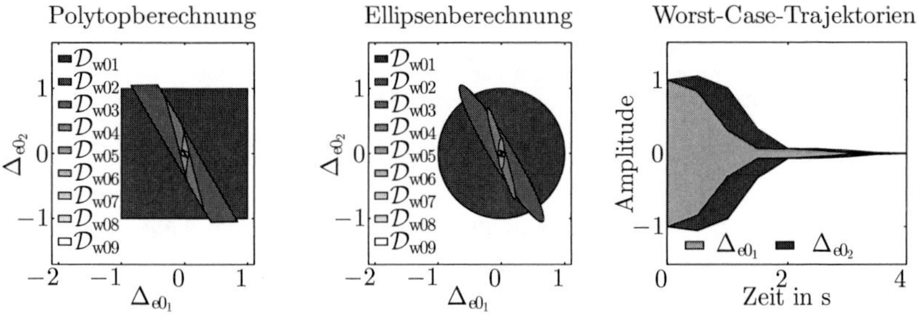

Abbildung 3.7: Dynamikabschätzung: polytopisch (links), elliptisch (mitte), absolut (rechts)

Das Optimierungsproblem kann nun (ähnlich zu Tube MPC) zu

$$\begin{aligned} J_{j+1} &= \min_{\Delta \boldsymbol{u}_{\mathrm{nILC}j}, \boldsymbol{e}_{\mathrm{zn}}} \frac{1}{2} \sum_{k=0}^{N-1} \int_{kT_{\mathrm{sk}}}^{(k+1)T_{\mathrm{sk}}} \begin{bmatrix} \boldsymbol{e}_{\mathrm{zn}\,j+1} \\ \Delta \boldsymbol{u}_{\mathrm{nILC}j} \end{bmatrix}^T \begin{bmatrix} \mathcal{Q}_{\mathrm{e}} & \\ & \mathcal{Q}_{\mathrm{u}} \end{bmatrix} \begin{bmatrix} \boldsymbol{e}_{\mathrm{zn}\,j+1} \\ \Delta \boldsymbol{u}_{\mathrm{nILC}j} \end{bmatrix} \mathrm{d}t \\ \text{Nb.:} \quad & \boldsymbol{e}_{\mathrm{zn}k+1\,j+1} = \boldsymbol{A}_{\mathrm{zn}k} \boldsymbol{e}_{\mathrm{zn}k\,j+1} + \boldsymbol{B}_{\mathrm{uzn}k} \boldsymbol{u}_{\mathrm{nILC}kj+1} + \boldsymbol{B}_{\mathrm{dzn}k} \boldsymbol{d}_{\mathrm{n}k} \\ & \boldsymbol{z}_{\mathrm{n}k\,j+1} \in \overline{\mathbb{Q}}_{\mathrm{z}k}, \quad \boldsymbol{e}_{\mathrm{zn}k\,j+1} \in \overline{\mathbb{Q}}_{\mathrm{e}k}, \quad \boldsymbol{u}_{\mathrm{n}k\,j+1} \in \overline{\mathbb{Q}}_{\mathrm{u}k}, \quad , \boldsymbol{e}_{\mathrm{zn}0\,j+1} = \overline{\boldsymbol{e}}_{\mathrm{zn}0\,j+1} \end{aligned} \tag{3.42}$$

angepasst werden. Hierbei ist $\overline{\mathbb{Q}}_{\mathrm{e}k} = \mathbb{Q}_{\mathrm{e}} \ominus \mathcal{D}_{\mathrm{e}0k}$, $\overline{\mathbb{Q}}_{\mathrm{z}k} = \mathbb{Q}_{\mathrm{z}} \ominus \mathcal{D}_{\mathrm{e}0k}$, $\overline{\mathbb{Q}}_{\mathrm{u}k} = \mathbb{Q}_{\mathrm{u}} \ominus \boldsymbol{\kappa}_{\mathrm{R}} \mathcal{D}_{\mathrm{e}0k}$ und $\boldsymbol{\kappa}_{\mathrm{R}}$ repräsentiert den inneren Regler. Für $\boldsymbol{w}_{\mathrm{nl}} \approx \mathbf{0}$ ist die Lösbarkeit der Optimierung für $j \in \mathbb{N}$ genau dann garantiert, falls eine Lösung für $j = 0$ existiert.

Der berechnete ILC-Ausgang $\boldsymbol{U}_{\mathrm{nILC}j+1}$ ist vor der Systemaufschaltung durch

$$\boldsymbol{U}_{\mathrm{nILC}j+1\mathrm{s}} = \boldsymbol{U}_{\mathrm{nILC}j+1} - \boldsymbol{\Gamma}_{\mathrm{u}}^{+} \boldsymbol{\Phi} \boldsymbol{\Delta}_{\mathrm{e}0j+1} \tag{3.43}$$

anzupassen. Hierdurch gelingt eine Eliminierung der Abweichungen bedingt durch $\boldsymbol{\Delta}_{\mathrm{e}0j+1}$. Aufgrund der Beschränkungsverengungen bleiben alle Systemgrenzen eingehalten. Nullfehlerkonvergenz kann weiterhin erreicht werden. Für $\boldsymbol{w}_{\mathrm{nl}} \neq \mathbf{0}$ mit $\boldsymbol{w}_{\mathrm{nl}} \in \mathcal{W}_{\mathrm{nl}}$ müssen die Beschränkungsmengen zu $\overline{\mathbb{Q}}_{\mathrm{ew}k} = \mathbb{Q}_{\mathrm{e}} \ominus \mathcal{D}_{\mathrm{e}0k} \ominus \mathcal{W}_{\mathrm{enl}}$, $\overline{\mathbb{Q}}_{\mathrm{zw}k} = \mathbb{Q}_{\mathrm{z}} \ominus \mathcal{D}_{\mathrm{e}0k} \ominus \mathcal{W}_{\mathrm{enl}}$, $\overline{\mathbb{Q}}_{\mathrm{uw}k} = \mathbb{Q}_{\mathrm{u}} \ominus \boldsymbol{\kappa}_{\mathrm{R}} \mathcal{D}_{\mathrm{e}0k} \ominus \boldsymbol{\kappa}_{\mathrm{R}} \mathcal{W}_{\mathrm{enl}} \ominus \mathcal{W}_{\mathrm{nl}}$ angepasst werden, um die rekursive Lösbarkeit der Optimierung zu gewährleisten. Die Menge $\mathcal{W}_{\mathrm{enl}}$ lässt sich durch Polytopberechnung (siehe [KGBM04]) oder LMI-Berechnung (siehe Theorem A.1, Abschnitt A.4.2) bestimmen.

Zyklische periodische Prozesse

Für periodische Prozesse werden die Kosten des Optimierungsproblems auf den *periodisch eingeschwungenen Fehlerverlauf* (PEF) bezogen, für welchen $\boldsymbol{e}_{\mathrm{zn}\sim0j} = \boldsymbol{e}_{\mathrm{zn}\sim N-1\,j}$ gilt. Ist

$\boldsymbol{u}_{\text{nILC}}$ zyklusinvariant, konvergiert das System auf diesen, falls $\boldsymbol{w}_{\text{nl}} \approx \boldsymbol{0}$. Wird $\boldsymbol{u}_{\text{nILC}}$ aufgrund der ILC-Optimierung angepasst, ändert sich auch der PEF. Das System konvergiert erneut (transienter Einschwingvorgang). Durch die ILC-Optimierung müssen die Systemschranken sowohl für den PEF als auch für den transienten Einschwingvorgang zuverlässig eingehalten werden. Hierzu ist das Optimierungsproblem anzupassen. In dieser Dissertation werden zwei Möglichkeiten präsentiert.

Die erste Möglichkeit knüpft an den Ansatz des Initialwertproblems an. Durch eine ILC-Optimierung wird ein neuer Eingang $\boldsymbol{u}_{\text{nILC}}$ und damit neuer PEF berechnet. Die Abweichung $\boldsymbol{\Delta}_{\text{PEF}j+1} = \boldsymbol{e}_{\text{zn}\sim ij+1} - \boldsymbol{e}_{\text{zn}\sim ij}$ zu diesem PEF zum Zeitpunkt i der Systemaufschaltung kann als Initialwertabweichung interpretiert werden. Die maximal zulässige Abweichungsmenge $\mathcal{D}_{\sim i}$ (Designparameter) und die daraus resultierende Dynamik mit der Worst-Case-Abschätzung $\mathcal{D}_{\sim i+(\cdot)}$ ist im Optimierungsproblem

$$
\begin{aligned}
J_{j+1} &= \min_{\boldsymbol{\Delta u}_{\text{nILC}j}, \boldsymbol{e}_{\text{zn}}} \frac{1}{2} \sum_{k=0}^{N-1} \int_{kT_{\text{sk}}}^{(k+1)T_{\text{sk}}} \begin{bmatrix} \boldsymbol{e}_{\text{zn}\sim j+1} \\ \boldsymbol{\Delta u}_{\text{nILC}j} \end{bmatrix}^T \begin{bmatrix} \boldsymbol{\mathcal{Q}}_{\text{e}} & \\ & \boldsymbol{\mathcal{Q}}_{\text{u}} \end{bmatrix} \begin{bmatrix} \boldsymbol{e}_{\text{zn}\sim j+1} \\ \boldsymbol{\Delta u}_{\text{nILC}j} \end{bmatrix} \mathrm{d}t \\
\text{Nb.:} \quad & \boldsymbol{e}_{\text{zn}\sim k+1\,j+1} = \boldsymbol{A}_{\text{zn}k} \boldsymbol{e}_{\text{zn}\sim k\,j+1} + \boldsymbol{B}_{\text{uzn}k} \boldsymbol{u}_{\text{nILC}kj+1} + \boldsymbol{B}_{\text{dzn}k} \boldsymbol{d}_{\text{n}k} \\
& \boldsymbol{z}_{\text{n}\sim k\,j+1} \in \overline{\mathbb{Q}}_{\text{z}k}, \quad \boldsymbol{e}_{\text{zn}\sim k\,j+1} \in \overline{\mathbb{Q}}_{\text{e}k}, \quad \boldsymbol{u}_{\text{n}\sim k\,j+1} \in \overline{\mathbb{Q}}_{\text{u}k}, \\
& \boldsymbol{e}_{\text{zn}\sim 0j+1} = \boldsymbol{e}_{\text{zn}\sim N-1\,j+1}, \quad \boldsymbol{e}_{\text{zn}\sim i\,j} \in \boldsymbol{e}_{\text{zn}\sim i\,j+1} \oplus \mathcal{D}_{\sim i}
\end{aligned}
\tag{3.44}
$$

zu berücksichtigen. Hierbei entspricht $\overline{\mathbb{Q}}_{\text{z}k} = \mathbb{Q}_{\text{z}} \ominus \mathcal{D}_{\sim k}$, $\overline{\mathbb{Q}}_{\text{e}k} = \mathbb{Q}_{\text{e}} \ominus \mathcal{D}_{\sim k}$ und $\overline{\mathbb{Q}}_{\text{u}k} = \mathbb{Q}_{\text{u}} \ominus \boldsymbol{\kappa}_{\text{R}} \mathcal{D}_{\sim k}$. Wird die ILC-Anpassung stets zum selben Zeitpunkt k der Trajektorie aufgeschaltet, so kann, falls eine Lösung für $j = 0$ existiert und $\boldsymbol{w}_{\text{nl}} \approx \boldsymbol{0}$, immer eine Lösung für $j \in \mathbb{N}$ gefunden werden. Hierbei gilt die Annahme, dass $\mathcal{D}_{\sim i+N} \approx \boldsymbol{0}$, was aufgrund der geregelten Prozessdynamik eine gute Approximation darstellt. Für $\boldsymbol{w}_{\text{nl}} \neq \boldsymbol{0}$ mit $\boldsymbol{w}_{\text{nl}} \in \mathcal{W}_{\text{nl}}$ ergeben sich analog zum vorherigen Abschnitt die Beschränkungsmengen $\overline{\mathbb{Q}}_{\text{ew}k}$, $\overline{\mathbb{Q}}_{\text{zw}k}$ und $\overline{\mathbb{Q}}_{\text{uw}k}$ sowie die angepasste Bedingung $\boldsymbol{e}_{\text{zn}\sim i\,j} \in \boldsymbol{e}_{\text{zn}\sim i\,j+1} \oplus \mathcal{D}_{\sim \text{w}i}$ mit $\mathcal{D}_{\sim \text{w}i} = \mathcal{D}_{\sim i} \ominus \mathcal{W}_{\text{enl}}$. So bleibt die rekursive Lösbarkeit gewährleistet. Abbildung 3.8 veranschaulicht die Zusammenhänge.

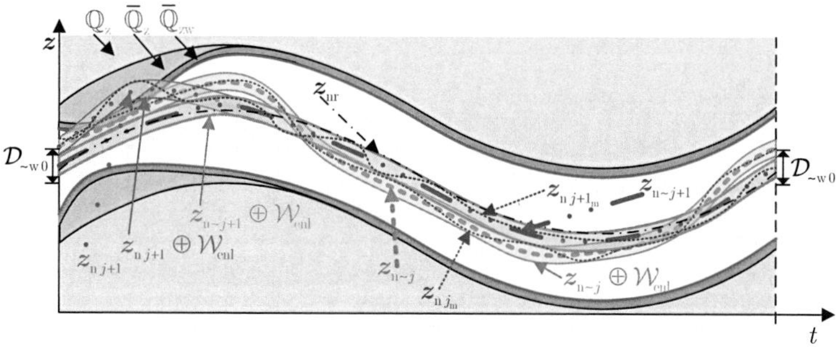

Abbildung 3.8: Periodisch eingeschwunger und transienter Verlauf einer ILMPC

Aufgrund der Berücksichtigung der invarianten Mengen $\mathcal{W}_{\mathrm{enl}}$ und der Worst-Case-Abschätzung $\mathcal{D}_{\sim i}$ bleiben die Beschränkungen stets erfüllt, falls eine Lösung für $j = 0$ existiert. Ähnlich wie bei Tube MPC wird die Optimierung nicht auf die Messung $\boldsymbol{z}_{\mathrm{n}j_{\mathrm{m}}}$ bezogen, sondern auf den PEF. In Abbildung 3.8 ist $\mathbb{Q}_{\mathrm{z}}$ zeitabhängig und zyklusinvariant. Solche Beschränkungen sind ohne Einschränkungen von Lösbarkeit/Konvergenz möglich.

Die Berechnungszeit der ILC-Optimierung überschreitet üblicherweise einen Abtastzeitschritt. Da in den Beschränkungen jedoch der transiente Verlauf auf diesen Abtastzeitpunkt bezogen wurde, kann die Systemaufschaltung erst eine Periode später erfolgen. Dies mindert die Lerngeschwindigkeit. Über die Berechnung der konvexen Hülle der Worst-Case-Transientabschätzung $\mathcal{D}_{\mathrm{w}\sim} = \mathrm{conv}(\mathcal{D}_{\sim i}, ..., \mathcal{D}_{\sim i+N})$ gelingt eine Dynamikabschätzung des transienten Verlaufs unabhängig vom Aufschaltzeitpunkt (Annahme: $\mathcal{D}_{\sim i+N}$ ist invariant). Eingesetzt im Optimierungsproblem ergibt sich $\overline{\mathbb{Q}}_{\mathrm{z}} = \mathbb{Q}_{\mathrm{z}} \ominus \mathcal{D}_{\mathrm{w}\sim}$, $\overline{\mathbb{Q}}_{\mathrm{e}} = \mathbb{Q}_{\mathrm{e}} \ominus \mathcal{D}_{\mathrm{w}\sim}$, $\overline{\mathbb{Q}}_{\mathrm{u}} = \mathbb{Q}_{\mathrm{u}} \ominus \boldsymbol{\kappa}_{\mathrm{R}} \mathcal{D}_{\mathrm{w}\sim}$ sowie $\boldsymbol{e}_{\mathrm{zn}\sim i\,j} \in \boldsymbol{e}_{\mathrm{zn}\sim i\,j+1} \oplus \mathcal{D}_{\sim i}$. Die berechneten Werte $\boldsymbol{u}_{\mathrm{nILC}}$ der ILC-Optimierung können damit zu einem beliebigen Zeitpunkt des Prozesses angepasst werden (asynchron zur Periodendauer), wodurch auch rechenintensive Probleme schnellstmöglich behandelbar sind. Die Optimierung bleibt stets lösbar. Nachteil dieses Verfahrens ist, dass die konvexe Hülle eine sehr konservative Abschätzung darstellt. Damit werden die Beschränkungen stark verengt bzw. $\mathcal{D}_{\sim i}$ muss sehr klein gewählt werden. Beide Auswirkungen sind unerwünscht.

Eine zweite Möglichkeit periodische Systeme zu behandeln, knüpft an den obigen Ansatz an und verringert die Konservativität. Hierbei wird zusätzlich zum PEF der transiente Fehlerverlauf ab dem Zeitpunkt der Systemaufschaltung prädiziert. Es ergibt sich damit das Optimierungsproblem

$$
\begin{aligned}
J_{j+1} = & \min_{\boldsymbol{\Delta u}_{\mathrm{nILC}j}, \boldsymbol{e}_{\mathrm{zn}}} \frac{1}{2} \sum_{k=0}^{N-1} \int_{kT_{\mathrm{s}k}}^{(k+1)T_{\mathrm{s}k}} \begin{bmatrix} \boldsymbol{e}_{\mathrm{zn}\sim j+1} \\ \boldsymbol{\Delta u}_{\mathrm{nILC}j} \end{bmatrix}^T \begin{bmatrix} \boldsymbol{\mathcal{Q}}_{\mathrm{e}} & \\ & \boldsymbol{\mathcal{Q}}_{\mathrm{u}} \end{bmatrix} \begin{bmatrix} \boldsymbol{e}_{\mathrm{zn}\sim j+1} \\ \boldsymbol{\Delta u}_{\mathrm{nILC}j} \end{bmatrix} \mathrm{d}t \\
\text{Nb.:} \quad & \boldsymbol{e}_{\mathrm{zn}\sim k+1\,j+1} = \boldsymbol{A}_{\mathrm{zn}k} \boldsymbol{e}_{\mathrm{zn}\sim k\,j+1} + \boldsymbol{B}_{\mathrm{uzn}k} \boldsymbol{u}_{\mathrm{nILC}kj+1} + \boldsymbol{B}_{\mathrm{dzn}k} \boldsymbol{d}_{\mathrm{n}k} \\
& \boldsymbol{e}_{\mathrm{zn}i+k+1\,j+1} = \boldsymbol{A}_{\mathrm{zn}k} \boldsymbol{e}_{\mathrm{zn}i+k\,j+1} + \boldsymbol{B}_{\mathrm{uzn}k} \boldsymbol{u}_{\mathrm{nILC}i+k\,j+1} + \boldsymbol{B}_{\mathrm{dzn}i+k} \boldsymbol{d}_{\mathrm{n}i+k} \\
& \boldsymbol{z}_{\mathrm{n}\sim k\,j+1} \in \mathbb{Q}_{\mathrm{z}}, \quad \boldsymbol{e}_{\mathrm{zn}\sim k\,j+1} \in \mathbb{Q}_{\mathrm{e}}, \quad \boldsymbol{u}_{\mathrm{n}\sim k\,j+1} \in \mathbb{Q}_{\mathrm{u}}, \\
& \boldsymbol{z}_{\mathrm{n}i+k\,j+1} \in \mathbb{Q}_{\mathrm{z}}, \quad \boldsymbol{e}_{\mathrm{zn}i+k\,j+1} \in \mathbb{Q}_{\mathrm{e}}, \quad \boldsymbol{u}_{\mathrm{n}i+k\,j+1} \in \mathbb{Q}_{\mathrm{u}}, \\
& \boldsymbol{e}_{\mathrm{zn}\sim ij+1} = \boldsymbol{e}_{\mathrm{zn}\sim i+N-1\,j+1}, \quad \boldsymbol{e}_{\mathrm{zn}ij+1} = \boldsymbol{e}_{\mathrm{zn}\sim ij}
\end{aligned}
\tag{3.45}
$$

Mit der Annahme, dass $\boldsymbol{e}_{\mathrm{zn}i+N} = \boldsymbol{e}_{\mathrm{zn}\sim i}$, ist die Optimierung, falls eine Lösung für $j = 0$ existiert, immer lösbar. Diese Annahme ist aufgrund des stabilen Prozessverhaltens sinnvoll. Durch die zusätzlichen Nebenbedingungen steigt der Rechenaufwand. Dieser kann durch die Kombination dieses Ansatzes und des vorherigen Ansatzes reduziert werden. Die transiente Dynamik wird dann nur für wenige Zeitschritte $N_{\mathrm{t}} < N$ prädiziert und die nachfolgende Restdynamik über eine konvexe Hülle $\mathcal{D}_{\mathrm{w}\sim N_{\mathrm{t}}} = \mathrm{conv}(\mathcal{D}_{\sim i+N_{\mathrm{t}}}, ..., \mathcal{D}_{\sim i+N})$ analog zum vorherigen Ansatz abgeschätzt. Die Größe von N_{t} und die Menge $\mathcal{D}_{\sim N_{\mathrm{t}}}$ sind hierbei Designparameter und je nach Anwendung festzulegen. Um die Optimierung geringstmöglich einzuschränken, ist es sinnvoll, die maximale Lernveränderung $\boldsymbol{\Delta}_{\mathrm{t}\sim}$ von $|\boldsymbol{e}_{\mathrm{zn}\sim j+1} - \boldsymbol{e}_{\mathrm{zn}\sim j}|$ abzuschätzen und analog zu Abbildung 3.7 die Worst-Case-Dynamik zu ermitteln. So kann ein Kompromiss zwischen einem vertretbaren Horizont N_{t} und einem möglichst kleinen $\mathcal{D}_{\mathrm{w}\sim N_{\mathrm{t}}}$

gefunden werden. Es ergibt sich schließlich das Optimierungsproblem

$$\begin{aligned} J_{j+1} = \min_{\Delta u_{\mathrm{nILC}j}, e_{\mathrm{zn}}} \frac{1}{2} \sum_{k=0}^{N-1} \int_{kT_{\mathrm{s}k}}^{(k+1)T_{\mathrm{s}k}} \begin{bmatrix} e_{\mathrm{zn}\sim j+1} \\ \Delta u_{\mathrm{nILC}j} \end{bmatrix}^T \begin{bmatrix} \mathcal{Q}_\mathrm{e} & \\ & \mathcal{Q}_\mathrm{u} \end{bmatrix} \begin{bmatrix} e_{\mathrm{zn}\sim j+1} \\ \Delta u_{\mathrm{nILC}j} \end{bmatrix} \mathrm{d}t \\ \text{Nb.:}\quad & e_{\mathrm{zn}\sim k+1\,j+1} = A_{\mathrm{zn}k} e_{\mathrm{zn}\sim k\,j+1} + B_{\mathrm{uzn}k} u_{\mathrm{nILC}kj+1} + B_{\mathrm{dzn}k} d_{\mathrm{n}k} \\ & e_{\mathrm{zn}i+k+1\,j+1} = A_{\mathrm{zn}k} e_{\mathrm{zn}i+k\,j+1} + B_{\mathrm{uzn}k} u_{\mathrm{nILC}i+k\,j+1} + B_{\mathrm{dzn}i+k} d_{\mathrm{n}i+k} \qquad (3.46) \\ & z_{\mathrm{n}\sim k\,j+1} \in \overline{\mathbb{Q}}_\mathrm{z}, \quad e_{\mathrm{zn}\sim k\,j+1} \in \overline{\mathbb{Q}}_\mathrm{e}, \quad u_{\mathrm{n}\sim k\,j+1} \in \overline{\mathbb{Q}}_\mathrm{u}, \\ & z_{\mathrm{n}i+k\,j+1} \in \mathbb{Q}_\mathrm{z}, \quad e_{\mathrm{zn}i+k\,j+1} \in \mathbb{Q}_\mathrm{e}, \quad u_{\mathrm{n}i+k\,j+1} \in \mathbb{Q}_\mathrm{u}, \\ & e_{\mathrm{zn}\sim ij+1} = e_{\mathrm{zn}\sim i+N-1\,j+1}, \quad e_{\mathrm{zn}ij+1} = e_{\mathrm{zn}\sim ij}, \quad e_{\mathrm{zn}i+N_\mathrm{t}\,j+1} \in e_{\mathrm{zn}\sim i+N_\mathrm{t}\,j+1} \oplus \mathcal{D}_{\sim N_\mathrm{t}}, \end{aligned}$$

welches, falls eine Lösung für $j = 0$ existiert, auch für $j \in \mathbb{N}$ stets lösbar ist ($\overline{\mathbb{Q}}_\mathrm{e} = \mathbb{Q}_\mathrm{e} \ominus \mathcal{D}_{\mathrm{w}\sim N_\mathrm{t}}$, $\overline{\mathbb{Q}}_\mathrm{z} = \mathbb{Q}_\mathrm{z} \ominus \mathcal{D}_{\mathrm{w}\sim N_\mathrm{t}}$, $\overline{\mathbb{Q}}_\mathrm{u} = \mathbb{Q}_\mathrm{u} \ominus \kappa_\mathrm{R} \mathcal{D}_{\mathrm{w}\sim N_\mathrm{t}}$).

Die Menge $\mathcal{D}_{\mathrm{w}\sim N_\mathrm{t}}$ ist oftmals durch viele Ungleichungsbedingungen bestimmt, wodurch sich der Aufwand der Optimierung erhöht. Um diesen zu verringern, kann für eine Minkowski-Subtraktion im Optimierungsproblem eine einfachere Menge (weniger Ungleichungsbedingungen) $\overline{\mathcal{D}}_{\mathrm{w}\sim N_\mathrm{t}}$ mit $\mathcal{D}_{\mathrm{w}\sim N_\mathrm{t}} \subseteq \overline{\mathcal{D}}_{\mathrm{w}\sim N_\mathrm{t}}$ (Mengenüberapproximation) und für eine Minkowski-Addition eine einfachere Menge $\underline{\mathcal{D}}_{\mathrm{w}\sim N_\mathrm{t}}$ mit $\underline{\mathcal{D}}_{\mathrm{w}\sim N_\mathrm{t}} \subseteq \mathcal{D}_{\mathrm{w}\sim N_\mathrm{t}}$ (Mengenunterapproximation) verwendet werden. Abbildung 3.9 stellt mögliche Mengenapproximationen dar.

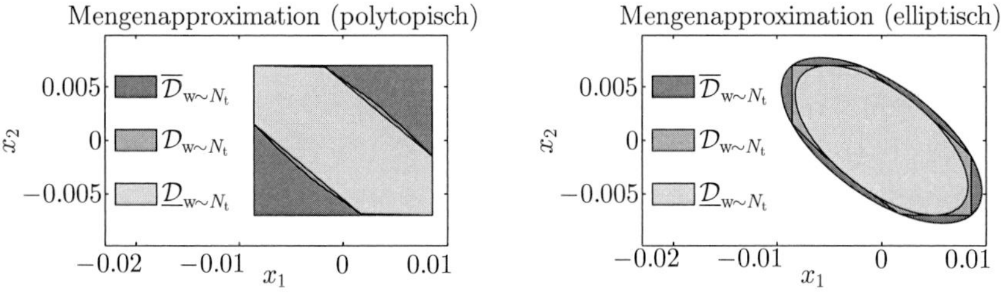

Abbildung 3.9: Mögliche Mengenapproximationen

Die Berechnungen sind in den Theoremen und Sätzen A.2, A.3, A.6 und A.7 festgehalten. Das Prinzip des asynchronen Lernverhaltens ist in Abbildung 3.10 aufgezeigt. Hierbei steht T_calc für die Berechnungsdauer einer ILMPC-Optimierung. Die gezeigten Lösbarkeitsmaßnahmen können, falls die benötigten Mengen/Dynamiken bestimmbar und konvex sind, für alle Systemklassen aus Abschnitt 3.2 realisiert werden (auch in nichtlinearer Form).

3.3.5 Robustheit

Die Sensitivität der iterativ lernenden modellprädiktiven Regelung gegenüber Messrauschen kann aufgrund des optimierungsbasierten Ansatzes mit $\mathcal{Q}_\mathrm{e}$ und $\mathcal{Q}_\mathrm{u}$, falls keine Beschrän-

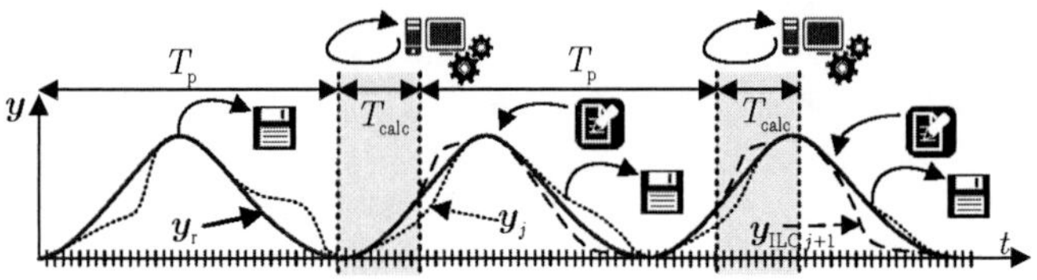

Abbildung 3.10: Prinzip des asynchronen Lernverhaltens

kungen aktiv sind, nach Abschnitt 2.1.2 abgeschätzt werden. Nimmt $\mathcal{Q}_u$ große Werte an, verringert sich die Sensitivität und das Lernverhalten wird langsamer. Durch den Anwender kann hier ein Kompromiss gefunden werden. Messrauschen und Modellunsicherheiten resultieren in einen Beobachtungsfehler. Dieser lässt sich, falls die maximalen Modellunsicherheiten und Rauschintensivitäten bekannt sind, durch eine invariante Menge $\mathcal{W}_o$ abschätzen. Die Integration von $\mathcal{W}_o$ in das Optimierungsproblem gelingt analog zum vorherigen Abschnitt. Für eine zyklische wiederholende Störung und hohe Gewichtung $\mathcal{Q}_u$ gelingt eine hochwertige Störausregelung. Unsicherheiten der unterlagerten Prozesse lassen sich durch $\mathcal{W}_{enl}$ berücksichtigen. Nichtzyklische Anteile der Prozessstörung können in ähnlicher Weise zu Abschnitt 3.3.4 robust in die Optimierung integriert werden (Kapitel 5).

3.4 Beobachterentwurf mit Störgrößenbetrachtung

Für die Berechnung der iterativ lernenden modellprädiktiven Regelung wird die Störinformation benötigt. Hierfür gibt es verschiedene Möglichkeiten diese zu berechnen. Vier verschiedene Möglichkeiten werden in diesem Abschnitt für lineare Systeme vorgestellt. Eine Erweiterung auf nichtlineare Systeme ist für die meisten Ansätze möglich. Es kann in Echtzeit-Methoden und Nicht-Echtzeit-Methoden unterschieden werden.

3.4.1 Rekursive Störgrößenberechnung

Die rekursive Störgrößenberechnung gehört zur Klasse der Nicht-Echtzeit-Methoden. Hierbei wird davon ausgegangen, dass die Zustände des Systems messbar und bekannt sind und das System durch eine zeitdiskrete Form

$$\boldsymbol{e}_{\mathrm{zn}k+1} = \boldsymbol{A}_{\mathrm{zn}k}\boldsymbol{e}_{\mathrm{zn}k} + \boldsymbol{B}_{\mathrm{uzn}k}\boldsymbol{u}_{\mathrm{n}k} + \boldsymbol{B}_{\mathrm{dzn}k}\boldsymbol{d}_{\mathrm{n}k} \tag{3.47}$$

beschrieben ist. Durch die Minimierung des Problems

$$J_o = \min_{\boldsymbol{d}_{k-1}} \left(\boldsymbol{\Omega}_{k|k-1} - \boldsymbol{B}_{\mathrm{dzn}k-1}\boldsymbol{d}_{\mathrm{n}k-1}\right)^2 \Rightarrow \boldsymbol{d}_{\mathrm{n}k-1} = \left(\boldsymbol{B}^T_{\mathrm{dzn}k-1}\boldsymbol{B}_{\mathrm{dzn}k-1}\right)^{-1}\boldsymbol{B}^T_{\mathrm{dzn}k-1}\boldsymbol{\Omega}^T_{k|k-1} \tag{3.48}$$

mit $\boldsymbol{\Omega}_{k|k-1} = \boldsymbol{e}_{\mathrm{zn}k} - \boldsymbol{A}_{\mathrm{zn}k-1}\boldsymbol{e}_{\mathrm{zn}k-1} - \boldsymbol{B}_{\mathrm{uzn}k-1}\boldsymbol{u}_{\mathrm{n}k-1}$ lässt sich die Störung des vergangenen Zeitschritts $k-1$ aus dem aktuellen Zeitschritt k berechnen. Üblicherweise wird die Störung als Eingang mit ZOH-Verhalten angenommen. Eine Berechnung für Störverhalten höherer Ordnungen ist jedoch ebenfalls möglich (siehe auch Abschnitt 3.3.3).

Es ist zweckmäßig, die berechnete Störinformation anschließend zu filtern. Hierzu sind in der Literatur eine Vielzahl an Filtertechniken (Butterworthfilter, Mittelwertfilter, Medianfilter, Waveletfilter,...) zu finden [Sch00, Hen02, She06]. Die Filter lassen sich akausal auslegen, da die Störinformation nicht in Echtzeit weitergereicht werden muss. Damit wird ein Phasenverzug aufgrund der Filterung vermieden. Für den Fall, dass die Störungen zyklusinvariant sind, ist es sinnvoll, diese zusätzlich zyklenbasiert zu filtern. Die Filterung wird damit zweidimensional. Für weitere Informationen sei auf die entsprechende Literatur verwiesen.

3.4.2 Diskreter zyklischer Beobachterentwurf

Für die meisten Prozesse kann nur ein Teil der Systemzustände gemessen werden. Daher sind Beobachterstrukturen einzusetzen, welche sowohl die Störung als auch die Zustände erfassen. Ausgangsbasis des hier vorgestellten Entwurfs ist ein System nach Abschnitt 3.2.1, welches über Zustandsregelung geregelt und auf die Trajektorie transformiert wird. Damit ergibt sich eine Luenberger-Beobachterstruktur mit Beobachtungsmatrix $\boldsymbol{L}_\mathrm{z}$ der Form

$$\begin{aligned}\dot{\boldsymbol{e}}_\mathrm{zn}(t) &= \boldsymbol{A}_\mathrm{Kzn}\boldsymbol{e}_\mathrm{zn}(t) + \boldsymbol{B}_\mathrm{uzn}(-\boldsymbol{K}\tilde{\boldsymbol{z}}_\mathrm{n}(t) + \boldsymbol{u}_\mathrm{nILC}(t)) + \boldsymbol{B}_\mathrm{dzn}\boldsymbol{d}_\mathrm{n}(t)\\ \dot{\hat{\boldsymbol{z}}}_\mathrm{n}(t) &= \boldsymbol{A}_\mathrm{zn}\hat{\boldsymbol{z}}_\mathrm{n}(t) + \boldsymbol{B}_\mathrm{uzn}\boldsymbol{u}_\mathrm{n}(t) + \boldsymbol{L}_\mathrm{z}\boldsymbol{C}_\mathrm{zn}(\boldsymbol{z}_\mathrm{n}(t) - \hat{\boldsymbol{z}}_\mathrm{n}(t)) + \boldsymbol{B}_\mathrm{dzn}\hat{\boldsymbol{d}}_\mathrm{n}(t),\end{aligned} \tag{3.49}$$

wobei $\hat{\boldsymbol{z}}_\mathrm{n}$ den geschätzten Zustand $\boldsymbol{z}_\mathrm{n}$ darstellt, $\tilde{\boldsymbol{z}}_\mathrm{n} = \boldsymbol{z}_\mathrm{n} - \hat{\boldsymbol{z}}_\mathrm{n}$ den Beobachtungsfehler beschreibt und $\hat{\boldsymbol{d}}_\mathrm{n}$ die geschätzte Störung formuliert. Hieraus folgt die Darstellung

$$\begin{bmatrix}\dot{\boldsymbol{e}}_\mathrm{zn}(t)\\ \dot{\tilde{\boldsymbol{z}}}_\mathrm{n}(t)\end{bmatrix} = \begin{bmatrix}\boldsymbol{A}_\mathrm{Kzn} & -\boldsymbol{B}_\mathrm{uzn}\boldsymbol{K}\\ 0 & \boldsymbol{A}_\mathrm{zn} - \boldsymbol{L}_\mathrm{z}\boldsymbol{C}_\mathrm{zn}\end{bmatrix}\begin{bmatrix}\boldsymbol{e}_\mathrm{zn}(t)\\ \tilde{\boldsymbol{z}}_\mathrm{n}(t)\end{bmatrix} + \begin{bmatrix}\boldsymbol{B}_\mathrm{dzn}\\ 0\end{bmatrix}\boldsymbol{u}_\mathrm{nILC}(t) + \begin{bmatrix}\boldsymbol{B}_\mathrm{dzn}\\ 0\end{bmatrix}\boldsymbol{d}_\mathrm{n}(t) + \begin{bmatrix}0\\ \boldsymbol{B}_\mathrm{dzn}\end{bmatrix}\tilde{\boldsymbol{d}}_\mathrm{n}(t) \tag{3.50}$$

mit $\tilde{\boldsymbol{d}}_\mathrm{n} = \boldsymbol{d}_\mathrm{n} - \hat{\boldsymbol{d}}_\mathrm{n}$. Die geschätzte Störung lässt sich über ILC-Methoden verbessern, wodurch eine Zyklusabhängigkeit im Beobachterentwurf entsteht. Der Ansatz

$$\begin{aligned}\dot{\tilde{\boldsymbol{z}}}_{\mathrm{n}j+1}(t) &= (\boldsymbol{A}_\mathrm{zn} - \boldsymbol{L}_\mathrm{z}\boldsymbol{C}_\mathrm{zn})\tilde{\boldsymbol{z}}_{\mathrm{n}j+1}(t) + \boldsymbol{B}_\mathrm{dzn}\tilde{\boldsymbol{d}}_{\mathrm{n}j}(t)\\ \hat{\boldsymbol{d}}_{\mathrm{n}j+1}(t) &= \hat{\boldsymbol{d}}_{\mathrm{n}j}(t) + \boldsymbol{L}_\mathrm{d}\boldsymbol{C}_\mathrm{zn}\tilde{\boldsymbol{z}}_{\mathrm{n}j}(t)\end{aligned} \tag{3.51}$$

mit Störbeobachtungsmatrix $\boldsymbol{L}_\mathrm{d}$ ermöglicht die Störschätzung (Nicht-Echtzeit-Methode). Für die Berechnung ist das System zu diskretisieren. Analog zu (2.16) ergibt sich die Form

$$\begin{aligned}&\begin{bmatrix}\tilde{\boldsymbol{Z}}_{\mathrm{n}j+1}\\ \tilde{\boldsymbol{S}}_{\mathrm{n}j+1}\end{bmatrix} = \begin{bmatrix}\boldsymbol{\Phi}_\mathrm{L}^* & \boldsymbol{\Gamma}_\mathrm{s}\\ -\boldsymbol{L}_\mathrm{dz}\boldsymbol{C}_\mathrm{znz}\boldsymbol{\Phi}_\mathrm{L}^* & \boldsymbol{I}-\boldsymbol{L}_\mathrm{dz}\boldsymbol{C}_\mathrm{znz}\boldsymbol{\Gamma}_\mathrm{s}\end{bmatrix}\begin{bmatrix}\tilde{\boldsymbol{Z}}_{\mathrm{n}j}\\ \tilde{\boldsymbol{S}}_{\mathrm{n}j}\end{bmatrix} = \underbrace{\begin{bmatrix}\boldsymbol{\Phi}_\mathrm{L}^* & \boldsymbol{\Gamma}_\mathrm{s}\\ 0 & \boldsymbol{I}\end{bmatrix}}_{\boldsymbol{A}_\pi}\underbrace{\begin{bmatrix}\tilde{\boldsymbol{Z}}_{\mathrm{n}j}\\ \tilde{\boldsymbol{S}}_{\mathrm{n}j}\end{bmatrix}}_{\boldsymbol{\pi}_j} - \boldsymbol{L}_\mathrm{dz}\underbrace{\begin{bmatrix}0\\ \boldsymbol{C}_\mathrm{znz}[\boldsymbol{\Phi}_\mathrm{L}^*\ \boldsymbol{\Gamma}_\mathrm{z}]\end{bmatrix}}_{\boldsymbol{C}_\pi}\begin{bmatrix}\tilde{\boldsymbol{Z}}_{\mathrm{n}j}\\ \tilde{\boldsymbol{S}}_{\mathrm{n}j}\end{bmatrix},\\ &\Rightarrow \boldsymbol{\pi}_{j+1} = (\boldsymbol{A}_\pi - \boldsymbol{L}_\mathrm{dz}\boldsymbol{C}_\pi)\boldsymbol{\pi}_j,\end{aligned} \tag{3.52}$$

wobei $\boldsymbol{L}_\mathrm{dz} = \mathrm{diag}(\boldsymbol{L}_\mathrm{d}, ..., \boldsymbol{L}_\mathrm{d})$, $\boldsymbol{C}_\mathrm{znz} = \mathrm{diag}(\boldsymbol{C}_\mathrm{zn}, ..., \boldsymbol{C}_\mathrm{zn})$ und $\boldsymbol{\Phi}_\mathrm{L}^* = \boldsymbol{\Phi}_\mathrm{L}\left[0^{n\times n(N-1)}\quad \boldsymbol{I}^{n\times n}\right]$ für periodische Prozesse und entsprechend für nichtperiodische Prozesse. Nun müssen die

Parameter $\boldsymbol{L}_{\text{dz}}$ und $\boldsymbol{L}_{\text{z}}$ bestimmt werden. Die Bestimmung der Störung $\boldsymbol{d}_{\text{zn}}$ ist nicht in direkter Form an Echtzeit gebunden. Damit kann $\boldsymbol{L}_{\text{dz}}$ vollbesetzt und somit akausal sein. Beobachtungsmatrix $\boldsymbol{L}_{\text{z}}$ lässt sich über Polplatzierung festlegen. $\boldsymbol{L}_{\text{dz}}$ bestimmt sich über folgendes Theorem:

Theorem 3.5. *Die Matrix $\boldsymbol{L}_{\text{dz}}$, welche die asymptotische Konvergenz eines Systems $\boldsymbol{\pi}_{j+1} = (\boldsymbol{A}_\pi - \boldsymbol{L}_{\text{dz}}\boldsymbol{C}_\pi)\boldsymbol{\pi}_j$ gewährleistet, kann über die Minimierung ($* \mathrel{\widehat{=}}$ transponiertes Element)*

$$\begin{aligned} &\min_{\boldsymbol{Z}_\pi, \boldsymbol{W}_\pi} \quad -\log\det(\boldsymbol{Z}_\pi) \\ &\text{Nb.}: \quad \begin{bmatrix} \boldsymbol{Z}_\pi & * & * & * \\ \boldsymbol{A}_\pi^T\boldsymbol{Z}_\pi - \boldsymbol{C}_\pi^T\boldsymbol{W}_\pi & \boldsymbol{Z}_\pi & * & * \\ \boldsymbol{Q}_\pi^{\frac{1}{2}}\boldsymbol{Z}_\pi & 0 & \boldsymbol{I} & * \\ \boldsymbol{R}_\pi^{\frac{1}{2}}\boldsymbol{W}_\pi & 0 & 0 & \boldsymbol{I} \end{bmatrix} \succeq \boldsymbol{0}, \quad \boldsymbol{Z}_\pi \succ \boldsymbol{0} \end{aligned} \tag{3.53}$$

bestimmt werden. Hierbei stellen $\boldsymbol{Q}_\pi \succeq \boldsymbol{0}$ und $\boldsymbol{R}_\pi \succ \boldsymbol{0}$ die Gewichtungsmatrizen einer Kostenfunktion mit $J_{\pi j} = \frac{1}{2}\sum_{j=0}^{\infty} \boldsymbol{\pi}_j^{*T}\boldsymbol{Q}_\pi\boldsymbol{\pi}_j^* + \boldsymbol{U}_{\pi j}^T\boldsymbol{R}_\pi\boldsymbol{U}_{\pi j}$ und $\boldsymbol{U}_{\pi j} = \boldsymbol{L}_{\text{dz}}^T\boldsymbol{\pi}_j^*$ dar. $\boldsymbol{P}_\pi = \boldsymbol{Z}_\pi^{-1} \in \mathbb{R}^{nN\times nN}$ ist eine symmetrisch positiv definite Matrix der Lyapunov-Funktion $V_{\pi j} = \boldsymbol{\pi}_j^{*T}\boldsymbol{P}_\pi\boldsymbol{\pi}_j^*$ und $\boldsymbol{W}_\pi = \boldsymbol{L}_{\text{dz}}^T\boldsymbol{P}_\pi^{-1} \Rightarrow \boldsymbol{P}_\pi\boldsymbol{W}_\pi^T = \boldsymbol{L}_{\text{dz}}$. Es gilt $\boldsymbol{\pi}_{j+1}^* = (\boldsymbol{A}_\pi^T - \boldsymbol{C}_\pi^T\boldsymbol{L}_{\text{dz}}^T)\boldsymbol{\pi}_j^*$.

Beweis. Für ein System nach (3.52) bzw. $\boldsymbol{\pi}_{j+1}^* = (\boldsymbol{A}_\pi^T - \boldsymbol{C}_\pi^T\boldsymbol{L}_{\text{dz}}^T)\boldsymbol{\pi}_j^*$ (es gilt: $\lambda(\boldsymbol{A}_\pi - \boldsymbol{L}_{\text{dz}}\boldsymbol{C}_\pi) = \lambda(\boldsymbol{A}_\pi^T - \boldsymbol{C}_\pi^T\boldsymbol{L}_{\text{dz}}^T)$) kann eine Lyapunov-Funktion $V_{\pi j} > 0$ mit $\boldsymbol{P}_\pi \succ \boldsymbol{0}$ aufgestellt werden. Ist weiter

$$\Delta V_{\pi j}^* = \boldsymbol{\pi}^{*T}((\boldsymbol{A}_\pi - \boldsymbol{L}_{\text{dz}}\boldsymbol{C}_\pi)\boldsymbol{P}_\pi(\boldsymbol{A}_\pi - \boldsymbol{L}_{\text{dz}}\boldsymbol{C}_\pi)^T - \boldsymbol{P}_\pi)\boldsymbol{\pi}^* < 0 \tag{3.54}$$

erfüllt, so ist asymptotische Konvergenz gewährleistet. Wird diese Lyapunov-Funktion mit der Kostenfunktion $J_{\pi j}$ verglichen, ergibt sich eine Mindestperformanzbedingung der Form $\Delta V_{\pi j} \leq \Delta J_{\pi j} = -\boldsymbol{\pi}_j^{*T}(\boldsymbol{Q}_\pi + \boldsymbol{L}_{\text{dz}}\boldsymbol{R}_\pi\boldsymbol{L}_{\text{dz}})^T\boldsymbol{\pi}_j^* < 0$, welche stets erfüllt ist, falls die LMI

$$(\boldsymbol{A}_\pi - \boldsymbol{L}_{\text{dz}}\boldsymbol{C}_\pi)\boldsymbol{P}(\boldsymbol{A}_\pi - \boldsymbol{L}_{\text{dz}}\boldsymbol{C}_\pi)^T - \boldsymbol{P}_\pi \preceq -\boldsymbol{Q}_\pi - \boldsymbol{L}_{\text{dz}}\boldsymbol{R}_\pi\boldsymbol{L}_{\text{dz}}^T \tag{3.55}$$

erfüllt ist. Über Anwendung des Schur-Komplements und der Bedingung $\boldsymbol{P}_\pi \succ \boldsymbol{0}$ ergibt sich

$$\begin{bmatrix} \boldsymbol{P}_\pi & * & * & * \\ \boldsymbol{A}_\pi^T - \boldsymbol{C}_\pi^T\boldsymbol{L}_{\text{dz}}^T & \boldsymbol{P}_\pi^{-1} & * & * \\ \boldsymbol{Q}^{\frac{1}{2}} & 0 & \boldsymbol{I} & * \\ \boldsymbol{R}^{\frac{1}{2}}\boldsymbol{L}_{\text{dz}}^T & 0 & 0 & \boldsymbol{I} \end{bmatrix} \succeq \boldsymbol{0}, \tag{3.56}$$

was über eine Kongruenztransformation $\boldsymbol{M} = \operatorname{diag}(\boldsymbol{Z}_\pi, \boldsymbol{I}, \boldsymbol{I}, \boldsymbol{I})$ zu den Bedingungen aus (3.53) umgeformt werden kann. Über eine Maximierung von $\log\det(\boldsymbol{Z}_\pi)$ wird die Lyapunov-Funktion $V_{\pi j}$ minimiert. □

Ist das System Messrauschen und damit Unsicherheiten unterlegen, ist es zielführend, die Beobachtungsmatrix $\boldsymbol{L}_{\text{z}}$ so auszulegen, dass der Beobachtungsfehler für eine Mindestkonvergenzrate minimal bleibt. Diese Konvergenzrate kann als exponentielle Konvergenzrate

$$||\boldsymbol{z}_{\text{n}k}||_2 \leq ce^{-\rho_{\text{L}}\sum_{l=0}^{k-1} T_{\text{s}l}}||\boldsymbol{z}_{\text{n}0}||_2 \quad \forall \boldsymbol{z}_{\text{n}}^T\boldsymbol{P}_{\text{L}}\boldsymbol{z}_{\text{n}} > 1 \qquad \text{mit } c, \rho_{\text{L}} \in \mathbb{R}^+, \boldsymbol{P}_{\text{L}} \succ \boldsymbol{0} \tag{3.57}$$

beschrieben werden. Der Beobachtungsfehler ist damit global exponentiell stabil (GES) für $\boldsymbol{z}_\mathrm{n}^T \boldsymbol{P}_\mathrm{L} \boldsymbol{z}_\mathrm{n} > 1$. Für ein diskretisiertes System ohne Störung ergibt sich ein Beobachtungsfehler von

$$\dot{\tilde{\boldsymbol{z}}}_{\mathrm{n}k+1} = (\boldsymbol{A}_{\mathrm{zn}k} - \boldsymbol{L}_\mathrm{z} \boldsymbol{C}_{\mathrm{zn}k}) \tilde{\boldsymbol{z}}_{\mathrm{n}k+1} + \boldsymbol{L}_\mathrm{z} \boldsymbol{w}_{\mathrm{zn}k+1}, \tag{3.58}$$

wobei $\boldsymbol{w}_\mathrm{zn}$ den Messfehler mit $\boldsymbol{w}_\mathrm{zn}^T \boldsymbol{Q}_\mathrm{w} \boldsymbol{w}_\mathrm{zn} < 1$ und $\boldsymbol{Q}_\mathrm{w} \succ \boldsymbol{0}$ beschreibt. Hierfür kann die Beobachtungsmatrix $\boldsymbol{L}_\mathrm{z}$ nach den oben beschriebenen Vorgaben berechnet werden.

Theorem 3.6. *Für ein System nach* (3.58) *mit der Unsicherheit* $\boldsymbol{w}_\mathrm{zn}^T \boldsymbol{Q}_\mathrm{w} \boldsymbol{w}_\mathrm{zn} < 1$, $\boldsymbol{Q}_\mathrm{w} \succ \boldsymbol{0}$ *kann eine möglichst kleine invariante Menge* $\mathcal{W}_\mathrm{o}$ *mit* $\tilde{\boldsymbol{z}}_\mathrm{n}^T \boldsymbol{P}_\mathrm{o} \tilde{\boldsymbol{z}}_\mathrm{n} \leq 1$ *und* $\tilde{\boldsymbol{z}}_\mathrm{n} \in \mathbb{R}^n$ *sowie eine Beobachtungsmatrix* $\boldsymbol{L}_\mathrm{z}$ *für eine vorgegebene Konvergenzrate* ρ_L *über die Minimierung*

$$\begin{aligned} &\min_{\boldsymbol{P}_\mathrm{o}, \boldsymbol{W}_\mathrm{o}} \ \log\det(\boldsymbol{P}_\mathrm{o}^{-1}) \\ &\text{Nb.}: \begin{bmatrix} e^{-2\rho_\mathrm{L} T_s} \boldsymbol{P}_\mathrm{o} & * & * & * \\ & \alpha \boldsymbol{Q}_\mathrm{w} & * & * \\ \boldsymbol{P}_\mathrm{o} & & \alpha^{-1} \boldsymbol{P}_\mathrm{o} & * \\ \boldsymbol{P}_\mathrm{o} \boldsymbol{A}_\mathrm{znd} - \boldsymbol{W}_\mathrm{o} \boldsymbol{C}_\mathrm{znd} & \boldsymbol{W}_\mathrm{o} & & \boldsymbol{P}_\mathrm{o} \end{bmatrix} \succ \boldsymbol{0}, \quad \boldsymbol{P}_\mathrm{o} \succ \boldsymbol{0}, \quad \alpha > 0, \end{aligned} \tag{3.59}$$

wobei $\boldsymbol{P}_\mathrm{o} \in \mathbb{R}^{n \times n}$ *und* $\boldsymbol{Q}_\mathrm{w} \in \mathbb{R}^{p \times p}$ *symmetrisch positiv definit sind und* $\boldsymbol{L}_\mathrm{z} = \boldsymbol{P}_\mathrm{o}^{-1} \boldsymbol{W}_\mathrm{o}$, *bestimmt werden. Die Abtastzeit* $T_{\mathrm{s}k}$ *sei konstant und damit* $\boldsymbol{A}_{\mathrm{zn}k} = \boldsymbol{A}_\mathrm{znd}$, $\boldsymbol{C}_{\mathrm{zn}k} = \boldsymbol{C}_\mathrm{znd}$.

Beweis. Mit $\beta_1 ||\tilde{\boldsymbol{z}}_{\mathrm{n}k}||_2^2 \leq V_{\mathrm{o}k} = \tilde{\boldsymbol{z}}_{\mathrm{n}k}^T \boldsymbol{P}_\mathrm{o} \tilde{\boldsymbol{z}}_{\mathrm{n}k} \leq \beta_2 ||\tilde{\boldsymbol{z}}_{\mathrm{n}k}||_2^2$, wobei $\beta_1 = \lambda_\mathrm{min}(\boldsymbol{P}_\mathrm{o})$ und $\beta_2 = \lambda_\mathrm{max}(\boldsymbol{P}_\mathrm{o})$ und der Bedingung $V_{\mathrm{o}k+1} < V_{\mathrm{o}k} e^{-2\rho T_{\mathrm{s}k}} \forall \tilde{\boldsymbol{z}}_{\mathrm{n}k}^T \boldsymbol{P}_\mathrm{o} \tilde{\boldsymbol{z}}_{\mathrm{n}k} > 1$ und $\rho_\mathrm{L} \in \mathbb{R}^+$ ergibt sich

$$||\tilde{\boldsymbol{z}}_{\mathrm{n}k}||_2 \leq \left(\frac{V_{\mathrm{o}k}}{\beta_1}\right)^{\frac{1}{2}} < \left(\frac{V_{\mathrm{o}0} e^{-2\rho_\mathrm{L} \sum_{l=0}^{k-1} T_{\mathrm{s}l}}}{\beta_1}\right)^{\frac{1}{2}} \leq \left(\frac{\beta_2}{\beta_1}\right)^{\frac{1}{2}} ||\tilde{\boldsymbol{z}}_{\mathrm{n}0}||_2 e^{-\rho_\mathrm{L} \sum_{l=0}^{k-1} T_{\mathrm{s}l}} \quad \forall \tilde{\boldsymbol{z}}_\mathrm{n}^T \boldsymbol{P}_\mathrm{o} \tilde{\boldsymbol{z}}_\mathrm{n} > 1, \tag{3.60}$$

was Bedingung (3.57) entspricht ($\boldsymbol{P}_\mathrm{o}$ ist symmetrisch positiv definit). Diese ist erfüllt, falls

$$\begin{aligned} &V_{\mathrm{o}k+1} - V_{\mathrm{o}k} e^{-2\rho_\mathrm{L} T_\mathrm{s}} = \\ &\begin{bmatrix} \tilde{\boldsymbol{z}}_{\mathrm{n}k} \\ \boldsymbol{w}_{\mathrm{zn}k} \end{bmatrix}^T \begin{bmatrix} \boldsymbol{A}_\mathrm{zndL}^T \boldsymbol{P}_\mathrm{o} \boldsymbol{A}_\mathrm{zndL} - \boldsymbol{P}_\mathrm{o} e^{-2\rho_\mathrm{L} T_\mathrm{s}} & \boldsymbol{A}_\mathrm{zndL}^T \boldsymbol{P}_\mathrm{o} \boldsymbol{L}_\mathrm{z} \\ \boldsymbol{L}_\mathrm{z}^T \boldsymbol{P}_\mathrm{o} \boldsymbol{A}_\mathrm{zndL} & \boldsymbol{L}_\mathrm{z}^T \boldsymbol{P}_\mathrm{o} \boldsymbol{L}_\mathrm{z} \end{bmatrix} \begin{bmatrix} \tilde{\boldsymbol{z}}_{\mathrm{n}k} \\ \boldsymbol{w}_{\mathrm{zn}k} \end{bmatrix} < -\alpha \begin{bmatrix} \tilde{\boldsymbol{z}}_{\mathrm{n}k} \\ \boldsymbol{w}_{\mathrm{zn}k} \end{bmatrix}^T \begin{bmatrix} \boldsymbol{P}_\mathrm{o} & \\ & -\boldsymbol{Q}_\mathrm{w} \end{bmatrix} \begin{bmatrix} \tilde{\boldsymbol{z}}_{\mathrm{n}k} \\ \boldsymbol{w}_{\mathrm{zn}k} \end{bmatrix} < 0 \end{aligned} \tag{3.61}$$

gilt, wobei $\alpha \in \mathbb{R}^+$ und $\boldsymbol{A}_\mathrm{zndL} = \boldsymbol{A}_\mathrm{znd} - \boldsymbol{L}_\mathrm{z} \boldsymbol{C}_\mathrm{znd}$, woraus sich

$$\begin{bmatrix} e^{-2\rho_\mathrm{L} T_\mathrm{s}} \boldsymbol{P}_\mathrm{o} & \\ & \alpha \boldsymbol{Q}_\mathrm{w} \end{bmatrix} - \begin{bmatrix} \boldsymbol{P}_\mathrm{o} & \\ \boldsymbol{P}_\mathrm{o} \boldsymbol{A}_\mathrm{zndL} & \boldsymbol{P}_\mathrm{o} \boldsymbol{L}_\mathrm{z} \end{bmatrix}^T \begin{bmatrix} \alpha \boldsymbol{P}_\mathrm{o}^{-1} & \\ & \boldsymbol{P}_\mathrm{o}^{-1} \end{bmatrix} \begin{bmatrix} \boldsymbol{P}_\mathrm{o} & \\ \boldsymbol{P}_\mathrm{o} \boldsymbol{A}_\mathrm{zndL} & \boldsymbol{P}_\mathrm{o} \boldsymbol{L}_\mathrm{z} \end{bmatrix} \succ \boldsymbol{0} \tag{3.62}$$

und damit die Nebenbedingungen aus (3.59) ergeben. Die Minimierung von $\log\det(\boldsymbol{P}_\mathrm{o}^{-1})$ bzw. $-\log\det(\boldsymbol{P}_\mathrm{o})$ minimiert die invariante Menge $\mathcal{W}_\mathrm{o}$. □

Für ein System nach (3.58) mit enthaltener Störung $\boldsymbol{d}_\mathrm{n}$ können Theorem 3.5 und Theorem 3.6 verknüpft werden. Die Beobachtungsmatrizen $\boldsymbol{L}_\mathrm{z}$ und $\boldsymbol{L}_\mathrm{dz}$ berechnen sich entsprechend. Auf eine genaue Ausführung der Berechnungen sei an dieser Stelle verzichtet.

3.4.3 Kontinuierlicher zyklischer Beobachterentwurf

Analog zum diskreten zyklischen Beobachterentwurf kann ein kontinuierlicher zyklischer Beobachterentwurf (Nicht-Echtzeit-Methode) aufgebaut werden. Ausgangsbasis des Entwurfs ist das System (3.51). Für eine Lyapunov-Funktion der Form

$$V_{\mathrm{ok}j} = \tilde{\boldsymbol{z}}_{\mathrm{n}j}^T \boldsymbol{P}_{\mathrm{ok}} \tilde{\boldsymbol{z}}_{\mathrm{n}j} + \int_j^{j+1} \tilde{\boldsymbol{d}}_{\mathrm{n}}^T(\tau) \boldsymbol{G}_{\mathrm{o}} \tilde{\boldsymbol{d}}_{\mathrm{n}}(\tau) \mathrm{d}\tau > 0 \tag{3.63}$$

mit $\boldsymbol{P}_{\mathrm{ok}} = \boldsymbol{P}_{\mathrm{ok}}^T \succ \boldsymbol{0}$, $\boldsymbol{G}_{\mathrm{o}} = \boldsymbol{G}_{\mathrm{o}}^T \succ \boldsymbol{0}$ kann folgendes Theorem aufgestellt werden:

Theorem 3.7. *Ein System nach* (3.51) *ist asymptotisch konvergent, falls sich die Beobachtungsmatrix* $\boldsymbol{L}_{\mathrm{d}}$ *nach Minimierung*

$$\begin{gathered}\min_{\boldsymbol{P}_{\mathrm{ok}}, \boldsymbol{W}_{\mathrm{ok}}, \boldsymbol{G}_{\mathrm{o}}} \log\det(\boldsymbol{P}_{\mathrm{ok}}) \\ \begin{bmatrix} -(\boldsymbol{A}_{\mathrm{zn}} - \boldsymbol{L}_{\mathrm{z}}\boldsymbol{C}_{\mathrm{zn}})^T \boldsymbol{P}_{\mathrm{ok}} - \boldsymbol{P}_{\mathrm{ok}}(\boldsymbol{A}_{\mathrm{zn}} - \boldsymbol{L}_{\mathrm{z}}\boldsymbol{C}_{\mathrm{zn}}) & * & * \\ \boldsymbol{W}_{\mathrm{ok}}\boldsymbol{C}_{\mathrm{zn}} - \boldsymbol{B}_{\mathrm{dzn}}^T \boldsymbol{P}_{\mathrm{ok}} & 0 & * \\ \boldsymbol{W}_{\mathrm{ok}}\boldsymbol{C}_{\mathrm{zn}} & & \boldsymbol{G}_{\mathrm{o}} \end{bmatrix} \succ 0, \quad \boldsymbol{P}_{\mathrm{ok}} \succ 0, \quad \boldsymbol{G}_{\mathrm{o}} \succ 0\end{gathered} \tag{3.64}$$

bestimmt, wobei $\boldsymbol{P}_{\mathrm{ok}} \in \mathbb{R}^{n \times n}$ *und* $\boldsymbol{G}_{\mathrm{o}} \in \mathbb{R}^{m_{\mathrm{d}} \times m_{\mathrm{d}}}$ *symmetrisch positiv definit sind und* $\boldsymbol{L}_{\mathrm{d}} = \boldsymbol{G}_{\mathrm{o}}^{-1} \boldsymbol{W}_{\mathrm{ok}}$.

Beweis. Für eine Lyapunov-Funktion nach (3.63) ergibt sich für deren Ableitung

$$\begin{aligned}\dot{V}_{\mathrm{ok}j} =& \dot{\tilde{\boldsymbol{z}}}_{\mathrm{n}j}^T \boldsymbol{P}_{\mathrm{ok}} \tilde{\boldsymbol{z}}_{\mathrm{n}j} + \tilde{\boldsymbol{z}}_{\mathrm{n}j}^T \boldsymbol{P}_{\mathrm{ok}} \dot{\tilde{\boldsymbol{z}}}_{\mathrm{n}j} + \tilde{\boldsymbol{d}}_{j+1}^T \boldsymbol{G}_{\mathrm{o}} \tilde{\boldsymbol{d}}_{j+1} - \tilde{\boldsymbol{d}}_j^T \boldsymbol{G}_{\mathrm{o}} \tilde{\boldsymbol{d}}_j \\ =& \begin{bmatrix} \tilde{\boldsymbol{z}}_{\mathrm{zn}j} \\ \tilde{\boldsymbol{d}}_{\mathrm{n}j} \end{bmatrix}^T \begin{bmatrix} -\boldsymbol{A}_{\mathrm{znL}}^T \boldsymbol{P}_{\mathrm{ok}} - \boldsymbol{P}_{\mathrm{ok}} \boldsymbol{A}_{\mathrm{znL}} - \boldsymbol{C}_{\mathrm{zn}}^T \boldsymbol{L}_{\mathrm{d}}^T \boldsymbol{G}_{\mathrm{ok}} \boldsymbol{L}_{\mathrm{d}} \boldsymbol{C}_{\mathrm{zn}} & \boldsymbol{C}_{\mathrm{zn}}^T \boldsymbol{L}_{\mathrm{d}}^T \boldsymbol{G}_{\mathrm{o}} - \boldsymbol{P}_{\mathrm{ok}} \boldsymbol{B}_{\mathrm{dzn}} \\ \boldsymbol{G}_{\mathrm{o}} \boldsymbol{L}_{\mathrm{d}} \boldsymbol{C}_{\mathrm{zn}} - \boldsymbol{B}_{\mathrm{dzn}}^T \boldsymbol{P}_{\mathrm{ok}} & \boldsymbol{0} \end{bmatrix} \begin{bmatrix} \tilde{\boldsymbol{z}}_{\mathrm{zn}j} \\ \tilde{\boldsymbol{d}}_{\mathrm{n}j} \end{bmatrix},\end{aligned} \tag{3.65}$$

woraus nach Anwendung des Schurkomplements die Nebenbedingungen aus (3.64) resultieren. Durch Minimierung von $\log\det(\boldsymbol{P}_{\mathrm{ok}})$ wird die Lyapunov-Funktion minimiert. □

Ist das System (3.51) Messrauschen unterlegen, kann über eine Kombination von Theorem 3.6 und Theorem 3.7 eine möglichst kleine invariante Menge $\mathcal{W}_{\mathrm{o}}$ für eine vorgegebene Konvergenzrate ρ_{L} sowie die Beobachtungsmatrizen $\boldsymbol{L}_{\mathrm{z}}$ und $\boldsymbol{L}_{\mathrm{dz}}$ bestimmt werden. Auf eine genaue Ausführung der Berechnungen sei an dieser Stelle verzichtet.

3.4.4 Klassischer Störgrößenbeobachter

Der Aufbau eines klassischen Beobachters mit Störgrößenerweiterung (Echtzeit-Methode) kann für ein diskretes System über die Modellbeschreibung

$$\begin{aligned}\begin{bmatrix} \hat{\boldsymbol{z}}_{\mathrm{n}k+1} \\ \hat{\boldsymbol{d}}_{\mathrm{n}k+1} \end{bmatrix} &= \begin{bmatrix} \boldsymbol{A}_{\mathrm{zn}k} & \boldsymbol{B}_{\mathrm{dzn}k} \\ 0 & \boldsymbol{A}_{\mathrm{dn}k} \end{bmatrix} \begin{bmatrix} \hat{\boldsymbol{z}}_{\mathrm{n}k} \\ \hat{\boldsymbol{d}}_{\mathrm{n}k} \end{bmatrix} - \boldsymbol{L}_{\mathrm{go}} \boldsymbol{C}_{\mathrm{zn}} \begin{bmatrix} \tilde{\boldsymbol{z}}_{\mathrm{n}k} \\ \tilde{\boldsymbol{d}}_{\mathrm{n}k} \end{bmatrix} + \begin{bmatrix} \boldsymbol{B}_{\mathrm{uzn}k} \\ 0 \end{bmatrix} \boldsymbol{u}_{\mathrm{n}k}, \\ \Rightarrow \begin{bmatrix} \tilde{\boldsymbol{z}}_{\mathrm{n}k+1} \\ \tilde{\boldsymbol{d}}_{\mathrm{n}k+1} \end{bmatrix} &= \begin{bmatrix} \boldsymbol{A}_{\mathrm{zn}k} & \boldsymbol{B}_{\mathrm{dzn}k} \\ 0 & \boldsymbol{A}_{\mathrm{dn}k} \end{bmatrix} \begin{bmatrix} \tilde{\boldsymbol{z}}_{\mathrm{n}k} \\ \tilde{\boldsymbol{d}}_{\mathrm{n}k} \end{bmatrix} - \boldsymbol{L}_{\mathrm{go}} \boldsymbol{C}_{\mathrm{zn}} \begin{bmatrix} \tilde{\boldsymbol{z}}_{\mathrm{n}k} \\ \tilde{\boldsymbol{d}}_{\mathrm{n}k} \end{bmatrix},\end{aligned} \tag{3.66}$$

wobei $\boldsymbol{A}_{\mathrm{dn}k}$ dem Störmodell entspricht, beschrieben werden. Vergleicht man dies mit (3.52) und (3.51), wird deutlich, dass der zyklische Beobachterentwurf eine Weiterentwicklung des klassischen Beobachterentwurfs mit Störgrößenerweiterung darstellt.

3.4.5 Vor- und Nachteile

Die rekursive Störgrößenberechnung stellt ein sehr einfaches Verfahren zur Störgrößenbestimmung dar. Messrauschen ist im Entwurf nicht explizit berücksichtigt und muss daher durch nachträgliche Filterung unterdrückt werden (auch akausale Filterung möglich). Für die Verwendung des Verfahrens müssen alle Zustände messbar sein. Nichtlineare Systeme können durch Linearisierung und Diskretisierung um den Arbeitspunkt behandelt werden.

Der klassische Beobachter mit Störgrößenerweiterung schätzt alle Zustände und Störgrößen des betrachteten Systems auf Basis weniger Messgrößen. Oftmals gelingt es nicht, den Beobachter so zu entwerfen, dass eine gute Konvergenzrate ρ_{L} sowie eine kleine Menge $\mathcal{W}_{\mathrm{o}}$ erreicht wird. Die Störgröße ist in der Regel nachträglich zu filtern. Nichtlineare Systeme sind über einen Extended-Kalmanfilter- oder High-Gain-Beobachterentwurf behandelbar.

Der diskrete zyklische Beobachterentwurf stellt eine Erweiterung des klassischen Beobachters mit Störgrößenerweiterung dar. Für die Störgrößenbeobachtung ist eine akausale Filterung möglich. Der Entwurf gelingt über LMI-Minimierung. Eine gute Konvergenzrate ρ_{L} bei gleichzeitig kleiner Menge $\mathcal{W}_{\mathrm{o}}$ ist realisierbar. Der Speicher- und Rechenaufwand steigt im Vergleich zum klassischen Beobachter. Nichtlineare Strecken, die entlang einer Referenztrajektorie linearisiert und diskretisiert werden können, sind behandelbar.

Der kontinuierliche zyklische Beobachterentwurf vereinfacht die Online- und Offline-Berechnungen im Vergleich zum diskreten Entwurf. Die Strecke wird als quasi-kontinuierlich behandelbar angenommen. Nichtlineare Strecken können nicht betrachtet werden. Der kontinuierliche Entwurf hat eine geringere Beobachtergüte als der diskrete Entwurf aufgrund der Optimierungsfreiheitsgrade im Entwurf.

Sind alle Zustände des Systems messbar sowie Speicher- und Rechenkapazität begrenzt, ist es folgerichtig, die rekursive Störgrößenberechnung zu verwenden. Dieser Entwurf eignet sich für lineare und nichtlineare Strecken. Lassen sich nicht alle Zustände des Systems erfassen, stellt der diskrete zyklische Beobachterentwurf ein gutes und hochwertiges Verfahren dar. Hierbei sind nichtlineare Systeme behandelbar, falls eine Linearisierung um die Referenztrajektorie eine gute Approximation der Dynamik darstellt. Der Rechen- und Speicherbedarf steigt. Ein geringerer Bedarf wird über einen kontinuierlichen zyklischen Beobachterentwurf möglich. Nichtlineare Systeme lassen sich hiermit nicht betrachten. Diese können über einen klassischen Beobachterentwurf mit Störgrößenerweiterung behandelt werden. Die Beobachtergüte dieses Entwurfs ist im Vergleich zu den anderen Entwürfen geringer.

4 Reduktion von Speicher- und Rechenbedarf

4.1 Ideen und Herausforderungen

In dieser Dissertation wird ein iterativ lernendes modellprädiktives Regelungsverfahren am offenen Regelkreis verwendet, welches den kompletten repetitiven Prozess im Optimierungsproblem berücksichtigt. Dies resultiert in einer großen Prädiktionslänge N, wodurch Speicher- und Rechenaufwand stark ansteigen. Für jeden Prädiktionsschritt entstehen Optimierungsvariablen in Abhängigkeit der Zustands-, Eingangs- und Ausgangsgrößen, welche zu lösen sind. Dies erschwert die praktische Umsetzung und beschreibt daher eine der größten Herausforderungen. Gerade für periodische Prozesse ist der Rechenaufwand eine kritische Größe, da dort keine Nebenzeiten zur Optimierungsberechnung zur Verfügung stehen. Hier wird die ILMPC auf den PEF bezogen. Je nach Rechendauer wird der Startpunkt der transienten Betrachtung gesetzt. Somit gelingt schnellstmögliches Lernen in Abhängigkeit des Aufwands (Absch. 3.3.4). Eine Rechenzeitreduktion ist daher für periodische Prozesse elementar. Speicher- und Rechenaufwandsreduktionen sind oftmals gegensätzliche Ziele, sodass ein Kompromiss gefunden werden muss. In dieser Dissertation werden verschiedene Ansätze vorgestellt. Diese lassen sich in die Bereiche Entwurf und Algorithmik unterteilen. Für die entwurfsseitigen Ansätze gelingt eine gleichzeitige Reduktion von Speicher-/Rechenbedarf. Das Lernverhalten wird jedoch leicht gemindert. Für die algorithmenseitigen Ansätze ist ein Kompromiss zwischen Speicher- und Rechenaufwand zu finden.

Bisherige Ansätze aus der Literatur

In der Literatur sind Ansätze zur Reduktion von Speicher- und Rechenaufwand nur wenig zu finden. Entwurfsseitig wird in [GM15] ein Ansatz iterativ lernender modellprädiktiver Regelungen über einen Primal-Interior-Point Algorithmus vorgestellt. Hierbei beschreibt jede Iteration des Optimierungsalgorithmus eine zulässige Lösung des Optimierungsproblems und wird direkt auf den zyklischen Prozess angewendet. Die Iteration der ILC ist damit direkt mit der Iteration des Optimierungsalgorithmus verknüpft. Die Monotonie- und Optimalitätseigenschaften der ILC gehen dabei verloren. In [HP00] wird eine ILC für eine Unterabtastung entworfen. Dadurch sinkt der Speicher- und Rechenaufwand. Systembeschränkungen sind nicht berücksichtigt. Eine Anpassung der Abtastzeiten in Abhängigkeit der Fehler- und Stördynamiken würde eine deutliche Verbesserung des Ansatzes bewirken.

Dies wurde jedoch nicht umgesetzt. In [HOF06, BOKS14, BO15] werden ILC-Methoden über Basisfunktionen entworfen. Die Modellbeschreibung wird damit erheblich vereinfacht, was den Speicher- und Rechenaufwand senkt. Nullfehlerkonvergenz wird in der Regel nicht erreicht. Eine weitere Möglichkeit zur Speicherreduktion stellt eine MPC-Formulierung des inneren Prozesses mit zyklischer Störgrößenerweiterung (ILC) und kurzem Prädiktionshorizont dar [WDD10, CB12, Hos15] (Entwurf am geschlossenen Regelkreis). Zyklusoptimalität und Lösbarkeit kann hierbei nicht gewährleistet werden. Algorithmenseitig sind in den letzten Jahren eine Vielzahl an effizienten Methoden entwickelt worden. Verfahren erster Ordnung [Nes04, Eck12, Gis13, OC15] sowie zweiter Ordnung [RWR98, BV04, DZZ+12] erlauben eine schnelle Optimierungsberechnung.

Die entwurfsseitigen Verfahren der bisherigen Literatur weisen große Mängel in den Punkten Optimalität und Nullfehlerkonvergenz auf. Diese Punkte stellen jedoch die elementaren Eigenschaften einer ILC dar und sollten nach Möglichkeit erhalten bleiben. Algorithmenseitig wäre eine bessere Strukturausnutzung der Optimierungsprobleme wünschenswert.

Reduktion der Prädiktionslänge

Die Prädiktionslänge N einer ILMPC-Optimierung steht in direktem Zusammenhang mit dem benötigten Speicher- und Rechenaufwand. Eine Reduktion von N ist damit erstrebenswert. Sie bedeutet jedoch auch einen Informationsverlust und damit eine Minderung des Optimierungsergebnisses. In dieser Arbeit werden Verfahren vorgestellt, welche die Länge N reduzieren und den Informationsverlust gering halten. Die Optimierungsergebnisse bleiben damit hochwertig. Einer der wichtigsten Ansätze stellt die Einführung variabler Abtastzeiten dar. In Abhängigkeit der Systemdynamik werden hierbei die für die Optimierung notwendigen Stützstellen für einen kompletten Prädiktionshorizont berechnet. Eine Halbierung von N ist je nach Prozess durchaus realisierbar. Das Optimierungsergebnis ist für diese Stützstellen zyklusoptimal. Eine weitere Verringerung des Speicher- und Rechenbedarfs ist über einen fokussierten Lernentwurf möglich. Hierbei wird der Zyklusbereich mit den größten aufsummierten Fehlerkosten bestimmt, eine ILC-Referenzanpassung für diesen berechnet und auf das System angewendet. Anschließend erfolgt eine erneute Berechnung des größten Fehlerkostenbereichs. Nach und nach wird somit der komplette zyklische Prozess verbessert. Der Prädiktionshorizont ist mit $N_\mathrm{f} \ll N$ stark verkürzt. Zyklusoptimalität und Nullfehlerkonvergenz wird in der Regel nicht erreicht, jedoch gut angenähert. Weiter kann der ILMPC-Entwurf dieser Dissertation auch in eine MPILC umgewandelt werden, wobei die Regelung des inneren Prozesses durch eine modellprädiktive Regelung mit zyklischer Störgrößenbetrachtung erweitert wird. Aufgrund des Rechenaufwands ist der Prädiktionshorizont zu kürzen (keine Zyklusoptimalität). Der Speicherbedarf bleibt klein.

Optimierungsaufbau

Das Optimierungsproblem einer iterativ lernenden modellprädiktiven Regelung kann in verschiedenen Formen aufgebaut werden. In der ILC-Literatur wird üblicherweise eine dichtbesetzte Form (engl.: *dense*) verwendet. Eine alternative Möglichkeit stellt die dünnbesetzte Form (engl.: *sparse*) dar. Beide Formen liefern das gleiche Optimierungsergebnis. Eine Dense-Form löst die Optimierung mit minimaler Anzahl an Optimierungsvariablen. Der Speicheraufwand steigt hierbei quadratisch mit N. Eine Sparse-Form löst das Optimierungsproblem über eine Vielzahl an Optimierungsvariablen. Der Speicheraufwand steigt linear mit N. In dieser Dissertation wird zusätzlich eine Kombination beider Strukturen (Dense-Sparse-Form) vorgestellt. Ziel dieser Kombination ist eine Kompromissfindung zwischen Speicher- und Rechenbedarf in Abhängigkeit des Dense/Sparse-Optimierungsverhältnisses. Weiter wird eine Klein-Form (engl.: *small*) präsentiert. Diese entfernt alle Redundanzinformationen der Optimierung. Eine Reduktion des Speicherbedarfs aber auch ein Anstieg des Rechenaufwands resultieren. Je nach Problemdimensionierung, Hardwarekonditionierung und Systemanforderungen eignet sich ein unterschiedlicher Optimierungsaufbau. Eine solche Betrachtung ist von großem Interesse, wurde aber in der ILC-Literatur bisher nicht behandelt.

Optimierungslösung

In der Literatur sind eine Vielzahl an Optimierungsalgorithmen zur Lösung komplexer Minimierungsprobleme zu finden [Nes04, Eck12, Gis13, RWR98, DZZ+12]. Hierbei ist es üblich, die Verfahren für ein bestimmtes Problem miteinander zu vergleichen. Die Aussagekraft solcher Vergleiche ist jedoch in der Regel gering, da die Algorithmen häufig für unterschiedliche Problemformen (Dense-Form/Sparse-Form, konvexe/strikt konvexe Probleme, Warmstart/Kaltstart, ...) entwickelt und optimiert wurden. Zielführender ist es, die Potentiale der einzelnen Algorithmen je nach Optimierungsaufbau und Systemkonfiguration sinnvoll zu nutzen und auf das eigentliche Optimierungsproblem anzupassen. Für spezielle modellprädiktive Methoden wurde eine solche Anpassung bereits vorgestellt [RWR98, DZZ+12]. Hierbei muss die Dimensionsgröße im Vorfeld bekannt sein und die MPC gewissen Vorgaben entsprechen. Für ILC-Methoden sind diese Bedingungen nicht haltbar. Daher werden in dieser Dissertation Ansätze zur Verbindung von Algorithmen und Optimierungsaufbau vorgestellt, welche keinen festen Vorgaben (Struktur, Dimensionsgröße, ...) unterliegen.

Zusammenfassung

Dieses Kapitel präsentiert verschiedene Ansätze zur Reduktion von Speicher- und Rechenbedarf. Die Ansätze werden in entwurfsseitige und algorithmenseitige Ansätze unterteilt und beheben die Mängel der bisher in der Literatur vorgestellten Ansätze. Der Fokus liegt entwurfsseitig in der Reduktion der Prädiktionslänge N und algorithmenseitig im Aufbau und der Verzahnung des Optimierungsproblems mit den jeweiligen Optimierungsalgorithmen. Tabelle 4.1 fasst die Ansätze nochmals zusammen. Hierbei werden durch die Pfeildarstellungen $\uparrow$, $\downarrow$, $\upuparrows$ und $\downdownarrows$ jeweils die entsprechenden Reduktionen bzw. Erhöhungen des Speicher-/Rechenbedarfs und Prädiktionshorizonts N angezeigt. Die Symbole $\ll$ (klein), $<>$ (mittel) und $\gg$ (groß) verdeutlichen die relevanten Problemgrößen der einzelnen Optimierungsformen. Es sei erwähnt, dass die entwurfsseitigen Ansätze miteinander kombinierbar sind.

Entwurfsseitige Ansätze			
variable Abtastzeiten	Rechenbedarf: $\downarrow$	Speicherbedarf: $\downarrow$	N: $\downarrow$
fokuss. Lernen	Rechenbedarf: $\downdownarrows$	Speicherbedarf: $\downdownarrows$	N: $\downdownarrows$
MPILC:	Rechenbedarf: $\upuparrows$	Speicherbedarf: $\downdownarrows$	N: $\downdownarrows$
Algorithmenseitige Ansätze			
Dense-Form:	Rechenbedarf: quad.	Speicherbedarf: quad.	$N :\ll$
Dense/Sparse-Form:	Rechenbedarf: lin.	Speicherbedarf: lin.	$N :<>$
Sparse-Form:	Rechenbedarf: lin.	Speicherbedarf: lin.	$N :\gg$
Small-Form:	Rechenbedarf: lin. $\upuparrows$	Speicherbedarf: lin. $\downdownarrows$	$N :\gg$

Tabelle 4.1: Verschiedene Ansätze zur Reduktion des Speicher- und Rechenbedarfs

4.2 Entwurfsseitige Ansätze

Zunächst werden die entwurfsseitigen Ansätze formuliert und dargelegt sowie miteinander verglichen.

4.2.1 Variable Abtastzeiten

Konzept

Mit der Einführung einer variablen Abtastzeit im ILC-Entwurf werden die für die Algorithmen benötigten Stützstellen so gewählt, wie die Stör- und Systemdynamiken es erfordern. Damit werden Bereiche mit hoher Dynamikänderung fein und Bereiche mit geringer Dynamikänderung grob abgetastet. So lässt sich die Gesamtanzahl N der Abtastschritte für einen kompletten Zyklus deutlich reduzieren. Die Entscheidung für die jeweiligen Abtastzeiten kann über eine Kostenfunktion erfolgen. Überschreitet diese Kostenfunktion in einem Teilbereich des Prozesses einen gewissen Schwellenwert, ist dort eine kürzere Abtastzeit zu verwenden. In sinnvoller Weise sollte der prädiktive ILC-Entwurf in der Auswahl der Abtastzeiten berücksichtigt werden. Folgerichtig ist die Abtastzeit bereits vor einer Dynamikänderung abzusenken, um die Stellgrößen in der Systemprädiktion besser nutzen zu können. Unter der Annahme, dass die Stördynamik zyklusinvariant ist, genügt eine einmalige Berechnung der Abtastzeiten. Parallel zur Schrittweitenberechnung kann der Aufbau der Optimierungsmatrizen und -parameter erfolgen. Abbildung 4.1 verdeutlicht die Zusammenhänge.

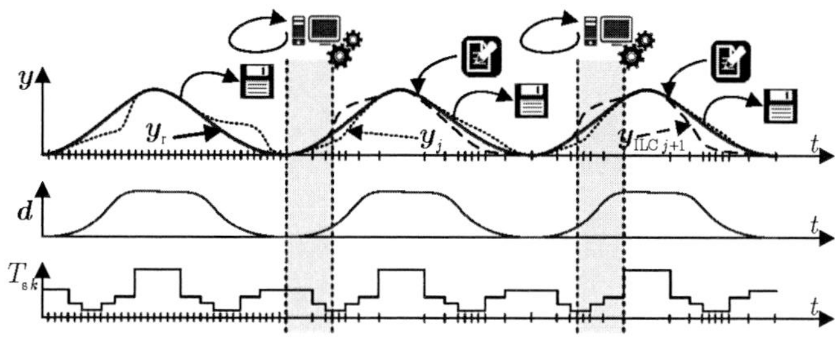

Abbildung 4.1: Prinzip der variablen Abtastung

Hierbei ist zu erkennen, dass die Abtastzeiten und Optimierungsmatrizen im ersten Zyklus berechnet werden. Diese sind abhängig von der System- und Stördynamik. Anschließend erfolgt die zyklische Berechnung der ILC-Optimierung und Systemaufschaltung.

Kostenberechnung

Für die Berechnung der variablen Abtastzeiten wird eine Fehlerkostenfunktion zur Bestimmung der Schrittweiten verwendet. Hierbei werden die Fehlerkosten auf den statischen Fehlerendwert der aktuell anliegenden Störung $\boldsymbol{d}_{\mathrm{n}k}$ bezogen. Es ergibt sich damit

$$V_{\mathrm{d}k} = \tilde{\boldsymbol{e}}_{\mathrm{znd}k}^T \boldsymbol{P}_{\mathrm{d}} \tilde{\boldsymbol{e}}_{\mathrm{znd}k} > 0 \quad \text{mit } \boldsymbol{P}_{\mathrm{d}} = \boldsymbol{P}_{\mathrm{d}}^T \succ \boldsymbol{0}, \tag{4.1}$$

wobei $\boldsymbol{P}_{\mathrm{d}}$ eine symmetrisch positive Matrix beschreibt und $\tilde{\boldsymbol{e}}_{\mathrm{znd}k} = \boldsymbol{e}_{\mathrm{zn}k} - \boldsymbol{e}_{\mathrm{znd}\infty k}$ die Fehlerabweichung zum statischen Fehlerendwert $\boldsymbol{e}_{\mathrm{znd}\infty k}$ für die aktuell anliegende Störung darstellt. Für ein diskretisiertes System nach (3.20) ohne ILC-Ausgang $(\boldsymbol{u}_{\mathrm{nILC}k} = \boldsymbol{0})$ ergibt sich $\boldsymbol{e}_{\mathrm{znd}\infty k}$ zu

$$\begin{aligned} \boldsymbol{e}_{\mathrm{znd}\infty k} &= \boldsymbol{A}_{\mathrm{zn}k} \boldsymbol{e}_{\mathrm{znd}\infty k} + \boldsymbol{B}_{\mathrm{dzn}k} \boldsymbol{d}_k, \\ \Rightarrow \boldsymbol{e}_{\mathrm{znd}\infty k} &= (\boldsymbol{I} - \boldsymbol{A}_{\mathrm{zn}k})^{-1} \boldsymbol{B}_{\mathrm{dzn}k} \boldsymbol{d}_k, \\ \Rightarrow \boldsymbol{e}_{\mathrm{zn}k+1} &= \boldsymbol{A}_{\mathrm{zn}k} \boldsymbol{e}_{\mathrm{zn}k} + (\boldsymbol{I} - \boldsymbol{A}_{\mathrm{zn}k}) \boldsymbol{e}_{\mathrm{zn}\infty k}, \\ \Rightarrow \tilde{\boldsymbol{e}}_{\mathrm{znd}k+1} &= \boldsymbol{A}_{\mathrm{zn}k} \tilde{\boldsymbol{e}}_{\mathrm{znd}k}. \end{aligned} \tag{4.2}$$

Die Matrix $\boldsymbol{P}_{\mathrm{d}}$ kann anhand einer Ricatti-Gleichung mit den ILC-Gewichtungsmatrizen $\boldsymbol{\mathcal{Q}}_{\mathrm{e}}$ und $\boldsymbol{\mathcal{Q}}_{\mathrm{u}}$ bestimmt werden. So lassen sich die Kosten der späteren ILC annähern. Unter der Annahme, dass die spätere ILC näherungsweise durch den entsprechenden Ricatti-Regler $\boldsymbol{K}_{\mathrm{ricc}}|\boldsymbol{P}_{\mathrm{d}}$ beschrieben wird, kann für einen maximal auftretenden Störterm $|\overline{\boldsymbol{d}}_{\mathrm{n}}|$ ein Worst-Case-Kostenverlauf V_{d} und akkumulierter Kostenverlauf V_{da} berechnet werden. Je nach Abtastzeitenwahl für $\boldsymbol{K}_{\mathrm{ricc}k}$ ergibt sich ein unterschiedlicher Endwert der akkumulierten Kosten. Abbildung 4.2 zeigt ein mögliches Kriterium für die Auswahl geeigneter Abtastzeiten einer ILC-Optimierung.

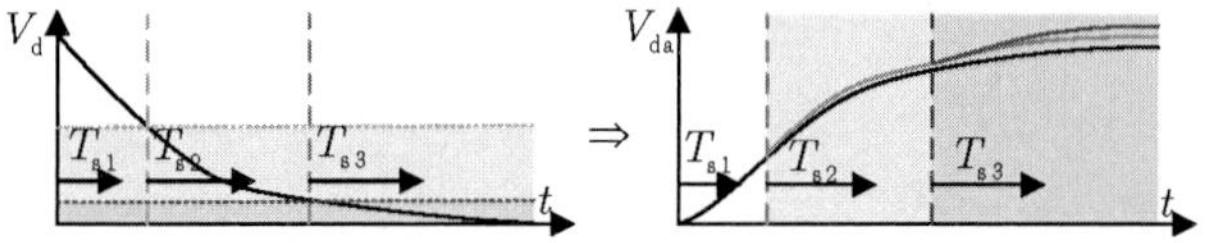

Abbildung 4.2: Schwellwertfestlegung des Fehlerkostenverlaufs V_d

Hierbei wird der Worst-Case-Kostenverlauf V_d für $|\bar{\boldsymbol{d}}_n|$ und T_{s1} berechnet und es werden Schwellwerte für angepasste Abtastzeiten festgelegt. Auf Basis dieser Schwellwerte lassen sich nun ein Regler $\boldsymbol{K}_{ricck}$ zur zugehörigen Abtastzeit T_{sk} bestimmen und die akkumulierten Kosten für Störung und Reglerauswahl formulieren. Die Schwellwerte sind vom Anwender so auszulegen, dass die Kostenzunahme aufgrund der vergrößerten Abtastzeiten tolerierbar bleibt. Um den prädiktiven Entwurf in der Abtastzeitenauswahl zu berücksichtigen, werden die Kosten nun gespiegelt aufsummiert und die Schwellwerte neu festgelegt (Abbildung 4.3). Damit werden die Abtastzeitenübergänge bei drastischen Störänderungen weicher und die Freiheitsgrade der späteren ILMPC-Optimierung nehmen an diesen Übergängen zu. Für die Berechnung selbst ist der zu spiegelnde Bereich zunächst komplett aufzuzeichnen, bevor eine Auswertung möglich ist.

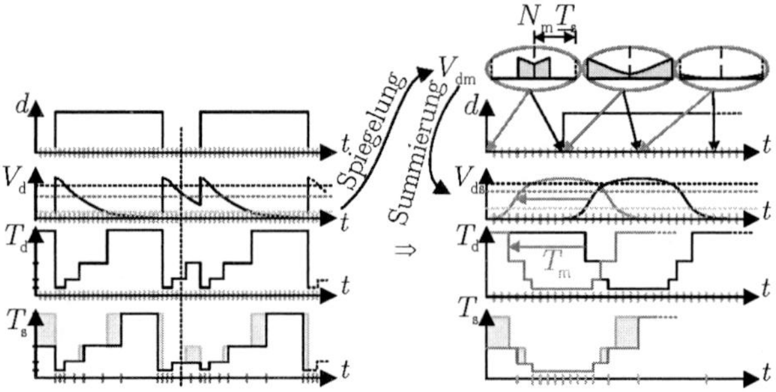

Abbildung 4.3: Prinzip der gespiegelten aufsummierten Fehlerkosten

Abbildung 4.3 verdeutlicht die Zusammenhänge. Die linke Darstellung beschreibt den bisherigen Entwurf für die Auswahl der Abtastzeiten. Dabei entspricht T_d den aus V_d berechneten Abtastwerten. T_s beschreibt die aufgrund der Abtastung umsetzbaren Abtastwerte. Die rechte Darstellung beschreibt die Abtastzeitenberechnung für gespiegelte und aufsummierte Fehlerkosten. Hierfür werden die Fehlerkosten für ein vorgegebenes Zeitintervall $T_m = N_m \underline{T}_s$ gespiegelt (V_{dm}) und anschließend aufsummiert (V_{ds}). Dabei entsteht ein zeitlicher Versatz von V_{ds} um T_m, welcher korrigiert werden muss. Die Berechnung von T_d und T_s gelingt analog zum bisherigen Ansatz. Der Wert T_m bestimmt den Prädiktionseinfluss der Schrittweitenberechnung und ist vom Anwender festzulegen. $\underline{T}_s$ bestimmt die kleinste definierte Abtastzeit sowie die Abtastzeit der Abtastzeitenberechnung.

Abtastzeitenberechnung

Die Berechnung selbst ist in einfacher Weise durch den Algorithmus 1 beschrieben. Es sei erwähnt, dass in dieser Dissertation das Symbol = in Algorithmen einer Zuweisung, das Symbol == einer Äquivalenz, das Symbol || einem booleschen ODER-Vergleich (ist die erste Bedingung erfüllt, wird die zweite Bedingung nicht betrachtet) und das Symbol && einem booleschen UND-Vergleich (ist die erste Bedingung nicht erfüllt, wird die zweite Bedingung nicht betrachtet) entspricht.

Algorithmus 1 Berechnung der variablen Abtastzeiten

1: **Gegeben:** $\boldsymbol{T}_{\text{lim}} \in \mathbb{R}^{n_{\text{T}}-1}$, $\boldsymbol{T}_{\text{ss}}$, T_{m}, $\overline{N}$, $\underline{T}_{\text{ss}} = \min(T_{\text{ss}1}, ..., T_{\text{ss}n_{\text{T}}})$, $\overline{T}_{\text{ss}} = \max(T_{\text{ss}1}, ..., T_{\text{ss}n_{\text{T}}})$
2: $I_{\text{pos}} = \overline{T}_{\text{ss}} / \underline{T}_{\text{ss}}$, $\boldsymbol{T}_{\text{s}} = \boldsymbol{0}$, $\boldsymbol{T}_{\text{d}} = \boldsymbol{0}$, $k = 0$,
3: **for** $k_{\text{s}} = 0, ..., \overline{N} - 1$ **do**
4: $\quad V_{\text{dm}k_{\text{s}}} = \begin{bmatrix} V_{\text{d}k_{\text{s}}-N_{\text{m}}} & \cdots & V_{\text{d}k_{\text{s}}-1} V_{\text{d}k_{\text{s}}} & V_{\text{d}k_{\text{s}}-1} & \cdots V_{\text{d}k_{\text{s}}-N_{\text{m}}} \end{bmatrix}$
5: $\quad V_{\text{s}k_{\text{s}}} = \sum_{l=1}^{2N_{\text{m}}+1} V_{\text{dm}k_{\text{s}}l}$
6: $\quad T_{\text{d}k_{\text{s}}} = (n_{\text{T}} - \sum(\text{ge}(V_{\text{dm}k_{\text{s}}}, \boldsymbol{T}_{\text{lim}})))\underline{T}_{\text{ss}}$
7: $\quad$ **while** $k_{\text{s}} == I_{\text{pos}} - 1 \;||\; k_{\text{s}} == \overline{N} - 1$ **do**
8: $\quad\quad c_{\text{T}} = |I_{\text{pos}} - \overline{N}|^{+}$
9: $\quad\quad L_{\text{T}} = \min(|n_{\text{T}} - c_{\text{T}}|^{+}, n_{\text{T}})$
10: $\quad\quad c_{\text{i}} = I_{\text{pos}} - n_{\text{T}}$
11: $\quad\quad$ **while** $\min(T_{\text{d}c_{\text{i}}+1}, ..., T_{\text{d}c_{\text{i}}+L_{\text{T}}}) < L_{\text{T}} \underline{T}_{\text{ss}}$ **do**
12: $\quad\quad\quad c_{\text{T}} = c_{\text{T}} + 1$
13: $\quad\quad\quad L_{\text{T}} = \min(|n_{\text{T}} - c_{\text{T}}|^{+}, n_{\text{T}})$
14: $\quad\quad T_{\text{s}k} = (n_{\text{T}} - c_{\text{T}})\underline{T}_{\text{ss}}$
15: $\quad\quad I_{\text{pos}} = I_{\text{pos}} + (n_{\text{T}} - c_{\text{T}})$
16: $\quad\quad k = k + 1$
17: $\quad$ **if** $c_{\text{T}} \geq \overline{N} + n_{\text{T}}$ **then**
18: $\quad\quad$ **break**
19: **return** $\boldsymbol{T}_{\text{s}}$

Hierbei beschreibt $\boldsymbol{T}_{\text{lim}}$ die Schwellwerte für die n_{T} möglichen Schrittweiten $\boldsymbol{T}_{\text{ss}}$, wobei für diesen Algorithmus $\boldsymbol{T}_{\text{ss}2} = 2\boldsymbol{T}_{\text{ss}1}$, $\boldsymbol{T}_{\text{ss}3} = 3\boldsymbol{T}_{\text{ss}1}$,... gilt. Eine andere Staffelung der Schrittweiten (z. B. binär (siehe Abbildung 4.3): $\boldsymbol{T}_{\text{ss}2} = 2\boldsymbol{T}_{\text{ss}1}$, $\boldsymbol{T}_{\text{ss}3} = 2\boldsymbol{T}_{\text{ss}2}$,...) ist durch eine leichte Abwandlung des Algorithmus ebenfalls möglich. Der Parameter $\overline{N}$ beschreibt die maximale Anzahl der Abtastzeitschritte über T_{z} (für Abtastzeit $\underline{T}_{\text{ss}}$). Der Algorithmus (ab Schritt 3) kann parallel zum eigentlichen Prozess durchlaufen werden. In jedem Zeitschritt k_{s} mit Schrittweite $\underline{T}_{\text{ss}}$ werden zunächst die gespiegelten Kosten $V_{\text{dm}k_{\text{s}}}$ und summierten Kosten $V_{\text{s}k_{\text{s}}}$ berechnet und die daraus resultierende geforderte Abtastzeit $T_{\text{d}k_{\text{s}}}$ berechnet. Die Funktion $\sum(\text{ge}(\cdot,\cdot))$ beschreibt hierbei die Summe aller eingehaltenen Schwellwertgrenzen $\boldsymbol{T}_{\text{lim}}$. Die Berechnung der umsetzbaren Abtastzeiten $\boldsymbol{T}_{\text{s}}$ kann nur rückwirkend bestimmt werden. I_{pos} bzw. $\overline{N}$ beschreiben die Zeitschritte k_{s}, für welche diese rückwirkende Berechnung möglich ist ($|\cdot|^{+}$ entspricht $\max(\cdot, 0)$). Durch die beiden verschachtelten Schleifen (Zeile 7, Zeile 11) gelingt die Auswahl der größtmöglichen Abtastzeit für den Abschnitt $k_{\text{s}} - n_{\text{T}}$ bis k_{s}. Die

Bedingungen $k == \overline{N} - 1$ und $c_{\mathrm{T}} \geq \overline{N} + n_{\mathrm{T}}$ stellen ein korrektes Ende der Abtastwerte zum Endzeitpunkt des Prozesses sicher. Abschließend zur Berechnung sind die Werte von $\boldsymbol{T}_{\mathrm{s}}$ um T_{m} zu verschieben (siehe Abbildung 4.3).

Die variablen Schrittweiten können ebenfalls für nichtlineare Systeme durchgeführt werden. Eine Interpretation von $\boldsymbol{P}_{\mathrm{d}}$ über eine Ricatti-Formulierung ist hierbei jedoch nicht mehr möglich. Die Schwellwerte für die Abtastzeiten sind hier intuitiv vom Anwender vorzugeben.

4.2.2 Dynamisch fokussiertes Lernen

Konzept

Ist die Horizontlänge N über einen kompletten repetitiven Prozess für eine ILC-Berechnung aufgrund des Speicher-/Rechenbedarfs zu groß, kann ein dynamisch fokussiertes Lernkonzept eingesetzt werden. Hierbei wird nicht der komplette Zyklus betrachtet, sondern lediglich der Teilbereich mit den größten aufsummierten Fehlerkosten V_{d} mit $N_{\mathrm{fok}} \ll N$. Für diesen Teilbereich lassen sich im Anschluss die ILC-Ausgänge berechnen und auf das System aufschalten. Im nächsten Zyklus erfolgt eine erneute Berechnung des Teilbereichs mit den größten aufsummierten Fehlerkosten. Nach und nach wird somit der komplette zyklische Prozess verbessert. Durch zusätzliche Beschränkungsbedingungen im Optimierungsproblem wird die monotone Konvergenz und Lösbarkeit des ILC-Entwurfs gewährleistet. Nullfehlerkonvergenz kann nicht garantiert werden. Abbildung 4.4 zeigt die Zusammenhänge.

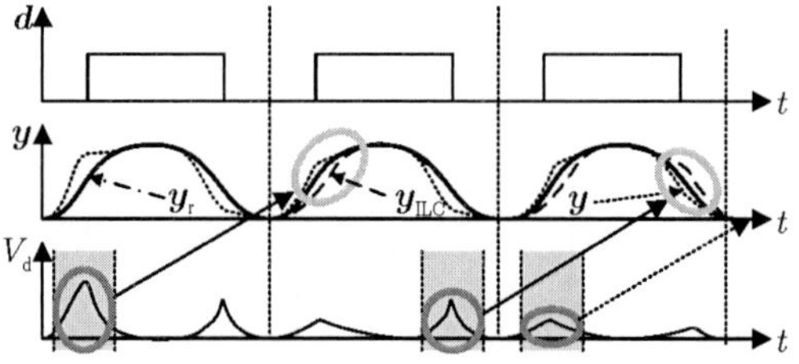

Abbildung 4.4: Prinzip des fokussierten Lernentwurfs

Die Regelgüte eines fokussierten Lernentwurfs ist im Vergleich zu einem Entwurf über den kompletten Iterationszyklus geringer. Da im Optimierungsproblem nicht die komplette Zyklusinformation enthalten ist, wird keine Zyklusoptimalität erreicht. Für einen fokussierten Entwurf ist die Berechnungszeit der Optimierung zu berücksichtigen. Eine Aufschaltung zum aktuellen Zyklus ist nur dann möglich, falls der fokussierte Teilbereich zeitlich gesehen nach der ILC-Berechnung liegt. Ebenfalls denkbar ist auch die Einführung mehrerer Teilbereiche. So können die Hardwareressourcen bestmöglich ausgenutzt werden. Es ist ersichtlich, dass der fokussierte Lernentwurf eine sehr flexible ILC-Strategie beschreibt.

Konvergenz und Lösbarkeit

Das Optimierungsproblem eines fokussierten ILC-Entwurfs (engl.: *Focused Iterative Learning Control* (FILC)) für periodische lineare Prozesse kann durch

$$
\begin{aligned}
J_{\mathrm{fok}j+1} = \min_{\Delta u_{\mathrm{nILC}j}, e_{\mathrm{zn}}} \frac{1}{2} \sum_{k=k_{\mathrm{fok}}}^{k_{\mathrm{fok}}+N_{\mathrm{fok}}-1} \int_{kT_{\mathrm{sk}}}^{(k+1)T_{\mathrm{sk}}} \begin{bmatrix} e_{\mathrm{zn}\sim j+1} \\ \Delta u_{\mathrm{nILC}j} \end{bmatrix}^T \begin{bmatrix} \mathcal{Q}_{\mathrm{e}} & \\ & \mathcal{Q}_{\mathrm{u}} \end{bmatrix} \begin{bmatrix} e_{\mathrm{zn}\sim j+1} \\ \Delta u_{\mathrm{nILC}j} \end{bmatrix} \mathrm{d}t \\
\text{Nb.:} \quad & e_{\mathrm{zn}\sim k+1\, j+1} = A_{\mathrm{zn}k} e_{\mathrm{zn}\sim k\, j+1} + B_{\mathrm{uzn}k} u_{\mathrm{nILC}kj+1} + B_{\mathrm{dzn}k} d_{\mathrm{n}k} \\
& z_{\mathrm{n}\sim k\, j+1} \in \mathbb{Q}_{\mathrm{z}}, \quad e_{\mathrm{zn}\sim k\, j+1} \in \mathbb{Q}_{\mathrm{e}}, \quad u_{\mathrm{n}\sim k\, j+1} \in \mathbb{Q}_{\mathrm{u}}, \\
& e_{\mathrm{zn}\sim k_{\mathrm{fok}}\, j+1} = e_{\mathrm{zn}\sim k_{\mathrm{fok}}\, j}, \quad e_{\mathrm{zn}\sim k_{\mathrm{fok}}+N_{\mathrm{fok}}-1\, j+1} = e_{\mathrm{zn}\sim k_{\mathrm{fok}}+N_{\mathrm{fok}}-1\, j},
\end{aligned}
\tag{4.3}
$$

beschrieben werden. Hierbei entspricht k_{fok} dem Startzeitpunkt des selektierten Teilbereichs (siehe vorherigen Abschnitt). Für den fokussierten ILC-Entwurf gilt folgende Annahme:

Annahme 4.1. *Der periodische Prozessverlauf entspricht vor der ILC-Aktivierung einem periodisch eingeschwungenen Fehlerverlauf, für welchen alle zulässigen Mengen der Fehler-, Zustands- und Eingangswerte erfüllt sind.*

Theorem 4.1 (Konvergenzverhalten für periodische FILMPC). *Für die Minimierung der konvexen und diskretisierten Kostenfunktion (4.3) eines stabilen periodischen Prozesses weist die iterativ lernende Regelung mit dem iterativ lernenden Reglergesetz $u_{\mathrm{nILC}j+1} = u_{\mathrm{nILC}j} + \Delta u_{\mathrm{nILC}j}$ monoton konvergentes Verhalten auf, falls die Annahmen 3.1, 3.2, 3.3, 3.4, 3.5, 4.1 erfüllt sind und für die unterlagerte Systemdynamik $w_{\mathrm{nl}} \approx \mathbf{0}$ gilt.*

Beweis. Die Fehlerkosten für den fokussierten Bereich sind durch

$$
\sum_{k=k_{\mathrm{fok}}}^{k_{\mathrm{fok}}+N_{\mathrm{fok}}-1} \int_{kT_{sk}}^{(k+1)T_{sk}} ||e_{\mathrm{zn}\sim j+1}||^2_{\mathcal{Q}_{\mathrm{e}}} \mathrm{d}t \leq \min_{\Delta u_{\mathrm{nILC}}, e_{\mathrm{zn}}} \sum_{k=k_{\mathrm{fok}}}^{k_{\mathrm{fok}}+N_{\mathrm{fok}}-1} \int_{kT_{sk}}^{(k+1)T_{sk}} ||e_{\mathrm{zn}\sim j+1}||^2_{\mathcal{Q}_{\mathrm{e}}} + ||\Delta u_{\mathrm{nILC}j}||^2_{\mathcal{Q}_{\mathrm{u}}} \mathrm{d}t \leq \sum_{k=k_{\mathrm{fok}}}^{k_{\mathrm{fok}}+N_{\mathrm{fok}}-1} \int_{kT_{sk}}^{(k+1)T_{sk}} ||e_{\mathrm{zn}\sim j}||^2_{\mathcal{Q}_{\mathrm{e}}} \mathrm{d}t
\tag{4.4}
$$

monoton konvergent. Diese stellen einen Teilbereich der Kosten über den kompletten Zyklus dar, welcher sich im periodisch eingeschwungenen Fehlerverlauf befindet. Damit ist auch der Gesamtfehlerverlauf monoton konvergent. □

Die Start- und Endpunktbedingungen $e_{\mathrm{zn}\sim k_{\mathrm{fok}}\, j+1} = e_{\mathrm{zn}\sim k_{\mathrm{fok}}\, j}$ und $e_{\mathrm{zn}\sim k_{\mathrm{fok}}+N_{\mathrm{fok}}-1\, j+1} = e_{\mathrm{zn}\sim k_{\mathrm{fok}}+N_{\mathrm{fok}}-1\, j}$ garantieren, dass das System nach der FILC-Optimierung erneut einem periodisch eingeschwungenen Fehlerverlauf genügt. Damit ist die rekursive Lösbarkeit stets gewährleistet. Ist das System aufgrund von unterlagerten/unbekannten Dynamiken w_{nl} bzw. Messrauschen w_{o} gewissen Unsicherheiten unterlegen, kann dies analog zu Abschnitt 3.3.4 berücksichtigt werden. Für einen nichtperiodischen Prozess wird $e_{\mathrm{zn}\sim}$ im Optimierungsproblem (4.3) zu e_{zn}. Der fokussierte Lernentwurf ist für alle Systemklassen aus Abschnitt 3.2 geeignet. Liegt das betrachtete System in nichtlinearer Form vor, muss dieses nach Abschnitt 2.1.1 linearisiert und diskretisiert werden. Bleiben die konvexen Eigenschaften der Kostenfunktion erhalten, so ist die Optimierung (4.3) weiterhin eindeutig lösbar.

Optimalität

Aufgrund des verkürzten Horizonts $N_{\text{fok}} \ll N$ ist im Optimierungsproblem (4.3) nicht die komplette Zyklusinformation enthalten. Damit ist Zyklusoptimalität nicht möglich. Weiter muss durch $\boldsymbol{e}_{\text{zn}\sim k_{\text{fok}}\,j+1} = \boldsymbol{e}_{\text{zn}\sim k_{\text{fok}}\,j}$ und $\boldsymbol{e}_{\text{zn}\sim k_{\text{fok}}+N_{\text{fok}}-1\,j+1} = \boldsymbol{e}_{\text{zn}\sim k_{\text{fok}}+N_{\text{fok}}-1\,j}$ (Start- und Endpunktbedingung) die Lösbarkeit garantiert werden. Dies schränkt die Optimierungsmöglichkeiten stark ein. Nullfehlerkonvergenz für $t \to \infty$ wird nicht zwingend erreicht. Eine Performanzverbesserung gelingt über eine Aufweichung der Start- und Endpunktbedingungen. Analog zu Tube MPC ist hierfür eine invariante Mengenbeschreibung der End- und Startpunktbedingungen einzusetzen (siehe Abschnitt 2.2.3). Die Güte der FILMPC hängt maßgeblich von der Prädiktionslänge N_{fok} ab. Je größer N_{fok} gewählt werden kann, umso besser ist die erreichbare Regelgüte.

4.2.3 Modellprädiktive iterativ lernende Regelung

Konzept

Das Konzept des dynamisch fokussierten Lernentwurfs nach Abschnitt 4.2.2 kann in einfacher Weise in eine modellprädiktive iterativ lernende Regelung (MPILC) umgewandelt werden. Hierbei wird der Startzeitpunkt des selektierten Teilbereichs auf den aktuellen Zeitschritt k_{MPC} gelegt (Horizontlänge N_{MPC}). Die Berechnung und Systemaufschaltung erfolgt direkt, wodurch der Rechenaufwand stark ansteigt. Der Speicherbedarf bleibt gering.

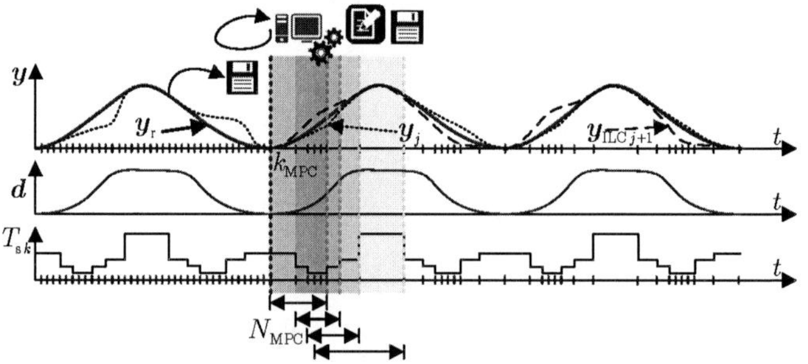

Abbildung 4.5: Prinzip der modellprädiktiven iterativ lernenden Regelung

Abbildung 4.5 stellt das Prinzip der modellprädiktiven iterativ lernenden Regelung dar. Hierbei werden im ersten Zyklus die variablen Abtastzeiten berechnet und danach die MPILC-Optimierung gestartet. Es ist ersichtlich, dass der zeitliche Horizont durch die variable Abtastung für konstante Wahl von N_{MPC} unterschiedlich sein kann. Aufgrund der unterschiedlichen Abtastzeiten steht der Optimierung für manche Zeitschritte mehr Rechenzeit zur Verfügung als für andere. Dies kann durch eine dynamische Anpassung des Horizonts N_{ILC} genutzt werden. In dieser Dissertation sei jedoch lediglich ein konstantes N_{ILC} verwendet. Der Vorteil eines solchen Verfahrens liegt darin, dass auch aktuelle Dynamikänderungen erfassbar sind. Nachteilhaft ist der enorme Rechenbedarf und das im Vergleich zu ILMPC verschlechterte Konvergenz- und Optimalitätsverhalten. Das Verfahren ist im Gegensatz zu [WDD10, CB12, Hos15] dem geregelten Prozess überlagert. Die Separation von ILC und MPC bleibt daher weiterhin bestehen.

Konvergenz und Lösbarkeit

Das Optimierungsproblem einer modellprädiktiven iterativ lernenden Regelung (MPILC) für periodische lineare Prozesse kann durch

$$
\begin{aligned}
J_{\mathrm{MPC}j+1} = \min_{\boldsymbol{\Delta u}_{\mathrm{nILC}j},\boldsymbol{e}_{\mathrm{zn}}} \frac{1}{2} \sum_{k=k_{\mathrm{MPC}}}^{k_{\mathrm{MPC}}+N_{\mathrm{MPC}}-1} \int_{kT_{sk}}^{(k+1)T_{sk}} \begin{bmatrix} \boldsymbol{e}_{\mathrm{zn}\sim j+1} \\ \boldsymbol{\Delta u}_{\mathrm{nILC}j} \end{bmatrix}^T \begin{bmatrix} \boldsymbol{\mathcal{Q}}_{\mathrm{e}} & \\ & \boldsymbol{\mathcal{Q}}_{\mathrm{u}} \end{bmatrix} \begin{bmatrix} \boldsymbol{e}_{\mathrm{zn}\sim j+1} \\ \boldsymbol{\Delta u}_{\mathrm{nILC}j} \end{bmatrix} \mathrm{d}t \\
\text{Nb.:}\quad & \boldsymbol{e}_{\mathrm{zn}\sim k+1\,j+1} = \boldsymbol{A}_{\mathrm{zn}k}\boldsymbol{e}_{\mathrm{zn}\sim k\,j+1} + \boldsymbol{B}_{\mathrm{uzn}k}\boldsymbol{u}_{\mathrm{nILC}kj+1} + \boldsymbol{B}_{\mathrm{dzn}k}\boldsymbol{d}_{\mathrm{n}k} \\
& \boldsymbol{z}_{\mathrm{n}\sim k\,j+1} \in \overline{\mathbb{Q}}_{\mathrm{z}},\quad \boldsymbol{e}_{\mathrm{zn}\sim k\,j+1} \in \overline{\mathbb{Q}}_{\mathrm{e}},\quad \boldsymbol{u}_{\mathrm{n}\sim k\,j+1} \in \overline{\mathbb{Q}}_{\mathrm{u}}, \\
& \boldsymbol{e}_{\mathrm{zn}\sim k_{\mathrm{MPC}}\,j+1} \in \boldsymbol{e}_{\mathrm{zn}\sim k_{\mathrm{MPC}}\,j} \oplus \mathcal{E}_{\mathrm{e}},\quad \boldsymbol{e}_{\mathrm{zn}\sim k_{\mathrm{MPC}}+N_{\mathrm{MPC}}-1\,j+1} \in \boldsymbol{e}_{\mathrm{zn}\sim k_{\mathrm{MPC}}+N_{\mathrm{MPC}}-1\,j} \oplus \mathcal{E}_{\mathrm{e}},
\end{aligned}
\tag{4.5}
$$

beschrieben werden. Hierbei entspricht k_{MPC} dem aktuellen Zeitschritt und N_{MPC} der Prädiktionslänge der MPILC-Optimierung. Es ist ersichtlich, dass es sich hierbei um einen fokussierten Lernentwurf mit Tube-Erweiterung handelt, wobei $\mathcal{E}_{\mathrm{e}}$ einer invarianten Menge der Systemdynamik und $\overline{\mathbb{Q}}_{\mathrm{z}} = \mathbb{Q}_{\mathrm{z}} \ominus \mathcal{E}_{\mathrm{e}}$, $\overline{\mathbb{Q}}_{\mathrm{e}} = \mathbb{Q}_{\mathrm{e}} \ominus \mathcal{E}_{\mathrm{e}}$, $\overline{\mathbb{Q}}_{\mathrm{u}} = \mathbb{Q}_{\mathrm{u}} \ominus \boldsymbol{\kappa}_{\mathrm{R}}\mathcal{E}_{\mathrm{e}}$ entspricht. Da die Optimierungsberechnung in einem Zeitschritt erfolgt, wird das MPILC-Ergebnis direkt angewendet. Die Startbedingung $\boldsymbol{e}_{\mathrm{zn}\sim k_{\mathrm{MPC}}\,j} \oplus \mathcal{E}_{\mathrm{e}}$ entspricht der aktuellen Messung, die Endpunktbedingung $\boldsymbol{e}_{\mathrm{zn}\sim k_{\mathrm{MPC}}+N_{\mathrm{MPC}}-1\,j} \oplus \mathcal{E}_{\mathrm{e}}$ dem PEF auf Basis von Zyklus j zu Zeitschritt $k_{\mathrm{MPC}}+N_{\mathrm{MPC}}-1$. Die Lösbarkeit ist durch Annahme 4.1 garantiert. Das Konvergenzverhalten kann analog zu Theorem 4.1 nachgewiesen werden. Systeme nach Abschnitt 3.2 in nichtlinearer Form können nach Linearisierung und Diskretisierung (Abschnitt 2.1.1) ebenfalls behandelt werden. Bleibt die Optimierung stets konvex, ist das Ergebnis eindeutig.

Optimalität

Analog zu FILMPC ist aufgrund des verkürzten Horizonts $N_{\mathrm{MPC}} \ll N$ im Optimierungsproblem (4.5) keine Zyklusoptimalität möglich. Die Start- und Endpunktbedingungen garantieren die Lösbarkeit des Verfahrens, da hiermit außerhalb des Optimierungsbereiches der PEF nicht verändern wird. Diese machen das Verfahren jedoch konservativ. Durch eine Aufweichung der Start- und Endpunktbedingungen (Tube-Erweiterung) werden die Optimierungsmöglichkeiten geweitet. Das Verfahren wird damit performanter. Eine dynamische Anpassung des Prädiktionshorizonts N_{MPC} ermöglicht eine weitere Steigerung der Performanz der modellprädiktiven iterativ lernenden Regelung.

4.2.4 Vergleich der Ansätze

Beispiel 4.1. *Gegeben sei ein Feder-Masse-Dämpfer-System in RNF bezogen auf* $\boldsymbol{z}_{nr}$ *mit*

$$\begin{bmatrix} \dot{e}_{\mathrm{zn}}(t) \\ \ddot{e}_{\mathrm{zn}}(t) \end{bmatrix} = \begin{bmatrix} 0 & 1 \\ -3200\,{}^{\mathrm{N}}/_{\mathrm{kgm}} & -130\,{}^{\mathrm{Ns}}/_{\mathrm{kgm}} \end{bmatrix} \begin{bmatrix} e_{\mathrm{zn}}(t) \\ \dot{e}_{\mathrm{zn}}(t) \end{bmatrix} + \begin{bmatrix} 0 \\ 1\,{}^{1}/_{\mathrm{kg}} \end{bmatrix} u_{\mathrm{nILC}}(t) + \begin{bmatrix} 0 \\ -1\,{}^{1}/_{\mathrm{kg}} \end{bmatrix} d_{\mathrm{n}}(t), \quad (4.6)$$

welches einen zyklischen Prozess beschreibt. Dieser soll durch eine ILC iterativ verbessert werden ($\mathcal{Q}_{\mathrm{e}} = \mathrm{diag}([1000\;\;1])$*,* $\mathcal{Q}_{\mathrm{u}} = 1$*). Die ILC ist einmal mit konstanter und einmal mit variabler Abtastzeit (*$\boldsymbol{T}_{\mathrm{lim}} = [0.5\;\;0.3\;\;0.1]\overline{V}_{\mathrm{d}}$*,* $T_{\mathrm{ss}} = [0.1\;\;0.2\;\;0.4\;\;0.8]$*,* $N_{\mathrm{m}} = 16$*) auszulegen und anschließend zu vergleichen (Beschr.:* $\underline{z}_{\mathrm{n}} = 0mm$*,* $\overline{z}_{\mathrm{n}} = 2mm$*,* $\underline{u}_{\mathrm{n}} = 0N$*,* $\overline{u}_{\mathrm{n}} = 400N$*).*

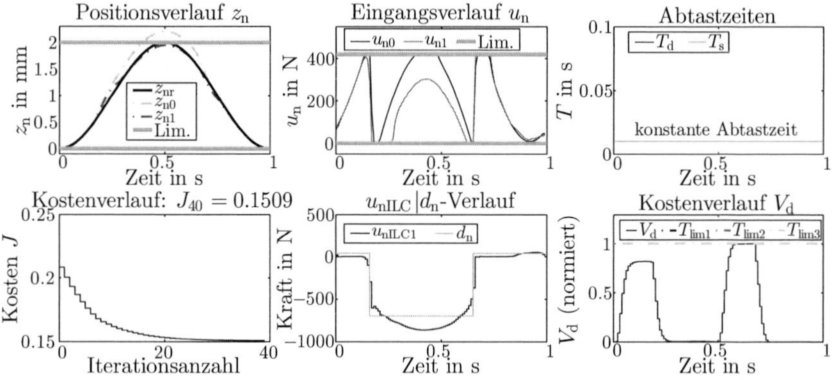

Abbildung 4.6: Lernverhalten für konstante Abtastzeiten

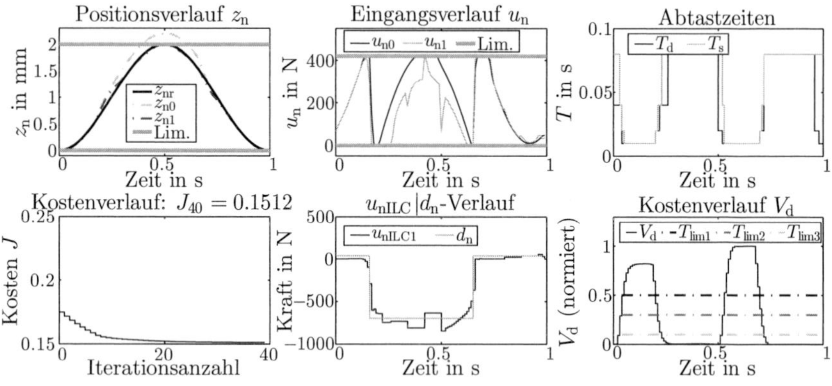

Abbildung 4.7: Lernverhalten für variable Abtastzeiten

Die Abbildungen 4.6 und 4.7 stellen die Ergebnisse dar. Hierbei zeigt z_{n0} das Verhalten ohne ILC (Beschr. nicht eingehalten) und z_{n1} das Verhalten nach der 1. ILC-Iteration (Beschr. eingehalten). Die Fehlerendkosten J_{40} sind für konstantes T_s gemäß Theorie leicht geringer. Für ILC-Ausgänge höherer Ordnung (Kap. 3.3.3) wären die Endkosten jedoch nahezu gleich.

Beispiel 4.2. *Gegeben sei ein Feder-Masse-Dämpfer-System in RNF bezogen auf* $\boldsymbol{z}_{nr}$ *mit*

$$\begin{bmatrix} \dot{e}_{zn}(t) \\ \ddot{e}_{zn}(t) \end{bmatrix} = \begin{bmatrix} 0 & 1 \\ -3\,{}^{N}/_{kgm} & -4\,{}^{Ns}/_{kgm} \end{bmatrix} \begin{bmatrix} e_{zn}(t) \\ \dot{e}_{zn}(t) \end{bmatrix} + \begin{bmatrix} 0 \\ 1\,{}^{1}/_{kg} \end{bmatrix} u_{nILC}(t) + \begin{bmatrix} 0 \\ +1\,{}^{1}/_{kg} \end{bmatrix} d_n(t), \quad (4.7)$$

welches einen zyklischen Prozess beschreibt. Dieser soll durch eine ILC iterativ verbessert werden ($\boldsymbol{Q}_e = \mathrm{diag}([10\ 10])$, $\boldsymbol{Q}_u = 10$)*. Die ILC ist einmal als ILMPC mit Horizont* $N = 30$ *und* $T_s = 1$ *mit Tube-Erweiterung (invariante Menge:* $\boldsymbol{\Delta}_{e0}^T \boldsymbol{P}_e \boldsymbol{\Delta}_{e0} < 1$, $\boldsymbol{P} = 10^5[1.1\ 0.76; 0.76\ 1.4]$*) und einmal als MPILC mit Horizont* $N_{MPC} = 5$ *auszulegen und anschließend zu vergleichen (Beschr.:* $\underline{e}_{zn} = -0.03$, $\overline{e}_{zn} = 0.113$, $\underline{u}_n = -0.8$, $\overline{u}_n = 0.2$*).*

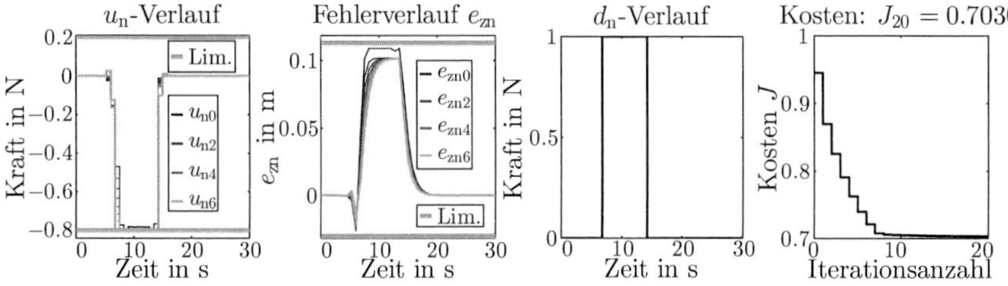

Abbildung 4.8: Lernverhalten für ILMPC

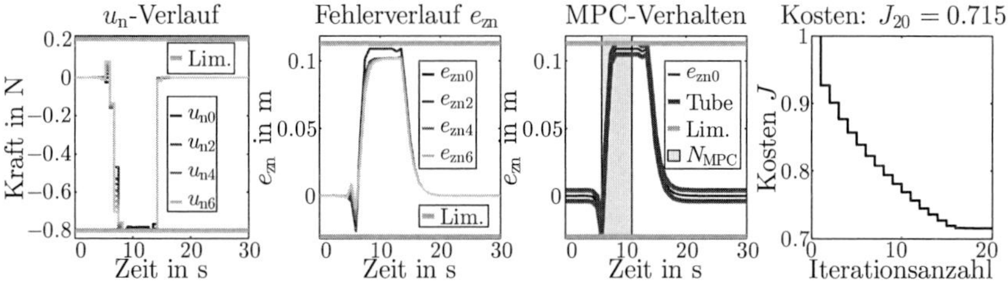

Abbildung 4.9: Lernverhalten für MPILC

Die Abbildungen 4.8 und 4.9 stellen die Ergebnisse dar. Es ist ersichtlich, dass die Fehlerendkosten J_{20} für ILMPC gemäß Theorie leicht geringer sind als für MPILC.

Beispiel 4.1 und 4.2 verdeutlichen, dass die Reduktionsansätze effizient sind und lediglich geringe Performanzeinbußen resultieren. Für 4.1 wird N halbiert (ca. (2-4)-fache Speicher- und Rechenzeitreduktion). Für 4.2 wird N um Faktor 6 geringer (ca. (6-30)-fache Speicher- und Rechenzeitreduktion). Die Reduktionen sind vom Lösungsalgorithmus abhängig.

4.3 Algorithmenseitige Ansätze

Bei den algorithmenseitigen Ansätzen und Maßnahmen sind Speicher- und Rechenaufwand in der Regel gegensätzliche Ziele, für welche ein Kompromiss gefunden werden muss. Die Ansätze befassen sich maßgeblich mit dem Aufbau und der Lösung des ILC-Optimierungsproblems. ILC-Ergebnis sowie ILC-Konvergenz bleiben durch die Ansätze unverändert.

4.3.1 Optimierungsaufbau

Das für die iterativ lernende Regelung zu lösende Optimierungsproblem lässt sich in unterschiedlichen Formen darstellen (Optimierungsaufbau). Je nach Größe des Prädiktionshorizonts N, Zustands- und Eingangsordnung n und m_u, Anzahl der Beschränkungsbedingungen sowie Hardwareressourcen ist eine andere Form geeignet.

Dense-Form

Eine dichtbesetzte Optimierungsform (engl.: *dense*) stellt den in der MPC-/ILC-Literatur am häufigsten verwendeten Optimierungsaufbau dar. Das Optimierungsproblem wird hier durch geschickte Umformung kompakt dargestellt. Dies reduziert die Anzahl der Optimierungsvariablen. Die Zusammenhänge der Dense-Form sind im folgenden Verlauf erläutert.

Für alle in dieser Dissertation entwickelten Optimierungsprobleme lässt sich die Systemdynamik für nichtperiodische Prozesse durch die Lifted-Struktur

$$\boldsymbol{E}_\mathrm{zn} = \boldsymbol{\Phi}\boldsymbol{e}_\mathrm{zn0} + \boldsymbol{\Gamma}_\mathrm{u}\boldsymbol{U}_\mathrm{nILC} + \boldsymbol{\Gamma}_\mathrm{d}\boldsymbol{S}_\mathrm{n} \tag{4.8}$$

mit den Blockvektoren

$$\boldsymbol{E}_\mathrm{zn} = \begin{bmatrix}\boldsymbol{e}_\mathrm{zn1}^T & \cdots & \boldsymbol{e}_\mathrm{zn\mathit{N}}^T\end{bmatrix}^T, \quad \boldsymbol{U}_\mathrm{nILC} = \begin{bmatrix}\boldsymbol{u}_\mathrm{nILC0}^T & \cdots & \boldsymbol{u}_{\mathrm{nILC}N-1}^T\end{bmatrix}^T, \quad \boldsymbol{S}_\mathrm{n} = \begin{bmatrix}\boldsymbol{d}_\mathrm{n0}^T & \cdots & \boldsymbol{d}_{\mathrm{n}N-1}^T\end{bmatrix}^T \tag{4.9}$$

und den Blockmatrizen

$$\boldsymbol{\Phi} = \begin{bmatrix}\boldsymbol{A}_\mathrm{zn0} \\ \boldsymbol{A}_\mathrm{zn1}\boldsymbol{A}_\mathrm{zn0} \\ \vdots \\ \prod_{k=0}^{N-1}\boldsymbol{A}_{\mathrm{zn}k}\end{bmatrix}, \quad \boldsymbol{\Gamma}_\mathrm{u0} = \begin{bmatrix}\boldsymbol{B}_{\mathrm{uzn0}_0} & \mathbf{0} & \cdots & \mathbf{0} \\ \boldsymbol{A}_\mathrm{zn1}\boldsymbol{B}_{\mathrm{uzn0}_0} & \boldsymbol{B}_{\mathrm{uzn1}_1} & \ddots & \vdots \\ \vdots & \ddots & \ddots & \mathbf{0} \\ \prod_{k=1}^{N-1}\boldsymbol{A}_{\mathrm{zn}k}\boldsymbol{B}_{\mathrm{uzn0}_0} & \prod_{k=2}^{N-1}\boldsymbol{A}_{\mathrm{zn}k}\boldsymbol{B}_{\mathrm{uzn1}_1} & \cdots & \boldsymbol{B}_{\mathrm{uzn}N-1_{N-1}}\end{bmatrix} \tag{4.10}$$

und

$$\boldsymbol{\Gamma}_\mathrm{u1} = \begin{bmatrix}\mathbf{0} & \boldsymbol{B}_{\mathrm{uzn0}_1} & & \\ \vdots & \boldsymbol{A}_\mathrm{zn1}\boldsymbol{B}_{\mathrm{uzn0}_1} & \boldsymbol{B}_{\mathrm{uzn1}_2} & \\ \mathbf{0} & \vdots & \ddots & \ddots \\ \boldsymbol{B}_{\mathrm{uzn}N-1_0} & \prod_{k=1}^{N-1}\boldsymbol{A}_{\mathrm{zn}k}\boldsymbol{B}_{\mathrm{uzn0}_1} & \prod_{k=2}^{N-1}\boldsymbol{A}_{\mathrm{zn}k}\boldsymbol{B}_{\mathrm{uzn1}_2} & \cdots\end{bmatrix} \quad \text{mit } \boldsymbol{\Gamma}_\mathrm{u} = \boldsymbol{\Gamma}_\mathrm{u0} + \boldsymbol{\Gamma}_\mathrm{u1} \tag{4.11}$$

und den analog zu $\boldsymbol{\Gamma}_{\mathrm{u0}}$ und $\boldsymbol{\Gamma}_{\mathrm{u1}}$ aufgebauten Blockmatrizen $\boldsymbol{\Gamma}_{\mathrm{d0}}$ und $\boldsymbol{\Gamma}_{\mathrm{d1}}$ beschreiben. Die Matrizen $\boldsymbol{\Gamma}_{\mathrm{u1}}$ und $\boldsymbol{\Gamma}_{\mathrm{d1}}$ resultieren für einen gewählten Punkt-zu-Punkt Polynomansatz der Eingangs- und Störwerte (Abschnitt 3.3.3). Für eine ZOH-Stützstellenbeschreibung entfallen $\boldsymbol{\Gamma}_{\mathrm{u1}}$ und $\boldsymbol{\Gamma}_{\mathrm{d1}}$. Die Optimierungsprobleme dieser Dissertation sind in quadratischer Form aufgebaut und können durch

$$J^*_{j+1} = \min_{\boldsymbol{E}_{\mathrm{zn}},\boldsymbol{U}_{\mathrm{nILC}j+1}} \frac{1}{2} \begin{bmatrix} \boldsymbol{E}_{\mathrm{zn_s}-j+1} \\ \boldsymbol{U}_{\mathrm{nILC}j+1} \end{bmatrix}^T \begin{bmatrix} \mathfrak{Q}_{\mathrm{e}} & \mathfrak{Q}_{\mathrm{eu}} \\ \mathfrak{Q}^T_{\mathrm{eu}} & \mathfrak{Q}_{\mathrm{u}} \end{bmatrix} \begin{bmatrix} \boldsymbol{E}_{\mathrm{zn_s}-j+1} \\ \boldsymbol{U}_{\mathrm{nILC}j+1} \end{bmatrix} + \begin{bmatrix} \boldsymbol{U}_{\mathrm{nILC}j} \\ \boldsymbol{S}_{\mathrm{n}} \\ 1 \end{bmatrix}^T \begin{bmatrix} \mathfrak{F}_{\mathrm{oe}} & \mathfrak{F}_{\mathrm{ou}} \\ \mathfrak{F}_{\mathrm{de}} & \mathfrak{F}_{\mathrm{du}} \\ \mathfrak{F}_{\mathrm{1e}} & \mathfrak{F}_{\mathrm{1u}} \end{bmatrix} \begin{bmatrix} \boldsymbol{E}_{\mathrm{zn_s}-j+1} \\ \boldsymbol{U}_{\mathrm{nILC}j+1} \end{bmatrix} \tag{4.12}$$

mit den Matrizen

$$\mathfrak{Q}_{\mathrm{e}} = \begin{bmatrix} \boldsymbol{Q}_{\mathrm{e0}} & & \\ & \ddots & \\ & & \boldsymbol{Q}_{\mathrm{e}N-1} \end{bmatrix}, \quad \mathfrak{Q}_{\mathrm{eu}} = \begin{bmatrix} \boldsymbol{Q}_{\mathrm{eu0_0}} & \boldsymbol{Q}_{\mathrm{eu0_1}} & & \\ & \boldsymbol{Q}_{\mathrm{eu1_1}} & \boldsymbol{Q}_{\mathrm{eu1_2}} & \\ & & \ddots & \ddots \\ \boldsymbol{Q}_{\mathrm{eu}N-1_0} & & & \boldsymbol{Q}_{\mathrm{eu}N-1_{N-1}} \end{bmatrix}, \quad \mathfrak{F}_{\mathrm{oe}} = \boldsymbol{0},$$
$$\mathfrak{Q}_{\mathrm{u}} = \begin{bmatrix} \boldsymbol{Q}_{\mathrm{u00+}} & \boldsymbol{Q}_{\mathrm{u0_1}} & \boldsymbol{Q}_{\mathrm{u}N-1_0} \\ \boldsymbol{Q}^T_{\mathrm{u0_1}} & \boldsymbol{Q}_{\mathrm{u11+}} & \\ & \ddots & \ddots \\ \boldsymbol{Q}^T_{\mathrm{u}N-1_0} & & \boldsymbol{Q}_{\mathrm{u}N-1\,N-1+} \end{bmatrix}, \quad \mathfrak{F}_{\mathrm{1e}} = \begin{bmatrix} \mathfrak{q}_{\mathrm{e0}} \cdots \mathfrak{q}_{\mathrm{e}N-1} \end{bmatrix}, \quad \mathfrak{F}_{\mathrm{1u}} = \begin{bmatrix} \mathfrak{q}_{\mathrm{u0+}} \cdots \mathfrak{q}_{\mathrm{u}N-1+} \end{bmatrix} \tag{4.13}$$

beschrieben werden ($\mathfrak{F}_{\mathrm{de}}$ und $\mathfrak{F}_{\mathrm{du}}$ analog zu $\mathfrak{Q}_{\mathrm{u}}$). Hierbei ist $\boldsymbol{E}_{\mathrm{zn_s}-} = \begin{bmatrix} \boldsymbol{e}^T_{\mathrm{zn0}} & \cdots & \boldsymbol{e}^T_{\mathrm{zn}N-1} \end{bmatrix}$, $\boldsymbol{Q}_{(\cdot)k_k}$ bezeichnen die aufgrund des Punkt-zu-Punktansatzes (PzP) zu Zeitschritt k entstehenden Kosten durch Zeitschritt k, $\boldsymbol{Q}_{(\cdot)k_{k+1}}$ bezeichnen die aufgrund des PzP zu Zeitschritt k entstehenden Kosten durch Zeitschritt $k+1$ und $\boldsymbol{Q}_{(\cdot)kk+} = \boldsymbol{Q}_{(\cdot)k\to k} + \boldsymbol{Q}_{(\cdot)k-1\to k}$ bezeichnen die Kosten für Zeitschritt k aufgrund der Überlappung des PzP der Zeitschritte $k-1$ und k. Die Kosten für einen Zeitschritt k lassen sich nach Abschnitt 3.3.3 auch durch

$$l_{k\,j+1} = \frac{1}{2} \boldsymbol{v}^T_{\zeta k\,j+1} \boldsymbol{Q}_{\zeta k} \boldsymbol{v}_{\zeta k\,j+1} + \boldsymbol{q}_{\zeta k} \boldsymbol{v}_{\zeta k\,j+1} \quad \text{mit } J_{j+1} = \min_{\boldsymbol{v}_{\zeta j+1}} \sum_{k=0}^{N-1} l_{k\,j+1}, \tag{4.14}$$

wobei

$$\boldsymbol{Q}_{\zeta k} = \begin{bmatrix} \boldsymbol{Q}_{\mathrm{e}k} & \boldsymbol{Q}_{\mathrm{eu}k_k} & \boldsymbol{Q}_{\mathrm{eu}k_{k+1}} & 0 & 0 & \boldsymbol{Q}_{\mathrm{ed}k_k} & \boldsymbol{Q}_{\mathrm{ed}k_{k+1}} \\ * & \boldsymbol{Q}_{\mathrm{u}k\to k} & \boldsymbol{Q}_{\mathrm{u}k_{k+1}} & \boldsymbol{Q}_{\mathrm{uo}k\to k} & \boldsymbol{Q}_{\mathrm{uo}k_{k+1}} & \boldsymbol{Q}_{\mathrm{ud}k\to k} & \boldsymbol{Q}_{\mathrm{ud}k_{k+1}} \\ * & * & \boldsymbol{Q}_{\mathrm{u}k\to k+1} & \boldsymbol{Q}_{\mathrm{uo}k+1_k} & \boldsymbol{Q}_{\mathrm{uo}k\to k+1} & \boldsymbol{Q}_{\mathrm{ud}k+1_k} & \boldsymbol{Q}_{\mathrm{ud}k\to k+1} \\ * & * & * & \boldsymbol{Q}_{\mathrm{o}k\to k} & \boldsymbol{Q}_{\mathrm{o}k_{k+1}} & 0 & 0 \\ * & * & * & * & \boldsymbol{Q}_{\mathrm{o}k\to k+1} & 0 & 0 \\ * & * & * & * & * & \boldsymbol{Q}_{\mathrm{d}k\to k} & \boldsymbol{Q}_{\mathrm{d}k_{k+1}} \\ * & * & * & * & * & * & \boldsymbol{Q}_{\mathrm{d}k\to k+1} \end{bmatrix}, \tag{4.15}$$

angeben. Über den Term $\boldsymbol{q}_{\zeta k} = \begin{bmatrix} \boldsymbol{q}_{\mathrm{e}k} & \boldsymbol{q}_{\mathrm{u}k\to k} & \boldsymbol{q}_{\mathrm{u}k\to k+1} & \boldsymbol{q}_{\mathrm{o}k\to k} & \boldsymbol{q}_{\mathrm{o}k\to k+1} & \boldsymbol{q}_{\mathrm{d}k\to k} & \boldsymbol{q}_{\mathrm{d}k\to k+1} \end{bmatrix}$ ist weiter eine mögliche Nullpunktverschiebung der Kostenfunktion berücksichtigt. Im Vergleich zu J_{j+1} sind in J^*_{j+1} die Kostenanteile

$$\frac{1}{2} \begin{bmatrix} \boldsymbol{U}_{\mathrm{nILC}j} \\ \boldsymbol{S}_{\mathrm{n}} \end{bmatrix}^T \begin{bmatrix} \mathfrak{Q}_{\mathrm{o}} & 0 \\ & \mathfrak{Q}_{\mathrm{d}} \end{bmatrix} \begin{bmatrix} \boldsymbol{U}_{\mathrm{nILC}j} \\ \boldsymbol{S}_{\mathrm{n}} \end{bmatrix} \quad \text{und} \quad \begin{bmatrix} \mathfrak{F}_{\mathrm{1o}} & \mathfrak{F}_{\mathrm{1d}} \end{bmatrix} \begin{bmatrix} \boldsymbol{U}_{\mathrm{nILC}j} \\ \boldsymbol{S}_{\mathrm{n}} \end{bmatrix} \tag{4.16}$$

bereits eliminiert worden, da diese das Ergebnis der optimalen Vektoren $\boldsymbol{E}^*_{\mathrm{zn_s}-j+1}$ und $\boldsymbol{U}^*_{\mathrm{nILC}j+1}$ nicht verändern und daher für die Optimierungsberechnung unerheblich sind. Für nichtperiodische Prozesse ergibt sich für $\boldsymbol{E}_{\mathrm{zn_s}-j+1}$ der Zusammenhang

$$\boldsymbol{E}_{\mathrm{zn_s}-j+1} = \boldsymbol{\Phi}_{\mathrm{s}-}\boldsymbol{e}_{\mathrm{zn0}} + \boldsymbol{\Gamma}_{\mathrm{u_s}-}\boldsymbol{U}_{\mathrm{nILC}} + \boldsymbol{\Gamma}_{\mathrm{d_s}-}\boldsymbol{S}_{\mathrm{n}} \quad \text{mit } \boldsymbol{\Phi}_{\mathrm{s}-} = \begin{bmatrix} \boldsymbol{I} \\ \boldsymbol{\Phi}_- \end{bmatrix}, \quad \boldsymbol{\Gamma}_{\mathrm{u|d_s}-} = \begin{bmatrix} \boldsymbol{0} \\ \boldsymbol{\Gamma}_{\mathrm{u|d}-} \end{bmatrix}, \tag{4.17}$$

wobei $\boldsymbol{\Phi}_-$ und $\boldsymbol{\Gamma}_{\mathrm{u|d}-}$ die Dynamik ohne Prädiktionsschritt N beschreiben. Für periodische Prozesse ergibt sich für $\boldsymbol{E}_{\mathrm{zn\sim_s}-j+1}$ der Zusammenhang

$$\begin{aligned}
\boldsymbol{E}_{\mathrm{zn}\sim j+1} &= \boldsymbol{\Phi}^*\boldsymbol{E}_{\mathrm{zn}\sim j+1} + \boldsymbol{\Gamma}_{\mathrm{u}}\boldsymbol{U}_{\mathrm{nILC}j+1} + \boldsymbol{\Gamma}_{\mathrm{d}}\boldsymbol{S}_{\mathrm{n}j+1} \\
&= (\boldsymbol{I} - \boldsymbol{\Phi}^*)^{-1}(\boldsymbol{\Gamma}_{\mathrm{u}}\boldsymbol{U}_{\mathrm{nILC}j+1} + \boldsymbol{\Gamma}_{\mathrm{d}}\boldsymbol{S}_{\mathrm{n}j+1}) \\
&= \boldsymbol{\Gamma}_{\mathrm{u}\sim}\boldsymbol{U}_{\mathrm{nILC}j+1} + \boldsymbol{\Gamma}_{\mathrm{d}\sim}\boldsymbol{S}_{\mathrm{n}j+1} \\
\Rightarrow \boldsymbol{E}_{\mathrm{zn\sim_s}\text{-}j+1} &= \boldsymbol{\Gamma}_{\mathrm{u\sim_s}-}\boldsymbol{U}_{\mathrm{nILC}j+1} + \boldsymbol{\Gamma}_{\mathrm{d\sim_s}-}\boldsymbol{S}_{\mathrm{n}j+1}
\end{aligned} \tag{4.18}$$

wobei $\boldsymbol{\Phi}^* = \boldsymbol{\Phi}\begin{bmatrix}\boldsymbol{0}^{n\times n(N-1)} & \boldsymbol{I}^{n\times n}\end{bmatrix}$ und $\boldsymbol{\Gamma}_{\mathrm{u\sim_s}-} = \boldsymbol{M}_{\mathrm{s}-}\boldsymbol{\Gamma}_{\mathrm{u}\sim}$ mit

$$\boldsymbol{M}_{\mathrm{s}-} = \begin{bmatrix} \boldsymbol{0}^{m_\mathrm{u}\times m_\mathrm{u}(N-1)} & \boldsymbol{I}^{m_\mathrm{u}\times m_\mathrm{u}} \\ \boldsymbol{I}^{m_\mathrm{u}(N-1)\times m_\mathrm{u}(N-1)} & \boldsymbol{0}^{m_\mathrm{u}(N-1)\times m_\mathrm{u}} \end{bmatrix}. \tag{4.19}$$

Wird diese Systemdynamik in das Optimierungsproblem eingesetzt, folgt für nichtperiodische Prozesse

$$J^{\mathrm{u}*}_{j+1} = \min_{\boldsymbol{U}_{\mathrm{nILC}j+1}} \frac{1}{2}\boldsymbol{U}^T_{\mathrm{nILC}j+1}\boldsymbol{\mathfrak{Q}}_{\mathrm{u}^*}\boldsymbol{U}_{\mathrm{nILC}j+1} + \begin{bmatrix} \boldsymbol{U}_{\mathrm{nILC}j} \\ \boldsymbol{S}_{\mathrm{n}} \\ 1 \end{bmatrix}^T \begin{bmatrix} \boldsymbol{\mathfrak{F}}_{\mathrm{ou}^*} \\ \boldsymbol{\mathfrak{F}}_{\mathrm{du}^*} \\ \boldsymbol{\mathfrak{F}}_{1\mathrm{u}^*} \end{bmatrix} \boldsymbol{U}_{\mathrm{nILC}j+1}, \tag{4.20}$$

wobei $\boldsymbol{\mathfrak{Q}}_{\mathrm{u}^*} = \boldsymbol{\mathfrak{Q}}_{\mathrm{u}} + \boldsymbol{\Gamma}^T_{\mathrm{u_s}-}\boldsymbol{\mathfrak{Q}}_{\mathrm{e}}\boldsymbol{\Gamma}_{\mathrm{u_s}-} + \boldsymbol{\Gamma}^T_{\mathrm{u_s}-}\boldsymbol{\mathfrak{Q}}_{\mathrm{eu}} + \boldsymbol{\mathfrak{Q}}^T_{\mathrm{eu}}\boldsymbol{\Gamma}_{\mathrm{u_s}-}$, $\boldsymbol{\mathfrak{F}}_{\mathrm{ou}^*} = \boldsymbol{\mathfrak{F}}_{\mathrm{ou}}$, $\boldsymbol{F}_{\mathrm{du}^*} = \boldsymbol{\mathfrak{F}}_{\mathrm{du}} + \boldsymbol{\Gamma}^T_{\mathrm{d_s}-}\boldsymbol{\mathfrak{Q}}_{\mathrm{eu}} + \boldsymbol{\Gamma}^T_{\mathrm{d_s}-}\boldsymbol{\mathfrak{Q}}_{\mathrm{e}}\boldsymbol{\Gamma}_{\mathrm{u_s}-} + \boldsymbol{\mathfrak{F}}_{\mathrm{de}}\boldsymbol{\Gamma}_{\mathrm{u_s}-}$ und $\boldsymbol{\mathfrak{F}}_{1\mathrm{u}^*} = \boldsymbol{\mathfrak{F}}_{1\mathrm{u}} + \boldsymbol{\mathfrak{F}}_{1\mathrm{e}}\boldsymbol{\Gamma}_{\mathrm{u_s}-} + \boldsymbol{e}_{\mathrm{zn0}}\boldsymbol{\Phi}^T_{\mathrm{s}-}(\boldsymbol{\mathfrak{Q}}_{\mathrm{eu}} + \boldsymbol{\mathfrak{Q}}_{\mathrm{e}}\boldsymbol{\Gamma}_{\mathrm{u_s}-})$ und für periodische Prozesse

$$J^{\mathrm{u}*\sim}_{j+1} = \min_{\boldsymbol{U}_{\mathrm{nILC}j+1}} \frac{1}{2}\boldsymbol{U}^T_{\mathrm{nILC}j+1}\boldsymbol{\mathfrak{Q}}_{\mathrm{u}^*\sim}\boldsymbol{U}_{\mathrm{nILC}j+1} + \begin{bmatrix} \boldsymbol{U}_{\mathrm{nILC}j} \\ \boldsymbol{S}_{\mathrm{n}} \\ 1 \end{bmatrix}^T \begin{bmatrix} \boldsymbol{\mathfrak{F}}_{\mathrm{ou}^*\sim} \\ \boldsymbol{\mathfrak{F}}_{\mathrm{du}^*\sim} \\ \boldsymbol{\mathfrak{F}}_{1\mathrm{u}^*\sim} \end{bmatrix} \boldsymbol{U}_{\mathrm{nILC}j+1}, \tag{4.21}$$

wobei $\boldsymbol{\mathfrak{Q}}_{\mathrm{u}^*\sim} = \boldsymbol{\mathfrak{Q}}_{\mathrm{u}} + \boldsymbol{\Gamma}^T_{\mathrm{u\sim_s}-}\boldsymbol{\mathfrak{Q}}_{\mathrm{e}}\boldsymbol{\Gamma}_{\mathrm{u\sim_s}-} + \boldsymbol{\Gamma}^T_{\mathrm{u\sim_s}-}\boldsymbol{\mathfrak{Q}}_{\mathrm{eu}} + \boldsymbol{\mathfrak{Q}}^T_{\mathrm{eu}}\boldsymbol{\Gamma}_{\mathrm{u\sim_s}-}$, $\boldsymbol{\mathfrak{F}}_{\mathrm{ou}^*\sim} = \boldsymbol{\mathfrak{F}}_{\mathrm{ou}}$, $\boldsymbol{\mathfrak{F}}_{\mathrm{du}^*\sim} = \boldsymbol{\mathfrak{F}}_{\mathrm{du}} + \boldsymbol{\Gamma}^T_{\mathrm{d\sim_s}-}\boldsymbol{\mathfrak{Q}}_{\mathrm{eu}} + \boldsymbol{\Gamma}^T_{\mathrm{d\sim_s}-}\boldsymbol{\mathfrak{Q}}_{\mathrm{e}}\boldsymbol{\Gamma}_{\mathrm{u\sim_s}-} + \boldsymbol{\mathfrak{F}}_{\mathrm{de}}\boldsymbol{\Gamma}_{\mathrm{u\sim_s}-}$ und $\boldsymbol{\mathfrak{F}}_{1\mathrm{u}^*\sim} = \boldsymbol{\mathfrak{F}}_{1\mathrm{u}} + \boldsymbol{\mathfrak{F}}_{1\mathrm{e}}\boldsymbol{\Gamma}_{\mathrm{u\sim_s}-}$. Die für die Optimierung nicht relevanten Kostenanteile wurden in $J^{\mathrm{u}*}_{j+1}$ und $J^{\mathrm{u}*\sim}_{j+1}$ bereits entnommen. Ist das Optimierungsproblem weiter den linearen Ungleichungsbedingungen (z. B. Mengenbedingungen)

$$\begin{bmatrix}\boldsymbol{A}_{\mathrm{u_e}} & \boldsymbol{A}_{\mathrm{u_u}}\end{bmatrix}\begin{bmatrix}\boldsymbol{E}_{\mathrm{zn_s}-j+1} \\ \boldsymbol{U}_{\mathrm{nILC}j+1}\end{bmatrix} + \boldsymbol{\Xi}_{\mathrm{u}}\boldsymbol{S}_{\mathrm{n}} \le \boldsymbol{b}_{\mathrm{u}} \quad \text{bzw.} \quad \begin{bmatrix}\boldsymbol{A}_{\mathrm{u_e}} & \boldsymbol{A}_{\mathrm{u_u}}\end{bmatrix}\begin{bmatrix}\boldsymbol{E}_{\mathrm{zn\sim_s}-j+1} \\ \boldsymbol{U}_{\mathrm{nILC}j+1}\end{bmatrix} + \boldsymbol{\Xi}_{\mathrm{u}}\boldsymbol{S}_{\mathrm{n}} \le \boldsymbol{b}_{\mathrm{u}} \tag{4.22}$$

unterlegen, so ist hier ebenfalls $\boldsymbol{E}_{\mathrm{zn_s}-j+1}$ bzw. $\boldsymbol{E}_{\mathrm{zn\sim_s}-j+1}$ durch (4.17) bzw. (4.18) zu ersetzen. Analog kann auch für weitere lineare Gleichungsbedingungen (z. B. Transientverhalten zwischen PEF j und PEF $j+1$) verfahren werden. Für eine nichtlineare Systemdynamik sowie nichtlineare Gleichungs- und Ungleichungsbedingungen sind Modell, Gleichungs- und Ungleichungsbedingungen nach Abschnitt 2.1.1 in jedem Optimierungsschritt k_o der Lösungsalgorithmen zu linearisieren und diskretisieren. Für k_o wird dann ein linearisiertes Optimierungsproblem gelöst. Das allgemeine lineare Optimierungsproblem in Dense-Form ist durch

$$\begin{aligned} J_{j+1}^{\mathrm{d}} &= \min_{\boldsymbol{U}_{\mathrm{nILC}j+1}} \frac{1}{2}\boldsymbol{U}_{\mathrm{nILC}j+1}^T \boldsymbol{H}_\mathrm{d} \boldsymbol{U}_{\mathrm{nILC}j+1} + \boldsymbol{c}_\mathrm{d}^T \boldsymbol{U}_{\mathrm{nILC}j+1} \\ \mathrm{Nb.}: \quad & \boldsymbol{A}_\mathrm{gd}\boldsymbol{U}_{\mathrm{nILC}j+1} = \boldsymbol{b}_\mathrm{gd} \\ & \boldsymbol{A}_\mathrm{ud}\boldsymbol{U}_{\mathrm{nILC}j+1} \leq \boldsymbol{b}_\mathrm{ud} \end{aligned} \tag{4.23}$$

bestimmt. Hierbei sind die Matrizen $\boldsymbol{H}_\mathrm{d}$, $\boldsymbol{c}_\mathrm{d}$, $\boldsymbol{A}_\mathrm{gd}$, $\boldsymbol{A}_\mathrm{ud}$ in der Regel vollbesetzt oder zumindest dicht besetzt (dense). Die Anzahl der Optimierungsvariablen beschränkt sich auf $\boldsymbol{U}_\mathrm{nILC}$. Für kleine Optimierungsprobleme ($N < 50$) stellt die Dense-Form die beste Darstellungsform dar (wenig Optimierungsvariablen→geringe Rechenzeit). Mit zunehmender Größe von N wird der Speicherbedarf jedoch unverhältnismäßig groß. Dies resultiert aus der quadratischen Elementzunahme der Optimierungsmatrizen. In gleicher Weise erhöht sich der Rechenbedarf. Damit ist die Dense-Form für große Optimierungsprobleme ungeeignet.

Sparse-Form

Die dünnbesetze Optimierungsform (engl.: *sparse*) eignet sich insbesondere für große Optimierungsprobleme ($N > 150$). Hierbei wird das Optimierungsproblem so umgeformt, dass möglichst wenig zu speichernde Einträge im Optimierungsproblem entstehen. Rechen- und Speicherbedarf wachsen linear mit N. Durch die Umformungen ergibt sich eine große Anzahl an Optimierungsvariablen (→ ungeeignet für kleine Probleme). Im folgenden Verlauf werden die Zusammenhänge erläutert.

Die betrachteten Systemdynamiken dieser Dissertation können für periodische Prozesse durch eine Lifted-Struktur der Form

$$\begin{bmatrix} \boldsymbol{G}_\mathrm{se} & \boldsymbol{G}_\mathrm{su} \end{bmatrix} \begin{bmatrix} \boldsymbol{E}_{\mathrm{zn_s}-\sim j+1} \\ \boldsymbol{U}_{\mathrm{nILC}j+1} \end{bmatrix} + \boldsymbol{G}_\mathrm{sd}\boldsymbol{S}_\mathrm{n} = \boldsymbol{0} \tag{4.24}$$

mit

$$\boldsymbol{G}_\mathrm{se} = \begin{bmatrix} -\boldsymbol{I} & & & \boldsymbol{A}_{\mathrm{zn}N-1} \\ \boldsymbol{A}_\mathrm{zn0} & -\boldsymbol{I} & & \\ & \boldsymbol{A}_\mathrm{zn1} & \ddots & \\ & & \ddots & -\boldsymbol{I} \end{bmatrix}, \quad \boldsymbol{G}_\mathrm{su} = \begin{bmatrix} \boldsymbol{B}_{\mathrm{uzn}N-1_0} & & & \boldsymbol{B}_{\mathrm{uzn}N-1_{N-1}} \\ \boldsymbol{B}_{\mathrm{uzn}0_0} & \boldsymbol{B}_{\mathrm{uzn}0_1} & & \\ & \ddots & \ddots & \\ & & \boldsymbol{B}_{\mathrm{uzn}N-2_{N-2}} & \boldsymbol{B}_{\mathrm{uzn}N-2_{N-1}} \end{bmatrix} \tag{4.25}$$

und $\boldsymbol{G}_\mathrm{sd}$ analog zu $\boldsymbol{G}_\mathrm{su}$ beschrieben werden. Wird weiter die Transientdynamik $\boldsymbol{E}_{\mathrm{zn}j+1}$ für den Übergang zweier periodisch eingeschwungener Fehlerverläufe betrachtet, ergibt sich

$$\begin{bmatrix} \boldsymbol{G}_\mathrm{se} & \boldsymbol{G}_\mathrm{su} & \boldsymbol{0} \\ \boldsymbol{0} & \boldsymbol{G}_{\mathrm{set}i} & \boldsymbol{G}_{\mathrm{sut}i} \end{bmatrix} \begin{bmatrix} \boldsymbol{E}_{\mathrm{zn_s}-\sim j+1} \\ \boldsymbol{U}_{\mathrm{nILC}j+1} \\ \boldsymbol{E}_{\mathrm{zn}j+1} \end{bmatrix} + \begin{bmatrix} \boldsymbol{G}_\mathrm{sd} \\ \boldsymbol{G}_{\mathrm{sdt}i} \end{bmatrix} \boldsymbol{S}_\mathrm{n} = \begin{bmatrix} \boldsymbol{0} \\ \boldsymbol{b}_{\mathrm{st}i} \end{bmatrix} \tag{4.26}$$

mit $\boldsymbol{E}_{\text{zn}j+1}=\left[\boldsymbol{e}^T_{\text{zn}i+1\,j+1}\cdots\boldsymbol{e}^T_{\text{zn}i+N_\text{t}\,j+1}\right]^T$ als Gesamtstruktur der Systemdynamik. Hierbei ist

$$\boldsymbol{G}_{\text{set}i}=\begin{bmatrix} -\boldsymbol{I} & & & 0\\ \boldsymbol{A}_{\text{zn}i+1} & -\boldsymbol{I} & & \vdots\\ & \ddots & \ddots & \vdots\\ & \boldsymbol{A}_{\text{zn}i+N_\text{t}-1} & -\boldsymbol{I} & 0\end{bmatrix},\ \boldsymbol{G}_{\text{sut}i}=\begin{bmatrix}\boldsymbol{B}_{\text{uzn}i_i} & \boldsymbol{B}_{\text{uzn}i_{i+1}} & & 0\\ & \ddots & \ddots & \vdots\\ & \boldsymbol{B}_{\text{uzn}i+N_\text{t}-1_{i+N_\text{t}-1}} & \boldsymbol{B}_{\text{uzn}i+N_\text{t}-1_{i+N_\text{t}}} & 0\end{bmatrix} \tag{4.27}$$

und $\boldsymbol{G}_{\text{sdt}i}$ analog zu $\boldsymbol{G}_{\text{sut}i}$ aufgebaut. Die Terme $(\cdot)_{k_{k+1}}$ entstehen durch den gewählten PzP und entfallen für eine ZOH-Eingangs/Störgrößenbeschreibung. Die Initialbedingung ist durch $\boldsymbol{b}^T_{\text{st}i}=\left[(\boldsymbol{A}_{\text{zn}i}\boldsymbol{e}_{\text{zn}\sim i\,j})^T\quad \boldsymbol{0}\cdots\boldsymbol{0}\right]$ integriert. Hierfür lässt sich die Kostenfunktion

$$J^{*\sim}_{j+1}=\min_{\boldsymbol{E}_\text{zn},\boldsymbol{U}_{\text{nILC}j+1}}\frac{1}{2}\begin{bmatrix}\boldsymbol{E}_{\text{zn}_\text{s}-\sim j+1}\\ \boldsymbol{U}_{\text{nILC}j+1}\\ \boldsymbol{E}_{\text{zn}j+1}\end{bmatrix}^T\begin{bmatrix}\boldsymbol{\mathfrak{Q}}_\text{e} & \boldsymbol{\mathfrak{Q}}_\text{eu} & \\ \boldsymbol{\mathfrak{Q}}^T_\text{eu} & \boldsymbol{\mathfrak{Q}}_\text{u} & \\ & & 0\end{bmatrix}\begin{bmatrix}\boldsymbol{E}_{\text{zn}_\text{s}-\sim j+1}\\ \boldsymbol{U}_{\text{nILC}j+1}\\ \boldsymbol{E}_{\text{zn}j+1}\end{bmatrix}+\begin{bmatrix}\boldsymbol{U}_{\text{nILC}j}\\ \boldsymbol{S}_\text{n}\\ 1\end{bmatrix}^T\begin{bmatrix}\boldsymbol{\mathfrak{F}}_\text{oe} & \boldsymbol{\mathfrak{F}}_\text{ou} & \boldsymbol{0}\\ \boldsymbol{\mathfrak{F}}_\text{de} & \boldsymbol{\mathfrak{F}}_\text{du} & \boldsymbol{0}\\ \boldsymbol{\mathfrak{F}}_\text{1e} & \boldsymbol{\mathfrak{F}}_\text{1u} & \boldsymbol{0}\end{bmatrix}\begin{bmatrix}\boldsymbol{E}_{\text{zn}_\text{s}-\sim j+1}\\ \boldsymbol{U}_{\text{nILC}j+1}\\ \boldsymbol{E}_{\text{zn}j+1}\end{bmatrix} \tag{4.28}$$

angeben, wobei die für das Optimierungsergebnis nicht relevanten Anteile bereits entnommen wurden. Die Matrizen $\boldsymbol{\mathfrak{Q}}_\text{e}$, $\boldsymbol{\mathfrak{Q}}_\text{eu}$,... ergeben sich analog zum vorherigen Abschnitt.

Kostenfunktion (4.28) liegt in einer dünnbesetzten Form vor, welche für die Optimierung zu erhalten ist. Hierfür muss die Systemdynamik in Sparse-Form (Gleichung (4.26)) als Gleichungsbedingungen im Optimierungsproblem berücksichtigt werden. Weitere gegebene Gleichungs- und Ungleichungsbedingungen sind ebenfalls in Sparse-Form zu integrieren. Es ergibt sich das Optimierungsproblem

$$\begin{aligned} J^{\text{s}\sim}_{j+1} &= \min_{\boldsymbol{E}_\text{zn},\boldsymbol{U}_{\text{nILC}j+1}}\frac{1}{2}\begin{bmatrix}\boldsymbol{E}_{\text{zn}_\text{s}-\sim j+1}\\ \boldsymbol{U}_{\text{nILC}j+1}\\ \boldsymbol{E}_{\text{zn}j+1}\end{bmatrix}^T\boldsymbol{H}_\text{s}\begin{bmatrix}\boldsymbol{E}_{\text{zn}_\text{s}-\sim j+1}\\ \boldsymbol{U}_{\text{nILC}j+1}\\ \boldsymbol{E}_{\text{zn}j+1}\end{bmatrix}+\boldsymbol{c}^T_\text{s}\begin{bmatrix}\boldsymbol{E}_{\text{zn}_\text{s}-\sim j+1}\\ \boldsymbol{U}_{\text{nILC}j+1}\\ \boldsymbol{E}_{\text{zn}j+1}\end{bmatrix}\\ \text{Nb.}:\quad & \boldsymbol{A}_\text{gs}\begin{bmatrix}\boldsymbol{E}_{\text{zn}_\text{s}-\sim j+1}\\ \boldsymbol{U}_{\text{nILC}j+1}\\ \boldsymbol{E}_{\text{zn}j+1}\end{bmatrix}=\boldsymbol{b}_\text{gs},\quad \boldsymbol{A}_\text{us}\begin{bmatrix}\boldsymbol{E}_{\text{zn}_\text{s}-\sim j+1}\\ \boldsymbol{U}_{\text{nILC}j+1}\\ \boldsymbol{E}_{\text{zn}j+1}\end{bmatrix}\leq\boldsymbol{b}_\text{us}\end{aligned} \tag{4.29}$$

mit den in der Regel dünnbesetzten Matrizen $\boldsymbol{H}_\text{s}$, $\boldsymbol{c}_\text{s}$, $\boldsymbol{A}_\text{gs}$, $\boldsymbol{A}_\text{us}$. Die Anzahl der Optimierungsvariablen ist im Vergleich zu einer Dense-Darstellung stark erhöht. Dafür hängen Speicher- und Rechenbedarf für eine Sparse-Form linear von N ab. Dieser Zusammenhang ist insbesondere für große Horizontlängen N ausschlaggebend. Im Vergleich zur Dense-Form kann hier ein enormer Geschwindigkeits- und Speichervorteil erzielt werden. Die Sparse-Form eignet sich für große Optimierungsprobleme ($N > 150$).

Dense/Sparse-Form

Um Optimierungsprobleme mittlerer Größe ($50 \leq N \leq 150$) in geeigneter Weise zu behandeln, ist es sinnvoll eine Zwischenform einzuführen. Diese wird im folgenden Verlauf als Dense/Sparse-Form bezeichnet. Sie ermöglicht einen hardwarebezogenen Kompromiss zwischen Rechen- und Speicherbedarf. Dieser Kompromiss gelingt über den Parameter $n_\text{ds} < N$, welcher als Maß für den Speicherbedarf verstanden werden kann. Die Zusammenhänge lassen sich über die Systemgleichungen herleiten.

Alle in dieser Dissertation beschriebenen Systemdynamiken für periodische Prozesse lassen sich durch die Lifted-Kombinationsstruktur

$$\begin{bmatrix}\boldsymbol{G}_{\mathrm{dse}} & \boldsymbol{G}_{\mathrm{dsu}}\end{bmatrix}\begin{bmatrix}\boldsymbol{E}_{\mathrm{zns}\sim j+1}\\ \boldsymbol{U}_{\mathrm{nILC}j+1}\end{bmatrix} + \boldsymbol{G}_{\mathrm{dsd}}\boldsymbol{S}_{\mathrm{n}} = \boldsymbol{0} \tag{4.30}$$

mit

$$\boldsymbol{G}_{\mathrm{dse}}=\begin{bmatrix}-\boldsymbol{I} & & \boldsymbol{\Phi}_{\mathrm{L}n_{\mathrm{ds}}-1}\\ \boldsymbol{\Phi}_{\mathrm{L}0} & \ddots & \\ & \ddots & -\boldsymbol{I}\end{bmatrix},\quad \boldsymbol{G}_{\mathrm{dsu}}=\begin{bmatrix} & & \boldsymbol{\Gamma}_{\mathrm{L}n_{\mathrm{ds}}-1}\\ \boldsymbol{\Gamma}_{\mathrm{L}0} & & \\ & \ddots & \end{bmatrix},\quad \boldsymbol{E}_{\mathrm{zns}\sim j+1}=\begin{bmatrix}\boldsymbol{e}_{\mathrm{zn}\sim 0\, j+1}\\ \boldsymbol{e}_{\mathrm{zn}\sim N_0\, j+1}\\ \vdots\end{bmatrix} \tag{4.31}$$

und $\boldsymbol{G}_{\mathrm{dsd}}$ analog zu $\boldsymbol{G}_{\mathrm{dsu}}$ sowie

$$\begin{aligned}\boldsymbol{E}_{\mathrm{zn}j+1i} &= \boldsymbol{\Phi}_i\boldsymbol{e}_{\mathrm{zn}k_i\, j+1} + \boldsymbol{\Gamma}_{\mathrm{u}i}\boldsymbol{U}_{\mathrm{nILC}i\, j+1} + \boldsymbol{\Gamma}_{\mathrm{d}i}\boldsymbol{S}_{\mathrm{n}i}\\ &= \begin{bmatrix}\boldsymbol{\Phi}_{\mathrm{H}i}\\ \boldsymbol{\Phi}_{\mathrm{L}i}\end{bmatrix}\boldsymbol{e}_{\mathrm{zn}k_i\, j+1} + \begin{bmatrix}\boldsymbol{\Gamma}_{\mathrm{uH}i}\\ \boldsymbol{\Gamma}_{\mathrm{uL}i}\end{bmatrix}\boldsymbol{U}_{\mathrm{nILC}i\, j+1} + \begin{bmatrix}\boldsymbol{\Gamma}_{\mathrm{dH}i}\\ \boldsymbol{\Gamma}_{\mathrm{dL}i}\end{bmatrix}\boldsymbol{S}_{\mathrm{n}i},\end{aligned} \tag{4.32}$$

wobei $\sum_{i=0}^{n_{\mathrm{ds}}-1} N_i = N$ und $k_i = \sum_{l=0}^{i-1} N_i$ sowie $\boldsymbol{U}^T_{\mathrm{nILC}i\, j+1} = \begin{bmatrix}\boldsymbol{u}^T_{\mathrm{nILC}k_i\, j+1} \cdots \boldsymbol{u}^T_{\mathrm{nILC}k_i+N_i-1\, j+1}\end{bmatrix}$ und $\boldsymbol{S}_{\mathrm{n}i}$ analog zu $\boldsymbol{U}_{\mathrm{nILC}i\, j+1}$, darstellen. Die Systemmatrizen bestimmen sich hierbei zu

$$\begin{aligned}\boldsymbol{\Phi}^T_{\mathrm{H}i} &= \begin{bmatrix}(\boldsymbol{I})^T & (\boldsymbol{A}_{\mathrm{zn}k_i})^T & \cdots & \left(\prod_{k=k_i}^{k_i+N_i-2}\boldsymbol{A}_{\mathrm{zn}k}\right)^T\end{bmatrix}, \quad \boldsymbol{\Phi}_{\mathrm{uL}i} = \prod_{k=k_i}^{k_i+N_i-1}\boldsymbol{A}_{\mathrm{zn}k},\\ \boldsymbol{\Gamma}_{\mathrm{uH}i} &= \begin{bmatrix}\boldsymbol{0} & & & \\ \boldsymbol{B}_{\mathrm{uzn}k_{i\,k_i}} & & & \\ \boldsymbol{A}_{\mathrm{zn}k_i+1}\boldsymbol{B}_{\mathrm{uzn}k_{i\,k_i}} & \boldsymbol{B}_{\mathrm{uzn}k_i+1_{k_i+1}} & & \\ \vdots & \ddots & \ddots & \\ \prod_{k=k_i+1}^{k_i+N_i-2}\boldsymbol{A}_{\mathrm{zn}k}\boldsymbol{B}_{\mathrm{uzn}k_{i\,k_i}} & \prod_{k=k_i+2}^{k_i+N_i-2}\boldsymbol{A}_{\mathrm{zn}k}\boldsymbol{B}_{\mathrm{uzn}k_i+1_{k_i+1}} & \cdots & \boldsymbol{B}_{\mathrm{uzn}k_i+N_i-2_{k_i+N_i-2}}\end{bmatrix},\\ \boldsymbol{\Gamma}_{\mathrm{uL}i} &= \begin{bmatrix}\prod_{k=k_i+1}^{k_i+N_i-1}\boldsymbol{A}_{\mathrm{zn}k}\boldsymbol{B}_{\mathrm{uzn}k_{i\,k_i}} & \prod_{k=k_i+2}^{k_i+N_i-1}\boldsymbol{A}_{\mathrm{zn}k}\boldsymbol{B}_{\mathrm{uzn}k_i+1_{k_i+1}} & \cdots & \boldsymbol{B}_{\mathrm{uzn}k_i+N_i-1_{k_i+N_i-1}}\end{bmatrix},\end{aligned} \tag{4.33}$$

wobei $\boldsymbol{\Gamma}_{\mathrm{d}i}$ analog zu $\boldsymbol{\Gamma}_{\mathrm{u}i}$ aufgebaut ist. Zur einfacheren Systemdarstellung wurde eine ZOH-Eingangs-/Störgrößenbeschreibung angenommen. Eine Darstellung für PzP gelingt in gleicher Weise. Wird diese Systemdynamik in die Kostenfunktion eingesetzt, ergibt sich

$$J^{\mathrm{ds}*}_{j+1} \simeq \min_{\boldsymbol{E}_{\mathrm{zn}},\boldsymbol{U}_{\mathrm{nILC}j+1}} \frac{1}{2}\begin{bmatrix}\boldsymbol{E}_{\mathrm{zns}\sim j+1}\\ \boldsymbol{U}_{\mathrm{nILC}j+1}\\ \boldsymbol{E}_{\mathrm{zns}j+1}\end{bmatrix}^T \begin{bmatrix}\mathfrak{Q}_{\mathrm{e}0} & \mathfrak{Q}_{\mathrm{eu}0} & \\ & \ddots & \ddots \\ * & \mathfrak{Q}_{\mathrm{u}0} & \\ & \ddots & \ddots \\ & & 0\end{bmatrix} \begin{bmatrix}\boldsymbol{E}_{\mathrm{zns}\sim j+1}\\ \boldsymbol{U}_{\mathrm{nILC}j+1}\\ \boldsymbol{E}_{\mathrm{zns}j+1}\end{bmatrix} + \begin{bmatrix}\boldsymbol{U}_{\mathrm{nILC}j}\\ \boldsymbol{S}_{\mathrm{n}}\\ 1\end{bmatrix}^T \begin{bmatrix}\mathfrak{F}_{\mathrm{oe}0} & \mathfrak{F}_{\mathrm{ou}0} & 0\\ \ddots & \ddots & \vdots\\ \mathfrak{F}_{\mathrm{de}0} & \mathfrak{F}_{\mathrm{du}0} & \\ \ddots & \ddots & \vdots\\ \mathfrak{F}_{1\mathrm{e}0}\cdots & \mathfrak{F}_{1\mathrm{u}0}\cdots & 0\end{bmatrix} \begin{bmatrix}\boldsymbol{E}_{\mathrm{zns}\sim j+1}\\ \boldsymbol{U}_{\mathrm{nILC}j+1}\\ \boldsymbol{E}_{\mathrm{zns}j+1}\end{bmatrix}, \tag{4.34}$$

wobei $\boldsymbol{\mathfrak{Q}}_{ei} = \boldsymbol{\Phi}_{\mathrm{H}i}^T \boldsymbol{\mathfrak{Q}}_{\mathrm{es}i} \boldsymbol{\Phi}_{\mathrm{H}i}$ und $\boldsymbol{\mathfrak{Q}}_{\mathrm{eu}i} = \boldsymbol{\Phi}_{\mathrm{H}i}^T \boldsymbol{\mathfrak{Q}}_{\mathrm{eus}i} + \boldsymbol{\Phi}_{\mathrm{H}i}^T \boldsymbol{\mathfrak{Q}}_{\mathrm{es}i} \boldsymbol{\Gamma}_{\mathrm{uH}i}$ und $\boldsymbol{\mathfrak{F}}_{\mathrm{ue}i} = \mathbf{0}$ und $\boldsymbol{\mathfrak{Q}}_{\mathrm{u}i} = \boldsymbol{\mathfrak{Q}}_{\mathrm{us}i} + \boldsymbol{\Gamma}_{\mathrm{uH}i}^T \boldsymbol{\mathfrak{Q}}_{\mathrm{es}i} \boldsymbol{\Gamma}_{\mathrm{uH}i} + \boldsymbol{\Gamma}_{\mathrm{uH}i}^T \boldsymbol{\mathfrak{Q}}_{\mathrm{eus}i} + \boldsymbol{\mathfrak{Q}}_{\mathrm{eus}i}^T \boldsymbol{\Gamma}_{\mathrm{uH}i}$ und $\boldsymbol{\mathfrak{F}}_{\mathrm{u}i} = \boldsymbol{\mathfrak{Q}}_{\mathrm{ous}i}$ und $\boldsymbol{\mathfrak{F}}_{\mathrm{de}i} = \boldsymbol{\mathfrak{Q}}_{\mathrm{des}i} \boldsymbol{\Phi}_{\mathrm{H}i} + \boldsymbol{\Gamma}_{\mathrm{dH}i}^T \boldsymbol{\mathfrak{Q}}_{\mathrm{es}i} \boldsymbol{\Phi}_{\mathrm{H}i}$ und $\boldsymbol{\mathfrak{F}}_{\mathrm{du}i} = \boldsymbol{\mathfrak{Q}}_{\mathrm{dus}i} + \boldsymbol{\mathfrak{Q}}_{\mathrm{des}i} \boldsymbol{\Gamma}_{\mathrm{uH}i} + \boldsymbol{\Gamma}_{\mathrm{dH}i}^T \boldsymbol{\mathfrak{Q}}_{\mathrm{eus}i} + \boldsymbol{\Gamma}_{\mathrm{dH}i}^T \boldsymbol{\mathfrak{Q}}_{\mathrm{es}i} \boldsymbol{\Gamma}_{\mathrm{uH}i}$ und $\boldsymbol{\mathfrak{F}}_{1\mathrm{e}i} = \boldsymbol{\mathfrak{F}}_{1\mathrm{es}i} \boldsymbol{\Phi}_{\mathrm{H}i}$ und $\boldsymbol{\mathfrak{F}}_{1\mathrm{u}i} = \boldsymbol{\mathfrak{F}}_{1\mathrm{us}i} + \boldsymbol{\mathfrak{F}}_{1\mathrm{es}i} \boldsymbol{\Gamma}_{\mathrm{uH}i}$. Hierbei entspricht $\boldsymbol{\mathfrak{Q}}_{\mathrm{es}i} = \mathrm{diag}(\boldsymbol{Q}_{\mathrm{e}k_i}, \ldots, \boldsymbol{Q}_{\mathrm{e}k_i+N_i-1})$. Die Matrizen $\boldsymbol{\mathfrak{Q}}_{\mathrm{eus}i}$, $\boldsymbol{\mathfrak{Q}}_{\mathrm{us}i}$, ... sind analog aufgebaut. Der Anteil $\boldsymbol{E}_{\mathrm{zns}j+1}$ beschreibt die transiente Systemdynamik zwischen PEF j und PEF $j+1$ und ist in ähnlicher Weise zur periodischen Systemdynamik aufgebaut. In der Kostenfunktion $J_{j+1}^{\mathrm{ds}*\sim}$ sind die für die Optimierung nicht relevanten Anteile bereits entfernt. Das Gesamtproblem in Dense/Sparse-Form bestimmt sich zu

$$
\begin{aligned}
J_{j+1}^{\mathrm{ds}\sim} &= \min_{\boldsymbol{E}_{\mathrm{zn}}, \boldsymbol{U}_{\mathrm{nILC}j+1}} \frac{1}{2} \begin{bmatrix} \boldsymbol{E}_{\mathrm{zns}\sim j+1} \\ \boldsymbol{U}_{\mathrm{nILC}j+1} \\ \boldsymbol{E}_{\mathrm{zns}j+1} \end{bmatrix}^T \boldsymbol{H}_{\mathrm{ds}} \begin{bmatrix} \boldsymbol{E}_{\mathrm{zns}\sim j+1} \\ \boldsymbol{U}_{\mathrm{nILC}j+1} \\ \boldsymbol{E}_{\mathrm{zns}j+1} \end{bmatrix} + \boldsymbol{c}_{\mathrm{ds}}^T \begin{bmatrix} \boldsymbol{E}_{\mathrm{zns}\sim j+1} \\ \boldsymbol{U}_{\mathrm{nILC}j+1} \\ \boldsymbol{E}_{\mathrm{zns}j+1} \end{bmatrix} \\
\text{Nb.}: \quad & \boldsymbol{A}_{\mathrm{gds}} \begin{bmatrix} \boldsymbol{E}_{\mathrm{zns}\sim j+1} \\ \boldsymbol{U}_{\mathrm{nILC}j+1} \\ \boldsymbol{E}_{\mathrm{zns}j+1} \end{bmatrix} = \boldsymbol{b}_{\mathrm{gds}}, \quad \boldsymbol{A}_{\mathrm{uds}} \begin{bmatrix} \boldsymbol{E}_{\mathrm{zns}\sim j+1} \\ \boldsymbol{U}_{\mathrm{nILC}j+1} \\ \boldsymbol{E}_{\mathrm{zns}j+1} \end{bmatrix} \leq \boldsymbol{b}_{\mathrm{uds}},
\end{aligned}
\tag{4.35}
$$

wobei die Matrizen $\boldsymbol{H}_{\mathrm{ds}}$, $\boldsymbol{c}_{\mathrm{ds}}$, $\boldsymbol{A}_{\mathrm{gds}}$ und $\boldsymbol{A}_{\mathrm{uds}}$ eine Mischform aus strukturierten dünnbesetzten und dichtbesetzten Matrizen darstellen, welche von den Lösern geschickt ausnutzbar sind. Das Einsetzen der Systemdynamik in die Nebenbedingung erfolgt analog zum bereits beschriebenen Einsetzen in die Kostenfunktion. Falls ein nichtperiodischer Vorgang beschrieben wird, entfällt $\boldsymbol{E}_{\mathrm{zns}\sim j+1}$ und $\boldsymbol{E}_{\mathrm{zns}j+1}$ beschreibt die komplette Zyklusdauer. Für einen nichtlinearen Prozess ist das System für jeden Schritt k_{o} der Optimierungsalgorithmen nach Abschnitt 2.1.1 zu linearisieren, diskretisieren und lösen. Das Dense/Sparse-Verhältnis kann über die Größe der Dense-Matrizen mit Prädiktionshorizont N_i vorgegeben werden.

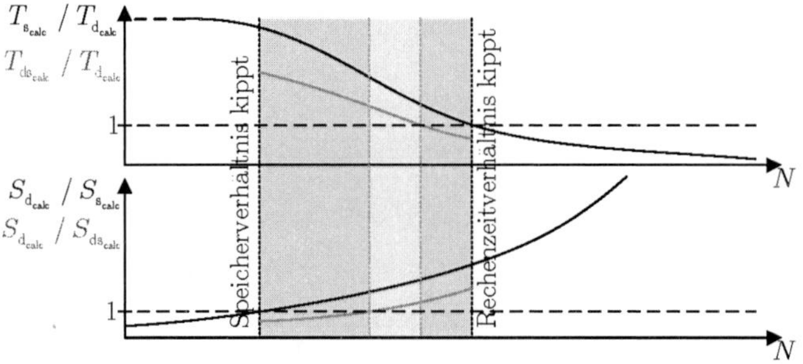

Abbildung 4.10: Speicher- und Rechenzeitverhältnis für Sparse-/Dense- und Dense/Sparse-Darstellung

Abbildung 4.10 stellt den Zusammenhang zwischen Speicher- und Rechenzeit nochmals grafisch dar. Hierbei beschreibt $T_{\mathrm{s_{calc}}}$ die Rechenzeit für eine Optimierung in Sparse-Form, $T_{\mathrm{d_{calc}}}$ die Rechenzeit in Dense-Form und $T_{\mathrm{ds_{calc}}}$ die Rechenzeit in Dense/Sparse-Form. Die Werte

$S_{\text{s|d|ds}_{\text{calc}}}$ beschreiben den benötigten Speicherbedarf für die jeweiligen Optimierungsberechnungen. In der Praxis zeigt sich, dass für die betrachteten ILC-Probleme und Löser zuerst das Speicherverhältnis und dann das Rechenverhältnis zugunsten der Sparse-Darstellung kippt. Eine Dense/Sparse-Form verschiebt die Verhältnisse. Dies ist insbesondere in den grau dargestellten Bereichen ausschlaggebend. Je nach Wahl von n_{ds} gelingt eine andere Verschiebung. Eine individuelle Anpassung auf die Hardwareressourcen wird möglich.

Die Horizontlänge N, für welche das Speicher- bzw. Rechenzeitverhältnis kippt, hängt maßgeblich von den Dimensionen der Zustände, Eingänge, Störungen, Gleichungs- und Ungleichungsbedingungen ab. Ausgehend von den im Rahmen der Dissertation behandelten Prozessen lässt sich sagen, dass das Speicherverhältnis $S_{\text{d}_{\text{calc}}}/S_{\text{s}_{\text{calc}}}$ üblicherweise für $N \approx 20...50$ kippt und das Rechenzeitverhältnis $T_{\text{s}_{\text{calc}}}/T_{\text{d}_{\text{calc}}}$ für $N \approx 150...300$. Zwischen diesen Grenzen ist eine Dense/Sparse-Struktur sinnvoll.

Small-Form

Für ILC-Prozesse mit geringen Speichermöglichkeiten wird in dieser Dissertation eine Klein-Form (engl.: *small*) vorgestellt. Diese eignet sich insbesondere für lineare zeitinvariante Systeme mit konstanter Abtastzeitbetrachtung. Für solche Systeme sind die Systemmatrizen $\boldsymbol{A}_{\text{zn}k} = \boldsymbol{A}_{\text{zn}}$, $\boldsymbol{B}_{\text{uzn}k_{k|k+1}} = \boldsymbol{B}_{\text{uzn}_{0|1}}$, $\boldsymbol{B}_{\text{dzn}k_{k|k+1}} = \boldsymbol{B}_{\text{dzn}_{0|1}}$ sowie die Gewichtungsmatrizen $\boldsymbol{Q}_{\text{e}k} = \boldsymbol{Q}_{\text{e}}$, ... für alle Zeitschritte k konstant. Damit entsteht für eine Darstellung in Sparse-Form (4.35) eine große Menge an Redundanzinformation in der Kostenfunktion sowie in den Gleichungs- und Ungleichungsnebenbedingungen. Statt die Matrizen $\boldsymbol{H}_{\text{s}}$, $\boldsymbol{c}_{\text{s}}$, $\boldsymbol{A}_{\text{gs}}$ und $\boldsymbol{A}_{\text{us}}$ in ihrer vollen Größe zu speichern, werden für eine Small-Form lediglich die Matrizen $\boldsymbol{A}_{\text{zn}}$, $\boldsymbol{B}_{\text{uzn}_{0|1}}$, $\boldsymbol{B}_{\text{dzn}_{0|1}}$, $\boldsymbol{Q}_{\text{e}}$, ... und ihre zugehörigen Matrixpositionen in $\boldsymbol{H}_{\text{s}}$, $\boldsymbol{c}_{\text{s}}$, $\boldsymbol{A}_{\text{gs}}$ und $\boldsymbol{A}_{\text{us}}$ gespeichert. Dies senkt den Speicherbedarf um ein Vielfaches. Eine Lösung der Optimierungsprobleme in Small-Form gelingt nur mit speziellen Lösungsalgorithmen. Abschnitt 4.3.2 stellt die Verfahren vor. Hierbei steigt der Rechenaufwand.

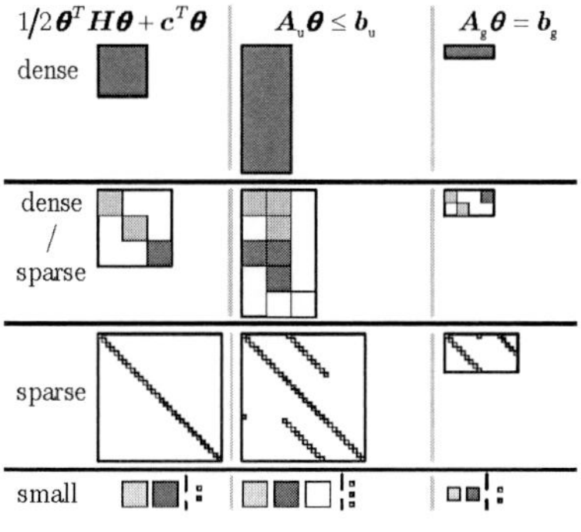

Abbildung 4.11: Speicherbedarf der Optimierungen in unterschiedlicher Darstellungsform

Abbildung 4.11 stellt den Speicherbedarf für die jeweiligen Darstellungsformen grafisch dar. Dabei wird von einem quadratischen Optimierungsproblem mit linearen Gleichungs- und Ungleichungsbedingungen ausgegangen. Die verschiedenen Graustufen der Optimierungsformen verdeutlichen die jeweils zu speichernden unterschiedlichen Elemente der Matrix $\boldsymbol{H}$ (links), Matrix $\boldsymbol{A}_\mathrm{u}$ (mitte) und Matrix $\boldsymbol{A}_\mathrm{g}$. Es ist ersichtlich, dass die Anzahl der Optimierungsvariablen von Dense- zu Sparse-Form ansteigen und der quadratische Speicherbedarf in einen linearen Zusammenhang überführt wird. Dies ist besonders für große Werte von N relevant. Eine Small-Form repräsentiert den geringsten Speicheraufwand.

4.3.2 Optimierungslöser

Die in dieser Dissertation beschriebenen Optimierungsprobleme können über verschiedene Lösungsalgorithmen behandelt werden. Je nach Optimierungsform (Dense, Sparse, Dense/Sparse, Small) eignen sich unterschiedliche Methoden. In dieser Arbeit wurden einige effektive Ansätze genauer untersucht und auf ILC-Probleme angewendet. Die geeignetesten Algorithmen sind nachfolgend beschrieben und werden anhand des Optimierungsproblems

$$\begin{aligned} J &= \min_{\boldsymbol{\theta}} \frac{1}{2}\boldsymbol{\theta}^T \boldsymbol{H}\boldsymbol{\theta} + \boldsymbol{c}^T\boldsymbol{\theta}, \quad \boldsymbol{H} = \boldsymbol{H}^T \succ \boldsymbol{0} \\ \text{Nb.}: \quad & \boldsymbol{A}_\mathrm{g}\boldsymbol{\theta} = \boldsymbol{b}_\mathrm{g} \\ & \boldsymbol{A}_\mathrm{u}\boldsymbol{\theta} \leq \boldsymbol{b}_\mathrm{u} \end{aligned} \tag{4.36}$$

erläutert. Die dargelegten Ansätze sind auch auf andere Optimierungsprobleme anwendbar. Für die beschriebenen Verfahren gelten verschiedene Optimalitätsbedingungen. Hierbei sei auf den Anhang A.4.3 verwiesen.

Alternating Direction Method of Multipliers

Der Ansatz *Alternierende Richtungslösung der Lagrangemultiplikatoren* (engl.: *Alternating Direction Method of Multipliers* (ADMM)) beschreibt das Optimierungsproblem durch eine augmentierte Lagrangefunktion. Diese wird abwechselnd für die einzelnen verkoppelten Richtungen gelöst. Für konvexe Probleme lässt sich damit unter notwendigen Annahmen ein eindeutiges Minimum annähern.

Definition 4.1. *Eine Funktion* $f : \mathbb{R}^n \to \mathbb{R} \cup \{+\infty\}$ *mit*

$$f(\boldsymbol{x}) + \mathcal{I}_\mathcal{X} = \begin{cases} f(\boldsymbol{x}), & \text{falls } \boldsymbol{x} \in \mathcal{X}, \\ +\infty, & \text{falls } \boldsymbol{x} \notin \mathcal{X} \end{cases} \tag{4.37}$$

heißt erweiterte Funktion ($\mathcal{I}_\mathcal{X}$ wird als Indikatorfunktion bezeichnet). Die Menge

$$\mathrm{dom}(f) = \{\boldsymbol{x} \in \mathbb{R}^n | f(\boldsymbol{x}) < +\infty\} \tag{4.38}$$

heißt wesentlicher Definitionsbereich (engl.: domain) von f. Die Funktion f heißt echt (engl.: proper), falls $\mathrm{dom}(f) \neq \emptyset$ *gilt.*

Definition 4.2. *Sei $f : \mathbb{R}^n \to \mathbb{R} \cup \{+\infty\}$ eine echte erweiterte Funktion. Dann heißt f*

- *nach unten halbstetig (engl.: lower semicontinuous) in einem Punkt $\boldsymbol{x} \in \mathbb{R}^n$, falls gilt* $\lim_{\boldsymbol{y}\to\boldsymbol{x}} \inf f(\boldsymbol{y}) \geq f(\boldsymbol{x})$,
- *nach oben halbstetig (engl.: upper semicontinuous) in einem Punkt $\boldsymbol{x} \in \mathbb{R}^n$, falls gilt* $\lim_{\boldsymbol{y}\to\boldsymbol{x}} \sup f(\boldsymbol{y}) \leq f(\boldsymbol{x})$,
- *nach unten (bzw. oben) halbstetig auf einer Menge $\mathcal{X} \subseteq \mathbb{R}^n$, falls f in jedem Punkt $\boldsymbol{x} \in \mathcal{X}$ nach unten (bzw. oben) halbstetig ist.*

Lemma 4.1. *Sei $f : \mathbb{R}^n \to \mathbb{R} \cup \{+\infty\}$ eine echte erweiterte Funktion. Dann ist die Aussage, f ist nach unten halbstetig auf $\mathbb{R}^n$, äquivalent zur Aussage, die Levelmengen $\mathfrak{L}(\alpha) = \{\boldsymbol{x} \in \mathbb{R}^n | f(\boldsymbol{x}) \leq \alpha\}$ sind abgeschlossen (evtl. leer) für alle $\alpha \in \mathbb{R}$.*

Der Beweis ist unter anderem in [GK02] zu finden. Gegeben sei das Optimierungsproblem

$$\min f(\boldsymbol{x}) + f_{\mathcal{I}}(\boldsymbol{z}), \quad \text{Nb.: } \boldsymbol{Ax} + \boldsymbol{Bz} = \boldsymbol{c} \tag{4.39}$$

mit folgenden Annahmen an f und $\mathcal{L}$ (Lagrangefunktion; Definition: siehe Anhang A.48):

Annahme 4.2. *Die Funktionen $f : \mathbb{R}^n \to \mathbb{R} \cup \{+\infty\}$ und $f_{\mathcal{I}} : \mathbb{R}^m \to \mathbb{R} \cup \{+\infty\}$ sind echte erweiterte geschlossene konvexe Funktionen.*

Annahme 4.3. *Die Lagrangefunktion $\mathcal{L}$ hat einen Sattelpunkt.*

Algorithmus 2 Alternating Direction Method of Multipliers

Gegeben: $\boldsymbol{x}_0$, $\boldsymbol{z}_0$, $\boldsymbol{\mu}_0$, $k_{\max}$
for $k = 0, ..., k_{\max}$ **do**
  $\boldsymbol{x}_{k+1} = \text{argmin}_{\boldsymbol{x}} \mathcal{L}_\rho(\boldsymbol{x}, \boldsymbol{z}_k, \boldsymbol{\mu}_k)$
  $\boldsymbol{z}_{k+1} = \text{argmin}_{\boldsymbol{z}} \mathcal{L}_\rho(\boldsymbol{x}_{k+1}, \boldsymbol{z}, \boldsymbol{\mu}_k)$, $\mathcal{L}_\rho$ ist die erweiterte Lagrangefunktion (Anh. A.49)
  $\boldsymbol{\mu}_{k+1} = \boldsymbol{\mu}_k + \rho(\boldsymbol{Ax}_{k+1} + \boldsymbol{Bz}_{k+1} - \boldsymbol{c})$
return $(\boldsymbol{x}_{k_{\max}+1}, \boldsymbol{z}_{k_{\max}+1}, \boldsymbol{\mu}_{k_{\max}+1})$

Satz 4.1. *Unter den Annahmen 4.2 und 4.3 kann die optimale eindeutige Lösung des Optimierungsproblems* (4.39) *über Algorithmus 2 beliebig gut angenähert werden. Es gilt:*

- *Das Residuum mit $\boldsymbol{r} = \boldsymbol{Ax} + \boldsymbol{Bz} - \boldsymbol{c}$ konvergiert ($\boldsymbol{r}_k \to \boldsymbol{0}$) für $\boldsymbol{k} \to \infty$.*
- *Die Zielfunktion konvergiert ($f(\boldsymbol{x}_k) + f_{\mathcal{I}}(\boldsymbol{z}_k) \to p^*$) für $k \to \infty$, wobei p^* das Optimum darstellt.*
- *Der Lagrange-Multiplikator konvergiert ($\boldsymbol{\mu}_k \to \boldsymbol{\mu}^*$) für $k \to \infty$.*

Der Beweis dieses Satzes ist [BPC+10] zu entnehmen. Problem (4.36) kann über

$$\begin{aligned} J = \min_{\boldsymbol{\theta},\tilde{\boldsymbol{\theta}}} \frac{1}{2}\boldsymbol{\theta}^T \boldsymbol{H}\boldsymbol{\theta} + \boldsymbol{c}^T\boldsymbol{\theta} + \mathcal{I}_{\boldsymbol{A}_{\text{g}}\boldsymbol{\theta}=\boldsymbol{b}_{\text{g}}}(\boldsymbol{\theta}) + \mathcal{I}_{\tilde{\boldsymbol{\theta}}\leq\boldsymbol{b}_{\text{u}}}(\tilde{\boldsymbol{\theta}}), \quad \boldsymbol{H} = \boldsymbol{H}^T \succ \boldsymbol{0}, \\ \text{Nb.}: \quad \boldsymbol{A}_{\text{u}}\boldsymbol{\theta} = \tilde{\boldsymbol{\theta}}, \end{aligned} \tag{4.40}$$

wobei $\mathcal{I}_{\tilde{\boldsymbol{\theta}}\leq \boldsymbol{b}_\mathrm{u}}(\tilde{\boldsymbol{\theta}})$ der Indikatorfunktion

$$\mathcal{I}_{\tilde{\boldsymbol{\theta}}\leq \boldsymbol{b}_\mathrm{u}}(\tilde{\boldsymbol{\theta}}) = \begin{cases} 0, & \text{falls } \tilde{\boldsymbol{\theta}} \leq \boldsymbol{b}_\mathrm{u} \\ +\infty, & \text{falls } \tilde{\boldsymbol{\theta}} > \boldsymbol{b}_\mathrm{u} \end{cases} \tag{4.41}$$

entspricht ($\mathcal{I}_{\boldsymbol{A}_\mathrm{g}\boldsymbol{\theta}=\boldsymbol{b}_\mathrm{g}}(\boldsymbol{\theta})$ ist analog zu $\mathcal{I}_{\tilde{\boldsymbol{\theta}}\leq \boldsymbol{b}_\mathrm{u}}(\tilde{\boldsymbol{\theta}})$ aufgebaut), in das Problem (4.39) überführt werden. Bei (4.36) handelt es sich um ein konvexes Problem, für welches ein zulässiger Vektor $\boldsymbol{\theta}$ existiert und die Slater-Bedingung erfüllt ist (Anhang: Definition A.52). Damit sind die Annahmen 4.2 und 4.3 stets erfüllt und das eindeutige Optimum lässt sich beliebig gut annähern. Algorithmus 3 beschreibt die Vorgehensweise.

Algorithmus 3 ADMM: Problem (4.36)

1: **Gegeben:** $\boldsymbol{\theta}_0, \tilde{\boldsymbol{\theta}}_0, \boldsymbol{\lambda}_0, \boldsymbol{\mu}_0, k_\mathrm{max}$
2: **for** $k = 0, ..., k_\mathrm{max}$ **do**
3: $\begin{bmatrix}\boldsymbol{\theta}_{k+1}\\ \boldsymbol{\lambda}_{k+1}\end{bmatrix} = \begin{bmatrix}\boldsymbol{H}+\rho\boldsymbol{A}_\mathrm{u}^T\boldsymbol{A}_\mathrm{u} & \boldsymbol{A}_\mathrm{g}^T\\ \boldsymbol{A}_\mathrm{g} & \boldsymbol{0}\end{bmatrix}^{-1}\begin{bmatrix}-\boldsymbol{c}+\rho\boldsymbol{A}_\mathrm{u}^T(\tilde{\boldsymbol{\theta}}_k+\boldsymbol{\mu}_k)\\ \boldsymbol{b}_\mathrm{g}\end{bmatrix}$
4: $\tilde{\boldsymbol{\theta}}_{k+1} = \mathrm{sat}_{\boldsymbol{b}_\mathrm{u}}(\boldsymbol{A}_\mathrm{u}\boldsymbol{\theta}_{k+1} - \boldsymbol{\mu}_k)$
5: $\boldsymbol{\mu}_{k+1} = \boldsymbol{\mu}_k - \rho(\boldsymbol{A}_\mathrm{u}\boldsymbol{\theta}_{k+1} - \tilde{\boldsymbol{\theta}}_{k+1})$
6: **return** $(\boldsymbol{\theta}_{k_\mathrm{max}+1}, \tilde{\boldsymbol{\theta}}_{k_\mathrm{max}+1}, \boldsymbol{\lambda}_{k_\mathrm{max}+1}, \boldsymbol{\mu}_{k_\mathrm{max}+1})$

Schritt 4 beschreibt für alle $i = 1, ..., m$ die Gleichungen $\tilde{\theta}_{k+1\,i} = \min(\boldsymbol{A}_{\mathrm{u}i}\boldsymbol{\theta}_{k+1} - \mu_{k_i}, b_{\mathrm{u}i})$. Der Parameter $\rho > 0$ ist ein frei wählbarer Parameter. Dieser kann zur Konvergenzbeschleunigung genutzt werden. In [GTSJ14] wird für quadratische Optimierungsprobleme mit linearen Ungleichungsbedingungen ein optimaler Wert für ρ berechnet. In dieser Dissertation wird eine Erweiterung für zusätzliche lineare Gleichungsbedingungen vorgestellt.

Die Schritte 3,4 und 5 von Algorithmus 3 können zu

$$\begin{aligned}
&\begin{bmatrix}\boldsymbol{\theta}_{k+1}\\ \boldsymbol{\lambda}_{k+1}\end{bmatrix} = \begin{bmatrix}\boldsymbol{H}+\rho\boldsymbol{A}_\mathrm{u}^T\boldsymbol{A}_\mathrm{u} & \boldsymbol{A}_\mathrm{g}^T\\ \boldsymbol{A}_\mathrm{g} & \boldsymbol{0}\end{bmatrix}^{-1}\begin{bmatrix}-\boldsymbol{c}+\rho\boldsymbol{A}_\mathrm{u}^T\boldsymbol{v}_k\\ \boldsymbol{b}_\mathrm{g}\end{bmatrix} = \begin{bmatrix}\boldsymbol{K}_{11} & \boldsymbol{K}_{12}\\ \boldsymbol{K}_{21} & \boldsymbol{K}_{22}\end{bmatrix}\begin{bmatrix}-\boldsymbol{c}+\rho\boldsymbol{A}_\mathrm{u}^T\boldsymbol{v}_k\\ \boldsymbol{b}_\mathrm{g}\end{bmatrix}\\
&\boldsymbol{F}_{k+1} = \mathrm{sign}((\boldsymbol{A}_\mathrm{u}\boldsymbol{\theta}_{k+1} - \boldsymbol{S}_k(\boldsymbol{v}_k - \boldsymbol{b}_\mathrm{u})) - \boldsymbol{b}_\mathrm{u})\\
&\boldsymbol{v}_{k+1} = \boldsymbol{b}_\mathrm{u} - \boldsymbol{F}_{k+1}((\boldsymbol{A}_\mathrm{u}\boldsymbol{\theta}_{k+1} - \boldsymbol{S}_k(\boldsymbol{v}_k - \boldsymbol{b}_\mathrm{u})) - \boldsymbol{b}_\mathrm{u}),
\end{aligned} \tag{4.42}$$

wobei $\boldsymbol{S}_k = 1/2(\boldsymbol{I} + \boldsymbol{F}_k)$, $\boldsymbol{u} = \boldsymbol{\mu}/\rho$ und $\boldsymbol{v}_{k+1} = \tilde{\boldsymbol{\theta}}_{k+1} + \boldsymbol{u}_{k+1} = \boldsymbol{b}_\mathrm{u} - |(\boldsymbol{A}_\mathrm{u}\boldsymbol{\theta}_{k+1} - \boldsymbol{u}_k) - \boldsymbol{b}_\mathrm{u}|$, umgeformt werden. Damit ist $S_{k+1\,i} = 1$ und $v_{k+1\,i} = u_{k+1\,i} + b_{\mathrm{u}i}$, falls eine Ungleichungsbedingung aktiv ist, sonst $S_{k+1\,i} = 0$ und $v_{k+1\,i} = \tilde{\theta}_{k+1\,i}$. Es ergibt sich

$$\begin{aligned}
&\boldsymbol{v}_{k+1} = \boldsymbol{b}_\mathrm{u} - \boldsymbol{F}_{k+1}((\boldsymbol{A}_\mathrm{u}\boldsymbol{\theta}_{k+1} - \boldsymbol{S}_k(\boldsymbol{v}_k - \boldsymbol{b}_\mathrm{u})) - \boldsymbol{b}_\mathrm{u})\\
\Rightarrow\ &\boldsymbol{F}_{k+1}(\boldsymbol{v}_{k+1} - \boldsymbol{b}_\mathrm{u}) = (\boldsymbol{I}/2 - \rho\boldsymbol{A}_\mathrm{u}\boldsymbol{K}_{11}\boldsymbol{A}_\mathrm{u}^T)\boldsymbol{v}_k + 1/2\boldsymbol{F}_k(\boldsymbol{v}_k - \boldsymbol{b}_\mathrm{u}) + \boldsymbol{\xi},
\end{aligned} \tag{4.43}$$

wobei $\boldsymbol{\xi} = \boldsymbol{b}_\mathrm{u} + \rho\boldsymbol{A}_\mathrm{u}\boldsymbol{K}_{11}\boldsymbol{c} - \boldsymbol{K}_{12}\boldsymbol{b}_\mathrm{g}$. Mit $\boldsymbol{y}_k = \boldsymbol{b}_\mathrm{u} - \boldsymbol{v}_k \geq \boldsymbol{0}$ und dem optimalen Ergebnis $\boldsymbol{y}^*$ folgt $||\boldsymbol{y}^* - \boldsymbol{y}_k||_2 \leq ||\boldsymbol{F}^*\boldsymbol{y}^* - \boldsymbol{F}_k\boldsymbol{y}_k||_2$ und

$$\begin{aligned}
&\boldsymbol{F}^*\boldsymbol{y}^* - \boldsymbol{F}_{k+1}\boldsymbol{y}_{k+1} = (\boldsymbol{I}/2 - \rho\boldsymbol{A}_\mathrm{u}\boldsymbol{K}_{11}\boldsymbol{A}_\mathrm{u}^T)(\boldsymbol{y}^* - \boldsymbol{y}_k) + 1/2(\boldsymbol{F}^*\boldsymbol{y}^* - \boldsymbol{F}_k\boldsymbol{y}_k)\\
\Rightarrow\ &||\boldsymbol{F}^*\boldsymbol{y}^* - \boldsymbol{F}_{k+1}\boldsymbol{y}_{k+1}||_2 \leq (||\boldsymbol{I}/2 - \rho\boldsymbol{A}_\mathrm{u}\boldsymbol{K}_{11}\boldsymbol{A}_\mathrm{u}^T||_2 + 1/2)||\boldsymbol{F}^*\boldsymbol{y}^* - \boldsymbol{F}_k\boldsymbol{y}_k||_2 = \zeta||\boldsymbol{F}^*\boldsymbol{y}^* - \boldsymbol{F}_k\boldsymbol{y}_k||_2.
\end{aligned} \tag{4.44}$$

Über (A.22) kann $\boldsymbol{K}_{11}$ von

$$\lim_{\delta\to 0}\begin{bmatrix}\boldsymbol{H}+\rho\boldsymbol{A}_{\mathrm{u}}^T\boldsymbol{A}_{\mathrm{u}} & \boldsymbol{A}_{\mathrm{g}}^T\\ \boldsymbol{A}_{\mathrm{g}} & \delta\boldsymbol{I}\end{bmatrix}^{-1}=\begin{bmatrix}\boldsymbol{K}_{11} & \boldsymbol{K}_{12}\\ \boldsymbol{K}_{21} & \boldsymbol{K}_{22}\end{bmatrix} \tag{4.45}$$

über $\boldsymbol{K}_{11}=(\boldsymbol{H}-1/\delta\boldsymbol{A}_{\mathrm{g}}^T\boldsymbol{A}_{\mathrm{g}}+\rho\boldsymbol{A}_{\mathrm{u}}^T\boldsymbol{A}_{\mathrm{u}})^{-1}=(\boldsymbol{H}_{\mathrm{g}}+\rho\boldsymbol{A}_{\mathrm{u}}^T\boldsymbol{A}_{\mathrm{u}})^{-1}$ beschrieben werden. Wird dies in die Konvergenzrate ζ eingesetzt, ergibt sich mit der Woodbury-Matrix-Identität

$$\begin{aligned}\zeta&=1/2+\|\boldsymbol{I}-\boldsymbol{A}_{\mathrm{u}}(\boldsymbol{H}_{\mathrm{g}}/\rho+\boldsymbol{A}_{\mathrm{u}}^T\boldsymbol{A}_{\mathrm{u}})^{-1}\boldsymbol{A}_{\mathrm{u}}^T-\boldsymbol{I}/2\|_2=1/2+\|(\boldsymbol{I}+\rho\boldsymbol{A}_{\mathrm{u}}\boldsymbol{H}_{\mathrm{g}}^{-1}\boldsymbol{A}_{\mathrm{u}}^T)^{-1}-\boldsymbol{I}/2\|_2\\&\leq\max_{i:\lambda_i(\boldsymbol{A}_{\mathrm{u}}\boldsymbol{H}_{\mathrm{g}}^{-1}\boldsymbol{A}_{\mathrm{u}}^T)>0}\left\{1/2+\left|\frac{\rho\lambda_i(\boldsymbol{A}_{\mathrm{u}}\boldsymbol{H}_{\mathrm{g}}^{-1}\boldsymbol{A}_{\mathrm{u}}^T)}{1+\rho\lambda_i(\boldsymbol{A}_{\mathrm{u}}\boldsymbol{H}_{\mathrm{g}}^{-1}\boldsymbol{A}_{\mathrm{u}}^T)}-\frac{1}{2}\right|\right\}.\end{aligned} \tag{4.46}$$

Der optimale Wert $\rho{=}\rho^*{=}\big(\lambda_1(\boldsymbol{A}_{\mathrm{u}}\boldsymbol{H}_{\mathrm{g}}^{-1}\boldsymbol{A}_{\mathrm{u}}^T)\lambda_r(\boldsymbol{A}_{\mathrm{u}}\boldsymbol{H}_{\mathrm{g}}^{-1}\boldsymbol{A}_{\mathrm{u}}^T)\big)^{-1/2}$ ermöglicht dann die bestmögliche Konvergenzrate für Abschätzung (4.46). Die Matrix $\boldsymbol{H}_{\mathrm{g}}^{-1}{=}(\boldsymbol{H}{-}\delta^{-1}\boldsymbol{A}_{\mathrm{g}}^T\boldsymbol{A}_{\mathrm{g}})^{-1}$ bestimmt sich für $\delta\to 0$ zu $\boldsymbol{H}_{\mathrm{g}}^{-1}=\boldsymbol{H}^{-1}-\boldsymbol{H}^{-1}\boldsymbol{A}_{\mathrm{g}}^T(\boldsymbol{A}_{\mathrm{g}}\boldsymbol{H}^{-1}\boldsymbol{A}_{\mathrm{g}}^T)^{-1}\boldsymbol{A}_{\mathrm{g}}\boldsymbol{H}^{-1}$ (Woodbury-Matrix-Identität). Für eine detailliertere Beschreibung sei auf den analogen Nachweis in [GTSJ14] verwiesen.

Es ist ersichtlich, dass eine bessere Konditionierung von $\boldsymbol{A}_{\mathrm{u}}\boldsymbol{H}_{\mathrm{g}}^{-1}\boldsymbol{A}_{\mathrm{u}}^T$ eine bessere Konvergenzrate ergibt. Eine Transformation der Ungleichungsrestriktionen ermöglicht diese Aufgabe.

Theorem 4.2. *Die Konditionierung einer positiv symmetrischen Form $\boldsymbol{A}_{\mathrm{u}}\boldsymbol{H}_{\mathrm{g}}^{-1}\boldsymbol{A}_{\mathrm{u}}^T$ lässt sich über die resultierende Kongruenztransformation $\boldsymbol{L}_{\mathrm{s}}=\mathrm{diag}(\boldsymbol{l}_{\mathrm{s}})$ des Problems*

$$\min\lambda\quad \text{Nb.}:\boldsymbol{I}-\boldsymbol{L}_{\mathrm{g}}^T\boldsymbol{A}_{\mathrm{u}}^T\boldsymbol{W}\boldsymbol{A}_{\mathrm{u}}\boldsymbol{L}_{\mathrm{g}}\prec\boldsymbol{0},\ \lambda\boldsymbol{I}-\boldsymbol{L}_{\mathrm{g}}^T\boldsymbol{A}_{\mathrm{u}}^T\boldsymbol{W}\boldsymbol{A}_{\mathrm{u}}\boldsymbol{L}_{\mathrm{g}}\succ\boldsymbol{0},\ \lambda>0,\ \boldsymbol{W}=\mathrm{diag}(\boldsymbol{w})\succ\boldsymbol{0} \tag{4.47}$$

minimieren. Hierbei gilt $\boldsymbol{L}_{\mathrm{s}}=\boldsymbol{W}^{\frac{1}{2}}$ und $\boldsymbol{L}_{\mathrm{g}}\boldsymbol{L}_{\mathrm{g}}^T=\boldsymbol{H}_{\mathrm{g}}$.

Beweis. Durch die Transformation $\boldsymbol{L}_{\mathrm{s}}=\mathrm{diag}(\boldsymbol{l}_{\mathrm{s}})$ ändert sich das Ergebnis des ursprünglichen Optimierungsproblems nicht. Lediglich die Ungleichungsrestriktionen werden zu

$$\boldsymbol{A}_{\mathrm{u}}\boldsymbol{\theta}\leq\boldsymbol{b}_{\mathrm{u}}\quad\Rightarrow\boldsymbol{L}_{\mathrm{s}}\boldsymbol{A}_{\mathrm{u}}\boldsymbol{\theta}\leq\boldsymbol{L}_{\mathrm{s}}\boldsymbol{b}_{\mathrm{u}} \tag{4.48}$$

transformiert. Eine Konditionierungsminimierung ergibt sich mit $\tilde{\boldsymbol{A}}_{\mathrm{u}}=\boldsymbol{L}_{\mathrm{s}}\boldsymbol{A}_{\mathrm{u}}$, $\tilde{\boldsymbol{b}}_{\mathrm{u}}=\boldsymbol{L}_{\mathrm{s}}\boldsymbol{b}_{\mathrm{u}}$ zu

$$\min\lambda_{\mathrm{r}}/\lambda_1\quad\text{Nb.}:\ \overline{\lambda}>\lambda_{\mathrm{r}}(\tilde{\boldsymbol{A}}_{\mathrm{u}}\boldsymbol{H}_{\mathrm{g}}^{-1}\tilde{\boldsymbol{A}}_{\mathrm{u}}^T),\ \underline{\lambda}<\lambda_1(\tilde{\boldsymbol{A}}_{\mathrm{u}}\boldsymbol{H}_{\mathrm{g}}^{-1}\tilde{\boldsymbol{A}}_{\mathrm{u}}^T),\ \boldsymbol{L}_{\mathrm{s}}\succ\boldsymbol{0}, \tag{4.49}$$

was über $\boldsymbol{A}_{\mathrm{u}}\boldsymbol{H}_{\mathrm{g}}^{-1}\boldsymbol{A}_{\mathrm{u}}^T=\underline{\boldsymbol{A}}_{\mathrm{u}}\overline{\boldsymbol{A}}_{\mathrm{u}}^T$, dem Zusammenhang $\boldsymbol{\sigma}_+(\underline{\boldsymbol{A}}_{\mathrm{u}}^T\overline{\boldsymbol{A}}_{\mathrm{u}})=\boldsymbol{\sigma}_+(\underline{\boldsymbol{A}}_{\mathrm{u}}\overline{\boldsymbol{A}}_{\mathrm{u}}^T)$ und der Singulärwertzerlegung $\boldsymbol{A}_{\mathrm{u}}\boldsymbol{U}\boldsymbol{S}^{\frac{1}{2}}\boldsymbol{S}^{\frac{1}{2}}\boldsymbol{U}^T\boldsymbol{A}_{\mathrm{u}}^T=\boldsymbol{A}_{\mathrm{u}}\boldsymbol{L}_{\mathrm{g}}\boldsymbol{L}_{\mathrm{g}}^T\boldsymbol{A}_{\mathrm{u}}^T=\underline{\boldsymbol{A}}_{\mathrm{u}}\overline{\boldsymbol{A}}_{\mathrm{u}}^T$ (für positiv symmetrische Matrizen), wobei $\boldsymbol{L}_{\mathrm{g}}=\boldsymbol{U}\boldsymbol{S}_+^{\frac{1}{2}}$ so, dass $\boldsymbol{L}_{\mathrm{g}}\in\mathbb{R}^{n\times n-p}$ (nur Singulärwerte ungleich Null sind enthalten), zu (4.47) umgeformt werden kann. □

Um die Konvergenzrate weiter zu verbessern, kann in den Schritten 4 und 5 in Algorithmus 3 der Wert $\boldsymbol{A}_{\mathrm{u}}\boldsymbol{\theta}_{k+1}$ durch $\alpha\boldsymbol{A}_{\mathrm{u}}\boldsymbol{\theta}_{k+1}-(1-\alpha)\tilde{\boldsymbol{\theta}}_k$ ersetzt werden, wobei $\alpha=[1,2]$. Man spricht hierbei von Überrelaxierung. Für $\alpha^*=2$ ergibt sich eine optimale Konvergenzrate [GTSJ14].

Über ADMM können auch allgemeine konvexe Optimierungsprobleme der Form (A.65) behandelt werden. Für die Zusammenhänge sei auf [BPC+10] verwiesen.

Fast Dual Ascent

Alternativ kann das Optimierungsproblem (4.36) auch über die *Schnelle duale Anstiegsmethode* (engl.: *Fast Dual Ascent* (FDA)) gelöst werden. Über

$$\max_{\boldsymbol{\mu}\geq \mathbf{0}} q(\boldsymbol{\mu}) \quad \text{Nb.: } \boldsymbol{\mu} \geq \mathbf{0} \tag{4.50}$$

mit $q(\boldsymbol{\mu}) = \inf_{\boldsymbol{\theta}\in\mathbb{R}^n, \tilde{\boldsymbol{\theta}}\leq \boldsymbol{b}_\mathrm{u}} \frac{1}{2}\boldsymbol{\theta}^T\boldsymbol{H}\boldsymbol{\theta} + \boldsymbol{c}^T\boldsymbol{\theta} + \mathcal{I}_{\boldsymbol{A}_\mathrm{g}\boldsymbol{\theta}=\boldsymbol{b}_\mathrm{g}} + \mathcal{I}_{\tilde{\boldsymbol{\theta}}\leq \boldsymbol{b}_\mathrm{u}} + \boldsymbol{\mu}^T(\boldsymbol{A}_\mathrm{u}\boldsymbol{\theta} - \tilde{\boldsymbol{\theta}})$ kann das primale Problem (4.36) in eine duale Darstellungsform überführt werden. Hierfür gelten die Annahmen 4.2 und 4.3. Damit existiert eine eindeutige Lösung. Hierbei sind primales und duales Optimierungsergebnis identisch. Das Infimum von $\boldsymbol{\theta}$ und $\tilde{\boldsymbol{\theta}}$ kann separiert werden, da keine direkte Kopplung zwischen $\boldsymbol{\theta}$ und $\tilde{\boldsymbol{\theta}}$ in $q(\boldsymbol{\mu})$ enthalten ist. Es ergibt sich

$$\begin{aligned} \inf_{\boldsymbol{\theta}\in\mathbb{R}^n} \frac{1}{2}\boldsymbol{\theta}^T\boldsymbol{H}\boldsymbol{\theta} + \boldsymbol{c}^T\boldsymbol{\theta} + \mathcal{I}_{\boldsymbol{A}_\mathrm{g}\boldsymbol{\theta}=\boldsymbol{b}_\mathrm{g}} + \boldsymbol{\mu}^T\boldsymbol{A}_\mathrm{u}\boldsymbol{\theta} \Rightarrow \begin{bmatrix}\boldsymbol{\theta}^*\\ \boldsymbol{\lambda}^*\end{bmatrix} = \begin{bmatrix}\boldsymbol{H} & \boldsymbol{A}_\mathrm{g}^T\\ \boldsymbol{A}_\mathrm{g} & \mathbf{0}\end{bmatrix}^{-1}\begin{bmatrix}-\boldsymbol{c} - \boldsymbol{A}_\mathrm{u}^T\boldsymbol{\mu}\\ \boldsymbol{b}_\mathrm{g}\end{bmatrix} \\ \inf_{\tilde{\boldsymbol{\theta}}\leq \boldsymbol{b}_\mathrm{u}} \mathcal{I}_{\tilde{\boldsymbol{\theta}}\leq \boldsymbol{b}_\mathrm{u}} - \boldsymbol{\mu}^T\tilde{\boldsymbol{\theta}} \Rightarrow \tilde{\boldsymbol{\theta}}^* = \boldsymbol{b}_\mathrm{u} \quad \text{da } \boldsymbol{\mu}\geq \mathbf{0} \end{aligned} \tag{4.51}$$

für die optimalen Vektoren $\boldsymbol{\theta}^*$ und $\tilde{\boldsymbol{\theta}}^*$.

Definition 4.3. *Für eine differenzierbare geschlossene konvexe Funktion sei*

$$\begin{aligned} \boldsymbol{x}_\mathcal{X}(\overline{\boldsymbol{x}}, \gamma) &= \arg\min_{\boldsymbol{x}\in\mathcal{X}} (f(\overline{\boldsymbol{x}}) + \langle \nabla f(\overline{\boldsymbol{x}}), \boldsymbol{x} - \overline{\boldsymbol{x}}\rangle + \frac{\gamma}{2}||\boldsymbol{x} - \overline{\boldsymbol{x}}||_2^2) = \arg\min_{\boldsymbol{x}\in\mathcal{X}} d(\boldsymbol{x}, \overline{\boldsymbol{x}}, \gamma), \\ \boldsymbol{g}_\mathcal{X}(\overline{\boldsymbol{x}}, \gamma) &= \gamma(\overline{\boldsymbol{x}} - \boldsymbol{x}_\mathcal{X}(\overline{\boldsymbol{x}}, \gamma)). \end{aligned} \tag{4.52}$$

Hierbei wird $\boldsymbol{g}_\mathcal{X}(\overline{\boldsymbol{x}}, \gamma)$ Gradientenabbildung von f auf $\mathcal{X}$ genannt.

Annahme 4.4. *f ist eine zweimal differenzierbare strikt konvexe Funktion.*

Annahme 4.5. *$\mathcal{X}$ ist eine echte geschlossene konvexe Menge.*

Theorem 4.3. *Die Lösung des Optimierungsproblems*

$$\min_{\boldsymbol{x}\in\mathcal{X}} f(\boldsymbol{x}), \tag{4.53}$$

wobei f Annahme 4.4 und $\mathcal{X}$ Annahme 4.5 erfüllt, kann iterativ über $\boldsymbol{x}_{k+1} = \boldsymbol{x}_k - \frac{1}{L}\boldsymbol{g}_\mathcal{X}(\boldsymbol{x}_k, L)$ $\forall k\in\mathbb{N}_0^+$ mit $\boldsymbol{x}_0\in\mathcal{X}$ bestimmt werden. Die Konvergenzrate bestimmt sich zu

$$||\boldsymbol{x}_k - \boldsymbol{x}^*||_2^2 \leq (1 - \mu/L)^k ||\boldsymbol{x}_0 - \boldsymbol{x}^*||_2^2 \tag{4.54}$$

mit $0<\mu<||\nabla^2 f(\boldsymbol{x})||<L$ (L: Lipschitz-Konstante, μ: Konvexitätskonstante, Anhang A.4.2).

Der Beweis dieses Theorems ist in [Nes04] zu finden. Über $-q(\boldsymbol{v})\rightarrow f(\boldsymbol{x})$ mit $\boldsymbol{v} = [\boldsymbol{\lambda}^T\ \boldsymbol{\mu}^T]^T$ und $(\boldsymbol{\lambda} = \boldsymbol{\lambda}^*, \boldsymbol{\mu}\geq \mathbf{0})\rightarrow \boldsymbol{x}\in\mathcal{X}$ kann das duale Problem (4.50) in Problem (4.53) umgewandelt werden. Es ergibt sich

$$\begin{aligned} f(\boldsymbol{x}) = -q(\boldsymbol{v}) &= -\inf_{\boldsymbol{\theta}\in\mathbb{R}^n} \frac{1}{2}\boldsymbol{\theta}^T\boldsymbol{H}\boldsymbol{\theta} + \boldsymbol{c}^T\boldsymbol{\theta} + \boldsymbol{v}^T(\boldsymbol{C}\boldsymbol{\theta} - \boldsymbol{D}) \\ &= \frac{1}{2}\boldsymbol{v}^T\boldsymbol{C}\boldsymbol{H}^{-1}\boldsymbol{C}^T\boldsymbol{v} + \boldsymbol{D}\boldsymbol{v} \quad \Rightarrow \nabla^2 f(\boldsymbol{x}) = \boldsymbol{C}\boldsymbol{H}^{-1}\boldsymbol{C}^T \end{aligned} \tag{4.55}$$

mit $\boldsymbol{C} = [\boldsymbol{A}_\mathrm{g}^T\ \boldsymbol{A}_\mathrm{u}^T]^T$ und $\boldsymbol{D} = [\boldsymbol{b}_\mathrm{g}^T\ \boldsymbol{b}_\mathrm{u}^T]^T$. Unter der Voraussetzung, dass $\boldsymbol{C}$ vollen Zeilenrang besitzt und $\boldsymbol{H} \succ \boldsymbol{0}$ ist, existiert ein $\mu > 0$, sodass $f(\boldsymbol{x})$ strikt konvex ist (Theorem 4.3 ist anwendbar). Mit $\boldsymbol{\theta}^*(\boldsymbol{\mu}_k) = \boldsymbol{\theta}_k^*$, $\boldsymbol{\lambda}^*(\boldsymbol{\mu}_k) = \boldsymbol{\lambda}_k^*$ kann $d(\boldsymbol{v}, \boldsymbol{v}_k, L) = d(\boldsymbol{\mu}, \boldsymbol{\mu}_k, L)$ zu

$$\begin{aligned} d(\boldsymbol{\mu}, \boldsymbol{\mu}_k, L) &= -\frac{1}{2}\boldsymbol{\theta}_k^{*T}\boldsymbol{H}\boldsymbol{\theta}_k^* - \boldsymbol{c}^T\boldsymbol{\theta}_k^* - \boldsymbol{\mu_k}^T(\boldsymbol{A}_\mathrm{u}\boldsymbol{\theta}_k^* - \boldsymbol{b}_\mathrm{u}) - \langle \boldsymbol{A}_\mathrm{u}\boldsymbol{\theta}_k^* - \boldsymbol{b}_\mathrm{u}, \boldsymbol{\mu} - \boldsymbol{\mu}_k\rangle + \frac{L}{2}||\boldsymbol{\mu} - \boldsymbol{\mu}_k||^2 \\ \Rightarrow \nabla d(\boldsymbol{\mu}, \boldsymbol{\mu}_k, L) &= -(\boldsymbol{A}_\mathrm{u}\boldsymbol{\theta}_k^* - \boldsymbol{b}_\mathrm{u}) + L(\boldsymbol{\mu} - \boldsymbol{\mu}_k) \end{aligned} \tag{4.56}$$

für $\boldsymbol{\mu}_k$ umgeformt werden. Es folgt Algorithmus 4 mit den Annahmen 4.4, 4.5 und 4.6, wobei

$$\boldsymbol{\mu}_{k+1} = \boldsymbol{\mu}_{\boldsymbol{\mu} \geq \boldsymbol{0}}(\boldsymbol{\mu}_k, L) = \max(\boldsymbol{0}, \boldsymbol{\mu}_k + L^{-1}(\boldsymbol{A}_\mathrm{u}\boldsymbol{\theta}_k^* - \boldsymbol{b}_\mathrm{u})). \tag{4.57}$$

Annahme 4.6. *Die Gradienten der Gleichungs-/Ungleichungsrestriktionen sind linear unabhängig.*

Algorithmus 4 Gradient Dual Ascent bzw. mit Theorem 4.4 → FDA: Problem (4.36)

1: **Gegeben:** $\boldsymbol{\theta}_0, \boldsymbol{\lambda}_0, \boldsymbol{\mu}_0, k_\mathrm{max}$
2: **for** $k = 0, ..., k_\mathrm{max}$ **do**
3: $\begin{bmatrix}\boldsymbol{\theta}_{k+1} \\ \boldsymbol{\lambda}_{k+1}\end{bmatrix} = \begin{bmatrix}\boldsymbol{H} & \boldsymbol{A}_\mathrm{g}^T \\ \boldsymbol{A}_\mathrm{g} & \boldsymbol{0}\end{bmatrix}^{-1} \begin{bmatrix}-\boldsymbol{c} - \boldsymbol{A}_\mathrm{u}^T\boldsymbol{\mu}_k \\ \boldsymbol{b}_\mathrm{g}\end{bmatrix}$
4: $\boldsymbol{\mu}_{k+1} = \max(\boldsymbol{0}, \boldsymbol{\mu}_k + L^{-1}(\boldsymbol{A}_\mathrm{u}\boldsymbol{\theta}_{k+1} - \boldsymbol{b}_\mathrm{u}))$
5: **return** $(\boldsymbol{\theta}_{k_\mathrm{max}+1}, \boldsymbol{\lambda}_{k_\mathrm{max}+1}, \boldsymbol{\mu}_{k_\mathrm{max}+1})$

Nach Theorem 4.3 ist ersichtlich, dass für eine bessere Konditionierung des Problems (4.53), die Konvergenzrate verbessert werden kann. Hierzu betrachtet man $\nabla^2 f(\boldsymbol{x}) = \boldsymbol{C}\boldsymbol{H}^{-1}\boldsymbol{C}^T$. Nach Theorem 4.2 lässt sich für eine solche Form eine entsprechende Transformation herleiten. Diese minimiert die Konditionierung des zugrundeliegenden Optimierungsproblems. In Theorem 4.2 kann $\boldsymbol{W}_\mathrm{g} = \boldsymbol{W}_\mathrm{g}^T \succ \boldsymbol{0}$ von $\boldsymbol{W} = \mathrm{diag}(\boldsymbol{W}_\mathrm{g}, \mathrm{diag}(\boldsymbol{w}_\mathrm{u}))$ für $f(\boldsymbol{x}) = -q(\boldsymbol{v})$ auch eine positiv symmetrische Matrix sein, da das Problem (4.50) dadurch unverändert bleibt.

Theorem 4.4. *Die Lösung des Optimierungsproblems* (4.53)*, wobei f Annahme 4.4 und $\mathcal{X}$ Annahme 4.5 erfüllt, kann iterativ über $\boldsymbol{x}_{k+1} = \boldsymbol{x}_\mathcal{X}(\boldsymbol{y}_k, L) \forall k = 0, 1, ...$ mit $\boldsymbol{y}_{k+1} = x_{k+1} + \beta(\boldsymbol{x}_{k+1} - \boldsymbol{x}_k)$ und $\boldsymbol{x}_0 \in \mathcal{X}$, $\boldsymbol{y}_0 = \boldsymbol{x}_0$, $\beta = \frac{\sqrt{L}-\sqrt{\mu}}{\sqrt{L}+\sqrt{\mu}}$ bestimmt werden. Die Konvergenzrate bestimmt sich zu*

$$f(\boldsymbol{x}_k) - f^* \leq 2(1 - \sqrt{\mu/L})^k (f(\boldsymbol{x}_0) - f^*). \tag{4.58}$$

Wird Theorem 4.4 (Beweis: [Nes04]) auf Algorithmus 4 angewendet, wird Zeile 4 durch

$$\begin{aligned} \boldsymbol{\mu}_{k+1} &= \max(\boldsymbol{0}, \boldsymbol{y}_k + L^{-1}(\boldsymbol{A}_\mathrm{u}\boldsymbol{\theta}_{k+1} - \boldsymbol{b}_\mathrm{u})) \\ \boldsymbol{y}_{k+1} &= \boldsymbol{\mu}_{k+1} + \beta(\boldsymbol{\mu}_{k+1} - \boldsymbol{\mu}_k) \end{aligned} \tag{4.59}$$

und $\boldsymbol{\mu}_k$ durch $\boldsymbol{y}_k$ in Zeile 3 ersetzt. Es gilt $\boldsymbol{y}_0 = \boldsymbol{\mu}_0$. Man spricht hierbei von der schnellen Gradientenmethode (engl.: *Fast Gradient Method* (FGM)).

Über FDA können auch allgemeine Probleme der Form (A.65) behandelt werden. Für die Zusammenhänge sei auf [Nes04, Gis13] verwiesen.

Primal-Dual Interior Point

Ausgangsbasis des primal-dualen innere Punktverfahrens (engl.: *Primal-Dual Interior Point* (PDIP)) ist ein nichtlineares Optimierungsproblem der Form

$$\min_{\boldsymbol{x}\in\mathbb{R}^n} f(\boldsymbol{x}) \quad \text{Nb.:} \quad h_j(\boldsymbol{x}) = 0 \; (j = 1, ..., p), \quad g_i(\boldsymbol{x}) \leq 0 \; (i = 1, ..., m). \tag{4.60}$$

Hierfür gelte, $f(\boldsymbol{x})$ ist konvex und zweimal differenzierbar, $h_j(\boldsymbol{x}) = \boldsymbol{a}_{\mathrm{g}j}^T \boldsymbol{x} - b_{\mathrm{g}j}\,(j = 1, ..., p)$ und $g_i(\boldsymbol{x})\,(i = 1, ..., m)$ sind konvex und einmal differenzierbar und es existiere ein strikt zulässiger Vektor $\boldsymbol{x}$ (Slater-Bedingung erfüllt). Dann hat die Lagrangefunktion

$$\mathcal{L}(\boldsymbol{x}, \boldsymbol{\lambda}, \boldsymbol{\mu}) = f(\boldsymbol{x}) + \sum_{i=1}^{m} \mu_i g_i(\boldsymbol{x}) + \sum_{j=1}^{p} \lambda_j h_j(\boldsymbol{x}) \tag{4.61}$$

einen Sattelpunkt in $(\boldsymbol{x}^*, \boldsymbol{\lambda}^*, \boldsymbol{\mu}^*)$, welcher die Karush-Kuhn-Tucker Bedingungen (KKT-Bedingungen) erfüllt. $\boldsymbol{x}^*$ entspricht hierbei dem globalen Minimum von (4.60) (siehe Anhang A.4.3). Der Sattelpunkt kann nun über das Newton-Verfahren bestimmt werden. Dafür betrachten wir zunächst die KKT-Bedingungen ($\boldsymbol{G}(\boldsymbol{x})$ ist die Jacobi-Matrix von $\boldsymbol{g}(\boldsymbol{x})$)

$$\begin{aligned} \nabla f(\boldsymbol{x}) + \boldsymbol{A}_{\mathrm{g}}^T \boldsymbol{\lambda} + \boldsymbol{G}(\boldsymbol{x})^T \boldsymbol{\mu} &= \boldsymbol{0} \\ \boldsymbol{A}_{\mathrm{g}} \boldsymbol{x} - \boldsymbol{b}_{\mathrm{g}} &= \boldsymbol{0} \\ \boldsymbol{g}(\boldsymbol{x}) + \boldsymbol{s} &= \boldsymbol{0} \\ \boldsymbol{S}\boldsymbol{\mu} &= \boldsymbol{0} \\ \boldsymbol{s}, \boldsymbol{\mu} &\geq \boldsymbol{0} \end{aligned} \quad \Rightarrow \quad \begin{aligned} \nabla f(\boldsymbol{x}) + \boldsymbol{A}_{\mathrm{g}}^T \boldsymbol{\lambda} + \boldsymbol{G}(\boldsymbol{x})^T \boldsymbol{\mu} &= \boldsymbol{0} \\ \boldsymbol{A}_{\mathrm{g}} \boldsymbol{x} - \boldsymbol{b}_{\mathrm{g}} &= \boldsymbol{0} \\ \boldsymbol{g}(\boldsymbol{x}) + \boldsymbol{s} &= \boldsymbol{0} \\ \boldsymbol{S}\boldsymbol{\mu} &= \tau \boldsymbol{e} \\ \boldsymbol{s}, \boldsymbol{\mu} &> \boldsymbol{0} \end{aligned} \tag{4.62}$$

des durch $\tau > 0$ und $\boldsymbol{s}$ relaxierten Problems, wobei $\boldsymbol{S} = \mathrm{diag}(s_1, ..., s_m)$ und $\boldsymbol{e}^T = [1 \cdots 1]$ ist. Über $\boldsymbol{F}(\boldsymbol{w}) = [(\nabla f(\boldsymbol{x}) + \boldsymbol{A}_{\mathrm{g}}^T \boldsymbol{\lambda} + \boldsymbol{G}(\boldsymbol{x})^T \boldsymbol{\mu})^T \; (\boldsymbol{A}_{\mathrm{g}} \boldsymbol{x} - \boldsymbol{b}_{\mathrm{g}})^T \; (\boldsymbol{g}(\boldsymbol{x}) + \boldsymbol{s})^T \; (\boldsymbol{S}\boldsymbol{\mu} - \tau\boldsymbol{e})^T]^T \stackrel{!}{=} \boldsymbol{0}$ mit $\boldsymbol{s}, \boldsymbol{\mu} > \boldsymbol{0}$ und $\boldsymbol{w} = [\boldsymbol{x}^T \; \boldsymbol{\lambda}^T \; \boldsymbol{\mu}^T \; \boldsymbol{s}^T]^T$ kann die relaxierte KKT-Bedingung als Nullstellenproblem umgeschrieben werden. Anschließend lässt sich für einen zulässigen Startvektor $\boldsymbol{w}_0$ mit $(\boldsymbol{\mu}_0, \boldsymbol{s}_0 > \boldsymbol{0})$ eine Linearisierung $\boldsymbol{F}_0 : \mathbb{R}^f \to \mathbb{R}^f$ um $\boldsymbol{w}_0$ mit

$$\boldsymbol{F}_0(\boldsymbol{w}) = \boldsymbol{F}(\boldsymbol{w}_0) + \nabla \boldsymbol{F}(\boldsymbol{w}_0)(\boldsymbol{w} - \boldsymbol{w}_0) \tag{4.63}$$

aufstellen, mit Nullstelle $\nabla \boldsymbol{F}(\boldsymbol{w}_0) \boldsymbol{\Delta w} = -\boldsymbol{F}(\boldsymbol{w}_0)$. Iteratives Lösen von

$$\boldsymbol{w}_{k+1} = \boldsymbol{w}_k + t_k \boldsymbol{\Delta w}_k \quad \text{mit } \boldsymbol{\Delta w}_k = -\boldsymbol{\Delta F}(\boldsymbol{w}_k)^{-1} \boldsymbol{F}(\boldsymbol{w}_k), \tag{4.64}$$

wobei t_k so, dass $\boldsymbol{w}_{k+1}$ stets zulässig (d.h. $\boldsymbol{\mu}_k, \boldsymbol{s}_k > \boldsymbol{0}$) ist und die Residuenbedingungen $||\boldsymbol{r}_{\mathrm{x}k+1}||_2 = ||\nabla f(\boldsymbol{x}_{k+1}) + \boldsymbol{A}_{\mathrm{g}}^T \boldsymbol{\lambda}_{k+1} + \boldsymbol{G}(\boldsymbol{x}_{k+1})^T \boldsymbol{\mu}_{k+1}||_2 < ||\boldsymbol{r}_{\mathrm{x}k}||_2$, $||\boldsymbol{r}_{\lambda k+1}||_2 = ||\boldsymbol{A}_{\mathrm{g}} \boldsymbol{x}_{k+1} - \boldsymbol{b}_{\mathrm{g}}||_2 < ||\boldsymbol{r}_{\lambda k}||_2$, $||\boldsymbol{r}_{\mu k+1}||_2 = ||\boldsymbol{g}(\boldsymbol{x}_{k+1}) + \boldsymbol{s}_{k+1}||_2 < ||\boldsymbol{r}_{\mu k}||_2$, $||\boldsymbol{S}_{k+1} \boldsymbol{\mu}_{k+1} - \tau \boldsymbol{e}||_2 < ||\boldsymbol{S}_k \boldsymbol{\mu}_k - \tau \boldsymbol{e}||_2$ erfüllt sind, ermöglicht für $k \to \infty$ eine Lösung von $\boldsymbol{F}(\boldsymbol{w}) = \boldsymbol{0}$. Dieser Ansatz wird als Newton-Verfahren mit Schrittweitensteuerung bezeichnet. Der Parameter τ heißt *Pfadparameter.* Die Punkte $(\boldsymbol{x}, \boldsymbol{\lambda}, \boldsymbol{\mu}, \boldsymbol{s})(\tau)$, welche die relaxierten Bedingungen (4.62) erfüllen, heißen Punkte des *zentralen Pfads.*

Für $\tau \rightarrow 0$ erfüllt der zentrale Pfad genau die KKT-Bedingungen. Wird der Vorgang $\tau_k \rightarrow 0$ für $k \rightarrow \infty$ der Newton-Iteration überlagert, lässt sich das globale Minimum des Optimierungsproblems (4.60) bestimmen. Eine sinnvolle Wahl für die Verkleinerung des Pfadparameters τ_k gelingt über $\tau_k \boldsymbol{e} = \sigma_k \pi_k \boldsymbol{e}$, wobei $\pi_k = (\boldsymbol{s}_k^T \boldsymbol{z}_k)/m$ und $0 < \sigma_k < 1$. Damit wird, falls π die Bedingung $\pi_{k+1} < \pi_k$ erfüllt, eine Abnahme von τ_k und damit $\tau_k \rightarrow 0$ für $k \rightarrow \infty$ erzwungen. Lässt sich für t_k ein Wert finden, sodass $\boldsymbol{w}_{k+1}$ die Bedingung $\boldsymbol{w} \in \mathcal{N}_{-\infty}(\gamma, \beta)$ mit

$$\mathcal{N}_{-\infty}(\gamma,\beta) = \{(\boldsymbol{x},\boldsymbol{\lambda},\boldsymbol{\mu},\boldsymbol{s}) |\, ||\nabla_{\boldsymbol{z}} \mathcal{L}(\boldsymbol{z},\boldsymbol{\mu})||_2 \le \beta\pi,\; ||\boldsymbol{g}(\boldsymbol{x}) + \boldsymbol{s}||_2 \le \beta\pi,\; (\boldsymbol{\mu},\boldsymbol{s}) \le 0,\; \mu_i s_i \ge \gamma\pi\} \tag{4.65}$$

für alle $i = 1, ..., m$ und $\pi_{k+1} < \pi_k$ erfüllt, wobei $\boldsymbol{z} = [\boldsymbol{x}^T \; \boldsymbol{\lambda}^T]^T$ und $\beta > 0, \gamma \in (0,1)$, wird die Konvergenz gegen das globale Minimum des Optimierungsproblems (4.60) sichergestellt. Ein Algorithmus, welcher ein solches t_k stets gewährleistet, ist durch Algorithmus 5 beschrieben. Hierfür müssen die Annahmen 4.7, 4.8, 4.9, 4.10 erfüllt sein.

Annahme 4.7. *Die Funktionen f und g sind konvex. Die Funktionen f und g sind zweimal stetig differenzierbar.*

Annahme 4.8. *Für alle $\boldsymbol{z} \in \mathbb{R}^n$ sind die Regularitätsbedingungen der linearen Unabhängigkeit erfüllt (Anhang: Satz A.9).*

Annahme 4.9. *Die Slater-Bedingung ist erfüllt (Anhang: Definition A.52).*

Annahme 4.10. *Der Ausdruck $\nabla_{\boldsymbol{zz}} L(\boldsymbol{z}, \boldsymbol{\mu})$ ist invertierbar.*

Algorithmus 5 PDIP: Problem (4.60)

1: **Gegeben:** $\boldsymbol{w}_0$ mit $(\boldsymbol{s}_0, \boldsymbol{\mu}_0) > \boldsymbol{0}$, $\beta > 0$, sodass $\boldsymbol{w}_0 \in \mathcal{N}_{-\infty}(\gamma, \beta)$, $\chi \in (0,1)$, $k_{\max}$

2: **for** $k = 0, ..., k_{\max}$ **do**

3: $$\begin{bmatrix} \Delta\boldsymbol{x}_k \\ \Delta\boldsymbol{\lambda}_k \\ \Delta\boldsymbol{\mu}_k \\ \Delta\boldsymbol{s}_k \end{bmatrix} = - \begin{bmatrix} \boldsymbol{H}(\boldsymbol{x}_k) & \boldsymbol{A}_{\mathrm{g}}^T & \boldsymbol{G}(\boldsymbol{x}_k)^T & 0 \\ \boldsymbol{A}_{\mathrm{g}} & 0 & 0 & 0 \\ \boldsymbol{G}(\boldsymbol{x}_k) & 0 & 0 & \boldsymbol{I} \\ 0 & 0 & \boldsymbol{S}_k & \boldsymbol{M}_k \end{bmatrix}^{-1} \begin{bmatrix} \boldsymbol{r}_{\mathrm{x}k} \\ \boldsymbol{r}_{\lambda k} \\ \boldsymbol{r}_{\mu k} \\ \boldsymbol{S}_k \boldsymbol{\mu}_k - \sigma_k \pi_k \boldsymbol{e} \end{bmatrix} = \boldsymbol{\Delta w}_k(\tau_k \boldsymbol{e}) \text{ mit } \sigma_k \in (0,1)$$

und $\boldsymbol{H}(\boldsymbol{x}_k) = \boldsymbol{\nabla}^2 f(\boldsymbol{x}_k) + \sum_{i=1}^m \mu_i \boldsymbol{\nabla}^2 g_i(\boldsymbol{x}_k)$

4: Wähle t_k als kleinstes Element von $\{1, \chi, \chi^2, \chi^3, ...\}$, sodass $\boldsymbol{w}_k(t_k) \in \mathcal{N}_{-\infty}(\gamma, \beta)$ und $\pi_k(t_k) \le (1 - 0.01 t_k)\pi_k$

5: $\boldsymbol{w}_{k+1} = \boldsymbol{w}_k(t_k)$

6: **return** $(\boldsymbol{x}_{k_{\max}+1}, \boldsymbol{\lambda}_{k_{\max}+1}, \boldsymbol{\mu}_{k_{\max}+1}, \boldsymbol{s}_{k_{\max}+1})$

Hierbei ist $\boldsymbol{w}_k(t_k) = \boldsymbol{w}_k + t_k \Delta \boldsymbol{w}_k$ und $\pi_k(t_k) = (\boldsymbol{s} + t_k \boldsymbol{\Delta s})^T (\boldsymbol{\mu} + t_k \boldsymbol{\Delta \mu})/m$ sowie weiter $\boldsymbol{M} = \mathrm{diag}(\mu_1, ..., \mu_m)$. In [Wri97, RW97, RW00] wird die Lösbarkeit von Schritt 4 für alle $k < \infty$ bewiesen. Das Verfahren konvergiert superlinear. Der Name des Verfahrens ergibt sich aus den stets zulässigen primalen und dualen Variablen $\boldsymbol{\mu}$ und $\boldsymbol{\lambda}$ (innere Punkte).

Das in dieser Dissertation verwendete Verfahren nach Mehrotra [Meh92] verfolgt eine ähnliche Strategie wie Algorithmus 5. Hierbei wird zunächst ein reiner Newton-Schritt ($\sigma = 0$)

mit $\boldsymbol{\Delta w}_{\mathrm{aff}k} = \boldsymbol{\Delta w}_k(\mathbf{0})$ (affiner Schritt) berechnet und eine maximale Schrittweite mit $t_{\mathrm{aff}k} = \arg\max_t\{t \in [0,1] | \boldsymbol{s}+t\boldsymbol{\Delta s}_{\mathrm{aff}k} \geq 0,\ \boldsymbol{\mu}+t\boldsymbol{\Delta \mu}_{\mathrm{aff}k} \geq 0\}$ bestimmt. Diese affine Richtung verläuft jedoch in der Regel nicht entlang des zielführenden zentralen Pfades. Über

$$(s_i + \Delta s_{\mathrm{aff}i})(\mu_i + \Delta\mu_{\mathrm{aff}i}) = \underbrace{s_i\mu_i + \Delta s_{\mathrm{aff}i}\mu_i + s_i\Delta\mu_{\mathrm{aff}i}}_{=0 \text{ (affiner Schritt)}} + \Delta s_{\mathrm{aff}i}\Delta\mu_{\mathrm{aff}i} = \Delta s_{\mathrm{aff}i}\Delta\mu_{\mathrm{aff}i}, \quad i=1,...,m$$

lässt sich die Abweichung zum zentralen Pfad bestimmen und näherungsweise über die erneute Berechnung $\boldsymbol{\Delta w}_{\mathrm{kor}} = \boldsymbol{\Delta w}_k(-\boldsymbol{\Delta S}_{\mathrm{aff}k}\boldsymbol{\Delta\mu}_{\mathrm{aff}k})$ korrigieren.

Weiter ist über das Verhältnis von $\pi_{\mathrm{aff}k} = (\boldsymbol{s} + t_{\mathrm{aff}k}\boldsymbol{\Delta s}_{\mathrm{aff}k})^T(\boldsymbol{\mu}_k + t_{\mathrm{aff}k}\boldsymbol{\Delta\mu}_{\mathrm{aff}k})/m$ und π_k eine Aussage über die Konvergenzrate des tatsächlich umsetzbaren affinen Schritts möglich. Ist die Verkleinerung von π gering, liegt dies daran, dass keine große Schrittweite durchgeführt werden konnte. Der Iterationspunkt liegt nah an einer der dualen/primalen Schranken und eine Zentrierung wird notwendig. Mehrotra schlägt daher eine dynamische Zentrierung über $\sigma_k = (\pi_{\mathrm{aff}k}/\pi_k)^3$ vor. Für eine gute Konvergenzrate $\sigma_k \ll 1$ wird damit ein reiner Newton-Schritt ausgeführt. Für $\sigma_k \approx 1$ wird eine reine Zentrierung $\pi_{k+1} \approx \pi_k$ umgesetzt. Damit verlaufen die Iterationen in guter Näherung entlang des zentralen Pfades, was eine schnelle Konvergenz ermöglicht. Korrekturschritt und Zentrierungsschritt können auch in einem Schritt über $\boldsymbol{\Delta w}_{\mathrm{kz}k} = \boldsymbol{\Delta w}_k(\sigma_k\pi_k\boldsymbol{e} - \boldsymbol{\Delta S}_{\mathrm{aff}k}\boldsymbol{\Delta\mu}_{\mathrm{aff}k})$ realisiert werden. Der neue Iterationsschritt ergibt sich zu $\boldsymbol{w}_{k+1} = \boldsymbol{w}_k + \upsilon t_{\mathrm{kz}k}\boldsymbol{\Delta w}_{\mathrm{kz}k}$, wobei $\upsilon < 1$ einen Sicherheitsabstand zu den Grenzen $\boldsymbol{s} = \mathbf{0}$, $\boldsymbol{\mu} = \mathbf{0}$ darstellt. Abbildung 4.12 zeigt die Zusammenhänge.

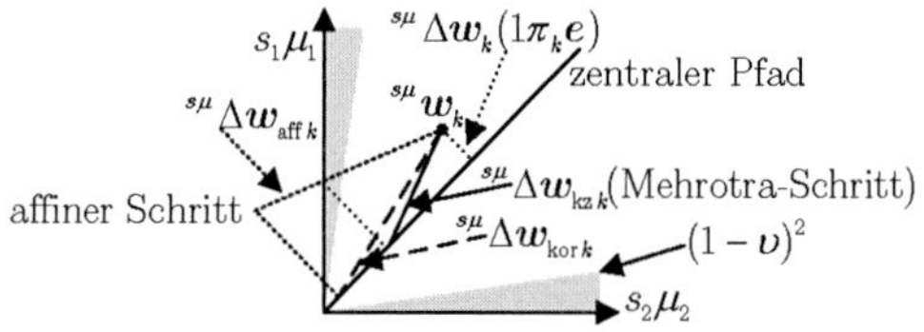

Abbildung 4.12: Mehrotra-Schritt

Algorithmus 6 Verfahren nach Mehrotra: Problem (4.60), Problem (4.36)

Gegeben: $\boldsymbol{w}_0$ mit $(\boldsymbol{s}_0, \boldsymbol{\mu}_0) > \mathbf{0}$, $\upsilon < 1$ (üblich: $\upsilon = 0.99$), $k_{\max}$
for $k = 0, ..., k_{\max}$ **do**
  $\boldsymbol{\Delta w}_{\mathrm{aff}k} = \boldsymbol{\Delta w}_k(\mathbf{0})$
  $t_{\mathrm{aff}k} = \arg\max_t\{t \in [0,1] | \boldsymbol{s} + t\boldsymbol{\Delta s}_{\mathrm{aff}k} \geq 0,\ \boldsymbol{\mu} + t\boldsymbol{\Delta\mu}_{\mathrm{aff}k} \geq 0\}$
  $\pi_{\mathrm{aff}k} = (\boldsymbol{s}_k + t_{\mathrm{aff}k}\boldsymbol{\Delta s}_{\mathrm{aff}k})^T(\boldsymbol{\mu}_k + t_{\mathrm{aff}k}\boldsymbol{\Delta\mu}_{\mathrm{aff}k})/m$ und $\sigma_k = (\pi_{\mathrm{aff}k}/\pi_k)^3$
  $\boldsymbol{\Delta w}_{\mathrm{kz}k} = \boldsymbol{\Delta w}_k(\sigma_k\pi_k\boldsymbol{e} - \boldsymbol{\Delta S}_{\mathrm{aff}k}\boldsymbol{\Delta}_k\boldsymbol{\mu}_{\mathrm{aff}k})$
  $t_{\mathrm{kz}k} = \arg\max_t\{t \in [0,1] | \boldsymbol{s} + t\boldsymbol{\Delta s}_{\mathrm{kz}k} \geq 0,\ \boldsymbol{\mu} + t\boldsymbol{\Delta\mu}_{\mathrm{kz}k} \geq 0\}$
  $\boldsymbol{w}_{k+1} = \boldsymbol{w}_k + \upsilon t_{\mathrm{kz}k}\boldsymbol{\Delta w}_{\mathrm{kz}k}$
return $(\boldsymbol{x}_{k_{\max}+1}, \boldsymbol{\lambda}_{k_{\max}+1}, \boldsymbol{\mu}_{k_{\max}+1}, \boldsymbol{s}_{k_{\max}+1})$

Das Verfahren nach Mehrotra wird durch Algorithmus 6 beschrieben. Ein Konvergenz- und Lösbarkeitsbeweis der einzelnen Schritte konnte in der Literatur bisher nicht gezeigt werden. Die Methode hat sich jedoch in der Praxis bewährt und wird in dieser Arbeit verwendet.

Lösen linearer Gleichungssysteme

Die einzelnen Schritte der vorgestellten Lösungsalgorithmen 3, 4, 5 und 6 können bis auf Schritt 3 der Algorithmen sehr effizient berechnet werden. Dieser Schritt erfordert jeweils die Lösung eines linearen Gleichungssystems. In Algorithmus 5 und 6 lässt er sich durch

$$\begin{aligned}
\boldsymbol{c}_{\mathrm{x}k} &= \boldsymbol{r}_{\mathrm{x}k} + \boldsymbol{G}(\boldsymbol{x})^T(\boldsymbol{S}_k^{-1}(-\boldsymbol{S}_k\boldsymbol{\mu}_k + \boldsymbol{M}_k\boldsymbol{r}_{\mu k}))\\
\Rightarrow \begin{bmatrix}\boldsymbol{\Delta x}_k\\ \boldsymbol{\Delta\lambda}_k\end{bmatrix} &= -\begin{bmatrix}\boldsymbol{H}(\boldsymbol{x}_k) + \boldsymbol{G}(\boldsymbol{x}_k)^T\boldsymbol{S}_k^{-1}\boldsymbol{M}_k\boldsymbol{G}(\boldsymbol{x}_k) & \boldsymbol{A}_{\mathrm{g}}^T\\ \boldsymbol{A}_{\mathrm{g}} & \boldsymbol{0}\end{bmatrix}^{-1}\begin{bmatrix}\boldsymbol{c}_{\mathrm{x}k}\\ \boldsymbol{r}_{\lambda k}\end{bmatrix}\\
&= -\begin{bmatrix}\boldsymbol{H} + \boldsymbol{A}_{\mathrm{u}}^T\boldsymbol{S}_k^{-1}\boldsymbol{M}_k\boldsymbol{A}_{\mathrm{u}} & \boldsymbol{A}_{\mathrm{g}}^T\\ \boldsymbol{A}_{\mathrm{g}} & \boldsymbol{0}\end{bmatrix}^{-1}\begin{bmatrix}\boldsymbol{c}_{\mathrm{x}k}\\ \boldsymbol{r}_{\lambda k}\end{bmatrix} \quad \text{für Problem (4.36)}\\
\Rightarrow \boldsymbol{\Delta s}_k &= -\boldsymbol{r}_{\mu k} - \boldsymbol{G}(\boldsymbol{x}_k)\boldsymbol{\Delta x}_k, \quad \boldsymbol{\Delta\mu}_k = -\boldsymbol{S}_k^T(\boldsymbol{\Lambda}_k\boldsymbol{\Delta s}_k + \boldsymbol{S}_k\boldsymbol{\mu}_k)
\end{aligned} \tag{4.66}$$

in eine symmetrische Form überführen ($\boldsymbol{S}_k^{-1} = \mathrm{diag}(1/s_1, ..., 1/s_m)$). Damit ergibt sich für die Algorithmen 3, 4, 5, 6 in Schritt 3 eine zueinander ähnliche Berechnung der Form

$$\boldsymbol{K}_{\mathrm{L}k}\boldsymbol{v}_{\mathrm{K}} = \begin{bmatrix}\tilde{\boldsymbol{H}}_k & \boldsymbol{A}_{\mathrm{g}}^T\\ \boldsymbol{A}_{\mathrm{g}} & \boldsymbol{0}\end{bmatrix}\begin{bmatrix}\boldsymbol{v}_{\theta k+1}\\ \boldsymbol{v}_{\lambda k+1}\end{bmatrix} = -\begin{bmatrix}\boldsymbol{q}_{\mathrm{x}k}\\ \boldsymbol{q}_{\lambda k}\end{bmatrix} = \boldsymbol{b}_{\mathrm{K}} \quad \Leftrightarrow \quad \begin{aligned}\boldsymbol{A}_{\mathrm{g}}\tilde{\boldsymbol{H}}_k^{-1}\boldsymbol{A}_{\mathrm{g}}^T\boldsymbol{v}_{\lambda k+1} &= \boldsymbol{q}_{\lambda k} - \boldsymbol{A}_{\mathrm{g}}\tilde{\boldsymbol{H}}_k^{-1}\boldsymbol{q}_{\mathrm{x}k}\\ \boldsymbol{v}_{\theta k+1} &= -\tilde{\boldsymbol{H}}_k^{-1}(\boldsymbol{q}_{\mathrm{x}k} + \boldsymbol{A}_{\mathrm{g}}^T\boldsymbol{v}_{\lambda k+1}),\end{aligned} \tag{4.67}$$

wobei $\tilde{\boldsymbol{H}}_k$ für Problem (4.36) stets positiv definit ist. Für die Algorithmen 3, 4 ist weiter $\tilde{\boldsymbol{H}}_k$ für alle Iterationsschritte konstant und es gilt $\boldsymbol{v}_{\theta k+1} = \boldsymbol{\theta}_{k+1}$ sowie $\boldsymbol{v}_{\lambda k+1} = \boldsymbol{\lambda}_{k+1}$. Für die Algorithmen 5, 6 ist $\boldsymbol{v}_{\theta k+1} = \boldsymbol{\Delta\theta}_{k+1}$ sowie $\boldsymbol{v}_{\lambda k+1} = \boldsymbol{\Delta\lambda}_{k+1}$.

Für die Berechnung einer solchen Form gibt es eine Vielzahl an Lösungsmöglichkeiten. Je nach verfügbarer Speicher-/ Rechenkapazität sind unterschiedliche Algorithmen geeignet.

Da die betrachteten linearen Gleichungssysteme durch eine invertierbare symmetrische Matrix $\boldsymbol{K}_{\mathrm{L}}$ beschrieben sind, kann die Lösung der Systeme über eine LDL-Zerlegung erfolgen.

Algorithmus 7 LDL-Zerlegung für $\boldsymbol{K}_{\mathrm{L}}$ [Dem97, Dav06]

Gegeben: $\boldsymbol{K}_{\mathrm{L}} \in \mathbb{R}^{n_{\mathrm{K}} \times n_{\mathrm{K}}}$, $\boldsymbol{L}_{\mathrm{K}} = \boldsymbol{I}^{n_{\mathrm{K}} \times n_{\mathrm{K}}}$
for $k = 1, ..., n_{\mathrm{K}}$ **do**
  for $i = 1, ..., k-1$ **do**
    $v_i = l_{\mathrm{K}ki} d_{\mathrm{K}i}$
  $v_k = k_{\mathrm{L}kk} - \sum_{i=1}^{k-1} l_{\mathrm{K}ki} v_i$ und $d_{\mathrm{K}k} = v_k$
  for $k+1 \leq i \leq n_{\mathrm{K}}$ **do**
    $l_{\mathrm{K}ik} = 1/d_{\mathrm{K}k}(k_{\mathrm{L}ik} - \sum_{j=1}^{k-1} l_{\mathrm{K}ij} v_j)$
return $\boldsymbol{L}_{\mathrm{K}}, \boldsymbol{d}_{\mathrm{K}}$

Hierbei wird das Gleichungssystem über $\boldsymbol{K}_\text{L}\boldsymbol{v}_\text{K} = \boldsymbol{L}_\text{K}\boldsymbol{D}_\text{K}\boldsymbol{L}_\text{K}^T\boldsymbol{v}_\text{K} = \boldsymbol{b}_\text{K}$ durch Algorithmus 7 zerlegt, wobei $\boldsymbol{D}_\text{K} = \text{diag}(\boldsymbol{d}_\text{K})$ und $\boldsymbol{L}_\text{K}$ eine untere Dreiecksmatrix darstellt. Aufgrund der Dreiecksstruktur kann das Gaußsche Eliminationsverfahren in einfacher Weise angewendet werden. Durch Vorwärtseinsetzen $\boldsymbol{L}_\text{K}^T\boldsymbol{y}_\text{K} = \boldsymbol{b}_\text{K}$ und Rückwärtseinsetzen $\boldsymbol{L}_\text{K}\boldsymbol{v}_\text{K} = \boldsymbol{D}_\text{K}^{-1}\boldsymbol{y}_\text{K}$ wird über die Hilfsvariable $\boldsymbol{y}_\text{K}$ eine Lösung bestimmt. Der Lösungsaufwand der LDL-Zerlegung beträgt $n_\text{K}^3/3 + \mathcal{O}(n_\text{K}^2)$ Gleitkommaoperation $\widehat{=}$ FLOPS. Der Lösungsaufwand von Vorwärts- und Rückwärtseinsetzen beträgt jeweils $n_\text{K}^2/2$. Damit ist direkt ersichtlich, dass für große Matrizen hierfür der Rechenaufwand unverhältnismäßig ansteigt.

Für die Optimierungsalgorithmen 3 und 4 muss die Matrixinversion lediglich einmal berechnet werden, da $\boldsymbol{K}_\text{L}$ für alle Iterationen unverändert bleibt. Trotz allem bleibt der Lösungsaufwand bei n_K^2, was für große Werte von n_K ungeeignet ist.

Werden die Optimierungsalgorithmen in Sparse-Form aufgebaut, liegt $\boldsymbol{K}_\text{L}$ meistens ebenfalls in dünnbesetzter Struktur vor.

Definition 4.4. *Die Bandbreite m_b einer symmetrischen Matrix $\boldsymbol{A} \in \mathbb{R}^{n\times n}$ ist die kleinste natürliche Zahl $m_\text{b} < n$, für die gilt*

$$a_{ik} = 0 \quad \textit{für alle } i \textit{ und } k \textit{ mit } |i-k| > m_\text{b}. \tag{4.68}$$

Es ist bekannt, dass der LDL-Aufwand von Bandmatrizen durch $\text{FLOPS}_\text{B} = n(m_\text{b}^2+3m_\text{b}) - (4m_\text{b}^3+12m_\text{b}^2+8m_\text{b})/6$ linear in n ist mit $\mathcal{O}(n)$. Ebenfalls kann der LDL-Aufwand für Bandmatrizen mit Fehlstellen $a_{ij}^T = a_{ij} \neq 0 \forall n \geq i > (n-s_\text{f}), 1 \geq j \geq s_\text{f}$ berechnet werden. Es ergibt sich $\text{FLOPS}=\text{FLOPS}_\text{B}+m_\text{b}s_\text{f}(3m_\text{b}(n(s_\text{f}+2)-2s_\text{f}-4)+9n-2m_\text{b}^2(s_\text{f}^2+3s_\text{f}+3)-4)/3$ mit $\mathcal{O}(n)$ [Dav06]. Auch hier bleibt der Aufwand linear in n. Für das Vorwärts- und Rückwärtseinsetzen ergibt sich der Gesamtaufwand $2n(1 + m_\text{b} + s_\text{f})$.

Für Sparse-ILC-Probleme und Dense/Sparse-ILC-Probleme, welche durch Algorithmen 3-6 beschrieben werden, gelingt es, die LDL-Zerlegung über eine Permutationsmatrix $\boldsymbol{P}_\text{K}$ in eine bandähnliche Struktur zu überführen (Aufwand: $\mathcal{O}(n_\text{K})$) mit dem Zusammenhang

$$\begin{aligned}
&\boldsymbol{P}_\text{K}^T\boldsymbol{K}_\text{L}\boldsymbol{P}_\text{K} = \boldsymbol{L}_\text{K}\boldsymbol{D}_\text{K}\boldsymbol{L}_\text{K}^T \Rightarrow \boldsymbol{K}_\text{L} = \boldsymbol{P}_\text{K}\boldsymbol{L}_\text{K}\boldsymbol{D}_\text{K}\boldsymbol{L}_\text{K}^T\boldsymbol{P}_\text{K}^T \quad \text{mit } \boldsymbol{P}_\text{K}^{-1} = \boldsymbol{P}_\text{K}^T \\
&\Rightarrow \text{Vorwärtseinsetzen: } \boldsymbol{L}_\text{K}\boldsymbol{y}_\text{K} = \boldsymbol{P}_\text{K}^T\boldsymbol{b}_\text{K} \\
&\Rightarrow \text{Rückwärtseinsetzen: } \boldsymbol{L}_\text{K}^T\boldsymbol{h}_\text{K} = \boldsymbol{D}_\text{K}^{-1}\boldsymbol{y}_\text{K}, \quad \boldsymbol{h}_\text{K} = \boldsymbol{P}_\text{K}^T\boldsymbol{v}_\text{K} \Rightarrow \boldsymbol{P}_\text{K}\boldsymbol{h}_\text{K} = \boldsymbol{v}_\text{K}.
\end{aligned} \tag{4.69}$$

Permutationsmatrix $\boldsymbol{P}_\text{K}$ entspricht dabei einer Umsortierungsmatrix. In Anhang A.4.4 ist die entsprechende Umsortierung für Sparse-ILC-Probleme aufgeführt. Diese transformiert die Matrix $\tilde{\boldsymbol{H}}_k \rightarrow \tilde{\boldsymbol{H}}_{\text{P}k}$ für alle in dieser Dissertation beschriebenen Ungleichungsmatrizen $\boldsymbol{A}_\text{u}$ in eine Bandstruktur. Weiter wird $\boldsymbol{A}_\text{g}\tilde{\boldsymbol{H}}_k^{-1}\boldsymbol{A}_\text{g}^T \rightarrow \boldsymbol{A}_\text{gP}\tilde{\boldsymbol{H}}_{\text{P}k}^{-1}\boldsymbol{A}_\text{gP}^T$ in eine Bandstruktur mit Fehlstellen transformiert. Der Lösungsaufwand von (4.67) wird linear.

Für allgemeine dünnbesetzte Probleme gibt es in [Dav06] Lösungsansätze zur Bestimmung geeigneter Permutationsmatrizen. Nähere Informationen können der Literatur entnommen werden. Abbildung 4.13 stellt die Zusammenhänge von Gleichungssystem (4.67) für ein

Sparse-ILC-Problem analog zu Beispiel 4.1 nochmals grafisch dar (Permutation: siehe Anhang A.4.4). Hierbei beschreibt nz die Anzahl der Einträge ungleich Null, angedeutet durch die schwarzen Kreise. Die Anzahl der Berechnungen für $\boldsymbol{L}_k$ von $\boldsymbol{A}_{\mathrm{gP}}\tilde{\boldsymbol{H}}_{\mathrm{P}k}^{-1}\boldsymbol{A}_{\mathrm{gP}}$ beträgt FLOPS = 680 (FLOPS = 22880, falls $\boldsymbol{L}_k$ in Dense-Form). Die Berechnungsanzahl für $\boldsymbol{L}_k$ von $\boldsymbol{K}_{\mathrm{LP}k}$ beträgt FLOPS = 1594 (FLOPS = 343200, falls $\boldsymbol{L}_k$ in Dense-Form).

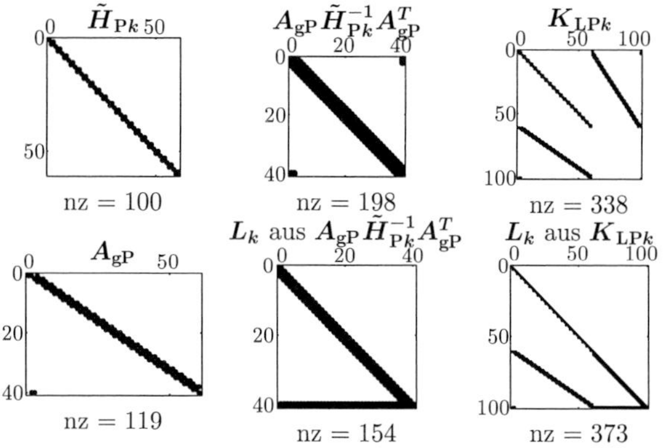

Abbildung 4.13: LDL-Zerlegung für ein ILC-Problem in Sparse-Struktur

Es ist ersichtlich, dass sich das Gleichungssystem (4.67) über zwei Möglichkeiten lösen lässt (linke Variante, rechte Variante). Die linke Variante benötigt geringfügig mehr Speicherbedarf. Die rechte Variante ist leicht rechenaufwändiger. Je nach Hardwareressourcen ist der entsprechende geeignete Lösungsweg auszuwählen.

Für die Berechnung einer solch beschriebenen Sparse-Inversion müssen die Matrizen selbst ebenfalls in Sparse-Form vorliegen. Für eine Matrix $\boldsymbol{A} \in \mathbb{R}^{m\times n}$ werden dann lediglich die Einträge ungleich Null $\boldsymbol{a}_{\mathrm{x}}$, deren Spaltenposition $\boldsymbol{a}_{\mathrm{i}}$ und deren Zeilenposition $\boldsymbol{a}_{\mathrm{j}}$ gespeichert. Zusätzlich sind die Dimension m und n von $\boldsymbol{A} \in \mathbb{R}^{m\times n}$ und die Anzahl der Elemente nz zu erfassen. Für ein Beispiel ergibt sich

$$\boldsymbol{A} = \begin{bmatrix} 3.2 & 0 & 4.1 & 0 & 0 \\ 0 & 2.3 & 0 & 0 & 0 \\ 1.2 & 0 & 0 & 0 & 0 \end{bmatrix} \rightarrow \begin{cases} \boldsymbol{a}_{\mathrm{i}} = \begin{bmatrix} 1 & 1 & 2 & 3 \end{bmatrix} \\ \boldsymbol{a}_{\mathrm{j}} = \begin{bmatrix} 1 & 3 & 2 & 1 \end{bmatrix} \\ \boldsymbol{a}_{\mathrm{x}} = \begin{bmatrix} 3.2 & 4.1 & 2.3 & 1.2 \end{bmatrix} \end{cases}, \quad m = 3,\ n = 5,\ \mathrm{nz} = 4. \tag{4.70}$$

Damit wird der Speicher- und Rechenaufwand für ILC-Probleme in Sparse-Form linear. Zur Matrizenberechnung in einer solchen Matrixdarstellung sei auf [Dav06] verwiesen. Für spezielle MPC-Strukturen konnte in [DZZ$^+$12] eine vereinfachte Inversionsberechnungsvorschrift hergeleitet werden. Diese ist jedoch nicht auf die betrachteten ILC-Probleme anwendbar.

Liegt das ILC-Problem in Small-Formulierung vor, kann keine Matrixinversion durchgeführt werden. Für eine Small-Form werden lediglich die Positionen der einzelnen System- und Gewichtungsmatrizen gespeichert. Die Matrizen $\boldsymbol{H}$, $\boldsymbol{A}_\mathrm{u}$ und $\boldsymbol{A}_\mathrm{g}$ liegen nicht in ausgeschriebener Form vor. Eine Lösung des Gleichungssystems (4.67) muss dann in anderer Form angegangen werden. Hierzu eignen sich iterative Lösungsansätze.

Eines der einfachsten Verfahren ist das Jacobi-Verfahren [Saa03]. Ausgangsbasis des Ansatzes ist ein Gleichungssystem der Form

$$\boldsymbol{A}\boldsymbol{x} = \boldsymbol{b}, \tag{4.71}$$

wofür $\boldsymbol{x}$ zu bestimmen ist. Ein solches System lässt sich iterativ lösen über

$$\begin{aligned} \boldsymbol{x}_{k+1} &= \boldsymbol{x}_k + \boldsymbol{C}(\boldsymbol{b} - \boldsymbol{A}\boldsymbol{x}_k) = (\boldsymbol{I} - \boldsymbol{C}\boldsymbol{A})\boldsymbol{x}_k + \boldsymbol{C}\boldsymbol{b} \\ \boldsymbol{e}_{k+1} &= \boldsymbol{x}_{k+1} - \boldsymbol{x}^* = (\boldsymbol{I} - \boldsymbol{C}\boldsymbol{A})\boldsymbol{e}_k. \end{aligned} \tag{4.72}$$

Wird die Matrix $\boldsymbol{C}$ so gewählt, dass $\rho(\boldsymbol{I}-\boldsymbol{C}\boldsymbol{A}) < 1$, konvergiert der Fehler $\boldsymbol{e}_{k+1} \to \boldsymbol{0}$ und Gleichung (4.71) ist erfüllt und $\boldsymbol{x}$ ist bestimmt. Gleichung (4.67) entspricht dieser Form und kann über dieses Verfahren gelöst werden. Die Matrix $\boldsymbol{C}$ des Problems wird üblicherweise zu $\boldsymbol{C}=\mathrm{diag}(\boldsymbol{A})^{-1}$ gewählt (Diagonalelemente). Für viele Probleme gilt dann $\rho(\boldsymbol{I}-\boldsymbol{C}\boldsymbol{A})<1$.

Für symmetrisch positiv definite Matrizen kann das schnellere konjugierte Gradientenverfahren angewendet werden (engl.: *Conjugate Gradient* (CG)). Hierbei wird für (4.71) das konvexe Problem

$$f(\boldsymbol{x}) = \frac{1}{2}\boldsymbol{x}^T\boldsymbol{A}\boldsymbol{x} - \boldsymbol{b}^T\boldsymbol{x} = \frac{1}{2}(\boldsymbol{x} - \boldsymbol{x}^*)^T\boldsymbol{A}(\boldsymbol{x} - \boldsymbol{x}^*) + \boldsymbol{c} \quad \text{mit } \boldsymbol{c} = -\frac{1}{2}\boldsymbol{x}^{*T}\boldsymbol{A}\boldsymbol{x}^* \tag{4.73}$$

mit dem steilsten negativen Gradienten $-\boldsymbol{\nabla}f(\boldsymbol{x})=\boldsymbol{b}-\boldsymbol{A}\boldsymbol{x}$ und dem eindeutig bestimmten Minimum $f(\boldsymbol{x}^*)=\min_{\boldsymbol{x}\in\mathbb{R}^n} f(\boldsymbol{x}) \Leftrightarrow \boldsymbol{A}\boldsymbol{x}^*=\boldsymbol{b}$ aufgestellt. Über die orthogonale Projektion kann nun eine Bestapproximation für einen Unterraum $U = \mathrm{span}\{\boldsymbol{p}_1, \boldsymbol{p}_2, ...\}$ berechnet werden.

Lemma 4.2. *Sei U_k ein k-dimensionaler Unterraum von $\mathbb{R}^n$ ($k \leq n$) mit $\boldsymbol{A}$-orthogonaler Basis $\boldsymbol{p}_0, ..., \boldsymbol{p}_{k-1}$, sodass $\langle \boldsymbol{p}_j, \boldsymbol{p}_i\rangle_{\boldsymbol{A}} = \langle \boldsymbol{p}_j, \boldsymbol{A}\boldsymbol{p}_i\rangle = 0 \ \forall i \neq j$. Dann ist die Minimierung von*

$$||\boldsymbol{u}_k - \boldsymbol{v}||_{\boldsymbol{A}}^2 = \min_{\boldsymbol{u}\in U_k} ||\boldsymbol{u} - \boldsymbol{v}||_{\boldsymbol{A}}^2 \tag{4.74}$$

eindeutig. $\boldsymbol{u}_k$ ist die $\boldsymbol{A}$-orthogonale Projektion von $\boldsymbol{v}$ auf U_k mit

$$\boldsymbol{u}_k = \sum_{j=0}^{k-1} \frac{\langle \boldsymbol{v}, \boldsymbol{p}_j\rangle_{\boldsymbol{A}}}{\langle \boldsymbol{p}_j, \boldsymbol{p}_j\rangle_{\boldsymbol{A}}} \boldsymbol{p}_j. \tag{4.75}$$

Der Nachweis ist in [Saa03] gegeben. Wird dieses Lemma auf (4.73) angewendet, ergibt sich

$$||\boldsymbol{x}_k - \boldsymbol{x}^*||_{\boldsymbol{A}}^2 = \min_{\boldsymbol{x}\in U_k} ||\boldsymbol{x} - \boldsymbol{x}^*||_{\boldsymbol{A}}^2 \tag{4.76}$$

mit Unterraum $U_k = \mathrm{span}\{\boldsymbol{p}_0, \boldsymbol{p}_1, ..., \boldsymbol{p}_{k-1}\}$. Daraus resultiert die Approximation $\boldsymbol{x}_k$ mit

$$\boldsymbol{x}_k = \sum_{j=0}^{k-2} \frac{\langle \boldsymbol{x}^*, \boldsymbol{p}_j\rangle_{\boldsymbol{A}}}{\langle \boldsymbol{p}_j, \boldsymbol{p}_j\rangle_{\boldsymbol{A}}} \boldsymbol{p}_j + \frac{\langle \boldsymbol{A}\boldsymbol{x}^*, \boldsymbol{p}_{k-1}\rangle}{\langle \boldsymbol{A}\boldsymbol{p}_{k-1}, \boldsymbol{p}_{k-1}\rangle} \boldsymbol{p}_{k-1} = \boldsymbol{x}_{k-1} + \alpha_{k-1}\boldsymbol{p}_{k-1} \quad \text{mit } \alpha_{k-1} = \frac{\langle \boldsymbol{b}, \boldsymbol{p}_{k-1}\rangle}{\langle \boldsymbol{A}\boldsymbol{p}_{k-1}, \boldsymbol{p}_{k-1}\rangle} \tag{4.77}$$

in rekursiver Darstellung. Der Fehler $\boldsymbol{r}_k = \boldsymbol{b} - \boldsymbol{A}\boldsymbol{x}_k$ bestimmt sich zu

$$\boldsymbol{r}_k = \boldsymbol{r}_{k-1} - \alpha_{k-1}\boldsymbol{A}\boldsymbol{p}_{k-1}. \tag{4.78}$$

Soll die Unterraummenge U_k erweitert werden, geschieht dies in idealer Weise durch Darstellung $U_k = \operatorname{span}\{\boldsymbol{p}_0, ..., \boldsymbol{p}_{k-2}, \boldsymbol{r}_{k-1}\}$, da $\boldsymbol{r}_{k-1}$ der Richtung des steilsten negativen Gradienten von $f(\boldsymbol{x}_{k-1})$ entspricht ($-\nabla f(\boldsymbol{x}_{k-1}) = \boldsymbol{r}_{k-1}$). Der entsprechende Basisvektor ist durch $\boldsymbol{p}_{k-1} = \boldsymbol{r}_{k-1} - \boldsymbol{w}_{k-1}$ bestimmt, wobei $\boldsymbol{w}_{k-1}$ die $\boldsymbol{A}$-orthogonale Projektion von $\boldsymbol{r}_{k-1}$ auf U_{k-1} ist. Nach einigen Umformungen ergibt sich

$$\boldsymbol{p}_{k-1} = \boldsymbol{r}_{k-1} + \beta_{k-2}\boldsymbol{p}_{k-2} \quad \text{mit } \beta_{k-2} = \langle \boldsymbol{r}_{k-1}, \boldsymbol{r}_{k-1}\rangle / \langle \boldsymbol{r}_{k-2}, \boldsymbol{r}_{k-2}\rangle. \tag{4.79}$$

Algorithmus 8 fasst das Verfahren zusammen [Saa03]. Hierbei wurde α_{k-1} leicht umgeformt.

Algorithmus 8 CG-Verfahren für (4.71) mit symmetrisch positiv definiter Matrix $\boldsymbol{A}$

Gegeben: $\boldsymbol{A} \in \mathbb{R}^{n\times n}$, $\boldsymbol{b} \in \mathbb{R}^n$, $\beta_{-1} = 0$, $\boldsymbol{x}_0 \in \mathbb{R}^n$, $\boldsymbol{r}_0 = \boldsymbol{b} - \boldsymbol{A}\boldsymbol{x}_0, \epsilon > 0$
for $k = 1, ...$ **do**
  $\boldsymbol{p}_{k-1} = \boldsymbol{r}_{k-1} + \beta_{k-2}\boldsymbol{p}_{k-2}$ mit $\beta_{k-2} = \frac{\langle \boldsymbol{r}_{k-1}, \boldsymbol{r}_{k-1}\rangle}{\langle \boldsymbol{r}_{k-2}, \boldsymbol{r}_{k-2}\rangle}$ für $k \geq 2$
  $\boldsymbol{x}_k = \boldsymbol{x}_{k-1} + \alpha_{k-1}\boldsymbol{p}_{k-1}$ mit $\alpha_{k-1} = \frac{\langle \boldsymbol{r}_{k-1}, \boldsymbol{r}_{k-1}\rangle}{\langle \boldsymbol{p}_{k-1}, \boldsymbol{A}\boldsymbol{p}_{k-1}\rangle}$
  $\boldsymbol{r}_k = \boldsymbol{r}_{k-1} - \alpha_{k-1}\boldsymbol{A}\boldsymbol{p}_{k-1}$
  if $||\boldsymbol{r}_k||_2^2 < n\epsilon$ **then**
    return $\boldsymbol{x}_k$

Der beschriebene Algorithmus ist direkt auf die rechte Variante von (4.67) (positiv definit symmetrisch) anwendbar. Für die linke Variante von (4.67) (indefinit symmetrisch) müssen rechenaufwändigere Verfahren eingesetzt werden. Das BICGstab-Verfahren lässt sich für indefinite Gleichungssysteme einsetzen und gehört zu einer der effizientesten Verfahren von (4.67)(links). Der Speicheraufwand ist im Vergleich zum CG-Verfahren leicht erhöht. Der Rechenaufwand ebenfalls. Da für (4.67)(rechts) jedoch mehrere Systeme zu lösen sind, ist der Gesamtrechenbedarf von (4.67)(links) über das BICGstab-Verfahren geringer. Je nach Speicherressourcen ist entsprechend zu wählen (BICGstab/CG: linke/rechte Variante).

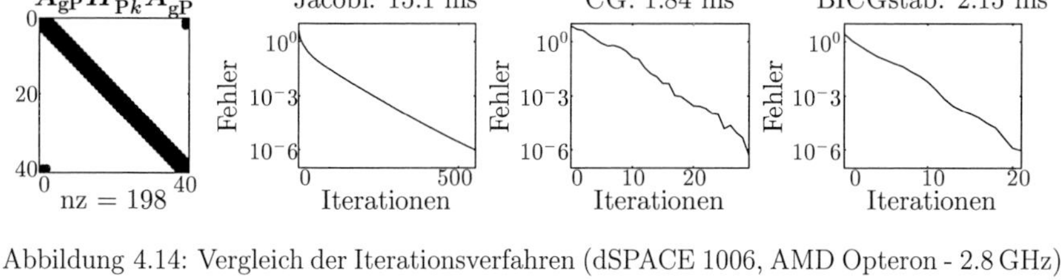

Abbildung 4.14: Vergleich der Iterationsverfahren (dSPACE 1006, AMD Opteron - 2.8 GHz)

Abbildung 4.14 stellt die für Small-Form notwendigen Verfahren und deren Rechenzeiten nochmals gegenüber. Im Vergleich dazu benötigt die entsprechende Sparse-LDL-Inversion 0.1 ms. Für detaillierte Informationen des BICGstab-Verfahrens sei auf [Saa03] verwiesen.

Einsatz der Optimierungslöser

Je nach Dimensionierung (Anzahl der Optimierungsvariablen) der Optimierungsprobleme und Darstellungsform (Dense, Sparse, Dense/Sparse, Small) eignen sich unterschiedliche Optimierungslöser. Dies hängt eng mit der Struktur der entsprechenden Algorithmen zusammen und wird nachfolgend erläutert.

Die Konvergenz der vorgestellten Verfahren erster Ordnung (ADMM, FDA) erfolgt linear, wobei die Konditionierung der jeweiligen Optimierungsprobleme die Konvergenzrate festlegt. Eine gute Problemkonditionierung resultiert in eine zielführende Konvergenzrate ζ. Über eine Problemvorkonditionierung (Theorem 4.2), wie in den entsprechenden Abschnitten gezeigt, kann die Konvergenzrate ζ optimiert werden. Aufgrund des Rechenbedarfs muss die Berechnung offline erfolgen. In der Praxis ist dies jedoch nicht immer möglich. ILC-Prozesse mit dynamischem Optimierungsaufbau stellen einen solchen Fall dar. Hier erfolgt die Vorkonditionierung durch eine Normierung der Prozessgrößen im Optimierungsproblem (Abschnitt 3.2.1). Diese Konditionierung bleibt jedoch weit unter den Möglichkeiten des optimierungsbasierten Verfahrens nach Theorem 4.2.

Der meiste Rechenbedarf der ADMM- und FDA-Algorithmen 3 und 4 wird für Schritt 3 der Verfahren benötigt. Hier muss ein Gleichungssystem gelöst werden. Da die entsprechende Matrix für dieses Gleichungssystem über alle Iterationen konstant bleibt, ist diese nur einmal zu berechnen und abzuspeichern. Für Probleme in Dense-Form sinkt damit der Rechenaufwand enorm ($\mathcal{O}(n_\mathrm{K}^3) \rightarrow \mathcal{O}(n_\mathrm{K}^2)$).

Die Konvergenz der vorgestellten Verfahren zweiter Ordnung (PDIP) erfolgt superlinear. Die Konvergenzrate ist weitestgehend unabhängig von der Konditionierung der Optimierungsprobleme. Eine Normierung der Optimierungsvariablen (siehe auch Abschnitt 3.2.1) erhöht jedoch die numerische Stabilität der Verfahren.

Der meiste Rechenbedarf des PDIP-Algorithmus 6 wird für die Berechnung des in Schritt 3 auftretenden Gleichungssystems benötigt. Die Berechnung des Gleichungssystems in Schritt 6 erfordert die gleiche Matrix. Durch Abspeicherung der entsprechenden Zerlegung aus Schritt 3 bleibt der Aufwand in Schritt 6 gering.

Für ILC-Probleme niedriger Ordnung (kleiner Prädiktionshorizont N) eignet sich eine Beschreibung in Dense-Formulierung. Damit wird die Anzahl der Optimierungsvariablen reduziert und eine schnelle Problemoptimierung realisiert. Für die Verfahren ADMM/FDA ist die rechenaufwändige Matrixinversion (Schritt 3) lediglich einmal zu berechnen. Damit bleibt die Gesamtrechendauer trotz schlechterer Konvergenzrate unterhalb der PDIP-Verfahren.

Für ILC-Probleme hoher Ordnung (großer Horizont N) eignet sich die Sparse-Formulierung. Hierbei wird die Anzahl der Optimierungsvariablen erhöht ($n_{\mathrm{K}_\mathrm{sparse}} \gg n_{\mathrm{K}_\mathrm{dense}}$). Speicher- und Rechenbedarf werden linear, sodass $\mathcal{O}(n_{\mathrm{K}_\mathrm{dense}}^2) \rightarrow \mathcal{O}(n_{\mathrm{K}_\mathrm{sparse}})$. Dies ist besonders in Schritt 3 der vorgestellten Algorithmen relevant. Der Rechenvorteil der ADMM/FDA-Verfahren von Sparse-Strukturen ist im Vergleich zu PDIP-Verfahren weniger ausgeprägt. Aufgrund der besseren Konvergenzrate gelingt über PDIP für große Horizonte eine schnellere Berechnung.

Für ILC-Probleme mittlerer Ordnung ($50 < N < 150$) eignet sich die Dense/Sparse-Form. Sie bildet einen Kompromiss zwischen Speicher- und Rechenaufwand. Für wenige Matrixeinträge der Algorithmen ist PDIP effizient, für viele Matrixeinträge ADMM/FDA. Ausgehend von den im Rahmen der Dissertation behandelten Prozessen hat sich gezeigt, dass eine Einteilung der Systemgrößen, klein ($N < 50$), mittel ($50 < N < 150$), groß ($N > 150$) für die meisten Systeme aufgrund von Rechen- und Speicherbedarf sinnvoll ist. Diese Grenzen sind jedoch nicht fest und können sich je nach Beschränkungsanzahl sowie Zustands- und Eingangsordnung $n|m$ verschieben. Sie sind Entscheidungshilfe für die Praxis zu verstehen.

Speichereffiziente ILC-Probleme in Small-Formulierung sind über ADMM/FDA-Methoden zu lösen. Hier besitzen die Matrizen aus Schritt 3 (Algorithmus 3, 4) über alle Iterationen eine konstante Konditionierung. Für PDIP-Verfahren verschlechtert sich die Konditionierung mit steigender Iterationszahl k, sodass die Berechnungsdauer der notwendigen iterativen Gleichungslöser enorm ansteigt. Der Gesamtaufwand von ADMM/FDA ist damit geringer.

Generell ist FDA verglichen zu ADMM leicht recheneffizienter. Jedoch sind über FDA lediglich strikt konvexe Probleme behandelbar. Je nach Problem ist entsprechend auszuwählen.

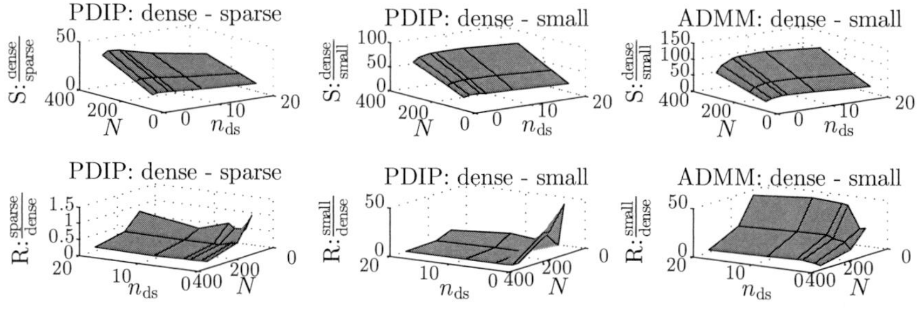

Abbildung 4.15: Vergleich der Optimierungsverfahren und Problem-Formen

Abbildung 4.15 zeigt einen Vergleich der Rechenbedarf- (R:) und Speicherbedarfverhältnisse (S:) für die einzelnen Optimierungsverfahren und Problemformen. Hierbei ist unter Sparse eine Dense/Sparse-Form mit Sparse-Faktor n_{ds} zu verstehen. Die durchgeführte Simulationsstudie wurde für ein ILC-Problem mit Systemordnung $n = 3$, Eingangsordnung $m = 2$ und Boxbeschränkungsbedingungen für Eingänge und Zustände durchgeführt. Abbildung 4.15 zeigt, dass bereits kleine Werte von n_{ds} und damit wenige groß aufgeteilte Blockelemente der Optimierungsprobleme einen enormen Speichervorteil erzielen. Weiter wird deutlich, dass der Rechenbedarf einer Sparse-Form für große Werte von N deutlich kleiner ist als der Bedarf einer Dense-Form. Der geringste Speicherbedarf aber auch größte Rechenaufwand lässt sich mit einer Small-Form realisieren. Die Ergebnisse decken sich mit den zuvor beschriebenen Erläuterungen.

5 Robuster Entwurf am Beispiel eines Schwimmbadsystems

Die beschriebenen Verfahren dieser Dissertation können in einfacher Weise robustifiziert werden. Dies ist insbesondere für zyklische Prozesse unter repetitiven Störungen mit Unsicherheiten von Interesse. Die Störungen wiederholen sich dabei nicht in gleicher Form, weisen jedoch ein gewisses Störmerkmal auf. Das Merkmal selbst kann von Prozesszyklus zu Prozesszyklus zeitlich verschoben sein und gewissen Unsicherheiten im Amplitudenverlauf unterliegen. Eine Robustifizierung der ILMPC-Algorithmen ermöglicht eine garantierte Einhaltung der Systembeschränkungen. Gleichzeitig erfolgt eine iterative Verbesserung der Prozessstörausregelung. Im folgenden Verlauf wird der robuste Entwurf am Beispiel einer Chlorierungsanlage eines Schwimmbadsystems beschrieben. Die Schwimmbaduntersuchungen selbst wurden am Hallenbad *Hasenleiser der Stadtwerke Heidelberg* in Zusammenarbeit der *ProMinent GmbH, Entwicklungsabteilung Heidelberg* durchgeführt.

5.1 Modellierung

5.1.1 Systemaufbau

Die Regelung der Chlorkonzentration in öffentlichen Schwimmbädern unterliegt in Deutschland nach DIN 19643 strengen Vorgaben. Laut Norm muss das freie ungebundene Chlor im Schwimmbecken innerhalb der Grenzen 0.3 mg/l bis 0.6 mg/l liegen. Dies stellt insbesondere für große Becken mit langen Rohrleitungssystemen eine anspruchsvolle Aufgabe dar. Die Chlorierungsregelung unterliegt hierbei trägen Dynamiken und relevanten Totzeiten.

Der Vorgang der Badewasserreinigung lässt sich in einfacher Weise beschreiben. Durch freies ungebundenes Chlor, welches mit Verschmutzungen im Wasser Reaktionen eingeht, werden Keime und Bakterien effizient abgetötet. Hierbei entsteht gebundenes Chlor. Dieses muss zusammen mit den gebundenen Schmutzpartikeln gefiltert werden. In öffentlichen Schwimmbädern wird hierzu Flockungsmittel eingesetzt, welches feinste Partikel im Wasser bindet und deren Oberfläche vergrößert. Eine Filtrierung wird ermöglicht. Im Anschluss ist die gesunkene Konzentration des freien Chlors nachzudosieren. Die Verschmutzungen im Wasser lassen sich in zwei Bereiche unterteilen. Der erste Bereich wird als Grundzehrung bezeichnet und entsteht durch feinste Schmutzablagerungen in den Rohrleitungssystemen sowie in den Becken selbst. Der zweite Bereich entsteht durch die Badebesucher (Urin, Schweiß, Hautreste, Bakterien). Dieser Bereich stellt den maßgeblichen Anteil der Chlorzehrung dar (ca. 70 %). Die Verschmutzung kann als zyklische Systemstörung für eine Prozessdauer von 24 h betrachtet werden, wobei das generelle Störmerkmal bekannt ist. Der genaue Amplitudenverlauf/Störeintritt ist Unsicherheiten unterlegen. Abbildung 5.1 stellt die Zusammenhänge eines Schwimmbads am Beispiel *Hallenbad Hasenleiser Heidelberg* dar.

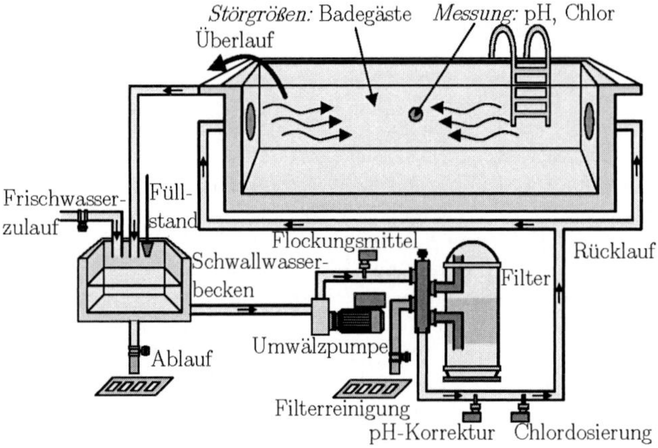

Abbildung 5.1: Aufbau einer Schwimmbadanlage

Hierin ist der Wasserkreislauf eines Schwimmerbeckens beschrieben. Ausgehend vom Wasserübertritt am Beckenrand (Überlauf) wird das Badewasser zunächst in ein Schwallwasserbecken befördert. Dieses dient als Wasserspeicher, welcher je nach Schwimmeranzahl mehr oder weniger gefüllt ist. Eine Füllstandsanzeige kontrolliert den Füllstand des Schwallwasserbeckens. Ist dieser zu hoch, wird Wasser über einen Ablauf entfernt. Ist er zu gering, wird Frischwasser nachgespeist. Zusätzlich ist für jeden Badegast pro Tag eine Frischwasserzugabe von 30 l zu realisieren. Eine Umwälzpumpe treibt den Wasserkreislauf an. Diese wird für das Schwimmbad *Hasenleiser* mit konstanter Drehzahl betrieben. Direkt vor der Filterung des Badewassers wird dem Wasser Flockungsmittel hinzugefügt. Feinste Partikel werden dadurch gebunden und lassen sich anschließend durch Filterung aus dem Kreislauf entfernen. Um die Filterwirkung über einen Tag stets hochwertig zu halten, ist die Filtereinheit vor dem Badebetrieb zu reinigen. Nach der Filtereinheit wird auf Basis des gemessenen Chlor- und pH-Werts des Wassers der jeweilige Bedarf nachdosiert. Die hierzu benötigten Regelungen können innerhalb der zulässigen Grenzen (Chlor: 0.3-0.6 mg/l, pH: 6.5-7.2) als entkoppelt betrachtet werden. Über einen Rücklauf gelangt das Wasser zurück in den Schwimmerbereich. Die jeweiligen Einlassdüsen sind an den längeren Seiten des Beckens angebracht. Dadurch wird ein schnellstmögliches Verteilen des aufbereiteten Reinwassers gewährleistet. Die Messung von Chlor-/pH-Wert erfolgt in der Mitte des Beckens. Durch die Länge der Rohrleitungssysteme/Beckengröße entsteht eine Totzeit im System.

Aufgrund der konstanten Umwälzung des betrachteten Hallenbads kann die Systemtotzeit als gleichbleibend betrachtet werden. Weiter erfolgt die Frischwasserzugabe und Schmutzwasserentnahme über den Tagesverlauf in der Regel gleichmäßig, sodass eine konstante Grundzehrung vorliegt. Durch stetige Reinigung der Filter bleibt die Filterwirkung hochwertig. Die Annahme eines zeitinvarianten Streckenverhaltens ist damit zulässig. Das Bad *Hasenleiser* wird vornehmlich durch Schulklassen/Gruppen mit festen Badezeiten genutzt. Dadurch entstehen für die einzelnen Wochentage sich stets wiederholende Störprofile. Diese sind sowohl zeitlichen Unsicherheiten als auch Unsicherheiten in der Amplitude unterlegen. Die genannten Punkte machen eine Anwendung der in dieser Dissertation beschriebenen ILMPC-Verfahren möglich. Hierzu wird ein LTI-Modell mit konstanter Totzeit gewählt. Die Erweiterung für unsichere Störprofile gewährt eine robust iterative Störausregelung.

5.1.2 Systembeschreibung

Die Chlorkonzentration c wird von mehreren Einflussgrößen verändert. Sie wird erhöht, falls Konzentrat u hinzudosiert wird, wobei die Änderung aufgrund der Systemtotzeit T_t zeitverzögert eintritt. Sie wird verringert durch die Grundzehrung $k_\mathrm{b}c$ und durch die Verschmutzungsneutralisation (Chlorreaktion) $k_\mathrm{s}cp$ der Schmutzpartikel p. In gleichem Maße $k_\mathrm{s}cp$ verringert sich die Verschmutzung. Diese wird jedoch durch die Anzahl der Badegäste N wieder erhöht. Es ergibt sich die Differentialgleichung [ABH+98]

$$\begin{aligned} \dot{c}(t) &= G/V u(t-T_\mathrm{t}) - k_\mathrm{s}c(t)p(t) - k_\mathrm{b}c(t) \\ \dot{p}(t) &= \alpha/V N(t) - k_\mathrm{s}c(t)p(t), \end{aligned} \tag{5.1}$$

wobei V das Badvolumen beschreibt, G die Dosierung pro Hub und α den Verunreinigungsfaktor der Badebesucher. Durch die Regelung wird die Chlorkonzentration um den Arbeitspunkt c_0 in engen Grenzen stabilisiert. Eine linearisierte Betrachtung um c_0 stellt damit eine präzise und sinnvolle Approximation dar. Dies konnte auch in der Praxis bestätigt werden. Mit $c = c_0 + \Delta c$ resultiert die Beschreibung

$$\begin{aligned} \dot{c}(t) &= G/V u(t-T_\mathrm{t}) - k_\mathrm{s}c_0p(t) - \underbrace{k_\mathrm{s}\Delta c(t)p(t)}_{\approx 0} - k_\mathrm{b}c(t) &&\approx G/V u(t-T_\mathrm{t}) - k_\mathrm{s}c_0p(t) - k_\mathrm{b}c(t) \\ \dot{p}(t) &= \alpha/V N(t) - k_\mathrm{s}c_0p(t) - \underbrace{k_\mathrm{s}\Delta c(t)p(t)}_{\approx 0} &&\approx \alpha/V N(t) - k_\mathrm{s}c_0p(t). \end{aligned} \tag{5.2}$$

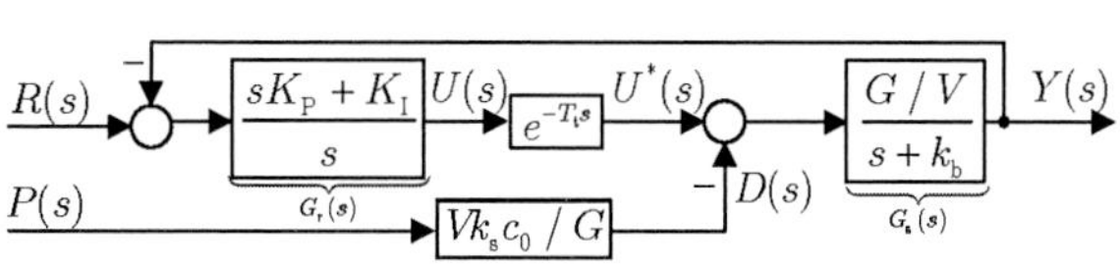

Abbildung 5.2: Schaltbild des linearisierten Schwimmbadmodells

In den meisten Schwimmbädern wird zur Chlordosierung ein Proportional-Integral-Regler (PI-Regler) eingesetzt. Abbildung 5.2 zeigt das zugehörige Schaltbild des linearisierten Modells, wobei $G_{\mathrm{r}}(s)$ der Regler- und $G_{\mathrm{s}}(s)$ der Streckenübertragungsfunktion entspricht. Die Referenzgröße $R(s)$ wird durch den Arbeitspunkt c_0 beschrieben. $P(s)$ bzw. $D(s)$ stellt die zyklische Störung durch die Badebesucher dar.

5.2 Identifikation

Die entwickelten ILMPC-Verfahren dieser Dissertation werden beispielhaft für das Bad *Hasenleiser Heidelberg* erprobt. Hierzu ist zunächst eine Identifikation durchzuführen.

5.2.1 Totzeitbestimmung

Für die Totzeitbestimmung des Systems wurde die Chlordosierung in das Schwimmbad durch ein Rechtecksignal am offenen Kreis betrieben. Hierbei war die Frequenz und Amplitude so gewählt, dass die Chlorkonzentration im Badebecken stets innerhalb der zulässigen Systemgrenzen blieb. Die Messung wurde ohne Badegäste durchgeführt ($p(t) = 0$), sodass keine Messverfälschung auftrat. Abbildung 5.3 zeigt die Messergebnisse.

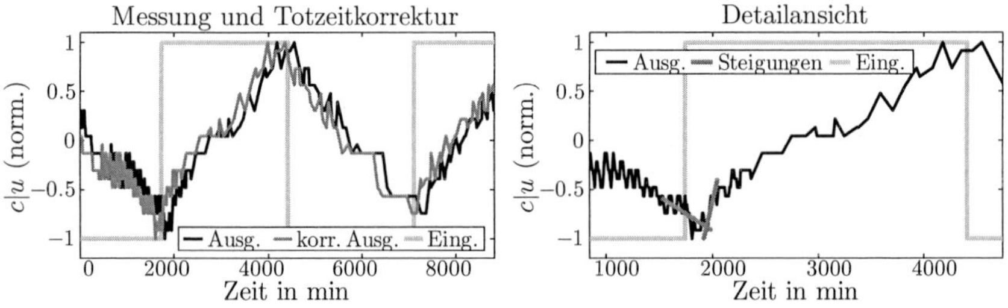

Abbildung 5.3: Totzeitbestimmung eines Schwimmbadsystems

Zur besseren Darstellung ist die Messung normiert. Die Bestimmung der Totzeit gelingt über Autokorrelation. Für das Bad *Hasenleiser* wurde eine Totzeit $T_{\mathrm{t}} = 200\,\mathrm{s}$ ermittelt.

5.2.2 Systemdynamik

Ist die Totzeit bekannt, lässt sich die Systemdynamik identifizieren. Hierzu ist es sinnvoll, zunächst die Chlordosierung für den Arbeitspunkt c_0 ohne Badegäste zu bestimmen. Im Anschluss kann um c_0 eine Identifikation durchgeführt werden (ohne Badegäste). Da es im

Hallenbad nicht möglich war beliebige Eingangsfolgen vorzugeben, wurde die Regelung abwechselnd auf 0.9 mg/l bzw. 0.1 mg/l gestellt, sodass der Chlorgehalt stets zwischen den Grenzen 0.3 - 0.6 mg/l verblieb. Der Zeitpunkt für den Regelungswechsel wurde zufällig gewählt, um ein möglichst breites Frequenzspektrum für die Identifikation abzudecken. Als Verfahren diente die Methode der kleinsten Fehlerquadrate. Hier sei auf die entsprechende Literatur verwiesen [IM11]. Die Totzeit wurde zuvor herausgerechnet. Abbildung 5.4 zeigt die Identifikationsergebnisse sowie den Nachtbetrieb im Arbeitspunkt (AP).

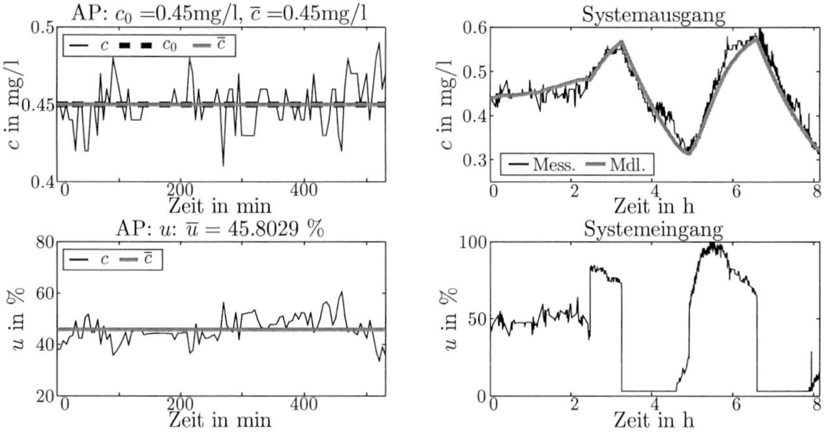

Abbildung 5.4: Systemidentifikation eines Schwimmbadsystems

Hierbei beschreibt $\bar{c}$ bzw. $\bar{u}$ die gemittelte Chlorkonzentration/Chlordosierung für eine Stabilisierung um den Arbeitspunkt c_0. Es wird deutlich, dass sich das identifizierte Modell sehr gut mit den Messergebnissen deckt. Die Identifikation ist damit hochwertig. Die identifizierten und gemessenen Parameter sind in Tabelle 5.1 zusammengefasst.

Parameter	Wert
c_0	0.45 mg/l
k_b	11.51e-5 1/s
G	73 mg/s
V	625000 l
T_t	200 s

Tabelle 5.1: Schwimmbad Hasenleiser: Identifizierte und gemessene Parameter

Mit dem Zusammenhang $d(t) = Vk_\mathrm{s}c_0/Gp(t)$ können nun Störprofile für die verschiedenen Wochentage ermittelt werden.

5.2.3 Störprofile

Über eine Langzeitmessung während des Badebetriebs konnten Störprofile $p(t)$ für die einzelnen Wochentage ermittelt werden. Die Messung selbst dauerte drei Wochen. Aufgrund von Systemänderungen im Bad *Hasenleiser* konnte lediglich eine Messwoche ausgewertet werden. Ein Toleranzband für die zyklischen Störungen $p(t)$ ließ sich damit nicht bestimmen. Die Störprofile wurden über eine klassische Beobachterstruktur nach Abschnitt 3.4.4 ermittelt, wobei $\boldsymbol{L}_{\text{go}}$ aus einer LQR-Berechnung mit $\boldsymbol{Q}=10^{-9}\text{diag}([3\ 0.3])$ und $R=1$ resultiert. Parameter k_s ist als Normierungsfaktor zu verstehen. Er sei zu $k_\text{s}=0.03\,{}^1\!/\!_{\text{mg s}}$ gewählt. Abbildung 5.5 zeigt die gemessenen Ergebnisse.

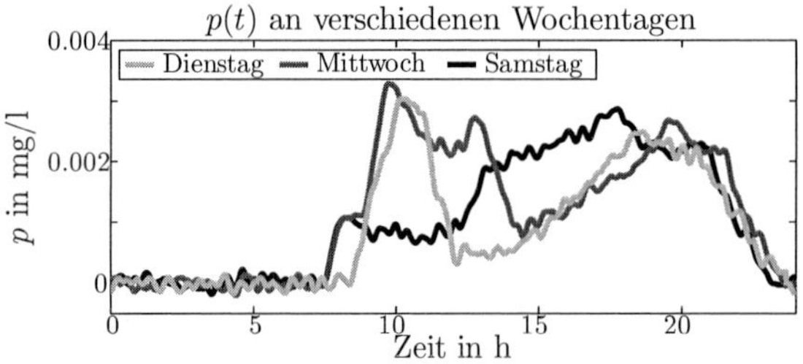

Abbildung 5.5: Störprofile verschiedener Wochentage eines Schwimmbadsystems

Es ist zu erkennen, dass dienstags/mittwochs das Hallenbad *Hasenleiser* bis 15 Uhr durch Schulklassen genutzt wird. Danach beginnt der öffentliche Badebetrieb. Hierfür sind die Verläufe unter der Woche zueinander ähnlich. Der Badebetrieb für Samstage weist eine andere Charakteristik auf.

5.3 Regelungsentwurf

Die Chlorierungsregelung von Schwimmerbecken ist in den meisten Hallenbädern durch eine klassische PID-Struktur beschrieben. Daher soll eine solche Struktur auch in dieser Dissertation verwendet werden. Als Einstellregel wird in Badebetrieben üblicherweise ein Entwurf nach Ziegler/Nichols [ZNR42] verwendet. Weitere klassische Einstellregeln sind der Literatur [ÅH95] zu entnehmen.

In dieser Dissertation wird ein optimierungsbasierter Entwurf unter Berücksichtigung von Beschränkungen zur Reglerbestimmung verwendet. Hierzu ist das Optimierungsproblem

$$\begin{aligned} J &= \min_{\boldsymbol{z}} \boldsymbol{z}(T)^T \boldsymbol{Q}_\text{e} \boldsymbol{z}(T) + \int_0^T \boldsymbol{z}(t)^T \boldsymbol{Q}_\text{z} \boldsymbol{z}(t) \mathrm{d}t \\ \text{Nb.:} &\quad \dot{c}(t) = G/V u(t - T_\text{t}) - k_\text{b} c(t), \quad \boldsymbol{A}_\text{g}\boldsymbol{z} = \boldsymbol{b}_\text{g}, \quad \boldsymbol{A}_\text{u}\boldsymbol{z} \leq \boldsymbol{b}_\text{u}, \quad c(0) = c_\text{init} \end{aligned} \tag{5.3}$$

aufzustellen, wobei $\boldsymbol{z}(t) = \begin{bmatrix} c(t) - c_\mathrm{r} & u(t) - u_\mathrm{r} & \boldsymbol{K}_\mathrm{r} \end{bmatrix}^T$ und $\boldsymbol{Q}_\mathrm{z} = \mathrm{diag}(Q, R, \mathbf{0})$. Hierbei entspricht c_r einem Referenzwert, $u_\mathrm{r} = k_\mathrm{b}V/Gc_\mathrm{r}$ dem zugehörigen Stellwert. Die Stellgröße berechnet sich zu $u = K_\mathrm{P}(c(t) - c_\mathrm{r}) + K_\mathrm{I}e_\mathrm{I}$, wobei $\dot{e}_\mathrm{I}(t) = c(t) - c_\mathrm{r}$ und $\boldsymbol{K}_\mathrm{r} = [K_\mathrm{P}\ K_\mathrm{I}]$ (PI-Regleransatz). Die Matrizen Q und R beschreiben Zustands- und Eingangsgewichtungsmatrizen. Die Matrix $\boldsymbol{Q}_\mathrm{e} = \mathrm{diag}(10000Q, R, \mathbf{0})$ stellt eine Endgewichtungsmatrix dar, um den Fehlerendwert zu Zeitpunkt T gering zu halten. Als Ungleichungsbeschränkungen wurde ein Toleranzband um den Regelfehler gelegt (siehe Abbildung 5.6). Ein geringes Überschwingen und eine schnelle Konvergenz kann dadurch erzielt werden. Weitere Ungleichungsbeschränkungen stellen die Stellwertbegrenzungen dar. Die Gleichungsbedingungen sind durch die Systemdynamik/Stellgrößenbeschreibung gegeben. Zur Lösung der Optimierung wurde die Kostenfunktion/Systemdynamik diskretisiert und über PDIP-Verfahren gelöst.

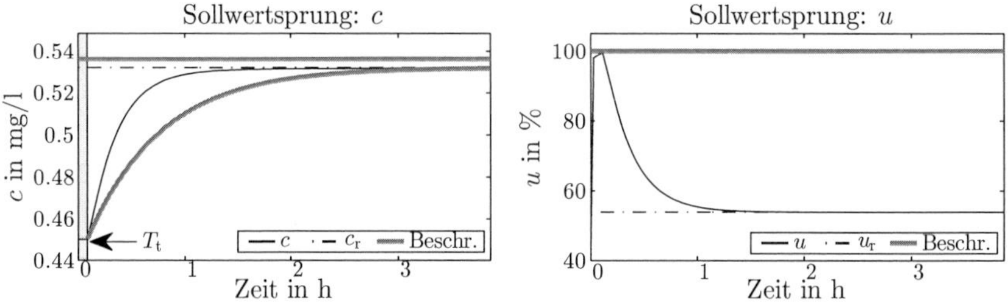

Abbildung 5.6: Optimierungsbasierter PI-Reglerentwurf eines Schwimmbads

Abbildung 5.6 stellt das Verhalten des berechneten PI-Reglers für das Schwimmbad *Hasenleiser* dar. Tabelle 5.2 fasst die entsprechenden Parameter zusammen.

Parameter	Wert
$Q \mid R \mid K_\mathrm{P} \mid K_\mathrm{I}$	$10 \mid 0.15 \mid 6.30\,{}^{1}/_{\mathrm{mg}} \mid 7.23\mathrm{e}{-4}\,{}^{1}/_{\mathrm{mg\,s}}$
$c_0 \mid c_\mathrm{r} \mid c_\mathrm{init}$	$0.45\,{}^{\mathrm{mg}}/_{\mathrm{l}} \mid 0.53\,{}^{\mathrm{mg}}/_{\mathrm{l}} \mid 0.45\,{}^{\mathrm{mg}}/_{\mathrm{l}}$
T	4 h

Tabelle 5.2: Schwimmbad Hasenleiser: Optimierungs- und Regelungsparameter

Das Ergebnis aus Optimierung (5.3) ist zufriedenstellend. Es tritt kein Überschwingen auf, die Stellgröße wird optimal ausgenutzt und die Anstiegszeiten sind hinreichend schnell. Damit lassen sich während des Badebetriebs Störungen effizient und zügig ausregeln.

5.4 Robuste ILMPC

Nach der Identifikation und Reglersynthese folgt der robuste ILMPC-Entwurf.

Hierbei sollen zwei Phänomene robust behandelt werden: Störamplitudenunsicherheit und zeitliche Verschiebung des Störmerkmals. Zur Störamplitudenunsicherheit wird zunächst das allgemeine ILMPC-Optimierungsproblem (3.44)

$$\begin{aligned} J_{j+1} = & \min_{\Delta \boldsymbol{u}_{\mathrm{nILC}j}, \boldsymbol{e}_{\mathrm{zn}}} \frac{1}{2} \sum_{k=0}^{N-1} \int_{kT_{sk}}^{(k+1)T_{sk}} \begin{bmatrix} \boldsymbol{e}_{\mathrm{zn}\sim j+1} \\ \Delta \boldsymbol{u}_{\mathrm{nILC}j} \end{bmatrix}^T \begin{bmatrix} \boldsymbol{Q}_{\mathrm{e}} & \\ & \boldsymbol{Q}_{\mathrm{u}} \end{bmatrix} \begin{bmatrix} \boldsymbol{e}_{\mathrm{zn}\sim j+1} \\ \Delta \boldsymbol{u}_{\mathrm{nILC}j} \end{bmatrix} \mathrm{d}t \\ \text{Nb.:} \quad & \boldsymbol{e}_{\mathrm{zn}\sim k+1\, j+1} = \boldsymbol{A}_{\mathrm{zn}k} \boldsymbol{e}_{\mathrm{zn}\sim k\, j+1} + \boldsymbol{B}_{\mathrm{uzn}k} \boldsymbol{u}_{\mathrm{nILC}kj+1} + \boldsymbol{B}_{\mathrm{dzn}k} \hat{\boldsymbol{d}}_{\mathrm{n}k}(\tau = 0) \\ & \boldsymbol{z}_{\mathrm{n}\sim k\, j+1} \in \overline{\mathbb{Q}}_{\mathrm{z}}, \quad \boldsymbol{e}_{\mathrm{zn}\sim k\, j+1} \in \overline{\mathbb{Q}}_{\mathrm{e}}, \quad \boldsymbol{u}_{\mathrm{n}\sim k\, j+1} \in \overline{\mathbb{Q}}_{\mathrm{u}}, \\ & \boldsymbol{e}_{\mathrm{zn}\sim 0 j+1} = \boldsymbol{e}_{\mathrm{zn}\sim 0+N-1\, j+1}, \quad \boldsymbol{e}_{\mathrm{zn}\sim i\, j} \in \boldsymbol{e}_{\mathrm{zn}\sim i\, j+1} \oplus \mathcal{W}_{\mathrm{d}} \end{aligned} \tag{5.4}$$

für periodische Prozesse betrachtet, wobei $\overline{\mathbb{Q}}_{\mathrm{z}} = \mathbb{Q}_{\mathrm{z}} \ominus \mathcal{W}_{\mathrm{d}}$, $\overline{\mathbb{Q}}_{\mathrm{e}} = \mathbb{Q}_{\mathrm{e}} \ominus \mathcal{W}_{\mathrm{d}}$, $\overline{\mathbb{Q}}_{\mathrm{u}} = \mathbb{Q}_{\mathrm{u}} \ominus \boldsymbol{\kappa}_{\mathrm{R}} \mathcal{W}_{\mathrm{d}}$ und $\hat{\boldsymbol{d}}_{\mathrm{n}}$ den zu erwartenden Störverlauf darstellt. Für das System Schwimmbad wird von einer Störamplitudenunsicherheit von maximal $\pm \overline{w}_{\mathrm{d}}$ ausgegangen, woraus sich nach Abschnitt 3.3.4 und Theorem A.1 die Menge $\mathcal{W}_{\mathrm{d}}$ bestimmen lässt. Parameter τ beschreibt eine zeitliche Verschiebung der Störung und sei zunächst Null. Aufgrund der großen Abtastzeiten gelingt die Optimierungsberechnung innerhalb eines Zeitschritts. Die ILC-Systemaufschaltung erfolgt stets zum selben Zeitpunkt (2 Uhr morgens). Der Wert $\boldsymbol{\Delta}_{\mathrm{PEF}j+1}$ (siehe auch Abschnitt 3.3.4) wird zu Null gesetzt, da der Chlorgehalt zum Zeitpunkt der ILC-Aufschaltung als eingeregelt betrachtet werden kann. Die monotone Konvergenz der ILMPC-Kostenfunktion ist gewährleistet. Die Störamplitudenunsicherheit wird robust im ILC-Entwurf berücksichtigt.

Ist die Störung zusätzlich zeitlichen Unsicherheiten unterlegen, lassen sich diese über die Systembeschränkungen in den Entwurf integrieren. Die Kostenfunktion wird weiterhin auf $\boldsymbol{e}_{\mathrm{zn}\sim j+1}$ bezogen. So bleibt die monotone Konvergenz der ILMPC-Formulierung erhalten. Abbildung 5.7 zeigt die Zusammenhänge für zeitliche Störunsicherheiten ohne Störamplitudenunsicherheit.

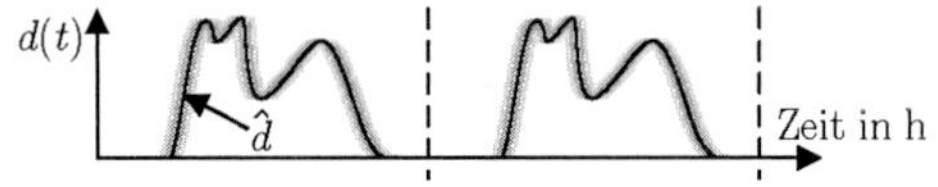

Abbildung 5.7: Schwimmbad: Erwartetes Störprofil $\hat{d}$ und mögliche Zeitverschiebungen

Die Gleichungsbedingungen beschreiben die Systemdynamik des Optimierungsproblems. Für eine Darstellung in Dense-Form (Abschnitt 4.3.1) ergibt sich nach Gleichung (4.18) für den PEF

$$\boldsymbol{E}_{\mathrm{zn}\sim_{\mathrm{s}-}\, j+1}(\tau) = \boldsymbol{\Gamma}_{\mathrm{u}\sim_{\mathrm{s}-}} \boldsymbol{U}_{\mathrm{nILC}j+1} + \boldsymbol{\Gamma}_{\mathrm{d}\sim_{\mathrm{s}-}} \hat{\boldsymbol{S}}_{\mathrm{n}j+1}(\tau). \tag{5.5}$$

Die Abtastzeit T_{s} sei hierbei konstant. Der Parameter τ stelle eine zeitliche Verschiebung des Störprofils dar. Zur einfacheren Betrachtung sei τ ein ganzzahliges Vielfache der Abtastzeit T_{s}. Eine Betrachtung unabhängig von der Abtastzeit T_{s} ist ebenfalls möglich.

Annahme 5.1. *Für alle auftretenden Zeitverschiebungen $\tau \in [\underline{\tau}, \overline{\tau}]$ liegen die Zustandsgrößen des Prozesses* (5.5) *zum Zeitpunkt der ILC-Systemaufschaltung i innerhalb der Menge*

$\boldsymbol{e}_{\text{zn}\sim i\,j+1}(\tau = 0) \oplus \mathcal{W}_\tau$. *Für die Störung gelte* $\hat{\boldsymbol{d}}_{\text{ni}}(0) = \hat{\boldsymbol{d}}_{\text{ni}}(\tau)\forall\tau \in [\underline{\tau}, \overline{\tau}]$, $\underline{\tau} < 0$, $\overline{\tau} > 0$. *Die Menge* $\mathcal{W}_\tau$ *sei invariant für den Prozess* (5.5).

Die Unsicherheit des Störeintritts kann mit der Amplitudenunsicherheit in das Optimierungsproblem integriert werden. Dabei wird für die Beschreibung der Kostenfunktion von Problem (5.4) weiterhin $\tau = 0$ verwendet. Unter Annahme 5.1 gilt, dass das tatsächliche Zustandsverhalten aufgrund von ILC-Aufschaltung und Amplitudenunsicherheit innerhalb der Menge $\boldsymbol{e}_{\text{zn}j+1}(\tau_{j+1}) \in \boldsymbol{e}_{\text{zn}\sim j+1}(\tau_{j+1}) \oplus \mathcal{W}_{\text{d}} \oplus \mathcal{W}_\tau$ verläuft. Hierbei ist $\tau_{j+1} \in [\underline{\tau}, \overline{\tau}]$ und $\boldsymbol{e}_{\text{zn}\sim j+1}(\tau_{j+1})$ beschrieben durch (5.5). Diese Darstellung ermöglicht eine robuste Abschätzung, sodass nicht nur für $\boldsymbol{e}_{\text{zn}\sim j+1}$, sondern auch für $\boldsymbol{e}_{\text{zn}j+1}(\tau_{j+1})$ alle Nebenbedingungen von Problem (5.4) stets erfüllt sind. Hierfür sind die Nebenbedingungen durch

$$\begin{aligned} &\boldsymbol{e}_{\text{zn}k\,j+1}(\tau_{j+1}) \in \mathbb{Q}_{\text{e}}, \quad \boldsymbol{z}_{\text{zn}k\,j+1}(\tau_{j+1}) \in \mathbb{Q}_{\text{z}}, \quad \boldsymbol{u}_{\text{n}k\,j+1}(\tau_{j+1}) \in \mathbb{Q}_{\text{u}}, \\ &\boldsymbol{e}_{\text{zn}\sim k\,j+1} \in \overline{\mathbb{Q}}_{\text{e}}, \quad \boldsymbol{z}_{\text{zn}\sim k\,j+1} \in \overline{\mathbb{Q}}_{\text{z}}, \\ &\boldsymbol{e}_{\text{zn}\sim 0 j+1} = \boldsymbol{e}_{\text{zn}\sim 0+N-1\,j+1}, \quad \boldsymbol{e}_{\text{zn}i\,j} \in \boldsymbol{e}_{\text{zn}\sim i\,j+1} \oplus \mathcal{W}_{\text{d}} \oplus \mathcal{W}_\tau \end{aligned} \tag{5.6}$$

zu ersetzen. Können diese zu linearen Nebenbedingungen umgeformt werden, sodass

$$\begin{aligned} &\boldsymbol{e}_{\text{zn}k\,j+1}(\tau_{j+1}) \in \mathbb{Q}_{\text{e}}, \quad \boldsymbol{z}_{\text{zn}k\,j+1}(\tau_{j+1}) \in \mathbb{Q}_{\text{z}}, \qquad \boldsymbol{u}_{\text{n}k\,j+1}(\tau_{j+1}) \in \mathbb{Q}_{\text{u}} \\ \Rightarrow &\boldsymbol{A}_{\text{u}_\text{t}} \begin{bmatrix} \boldsymbol{E}_{\text{zn}_\text{s-}\,j+1}(\tau_{j+1}) \\ \boldsymbol{U}_{\text{nILC}j+1} \end{bmatrix} \leq \boldsymbol{b}_{\text{u}_\text{t}}, \end{aligned} \tag{5.7}$$

gelingt die Abschätzung

$$\begin{aligned} &\boldsymbol{A}_{\text{u}_\text{t}} \begin{bmatrix} \boldsymbol{E}_{\text{zn}_\text{s-}\,j+1}(\tau_{j+1}) \\ \boldsymbol{U}_{\text{nILC}j+1} \end{bmatrix} = \begin{bmatrix} \boldsymbol{A}_{\text{ue}_\text{t}} & \boldsymbol{A}_{\text{uu}_\text{t}} \end{bmatrix} \begin{bmatrix} \boldsymbol{E}_{\text{zn}_\text{s-}\,j+1}(\tau_{j+1}) \\ \boldsymbol{U}_{\text{nILC}j+1} \end{bmatrix} \leq \boldsymbol{b}_{\text{u}_\text{t}} \\ \Rightarrow &(\boldsymbol{A}_{\text{uu}_\text{t}} + \boldsymbol{A}_{\text{ue}_\text{t}}\boldsymbol{\Gamma}_{\text{u}\sim_\text{s-}})\boldsymbol{U}_{\text{nILC}j+1} \leq \min_{\tau\in[\underline{\tau},\overline{\tau}]} \boldsymbol{b}_{\text{u}_\text{t}} - \boldsymbol{A}_{\text{ue}_\text{t}}(\boldsymbol{\Gamma}_{\text{d}\sim_\text{s-}}\hat{\boldsymbol{S}}_{\text{n}j+1}(\tau) \ominus \mathbb{W}_{\text{d}} \ominus \mathbb{W}_\tau) \\ \Rightarrow &\boldsymbol{U}_{\text{nILC}\,j+1} \in \overline{\mathbb{Q}}_{\text{uw}}, \end{aligned} \tag{5.8}$$

wobei $\mathbb{W}_{\text{d}}$ und $\mathbb{W}_\tau$ die invarianten Mengen $\mathcal{W}_{\text{d}}$, $\mathcal{W}_\tau$ in Lifted-Struktur darstellen. Weiter ist $\min_{\tau\in[\underline{\tau},\overline{\tau}]} \boldsymbol{b}_{\text{u}\tau_\text{t}} = [\min_{\tau\in[\underline{\tau},\overline{\tau}]} b_{\text{u}\tau_\text{t}1} \ldots \min_{\tau\in[\underline{\tau},\overline{\tau}]} b_{\text{u}\tau_\text{t}m_{\text{ut}}}]^T$. Es ergibt sich schließlich das Optimierungsproblem

$$\begin{aligned} J_{j+1} = &\min_{\boldsymbol{\Delta u}_{\text{nILC}j},\boldsymbol{e}_{\text{zn}}} \frac{1}{2} \sum_{k=0}^{N-1} \int_{kT_{sk}}^{(k+1)T_{sk}} \begin{bmatrix} \boldsymbol{e}_{\text{zn}\sim j+1} \\ \boldsymbol{\Delta u}_{\text{nILC}j} \end{bmatrix}^T \begin{bmatrix} \boldsymbol{\mathcal{Q}}_{\text{e}} & \\ & \boldsymbol{\mathcal{Q}}_{\text{u}} \end{bmatrix} \begin{bmatrix} \boldsymbol{e}_{\text{zn}\sim j+1} \\ \boldsymbol{\Delta u}_{\text{nILC}j} \end{bmatrix} \text{d}t \\ \text{Nb.:} \quad &\boldsymbol{e}_{\text{zn}\sim k+1\,j+1} = \boldsymbol{A}_{\text{zn}k}\boldsymbol{e}_{\text{zn}\sim k\,j+1} + \boldsymbol{B}_{\text{uzn}k}\boldsymbol{u}_{\text{nILC}kj+1} + \boldsymbol{B}_{\text{dzn}k}\hat{\boldsymbol{d}}_{\text{n}k}(0) \\ &\boldsymbol{z}_{\text{n}\sim k\,j+1} \in \overline{\mathbb{Q}}_{\text{z}}, \quad \boldsymbol{e}_{\text{zn}\sim k\,j+1} \in \overline{\mathbb{Q}}_{\text{e}}, \quad \boldsymbol{U}_{\text{nILC}\sim j+1} \in \overline{\mathbb{Q}}_{\text{uw}}, \\ &\boldsymbol{e}_{\text{zn}\sim 0j+1} = \boldsymbol{e}_{\text{zn}\sim 0+N-1\,j+1}, \quad \boldsymbol{e}_{\text{zn}i\,j} \in \boldsymbol{e}_{\text{zn}\sim i\,j+1} \oplus \mathcal{W}_{\text{d}} \oplus \mathcal{W}_\tau. \end{aligned} \tag{5.9}$$

Somit sind sowohl die Amplitudenunsicherheit als auch zeitliche Unsicherheiten im ILMPC-Entwurf robust integriert. Die Kostenfunktion ist monoton konvergent. Existiert eine Lösung $\boldsymbol{U}_{\text{nILC}j+1}$, sodass $\boldsymbol{E}_{\text{zn}\sim j} = \boldsymbol{0}$ und alle Nebenbedingungen erfüllt sind, wird nach Abschnitt 3.3.4 Nullfehlerkonvergenz für $\boldsymbol{E}_{\text{zn}\sim j}$ und $j \to \infty$ erreicht. Damit ergibt sich weiter $\boldsymbol{e}_{\text{zn}j} \underset{j\to\infty}{\longrightarrow} \mathcal{W}_{\text{d}} \oplus \mathcal{W}_\tau$. Diese Zusammenhänge lassen sich auf Bad *Hasenleiser* anwenden.

5.5 Ergebnisse

Nach der Streckenidentifikation, der Reglerauslegung und dem robusten ILMPC-Entwurf können die entwickelten Algorithmen nun am Schwimmbadsystem getestet werden. Aus sicherheitstechnischen Gründen sowie wegen des fortlaufenden Badebetriebs wurde auf eine Implementierung am realen System verzichtet.

Als Testumgebung diente eine Simulation mit den Parametern von Hallenbad *Hasenleiser*. Ein sich periodisch wiederholendes Störprofil wurde an ein Mittwochprofil aus Abbildung 5.5 (*Hasenleiser*) angelehnt. Die angenommene Amplitudenunsicherheit betrug $\pm\overline{w}_\mathrm{d} = \pm 0.0007\,\mathrm{mg/l}$, die angenommene zeitliche Unsicherheit $\pm\overline{t}_\mathrm{d} = \pm 0.5\,\mathrm{h}$. Auf dieser Grundlage können die Mengen $\mathcal{W}_\mathrm{d}$ und $\mathcal{W}_\tau$ berechnet werden. Als Chlorkonzentrationsgrenzen wurde $\underline{c} = 0.42\,\mathrm{mg/l} \leq c \leq \overline{c} = 0.48\,\mathrm{mg/l}$ eingesetzt, für die Dosierungsgrenzen $\underline{u} = 0\,\% \leq u \leq \overline{u} = 100\,\%$. Die Messgenauigkeit der Chlorkonzentration wurde auf $\overline{w}_\mathrm{m} = \pm 0.001\,\mathrm{mg/l}$ gesetzt, was nach Filterung der Messdaten *Hasenleiser* in guter Näherung der tatsächlichen Messgenauigkeit entspricht. Hieraus lässt sich über $\boldsymbol{L}_\mathrm{go}$ nach Abschnitt 5.2.3 $\mathcal{W}_\mathrm{o}$ bestimmen. Um die Störung einer im Wasser befindlichen Personenzahl zuzuordnen, wurde der Parameter α auf $\alpha = 0.0007\,\mathrm{mg/s}$ gesetzt. Die Personenanzahl im Wasser bewegt sich damit in den sinnvollen Grenzen $0 \leq N(t) \leq 60$.

Bad	Wert	Regler	Wert	ILMPC	Wert
c_0	$0.45\,\mathrm{mg/l}$	K_P	$6.30\,\mathrm{1/mg}$	$\overline{w}_\mathrm{d}$	7e-4 $\mathrm{mg/l}$
k_b	11.51e-5 $\mathrm{1/s}$	K_I	7.23e-4 $\mathrm{1/mg\,s}$	$\overline{t}_\mathrm{d}$	$0.5\,\mathrm{h}$
k_s	$0.03\,\mathrm{1/mg\,s}$	$\boldsymbol{L}_\mathrm{go}$	[5.8e-3 1.7e-5] $\mathrm{1/s}$	$\mathcal{W}_\mathrm{d} \oplus \mathcal{W}_\tau \oplus \mathcal{W}_\mathrm{o}$	$\pm 0.006\,\mathrm{mg/l}$
α	$0.7\,\mathrm{mg/s}$			$\boldsymbol{\kappa}_\mathrm{R}(\mathcal{W}_\mathrm{d} \oplus \mathcal{W}_\tau \oplus \mathcal{W}_\mathrm{o})$	$\pm 8.07\,\%$
G	$73\,\mathrm{mg/s}$			$\underline{u} \vert \overline{u}$	$0 \vert 100\,\%$
V	$625000\,\mathrm{l}$			$\underline{c} \vert \overline{c}$	$0.42 \vert 0.48\,\mathrm{mg/l}$
T_t	$200\,\mathrm{s}$			Q	50
$\overline{w}_\mathrm{m}$	$0.001\,\mathrm{mg/l}$			R	30

Tabelle 5.3: Schwimmbad Hasenleiser: Simulationsparameter

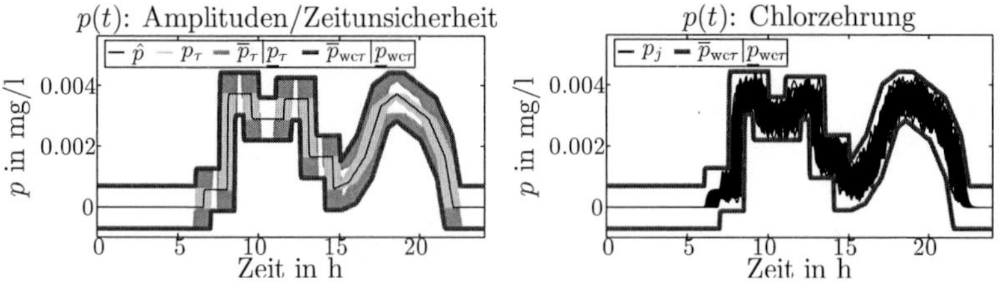

Abbildung 5.8: Schwimmbadsimulation: Amplituden-/Zeitunsicherheit der Störung $p(t)$

Tabelle 5.3 fasst die für die Simulation notwendigen Parameter nochmals zusammen. Abbildung 5.8 zeigt das für die ILMPC verwendete Störprofil $\hat{p}$, die in Abhängigkeit von $\tau \in [-0.5\,\mathrm{h}, +0.5\,\mathrm{h}]$ möglichen Verschiebungen p_τ, die aufgrund der Amplitudenunsicherheit möglichen Abweichungen $\overline{p}_\tau|\underline{p}_\tau$ sowie die aufgrund der Kombination von Amplituden- und Zeitunsicherheit resultierenden Worst-Case-Schranken $\overline{p}_{\mathrm{wc}\tau}|\underline{p}_{\mathrm{wc}\tau}$. Die tatsächlichen Störverläufe sind durch p_j beschrieben.

Für die ILMPC wurde ein ZOH-Eingangsverhalten mit einer Abtastzeit von $T_\mathrm{s} = 200\,\mathrm{s}$ gewählt. Eine variable Abtastzeitenbetrachtung war aufgrund der großen Abtastzeiten nicht erforderlich. Der Prädiktionshorizont betrug $N = 432$. Die ILMPC war in Sparse-Formulierung aufgebaut. Als Optimierungslöser wurde PDIP mit LDL-Zerlegung verwendet.

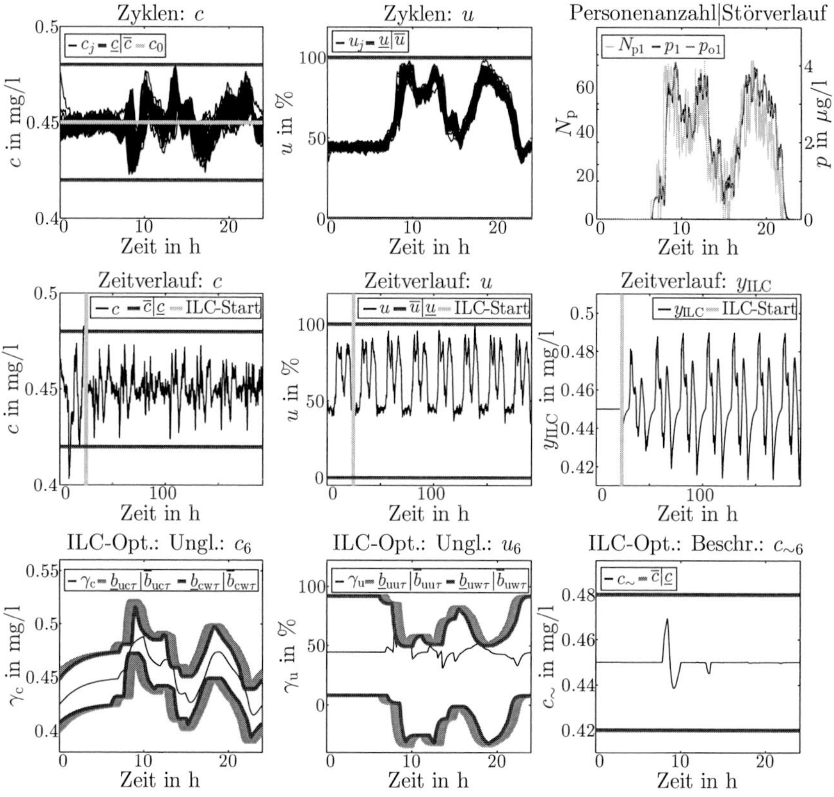

Abbildung 5.9: Schwimmbadsimulation: ILMPC-Ergebnisse

Abbildung 5.9 stellt die Simulationsergebnisse dar. Hierbei zeigt die erste Zeile aus Abbildung 5.9 die einzelnen Zyklenverläufe des Prozesses. Es ist deutlich zu erkennen, dass für alle Zyklen aufgrund der ILMPC die Beschränkungen eingehalten werden können. Der Wert $p_{\mathrm{o}1}$ beschreibt den beobachteten Störverlauf für den ersten Zyklus. In der zweiten Zeile aus Abbildung 5.9 ist der zeitliche Verlauf der Prozessgrößen dargestellt. Es ist zu erkennen, dass ohne eine ILC-Realisierung die Beschränkungen nicht eingehalten werden können. Nach der ILC-Aktivierung gelingt die Einhaltung der Beschränkungen. y_{ILC} repräsentiert hierbei den durch die ILC angepassten Referenzverlauf. Die dritte Zeile aus Abbildung 5.9 stellt exemplarisch die Ungleichungsbedingungen der ILC-Optimierung des sechsten Zyklus dar. Hierbei beschreibt $\underline{b}_{\mathrm{uc}\tau}|\overline{b}_{\mathrm{uc}\tau}$ die untere/obere Schranke der durch die Chlorkonzentration bedingten Ungleichungen für die Zeitverschiebungen τ. $\underline{b}_{\mathrm{uu}\tau}|\overline{b}_{\mathrm{uu}\tau}$ beschreibt die untere/obere Schranke der durch die Chlordosierung bedingten Ungleichungen für die Zeitverschiebungen τ (siehe Nebenbedingung (5.8)). Die Werte $\underline{b}_{\mathrm{cw}}|\overline{b}_{\mathrm{cw}}$ bzw. $\underline{b}_{\mathrm{uw}}|\overline{b}_{\mathrm{uw}}$ stellen die jeweiligen Worst-Case-Abschätzungen dar, γ_{c}, γ_{u} die entsprechende linke Seite aus Ungleichung (5.8). Über $c_{\sim 6}$ wird der berechnete periodisch eingeschwungene Chlordosierungsverlauf der ILC-Optimierung beschrieben.

Die Ergebnisse sind zufriedenstellend. Die robuste Störgrößenbehandlung des Prozesses gelingt zuverlässig. Alle System- und Eingangsbeschränkungen können eingehalten werden.

6 Energiebasierter Entwurf am Beispiel einer Verdrängerpumpe

Die Möglichkeiten von iterativ lernenden modellprädiktiven Regelungsmethoden sind vielfältig. So können nicht nur Regelfehler verbessert, sondern auch weitere Optimierungsziele in den Entwurf integriert werden. In diesem Kapitel wird dies am Beispiel eines energiebasierten Entwurfs einer oszillierenden Verdrängerpumpe dargelegt. Solche Pumpen werden zur Fluidförderung in Dosieranlagen mit vorher unbekanntem hydraulischen Druck eingesetzt. Das Druckprofil während eines periodischen Dosierhubs beschreibt die Störung der Trajektorienfolgeregelung einer Verdrängerpumpe. Für eine mögliche ILC-Optimierung ergeben sich hieraus zwei Aufgaben. Zum einen ist die Dosiergenauigkeit des repetitiven Hubs zu verbessern und zum anderen der Energieverbrauch zu senken. Die hochdynamischen Vorgänge der betrachteten Pumpen stellen für die ILC-Optimierungsrechnung eine große Herausforderung dar. Daher ist es sinnvoll die Methoden zur Speicher- und Rechenzeitreduktion aus Kapitel 4 einzusetzen. Die durchgeführten Untersuchungen erfolgten am Prüfstand in Zusammenarbeit mit der *ProMinent GmbH Entwicklungsabteilung Heidelberg*.

6.1 Modellierung

6.1.1 Systemaufbau

Bei der in dieser Dissertation betrachteten Dosierpumpe handelt es sich um eine elektromagnetische Membrandosierpumpe. Diese fördert Fluid in einen ihr unbekannten Prozess.

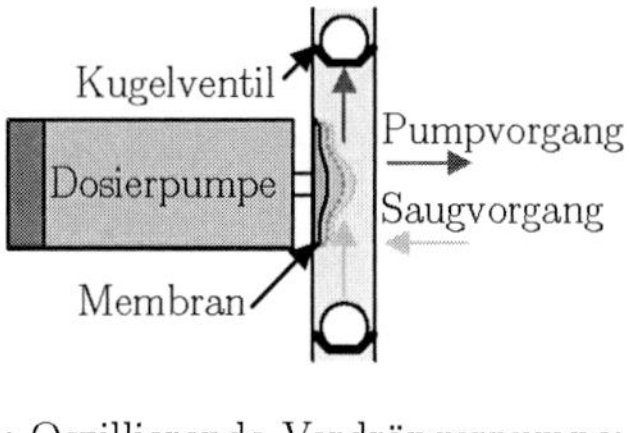

Abbildung 6.1: Oszillierende Verdrängerpumpe: Dosierprozess

Abbildung 6.1 stellt die Zusammenhänge des zugehörigen Dosierprozesses dar. Hierbei ist eine Dosierpumpe mit beweglichem Kolben (Druckstück) und befestigter Membran gezeigt. Die Membran selbst befindet sich innerhalb eines Dosierraums (Dosierkopf), welcher mit Fluid gefüllt und durch Ventile abgeschlossen ist. Wird die Membran nach vorne bewegt, öffnet sich das druckseitige obere Kugelventil und Fluid strömt in den dahinterliegenden Prozess (Pumpvorgang). Wird die Membran nach hinten bewegt, schließt sich das druckseitige Ventil und das saugseitige untere Ventil öffnet sich. Damit strömt erneut Fluid in den Dosierkopf (Saugvorgang). Die Ventile können als Fluidschleusen verstanden werden.

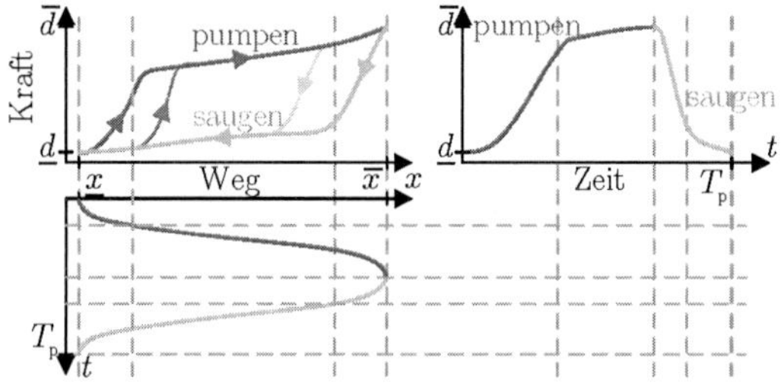

Abbildung 6.2: Oszillierende Verdrängerpumpe: Kraft-Weg-Diagramm

Abbildung 6.2 zeigt ein typisches Kraft-Weg-Diagramm einer Membrandosierpumpe. Dieses ist durch eine Hystereseschleife mit vier Eckpunkten charakterisiert. An den Übergängen zwischen Druck- und Saugvorgang (spitze Ecken) sind sowohl Druck- als auch Saugventil geschlossen. Wird das Druckstück der Pumpe nach vorne bewegt, baut sich innerhalb des Dosierraums eine Kraft/Druck auf und die Membran verformt sich (Federwirkung der Membran). Ist der Prozessdruck erreicht, öffnet das druckseitige Ventil (stumpfe Ecke). Startet der Saugprozess, sind erneut beide Ventile des Dosierraums geschlossen. Die Membran entspannt sich bis schließlich das Saugventil öffnet. Danach folgt erneut der Pumpvorgang.

6.1.2 Systembeschreibung

Zur Regelung eines solchen Systems wird zunächst eine Modellbeschreibung des Pumpenaktuators durchgeführt. Dieser lässt sich in einfacher Weise als Hubmagnet beschreiben. Abbildung 6.3 stellt die Zusammenhänge grafisch dar.

Hierbei zeigt der rechte Teil der Abbildung einen Querschnitt des rotationssymmetrischen Aufbaus und der linke Teil die entsprechende mathematische Beschreibung. Der Aufbau besteht aus einem zylindrischen Hubmagneten aus ferromagnetischem Eisen und dem zugehörigen beweglichen Druckstück mit Masse m. Dessen Achse besteht aus nichtmagnetischem Material und der restliche Teil aus ferromagnetischem Eisen. Durch eine vorgespannte Feder mit Federkonstante k (Vorspannkraft: F_{vor}) wird das Druckstück auf einen Endanschlag gepresst. Als zusätzliche Gegenkraft wirkt die Systemkraft F_{s} (Druck- und Saugvorgang),

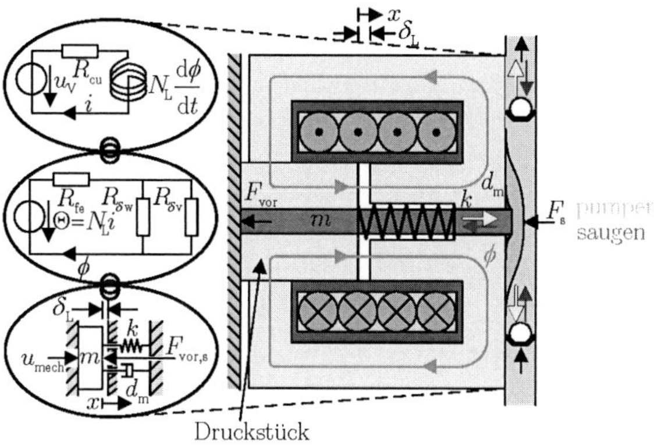

Abbildung 6.3: Oszillierende Verdrängerpumpe: Systembeschreibung

welche in der weiteren Beschreibung auch als Störung d bezeichnet wird. Soll das Druckstück mit Position x nach vorne bewegt und damit der Luftspalt δ_{L} des Hubmagneten verkleinert werden, ist die Spule mit Windungszahl N_{L} im Innern des Magnetkreises zu bestromen. Der dadurch entstehende magnetische Fluss ϕ erzeugt die maxwellsche Zugkraft u_{mech}. Die am Druckstück befestigte Membran verformt sich und der Pumpvorgang wird eingeleitet.

Für die mathematische Beschreibung wird das System in die verkoppelten Teilsysteme elektrischer Kreis, magnetischer Kreis und mechanischer Kreis aufgespaltet. Der elektrische Kreis ist in einfacher Weise durch den Zusammenhang

$$u_{\mathrm{V}} = R_{\mathrm{cu}} i + N_{\mathrm{L}} \frac{\mathrm{d}\phi}{\mathrm{d}t} \tag{6.1}$$

beschrieben, wobei mit R_{cu} der elektrische Widerstand der enthaltenen Spule, mit i der zugehörige Strom und mit u_{V} die angelegte Spannung bezeichnet wird. Die durch die Spule induzierte Spannung ist durch $N_{\mathrm{L}} \frac{\mathrm{d}\phi}{\mathrm{d}t}$ gegeben. Der magnetische Kreis lässt sich aus dem magnetischen Ersatzschaltbild der Pumpe zu

$$\Theta = N_{\mathrm{L}} i = R_{\mathrm{mg}}(\delta_{\mathrm{L}}, \phi)\phi \tag{6.2}$$

bestimmen. Hierbei stellt $\Theta = N_{\mathrm{L}} i$ die magnetische Spannung dar, welche sich aus dem nichtlinearen magnetischen Gesamtwiderstand $R_{\mathrm{mg}}(\delta_{\mathrm{L}}, \phi)$ und dem magnetischen Fluss ϕ ergibt. Der Gesamtwiderstand errechnet sich aus einer Reihenschaltung des Eisenanteils $R_{\mathrm{fe}}(\delta_{\mathrm{L}}, \Phi) \approx R_{\mathrm{fe}}(\Phi)$ und Luftspaltanteils $R_{\delta}(\delta_{\mathrm{L}}, \Phi) \approx R_{\delta}(\delta_{\mathrm{L}})$. Der Eisenanteil wird durch die ferromagnetischen Materialeigenschaften bestimmt und ist damit hysteresebehaftet. Für den Luftspaltanteil ergibt sich eine Parallelschaltung aus kraftbildendem Wirkanteil $R_{\delta\mathrm{w}}(\delta_{\mathrm{L}})$ und Streuanteil $R_{\delta\mathrm{v}}(\delta_{\mathrm{L}})$. Da die Ströme innerhalb der Spule weitestgehend niederfrequent sind, können die auftretenden Wirbelstromeffekte der Pumpe vernachlässigt werden. Wird

(6.2) in (6.1) eingesetzt und nach $\dot{\phi}$ umgeformt, ergibt sich

$$\dot{\phi} = \frac{1}{N_{\mathrm{L}}}\left(-\frac{R_{\mathrm{cu}}}{N_{\mathrm{L}}}R_{\mathrm{mg}}(\delta_{\mathrm{L}},\phi)\phi + u_{\mathrm{V}}\right). \tag{6.3}$$

Hierbei wird davon ausgegangen, dass der Widerstand R_{cu} konstant ist. Für eine Pumpe im laufenden Betrieb (Betriebstemperatur) ist diese Annahme geeignet. Ausgangspunkt für die Berechnung der Magnetkraft ist die Energiebilanz

$$\mathrm{d}W = \mathrm{d}W_{\mathrm{el}} = u_{\mathrm{V}}i\mathrm{d}t = i^2 R_{\mathrm{cu}}\mathrm{d}t + N_{\mathrm{L}}i\mathrm{d}\phi = \mathrm{d}W_{\mathrm{therm}} + \mathrm{d}W_{\mathrm{mag}}, \tag{6.4}$$

wobei W_{el} der eingeprägten elektrischen Energie entspricht, W_{therm} den thermischen Verlusten (elektrischer Widerstand) und W_{mag} der magnetischen Energie. Für die Magnetkraftberechnung ist die magnetische Energie von Bedeutung. Diese kann aufgeteilt werden in die reversible magnetische Energie $W_{\mathrm{mag,rev}}$, in die verlustbehaftete Hystereseenergie $W_{\mathrm{mag,hyst}}$ und die resultierende mechanische Energie [Ros11, KEQ+12]. Unter der Annahme, dass das ferromagnetische Material weichmagnetisch ist (kleine Hysteresebreite) und die Stromänderungen niederfrequent sind, können Hystereseverluste/-effekte vernachlässigt werden (für eine Hysteresebetrachtung siehe [LSK+03, RRSB10, Ros11]). Mit $\mathrm{d}W_{\mathrm{mech}} = F_{\mathrm{mech}}\mathrm{d}\delta_{\mathrm{L}}$, wobei $F_{\mathrm{mech}} = u_{\mathrm{mech}}$, ergibt sich der Zusammenhang

$$N_{\mathrm{L}}id\phi = \mathrm{d}W_{\mathrm{mag,rev}} + \mathrm{d}W_{\mathrm{mech}} \Rightarrow F_{\mathrm{mech}}\mathrm{d}\delta_{\mathrm{L}} = N_{\mathrm{L}}id\phi - \underbrace{\left(\frac{\partial}{\partial\delta_{\mathrm{L}}}\int_{\phi} N_{\mathrm{L}}i(\phi,\delta_{\mathrm{L}})\mathrm{d}\phi\mathrm{d}\delta_{\mathrm{L}} + N_{\mathrm{L}}id\phi\right)}_{\mathrm{d}W_{\mathrm{mag,rev}}}, \tag{6.5}$$

woraus mit $N_{\mathrm{L}}i = R_{\mathrm{mg}}(\delta_{\mathrm{L}},\phi)\phi$ und der geeigneten Annahme $R_{\mathrm{fe}}(\delta_{\mathrm{L}},\phi) \approx R_{\mathrm{fe}}(\phi)$ sowie $R_{\delta}(\delta_{\mathrm{L}},\phi) \approx R_{\delta}(\delta_{\mathrm{L}})$ die Darstellung

$$F_{\mathrm{mech}} = -\frac{\partial}{\partial\delta_{\mathrm{L}}}\frac{1}{2}R_{\delta}(\delta_{\mathrm{L}})\phi^2 = \frac{\partial}{\partial x}\frac{1}{2}R_{\delta}(x)\phi^2 = K_{\mathrm{L}}(x)\phi^2 \qquad (\delta_{\mathrm{L}} = -x) \tag{6.6}$$

folgt. Mit dieser Beziehung lässt sich der mechanische Kreis durch

$$\ddot{x} = \frac{1}{m}(-kx - d_{\mathrm{m}}\dot{x} - F_{\mathrm{s}} - F_{\mathrm{vor}} + F_{\mathrm{mech}}) \tag{6.7}$$

darstellen. Dabei entspricht d_{m} einer Dämpfungskonstante der Systemdynamik aufgrund des Membranverhaltens. Es ergibt sich das Gesamtmodell ($x = x_1$, $\dot{x} = x_2$)

$$\begin{bmatrix}\dot{x}_1\\ \dot{x}_2\\ \dot{\phi}\end{bmatrix} = \begin{bmatrix} x_2 \\ \frac{1}{m}(-kx_1 - d_{\mathrm{m}}x_2 - F_{\mathrm{s}} - F_{\mathrm{vor}} + K_{\mathrm{L}}(x_1)\phi^2) \\ \frac{1}{N_{\mathrm{L}}}\left(-\frac{R_{\mathrm{cu}}}{N_{\mathrm{L}}}R_{\mathrm{mg}}(x_1,\phi)\phi + u_{\mathrm{V}}\right)\end{bmatrix} \Rightarrow \dot{\boldsymbol{x}} = \boldsymbol{f}(\boldsymbol{x}) + \boldsymbol{g}u_{\mathrm{V}} \tag{6.8}$$

mit $\boldsymbol{x}^T = \begin{bmatrix}x_1 & x_2 & \phi\end{bmatrix}$. Hierbei wurden die Annahmen getroffen, dass der Widerstand R_{cu} konstant ist, die Wirbelstromverluste und Hystereseeffekte vernachlässigt werden können und dass $R_{\mathrm{fe}}(\delta_{\mathrm{L}},\phi) \approx R_{\mathrm{fe}}(\phi)$ sowie $R_{\delta}(\delta_{\mathrm{L}},\phi) \approx R_{\delta}(\delta_{\mathrm{L}})$. In $R_{\mathrm{fe}}(\phi)$ entfällt damit die Hysterese, was die späteren Berechnungen erheblich vereinfacht. Die eingeführten Vereinfachungen sind sinnvoll, was auch anhand einer FEM-Analyse bestätigt werden konnte [Wu12].

6.2 Identifikation

Nach der Herleitung des verwendeten Systemmodells lassen sich die entsprechenden Parameter identifizieren.

6.2.1 Identifikation der magnetischen Widerstände

Die magnetischen Widerstände können in die Bereiche ferromagnetisches Eisen und Luftspalt aufgeteilt werden. Die Materialhysterese wird als schmal angesehen, sodass diese nicht betrachtet werden muss. In der Identifikation wird sie durch Mittelung herausgerechnet. Unter der Annahme, dass $R_{\mathrm{mg}}(\delta_{\mathrm{L}}, \phi) = R_{\mathrm{fe}}(\phi) + R_{\delta}(\delta_{\mathrm{L}})$, ist R_{fe} luftspaltunabhängig und R_{δ} flussunabhängig. Wird nun das Druckstück für verschiedene Luftspalte fest eingespannt, dann über eine langsame Stromänderung ($N_{\mathrm{L}}\frac{\mathrm{d}\phi}{\mathrm{d}t} \approx 0$) die Stromgrenzen und damit auch die Hysterese des Eisenmaterials abgefahren sowie die resultierende Kraft gemessen, gelingt eine Identifikation der magnetischen Widerstände. Für R_{fe} wurde ein Polynomansatz angenommen. Der Luftspaltwiderstand wurde in klassischer Form zu

$$R_{\delta\mathrm{w}}(x) = \frac{\overline{\delta}_{\mathrm{L}} - x}{\mu_0 A_{\mathrm{w}}} p_{\mathrm{w}}(\overline{\delta}_{\mathrm{L}} - x), \qquad R_{\delta\mathrm{v}}(x) = \frac{\overline{\delta}_{\mathrm{L}} - x + h_{\mathrm{v}}/2}{\mu_0 A_{\mathrm{v}}} p_{\mathrm{v}}(\overline{\delta}_{\mathrm{L}} - x) \tag{6.9}$$

gewählt, mit den Parametern nach Abbildung 6.4. $p_{\mathrm{w}}(\delta_{\mathrm{L}}) \approx 1$ und $p_{\mathrm{v}}(\delta_{\mathrm{L}}) \approx 1$ stellen Korrekturpolynome für nicht abgedeckte Streuflusseffekte dar, $\overline{\delta}_{\mathrm{L}}$ den maximal möglichen Luftspalt.

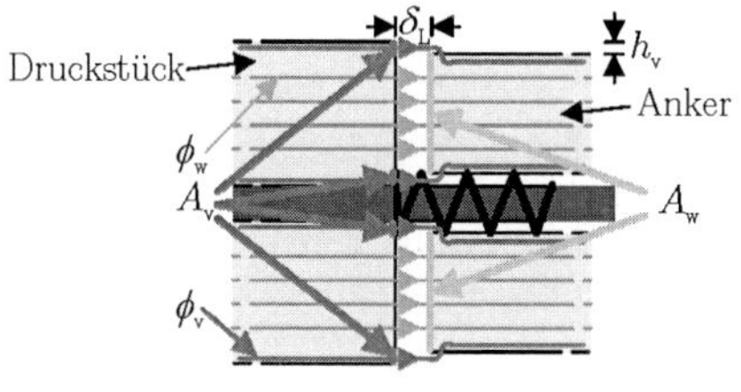

Abbildung 6.4: Oszillierende Verdrängerpumpe: Magnetischer Fluss im Luftspalt

Die Identifikation selbst gelingt über evolutionäre Algorithmen. Abbildung 6.5 stellt die Ergebnisse dar. Hierbei zeigt die erste Darstellung die gemessenen und identifizierten magnetischen Spannungen des Eisenanteils für verschiedene Luftspalte. Die zweite Darstellung zeigt den jeweiligen prozentualen Fehler, welcher im interessierenden Bereich für alle zulässigen Luftspalte unter 5 % liegt. Die Korrekturpolynome der Luftspaltwiderstände sind in der dritten Darstellung gezeigt. Sie bleiben in einem vernünftigen Bereich (0.8...1.2). Die letzte Figur zeigt die tatsächliche Hysteresebeschreibung der magnetischen Spannung des Eisenanteils und das entsprechende Identifikationsergebnis. Die Gesamtidentifikation der magnetischen Widerstände ist zufriedenstellend. Die Zahlenwerte sind nachvollziehbar.

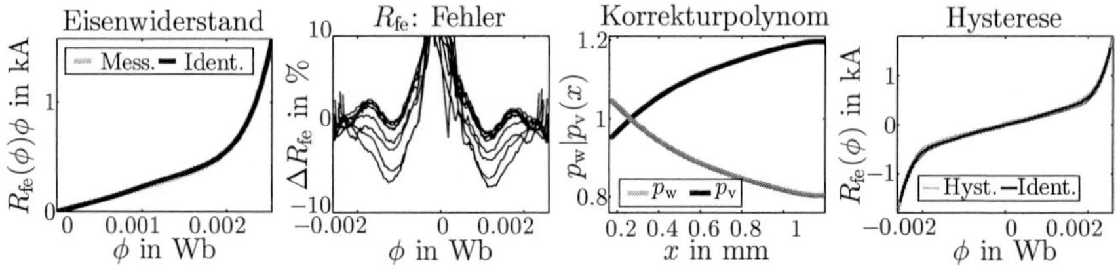

Abbildung 6.5: Identifikation: Magnetische Eisen- und Luftspaltwiderstände

6.2.2 Identifikation der mechanischen Parameter

Die mechanischen Parameter können teilweise durch direkte Messung bestimmt werden. So lassen sich die Vorspannkraft und Federkraft durch statische Kraftmessung unterschiedlicher Luftspalte ermitteln. Die identifizierte Federkonstante setzt sich aus der Federsteifigkeit und Membransteifigkeit zusammen. Aufgrund der Membraneigenschaften ist in der Messung eine leichte Hysteresewirkung zu sehen. Diese wird für die Identifikation nicht betrachtet. Sie wird über eine spätere Störbetrachtung berücksichtigt. Abbildung 6.6 zeigt die Zusammenhänge.

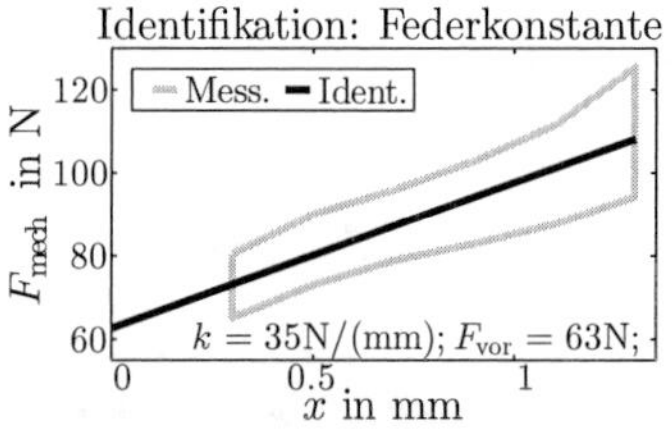

Abbildung 6.6: Identifikation: Federkonstante und Vorspannkraft

Die Masse m des Druckstücks konnte gemessen werden. Dämpfung d_m ließ sich über die Methode der kleinsten Fehlerquadrate analog zu Abschnitt 5.2.2 bestimmen. Tabelle 6.1 fasst die identifizierten mechanischen Parameter nochmals zusammen.

Parameter	Wert
F_{vor}	63 N
k	35 N/mm
d_m	1 Ns/mm
m	0.24 kg

Tabelle 6.1: Verdrängerpumpe: Mechanische identifizierte Parameter

6.2.3 Identifikation der elektrischen Parameter

Die elektrischen Parameter konnten in einfacher Weise gemessen werden. Für den elektrischen Widerstand R_{cu} wurde die Pumpe auf Betriebstemperatur gebracht und dann vermessen. Die Windungszahl N_{L} ist bekannt. Tabelle 6.2 stellt die Parameter dar. Eine Validierung

Parameter	Wert
N_{L}	289
R_{cu}	$1.50\,\Omega$

Tabelle 6.2: Verdrängerpumpe: Elektrische Parameter

des in Abschnitt 6.2 identifizierten Modells zeigte zufriedenstellende Ergebnisse [Tic12].

6.3 Reglerentwurf

Der Reglerentwurf kann in die überlagerte Ebene *mechanischer Kreis* und die unterlagerte Ebene *elektrischer Kreis* aufgeteilt werden, wobei das *magnetische Teilsystem* die Kopplung der einzelnen Ebenen darstellt. Zunächst soll das mechanische Teilsystem betrachtet werden. Hierzu wird in einem ersten Schritt der mechanische Eingang $u_{\mathrm{mech}} \approx u_{\mathrm{mech_r}}$ als frei wählbar und die hydraulische Störung zu Null angenommen. Über die Wahl von $u_{\mathrm{mech_r}} = -K_{\mathrm{I}}e_{\mathrm{I}} - K_{\mathrm{P}}e - K_{\mathrm{D}}\dot{e} + m\ddot{x}_{\mathrm{r}} + d_{\mathrm{m}}\dot{x}_{\mathrm{r}} + kx_{\mathrm{r}} + F_{\mathrm{vor}}$ ergibt sich die mechanische Systemdynamik

$$\begin{bmatrix} \dot{e}_{\mathrm{I}} \\ \dot{e} \\ \ddot{e} \end{bmatrix} = \begin{bmatrix} 0 & 1 & 0 \\ 0 & 0 & 1 \\ -\frac{1}{m}K_{\mathrm{I}} & -\frac{1}{m}(k+K_{\mathrm{P}}) & -\frac{1}{m}(d_{\mathrm{m}}+K_{\mathrm{D}}) \end{bmatrix} \begin{bmatrix} e_{\mathrm{I}} \\ e \\ \dot{e} \end{bmatrix} \Rightarrow \dot{\boldsymbol{e}} = (\boldsymbol{A}-\boldsymbol{B}\boldsymbol{K})\boldsymbol{e}, \qquad (6.10)$$

wobei e_{I} eine Systemerweiterung um den integralen Fehlerzustand darstellt, $e = x - x_{\mathrm{r}}$ beschreibt und x_{r} die Referenztrajektorie der aufgestellten Trajektorienfolgeregelung bezeichnet. Die Werte für $\boldsymbol{K} = [K_{\mathrm{I}}\ K_{\mathrm{P}}\ K_{\mathrm{D}}]$ lassen sich über LQR-Design oder Polplatzierung so bestimmen, dass die Eigenwerte von $\boldsymbol{A}_{\mathrm{K}} = (\boldsymbol{A}-\boldsymbol{B}\boldsymbol{K})$ in der linken Halbebene liegen. Die Systemdynamik (6.10) ist damit asymptotisch stabil. Es lässt sich die Lyapunov-Funktion

$$V = \frac{1}{2}\boldsymbol{e}^T\boldsymbol{P}\boldsymbol{e} > 0 \Rightarrow \dot{V} = \boldsymbol{e}^T(\boldsymbol{A}_{\mathrm{K}}^T\boldsymbol{P} + \boldsymbol{P}\boldsymbol{A}_{\mathrm{K}})\boldsymbol{e} < 0 \qquad (6.11)$$

aufstellen, wobei sich $\boldsymbol{P}=\boldsymbol{P}^T\succ\boldsymbol{0}$ und $\boldsymbol{A}_{\mathrm{K}}^T\boldsymbol{P}+\boldsymbol{P}\boldsymbol{A}_{\mathrm{K}}\prec\boldsymbol{0}$ aus dem jeweiligen Entwurfsverfahren ergibt. Die integrale Entwurfserweiterung ist sinnvoll, da hierüber stationäre Fehler, Parameterunsicherheiten und langsame Störänderungen effizient ausgeregelt werden können.

Der reale mechanische Eingang $u_{\mathrm{mech}} = K_{\mathrm{L}}(x)\phi^2$ ist durch die unterlagerte Systemdynamik des elektrischen Kreises bestimmt. Über Integrator-Backstepping kann dieser auf den

Referenzverlauf $u_{\mathrm{mech_r}}$ geregelt werden. Über die Variable $z = K_\mathrm{L}(x)\phi^2 - u_{\mathrm{mech_r}}$ ergibt sich $u_\mathrm{mech} = u_{\mathrm{mech_r}} + z$. Für die Gesamtdynamik lässt sich damit die Lyapunov-Funktion

$$V = \frac{1}{2}\boldsymbol{e}^T\boldsymbol{P}\boldsymbol{e} + \frac{1}{2}z^2 \tag{6.12}$$

aufstellen. Mit $u_\mathrm{V} = \frac{R_\mathrm{cu}}{N_\mathrm{L}}R_\mathrm{mg}(x,\phi)\phi + \frac{N_\mathrm{L}}{2K_\mathrm{L}(x)\phi}(\dot{u}_{\mathrm{mech_r}} - \dot{K}_\mathrm{L}(x)\phi^2 - 2\boldsymbol{e}^T\boldsymbol{P}\boldsymbol{B} - \gamma_\mathrm{z}z)$ und $\boldsymbol{B} = [0\ 0\ 1/m]^T$ und $\gamma_\mathrm{z} > 0$ folgt die Ableitung

$$\begin{aligned}\dot{V} &= \boldsymbol{e}^T(\boldsymbol{A}^T\boldsymbol{P} + \boldsymbol{P}\boldsymbol{A})\boldsymbol{e} + 2\boldsymbol{e}^T\boldsymbol{P}\boldsymbol{B}z + z\dot{z}\\ &= \boldsymbol{e}^T(\boldsymbol{A}^T\boldsymbol{P} + \boldsymbol{P}\boldsymbol{A})\boldsymbol{e} + 2\boldsymbol{e}^T\boldsymbol{P}\boldsymbol{B}z\\ &\quad + z\left(\dot{K}_\mathrm{L}(x)\phi^2 + 2K_\mathrm{L}(x)\frac{\phi}{N_\mathrm{L}}\left(-\frac{R_\mathrm{cu}}{N_\mathrm{L}}R_\mathrm{mg}(x,\phi)\phi + u_\mathrm{v}\right) - \dot{u}_{\mathrm{mech_r}}\right)\\ &= \underbrace{\boldsymbol{e}^T(\boldsymbol{A}^T\boldsymbol{P} + \boldsymbol{P}\boldsymbol{A})\boldsymbol{e}}_{<0\forall\boldsymbol{e}\neq\boldsymbol{0}} - \underbrace{\gamma_\mathrm{z}z^2}_{<0\forall z\neq\boldsymbol{0}} < 0 \qquad \forall\boldsymbol{e}\neq\boldsymbol{0}, z\neq 0.\end{aligned} \tag{6.13}$$

Das Gesamtsystem ist damit asymptotisch stabil und konvergiert gegen die Referenztrajektorie. Es liegt eine Singularität bei $\phi = 0$ vor.

Unter der sinnvollen Annahme, dass die Dynamik des elektrischen Teilsystems um ein Vielfaches schneller ist als das mechanische Teilsystem, kann die Regelung auch kaskadiert entworfen werden. Dann ergibt sich mit $u_{\mathrm{mech_r}} = K_\mathrm{L}(x)\phi_\mathrm{r}^2 \rightarrow \phi_\mathrm{r} = \sqrt{u_{\mathrm{mech_r}}/K_\mathrm{L}(x)}$ und $\tilde{\phi} = \phi - \phi_\mathrm{r}$ sowie der Wahl $u_\mathrm{V} = \frac{R_\mathrm{cu}}{N_\mathrm{L}}R_\mathrm{mg}(x,\phi)\phi + N_\mathrm{L}(\dot{\phi}_\mathrm{r} - \gamma_\phi\tilde{\phi})$ für den elektrischen Kreis

$$\begin{aligned}V &= \frac{1}{2}\tilde{\phi}^2 > 0 \quad \forall\phi\neq 0\\ \Rightarrow \dot{V} &= \phi\left(\frac{1}{N_\mathrm{L}}\left(-\frac{R_\mathrm{cu}}{N_\mathrm{L}}R_\mathrm{mg}(x,\phi)\phi + u_\mathrm{v}\right) - \dot{\phi}_\mathrm{r}\right) = -\gamma_\phi\tilde{\phi}^2 < 0 \quad \forall\phi\neq 0 \text{ mit } \gamma_\phi > 0\end{aligned} \tag{6.14}$$

asymptotische Konvergenz $\phi \rightarrow \phi_\mathrm{r}$. Der Definitionsbereich ist durch $u_{\mathrm{mech_r}} > 0$ bestimmt. Für die Mechanik gilt $\phi{\approx}\phi_\mathrm{r}$. Daraus folgt direkt die stabile Dynamik (6.10). Aufgrund der einfachen Struktur wird der kaskadierte Entwurf auch im weiteren Verlauf verwendet.

Ist die Störkraft F_s nicht vernachlässigbar, bleibt die Systemdynamik zwar stabil, asymptotische Konvergenz wird jedoch nicht mehr erreicht. Hierzu ist ein ILC-Entwurf notwendig.

In der Pumpe werden sowohl Strom als auch Position gemessen. Daher sind die weiteren Zustandsgrößen über eine Beobachterstruktur zu bestimmen. Die Beobachtung wurde separiert in das elektrische Teilsystem und das mechanische Teilsystem. Für das elektrische Teilsystem muss zunächst der Strom über das Newton-Verfahren in ϕ umgerechnet werden. Anschließend lässt sich eine nichtlineare High-Gain-Beobachterstruktur einsetzen ([Ada09, KP14]). Aufgrund der präzisen Strommessung (Rauschen: $< \pm 0.05\,\mathrm{A}$) und der hochwertigen Identifikationsergebnisse ist der Beobachtungsfehler für ϕ vernachlässigbar. Für das mechanische Teilsystem wird ein Beobachter mit Störgrößenerweiterung nach Abschnitt 3.4.4 verwendet. Aufgrund der präzisen Positionsmessung (Rauschen: $< \pm 0.5\,\mu\mathrm{m}$) ist auch hier der Beobachtungsfehler vernachlässigbar klein.

Eine Störunterdrückung (F_{s}) kann über eine ILC-Struktur, über die Integration der Störbeobachtung in den Reglerentwurf oder über eine adaptive Reglerstruktur realisiert werden. Eine ILC erzielt jedoch die besten Ergebnisse, berücksichtigt Systembeschränkungen und liefert weitere Optimierungsmöglichkeiten. Daher wird in dieser Dissertation lediglich der Fall ILC betrachtet. Für die anderen Fälle sei auf [KML15] verwiesen.

6.4 Energiebasierte ILMPC

Am Beispiel der oszillierenden Verdrängerpumpe soll ein energiebasierter ILMPC-Ansatz entworfen und getestet werden. Dieser ermöglicht eine Steigerung der Dosiergenauigkeit bei gleichzeitig verringertem Energieverbrauch. Gerade für die Industrie ist dies von großem Interesse. Eine energetische Betrachtung lässt sich in einfacher Weise in die Kostenfunktion der entwickelten ILMPC-Verfahren integrieren. Sie wird wie im weiteren Verlauf näher beschrieben durch die Elemente $\mathfrak{Q}_{\mathrm{eu}}$, $\mathfrak{q}_{\mathrm{e}}$, $\mathfrak{q}_{\mathrm{u}}$ der Kostenfunktion

$$J^{\mathrm{E}\sim}_{j+1} = \min_{\Delta \boldsymbol{u}_{\mathrm{nILC}j}, \boldsymbol{e}_{\mathrm{zn}}} \frac{1}{2}\sum_{k=0}^{N-1} \int_{kT_{\mathrm{s}k}}^{(k+1)T_{\mathrm{s}k}} \begin{bmatrix} \boldsymbol{e}_{\mathrm{zn}\sim j+1} \\ \Delta \boldsymbol{u}_{\mathrm{nILC}j} \end{bmatrix}^T \begin{bmatrix} \mathfrak{Q}_{\mathrm{e}} & \mathfrak{Q}_{\mathrm{eu}} \\ \mathfrak{Q}_{\mathrm{eu}}^T & \mathfrak{Q}_{\mathrm{u}} \end{bmatrix} \begin{bmatrix} \boldsymbol{e}_{\mathrm{zn}\sim j+1} \\ \Delta \boldsymbol{u}_{\mathrm{nILC}j} \end{bmatrix} + \begin{bmatrix} \mathfrak{q}_{\mathrm{e}} \\ \mathfrak{q}_{\mathrm{u}} \end{bmatrix} \boldsymbol{v}_k \mathrm{d}t = \frac{1}{2}\sum_{k=0}^{N-1} \boldsymbol{v}_k^T \boldsymbol{Q}_k \boldsymbol{v}_k + \mathfrak{q}^T \boldsymbol{v}_k \tag{6.15}$$

repräsentiert. Für die oszillierende Verdrängerpumpe wurde ein periodischer Ansatz nach (3.46) gewählt. Ist $J^{\mathrm{E}\sim}$ konvex, bleiben die Konvergenzeigenschaften erhalten. Eine Diskretisierung gelingt analog zu Kapitel 3. Für ZOH-Eingänge ergibt sich

$$\mathfrak{Q}_k = \int_0^{T_{\mathrm{s}k}} \mathfrak{A}_k(\tau)^T \begin{bmatrix} \mathfrak{Q}_{\mathrm{e}} & \mathfrak{Q}_{\mathrm{eu}} & -\mathfrak{Q}_{\mathrm{eu}} & \mathfrak{q}_{\mathrm{e}} \\ \mathfrak{Q}_{\mathrm{eu}}^T & \mathfrak{Q}_{\mathrm{u}} & -\mathfrak{Q}_{\mathrm{u}} & \mathfrak{q}_{\mathrm{u}} \\ -\mathfrak{Q}_{\mathrm{eu}}^T & -\mathfrak{Q}_{\mathrm{u}} & \mathfrak{Q}_{\mathrm{u}} & -\mathfrak{q}_{\mathrm{u}} \\ & & 0 & \\ \mathfrak{q}_{\mathrm{e}}^T & \mathfrak{q}_{\mathrm{u}}^T & -\mathfrak{q}_{\mathrm{u}}^T & 0 \end{bmatrix} \mathfrak{A}_k(\tau)\mathrm{d}\tau \text{ mit } \mathfrak{A}_k(\tau)^T = \begin{bmatrix} \boldsymbol{A}_{\mathrm{zn}k}^T(\tau) & 0 & 0 & 0 & 0 \\ \boldsymbol{B}_{\mathrm{uzn}k}^T(\tau) & \boldsymbol{I} & 0 & 0 & 0 \\ 0 & 0 & \boldsymbol{I} & 0 & 0 \\ \boldsymbol{B}_{\mathrm{dzn}k}^T(\tau) & 0 & 0 & \boldsymbol{I} & 0 \\ 0 & 0 & 0 & 0 & \boldsymbol{I} \end{bmatrix}, \tag{6.16}$$

wobei $\mathfrak{Q}_k = \begin{bmatrix} \boldsymbol{Q}_k & \mathfrak{q}_k \\ \mathfrak{q}_k^T & \boldsymbol{Q}_1 \end{bmatrix}$ und $\boldsymbol{v}^T = \begin{bmatrix} \boldsymbol{e}_{\mathrm{zn}}^T & \boldsymbol{u}_{\mathrm{nILC}j+1}^T & \boldsymbol{u}_{\mathrm{nILC}j}^T & \boldsymbol{d}_{\mathrm{n}}^T \end{bmatrix}$. Für eine Beschreibung von Eingängen höherer Ordnung sei auf Abschnitt 3.3.3 verwiesen. Aufgrund der großen Prädiktionslänge ist das Optimierungsproblem in eine Sparse-Form zu überführen (siehe Gleichung (4.28)). Diese kann dann anschließend in die Anteile Fehlerkosten und Energiekosten

$$J^{\mathrm{E}\sim *}_{j+1} = \min_{\boldsymbol{z}} \underbrace{\frac{1}{2}\boldsymbol{z}_{j+1}^T \boldsymbol{H}_{\mathrm{se}} \boldsymbol{z}_{j+1} + \boldsymbol{c}_{\mathrm{se}}^T \boldsymbol{z}_{j+1}}_{\text{Fehlerkosten}} + \gamma_{\mathrm{E}} \underbrace{\left(\frac{1}{2}\boldsymbol{z}_{j+1}^T \boldsymbol{H}_{\mathrm{sE}} \boldsymbol{z}_{j+1} + \boldsymbol{c}_{\mathrm{sE}}^T \boldsymbol{z}_{j+1}\right)}_{\text{Energiekosten}} \tag{6.17}$$

aufgeteilt werden. Die Energiekosten sind durch die in der Regel indefinite Matrix $\boldsymbol{H}_{\mathrm{sE}}$ beschrieben. Um die Berechnungen schnell und echtzeitfähig zu halten, ist es jedoch sinnvoll, dass das Gesamtoptimierungsproblem weiterhin konvex bleibt. Damit ist eine schnelle Berechnung über die beschriebenen Verfahren nach Abschnitt 4.3.2 möglich. Zur Sicherstellung der Konvexität wird der Gewichtungsfaktor γ_{E} genutzt, welcher so zu wählen ist, dass

$\boldsymbol{K}_\mathrm{L}$ der Optimierungslöser (Gleichung (4.67)) stets positiv definit und das Optimierungsproblem eindeutig lösbar bleibt. Soll der Energiebedarf noch weiter gesenkt werden, ist es zielführend das sich ergebende nichtkonvexe und nichteindeutige Optimierungsproblem für eine bestimmte Störcharakteristik offline vorzuberechnen. Online lässt sich dann durch ein konvexes Optimierungsproblem eine Anpassung auf die tatsächliche Störung gewährleisten. Eine solche Offline-Betrachtung wurde erfolgreich im Rahmen einer studentischen Arbeit [Hal15] untersucht und wird in dieser Dissertation nicht näher erläutert.

Für die oszillierende Verdrängerpumpe wird ein reduzierter Ordnungsentwurf nach Abschnitt 3.3.3 verwendet. Das mechanische Teilsystem

$$\begin{bmatrix}\dot e_\mathrm{I}\\ \dot e\\ \ddot e\end{bmatrix}=\begin{bmatrix}0 & 1 & 0\\ 0 & 0 & 1\\ -\frac{1}{m}K_\mathrm{I} & -\frac{1}{m}(k+K_\mathrm{P}) & -\frac{1}{m}(d_\mathrm{m}+K_\mathrm{D})\end{bmatrix}\begin{bmatrix}e_\mathrm{I}\\ e\\ \dot e\end{bmatrix}+\begin{bmatrix}0\\0\\\frac{1}{m}\end{bmatrix}(u_{\mathrm{ILC}j+1}+z)+\begin{bmatrix}0\\0\\-\frac{1}{m}\end{bmatrix}d(x),$$
$$\Rightarrow \dot{\boldsymbol{e}}=\boldsymbol{A}_\mathrm{K}\boldsymbol{e}+\boldsymbol{B}_\mathrm{u}(u_{\mathrm{ILC}j+1}+z)+\boldsymbol{B}_\mathrm{d}d(x) \tag{6.18}$$

beschreibt hierbei das berücksichtigte ILC-Modell. Das unterlagerte System wird als eingeregelt und die Beobachtungsfehler als vernachlässigbar angesehen. Damit gilt $z\approx 0$. Zur Einregelung des ILC-Ausgangs durch das unterlagerte elektrische System muss $u_{\mathrm{ILC}j+1}$ einmal stetig differenzierbar sein ($\chi=1$). Die Störung des betrachteten Systems ist nichtlinear abhängig von x und generell nicht eindeutig. Sie ist durch eine Hysterese beschrieben (siehe Abbildung 6.2). Durch die zusätzlichen Optimierungsnebenbedingungen, $\dot x\geq 0$ im Druckhub, $\dot x\leq 0$ im Saughub, Wechselpunkt Druck-/Saughub $x_\mathrm{ds}=\overline{x}$, Wechselpunkt Saug-/Druckhub $x_\mathrm{sd}=\underline{x}$ wird die Bewegung im Druck-Weg-Diagramm jedoch klar definiert. Damit bleibt auch die Kostenfunktion eindeutig. Die Annahme $z\approx 0$ ist hierfür unbedingt erforderlich.

Die Energiebeschreibung einer Periode gelingt über $W=\int_0^{T_\mathrm{P}} u_\mathrm{V} i\,dt$. Unter der Annahme, dass die Pumpe maßgeblich im linearen Bereich des magnetischen Eisenwiderstands verfahren wird, ist die Approximation $R_\mathrm{mg}(x,\phi)\approx c_\mathrm{fe}+R_\delta(x)$ geeignet.

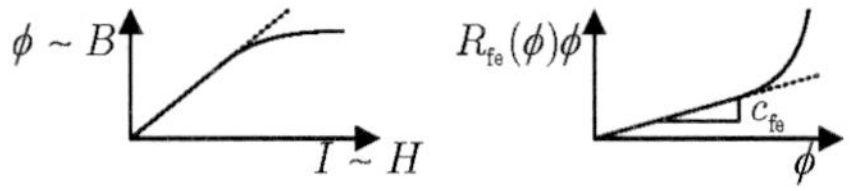

Abbildung 6.7: Identifikation: Approximation des Eisenwiderstands

Abbildung 6.7 zeigt die Zusammenhänge der Linearisierung. Weiter wird angenommen, dass $u_\mathrm{mech}=K_\mathrm{L}(x)\phi^2\approx K_\mathrm{L}\phi^2$, sodass die elektrische Leistung $u_\mathrm{V}\cdot i$ zu

$$\begin{aligned}u_\mathrm{V}\cdot i&=\left(N_\mathrm{L}\dot\phi+\frac{R_\mathrm{cu}}{N_\mathrm{L}}(c_\mathrm{fe}+R_\delta(x))\phi\right)\left(\frac{1}{N_\mathrm{L}}(c_\mathrm{fe}+R_\delta(x))\phi\right)\\&=(c_\mathrm{fe}+R_\delta(x))\frac{\dot u_\mathrm{mech}}{2K_\mathrm{L}}+\frac{R_\mathrm{cu}(c_\mathrm{fe}+R_\delta(x))^2}{N_\mathrm{L}^2}\frac{u_\mathrm{mech}}{K_\mathrm{L}}\end{aligned} \tag{6.19}$$

umgeformt und durch

$$u_{\mathrm{V}} \cdot i \approx \frac{1}{2}\begin{bmatrix} x \\ u_{\mathrm{mech}} \\ \dot{u}_{\mathrm{mech}} \end{bmatrix}^T \underbrace{\begin{bmatrix} & c_{\mathrm{xu}} & c_{\mathrm{x\dot{u}}} \\ c_{\mathrm{ux}} & & \\ c_{\mathrm{\dot{u}x}} & & \end{bmatrix}}_{\boldsymbol{\Omega}_{\mathrm{E}}} \underbrace{\begin{bmatrix} x \\ u_{\mathrm{mech}} \\ \dot{u}_{\mathrm{mech}} \end{bmatrix}}_{\boldsymbol{\theta}_{\mathrm{E}}} + \underbrace{\begin{bmatrix} \\ c_{\mathrm{u}} \\ c_{\mathrm{\dot{u}}} \end{bmatrix}^T}_{\boldsymbol{\eta}_{\mathrm{E}}^T} \begin{bmatrix} x \\ u_{\mathrm{mech}} \\ \dot{u}_{\mathrm{mech}} \end{bmatrix} \tag{6.20}$$

approximiert werden kann (Least-Square-Optimierung zur Bestimmung der Koeffizienten c_{ux}, c_{xu}, $c_{\mathrm{\dot{u}x}}$, $c_{\mathrm{x\dot{u}}}$, $c_{\mathrm{\dot{u}}}$, c_{u}). Die Parameter $[x \; u_{\mathrm{mech}} \; \dot{u}_{\mathrm{mech}}]$ lassen sich über

$$\begin{bmatrix} x \\ u_{\mathrm{mech}} \\ \dot{u}_{\mathrm{mech}} \end{bmatrix} = \underbrace{\begin{bmatrix} \boldsymbol{c}_{\mathrm{e}} & \boldsymbol{c}_{\mathrm{r}} & 0 & 0 & 0 & 0 \\ -\boldsymbol{K} & \boldsymbol{T}_{\mathrm{r}} & \boldsymbol{I} & 0 & 0 & 0 \\ -\boldsymbol{K}\boldsymbol{A}_{\mathrm{K}} & 0 & -\boldsymbol{K}\boldsymbol{B}_{\mathrm{u}} & -\boldsymbol{K}\boldsymbol{B}_{\mathrm{d}} & \boldsymbol{T}_{\mathrm{r}} & \boldsymbol{I} \end{bmatrix}}_{\boldsymbol{\Upsilon}_{\mathrm{E}}} \boldsymbol{\xi}_{\mathrm{c}} \tag{6.21}$$

ausdrücken, wobei $\boldsymbol{c}_{\mathrm{e}}$ die Selektion von x aus $\boldsymbol{e}$, $\boldsymbol{c}_{\mathrm{r}}$ die Selektion von x_{r} aus $\boldsymbol{x}_{\mathrm{r}}$ sowie $\boldsymbol{\xi}_{\mathrm{c}} = \left[\boldsymbol{e}^T \; \boldsymbol{x}_{\mathrm{r}}^T \; \boldsymbol{u}_{\mathrm{ILC}}^T \; \boldsymbol{d}^T \; \dot{\boldsymbol{x}}_{\mathrm{r}}^T \; \dot{\boldsymbol{u}}_{\mathrm{ILC}}^T\right]^T$ und $\boldsymbol{T}_{\mathrm{r}} = \left[0 \;\; k \;\; d_{\mathrm{m}} \;\; m\right]$ beschreibt. Zustand $\boldsymbol{\xi}_{\mathrm{c}}$ kann analog zu (3.31) für die reduzierte Ordnungsbeschreibung umgeformt werden. Damit ergibt sich schließlich eine Energiebeschreibung eines Abtastzeitschrittes zu

$$\int_0^{T_{sk}} \frac{1}{2}\boldsymbol{\theta}_{\mathrm{E}}^T\boldsymbol{\Omega}_{\mathrm{E}}\boldsymbol{\theta}_{\mathrm{E}} + \boldsymbol{\eta}_{\mathrm{E}}^T\boldsymbol{\theta}_{\mathrm{E}}\mathrm{d}t = \int_0^{T_{sk}} \frac{1}{2}\begin{bmatrix} \boldsymbol{\xi}_{\mathrm{E}} \\ \boldsymbol{\nu}_{\mathrm{E}} \\ 1 \end{bmatrix}^T \begin{bmatrix} \boldsymbol{G}_{\xi_{\mathrm{E}}}\boldsymbol{\Upsilon}_{\mathrm{E}}^T\boldsymbol{\Omega}_{\mathrm{E}}\boldsymbol{\Upsilon}_{\mathrm{E}}\boldsymbol{G}_{\xi_{\mathrm{E}}} & * & * \\ \boldsymbol{G}_{\nu_{\mathrm{E}}}^T\boldsymbol{\Upsilon}_{\mathrm{E}}^T\boldsymbol{\Omega}_{\mathrm{E}}\boldsymbol{\Upsilon}_{\mathrm{E}}\boldsymbol{G}_{\xi_{\mathrm{E}}} & \boldsymbol{G}_{\nu_{\mathrm{E}}}^T\boldsymbol{\Upsilon}_{\mathrm{E}}^T\boldsymbol{\Omega}_{\mathrm{E}}\boldsymbol{\Upsilon}_{\mathrm{E}}\boldsymbol{G}_{\nu_{\mathrm{E}}} & * \\ \boldsymbol{G}_{\xi_{\mathrm{E}}}^T\boldsymbol{\eta}_{\mathrm{E}} & \boldsymbol{G}_{\nu_{\mathrm{E}}}^T\boldsymbol{\eta}_{\mathrm{E}} & 0 \end{bmatrix} \begin{bmatrix} \boldsymbol{\xi}_{\mathrm{E}} \\ \boldsymbol{\nu}_{\mathrm{E}} \\ 1 \end{bmatrix} \mathrm{d}t. \tag{6.22}$$

Eine exakte Diskretisierung [Van78], Approximation von $\dot{u}_{\mathrm{mech}k} \approx (u_{\mathrm{mech}k+1} - u_{\mathrm{mech}k})/T_{sk}$ und Aufsummierung über alle Zeitschritte ergibt (6.17).

Analog zur Integration des Energiebedarfs in die Kostenfunktion kann eine Begrenzung $\overline{P}$ der Momentanleistung bzw. mittleren Leistung über ein spezifiziertes Zeitfenster als Ungleichungsnebenbedingungen in das ILC-Optimierungsproblem eingebunden werden. Diese Ungleichungen sind quadratisch (siehe auch (6.20)) und je nach Zeitfenster über mehrere Zeitschritte miteinander verkoppelt. Für die oszillierende Verdrängerpumpe ist eine Leistungsbegrenzung notwendig, da sonst die Zwischenkreisspannung der Netzspeisung zusammenbricht. Weitere Nebenbedingungen der ILC-Optimierung sind durch die maximale/minimale Position $\underline{x}|\overline{x}$ während der Dosierung, durch die Fehlergrenzen $\underline{e}|\overline{e}$ sowie die aufgrund der Hysterese der Störung gegebenen Beschränkungen der Geschwindigkeit und Wechselpunkte (Druck-/Saugvorgang, Saug-/Druckvorgang) gegeben.

Die Störgrößenbeobachtung der energiebasierten ILMPC gelingt über eine zyklische Beobachterstruktur nach Abschnitt 3.4.2. Hierbei wird für eine Periode die Störung auf Basis der letzten Prozesszyklen im Zeitbereich verbessert und anschließend in ein nichtlineares positionsabhängiges Hysteresemodell überführt. Für eine explizite Beschreibung sei an dieser Stelle auf die Modelle von Preisach und Jiles-Atherton in der entsprechenden Literatur [LSK+03, RRSB10, Ros11] verwiesen. Eine Einbindung in das entsprechende ILMPC-Optimierungsproblem ist möglich. Das Problem enthält nichtlineare Nebenbedingungen, nichtlineare Störungen und nichtlineare Kosten. Über PDIP ist das Problem lösbar.

6.5 Ergebnisse

Die beschriebenen energiebasierten ILMPC-Algorithmen können nun an der Verdrängerpumpe getestet werden. Hierfür wurden die Parameter nach Tabelle 6.3 verwendet.

Pumpe	Wert	Regl.	Wert	ILMPC	Wert
F_{vor}	63 N	K_{P}	600 N/mm	$\boldsymbol{Q}$	diag([1 40 5])
k	35 N/mm	K_{I}	60000 N/mm s	R	0.1
d_{m}	1 Ns/mm	K_{D}	20 Ns/mm	$\underline{e}\|\overline{e}$	variabel
m	0.24 kg	$\boldsymbol{L}_{\text{go}}$	[4e-5 s 0.8 1260 1/s 54e5 N/m]	$\underline{x}\|\overline{x}$	0.1|1.4 mm
R_{cu}	1.5 Ω	$\boldsymbol{L}_{\text{z}}$	[0.7 1400 1/s]	$\underline{u}\|\overline{u}_{\text{mech}}$	0 |1000 N
N_{L}	289	L_{d}	15e6 kg/m s²	$\overline{P}$	75 W
A_{w}	840 mm²	γ_{ϕ}	800 1/s	x_{ds}	$\overline{x}$
A_{v}	72 mm²			x_{sd}	$\underline{x}$
$\overline{\delta}_{\text{L}}$	1.71 mm			$\underline{\dot{x}}\|\overline{\dot{x}}$(pumpen)	0 |25 mm/s
				$\underline{\dot{x}}\|\overline{\dot{x}}$(saugen)	-25 |0 mm/s
				γ_{E}	variabel
				$\underline{T}_{\text{ss}}$	1 ms
				χ	1

Tabelle 6.3: Verdrängerpumpe: Prüfstandparameter

Für die ILMPC-Optimierung wurden zusätzlich die Beschränkungen $\underline{\dot{x}}|\overline{\dot{x}}$ eingeführt. Diese sind notwendig zur Vermeidung von Kavitation. Die Bedingungen x_{ds} und x_{sd} in Kombination mit den Ableitungsbedingungen $\underline{\dot{x}}|\overline{\dot{x}}$ stellen die Dosiergenauigkeit über eine Periode sicher. Aufgrund der eindeutigen Lösbarkeit des Optimierungsproblems (Hysterese: siehe Abbildung 6.2) sind die invarianten Mengen des ILC-Entwurfs zu Null angenommen. Um die Konditionierung des Optimierungsproblems zu verbessern, wurden die Gewichtungsmatrizen $\boldsymbol{S}_{\text{x}} = \text{diag}([400\ 8\ 0.008])$, $S_{\text{u}} = 4\text{e-}6$ und $S_{\text{d}} = 4\text{e-}6$ nach Abschnitt 3.2 verwendet.

Die oszillierende Verdrängerpumpe ist hochdynamisch. Daher ist es sinnvoll eine minimale ILC-Abtastzeit von 1 ms zu verwenden, um auch schnelle Vorgänge in der Pumpe abzudecken. Für eine maximale Periodendauer von $T_{\text{p}} = 0.6\,\text{s}$ entsteht hier jedoch ein Prädiktionshorizont von $N = 600$. Dies erfordert eine Einsparung des Speicher- und Rechenbedarfs. Hierzu wird eine variable Abtastzeit nach Abschnitt 4.2.1 verwendet, was den Prädiktionshorizont sowie die Rechenzeit mehr als halbiert. Der geeignete Aufbau des Optimierungsproblems ist durch eine Sparse-Form gegeben. Die Lösung erfolgt über PDIP-Verfahren nach Algorithmus 6 unter Nutzung von LDL-Zerlegungen.

Das nichtlineare Optimierungsproblem selbst enthält mehr als 40000 Optimierungsvariablen und kann in 80 ms gelöst werden (dSPACE 1006, AMD Opteron - 2.8 GHz). Durch γ_{E} ist die Konvexität des Problems stets sichergestellt. Eine ILC-Systemaufschaltung kann direkt erfolgen, da die transienten Vorgänge innerhalb der Pumpe stets berücksichtigt werden.

Abbildung 6.8 stellt die Prüfstandergebnisse der energiebasierten ILMPC dar.

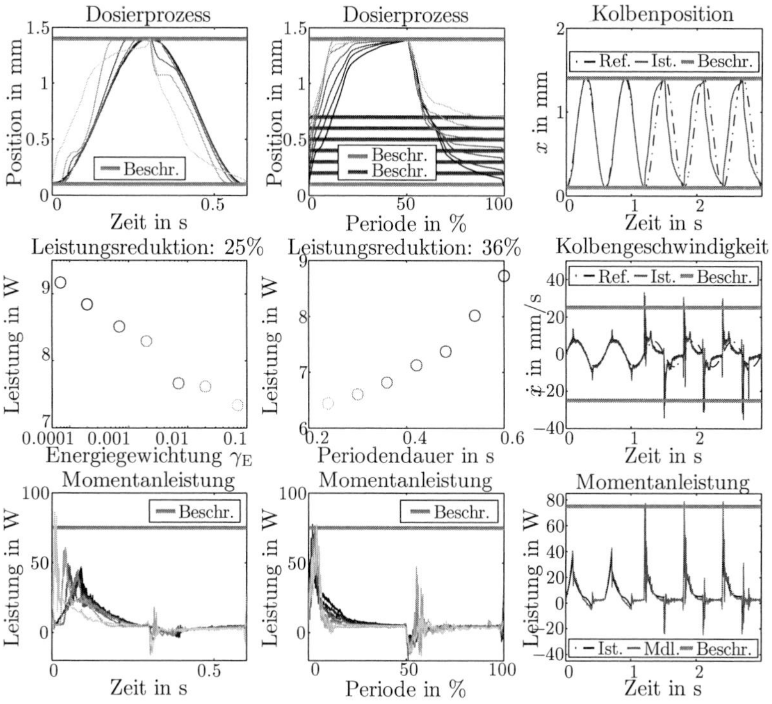

Abbildung 6.8: Verdrängerpumpe: Ergebnisse der energiebasierten ILMPC

Hierbei ist in der linken Spalte der Abbildung der Dosierprozess für unterschiedliche Gewichtungen von γ_E dargestellt. Für eine Gewichtung gegen Null wird lediglich der Regelfehler minimiert. So kann der Positionsfehler der sinusförmigen Referenztrajektorie bereits nach zwei Optimierungszyklen unter $\pm 4\,\mu$m gebracht werden (Rauschgrenze: $\pm 0.5\,\mu$m). Ohne Optimierung beträgt dieser über $\pm 80\,\mu$m. Für großes γ_E wird der Regelfehler unwichtiger, die mittlere Leistung jedoch relevant. Für $\gamma_E = 0.07$ lässt sich eine Leistungsreduktion von bis zu 25% erreichen. Die Leistungsgrenzen/Systemgrenzen sowie die Dosiergenauigkeiten über einen Dosierhub werden stets eingehalten und ausgenutzt. Es ist deutlich zu erkennen, dass die Optimierung vorwiegend $\underline{x}$ und $\overline{x}$ anfährt. Grund hierfür ist die energetisch günstige Lage (kleiner Luftspalt$\rightarrow$kleine Energie bzw. großer Luftspalt aber kleine Störkraft). Die mittlere Spalte stellt für $\gamma_E = 0.07$ unterschiedliche Periodendauern dar. Die Höhe der Kolbenbewegung wurde dabei so angepasst, dass die Dosierleistung pro Minute stets gleich blieb. Es ist zu erkennen, dass für eine geringere Periodendauer eine weitere Leistungsreduktion von 36% möglich ist. Die optimale Periodendauer hängt von der Störung ab und kann nur über nichtlineare nichtkonvexe Optimierungen ermittelt werden. Die rechte Spalte zeigt den zeitlichen Verlauf einer ILC-Optimierung ($\gamma_E = 0.07$). Hierbei ist zu sehen, dass die Beschränkungen leicht überschritten werden. Dies ist zum einen Messfehlern und zum anderen Modellungenauigkeiten zuzuordnen. Kavitation/Leistungseinbrüche treten nicht auf.

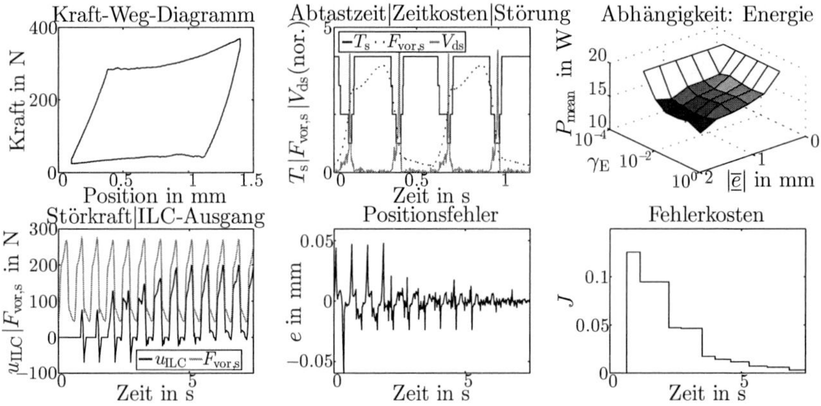

Abbildung 6.9: Verdrängerpumpe: Ergebnisse einer fokussierten ILMPC

Abbildung 6.9 zeigt weitere Messergebnisse am Pumpenprüfstand. Hierbei stellt die erste Zeile der Abbildung das Kraft-Weg-Diagramm einer Messung, die Zusammenhänge zwischen variabler Abtastzeit, Summenkosten V_{ds} und Störung, sowie eine Messmatrix dar. In der Messmatrix sind die Abhängigkeiten zwischen Energiegewichtung, zulässigen Fehlerschranken und der resultierenden mittleren Leistung über eine Periode beschrieben. Für $\overline{e} = \overline{x}$, $\underline{e} = -\overline{x}$ und γ_E maximal ergibt sich der geringstmögliche Energiebedarf, was plausibel ist. Die sinusförmige Trajektorie wird hierbei nicht mehr eingehalten (siehe auch Abbildung 6.8). Die Dosiergenauigkeit bleibt durch die Beschränkungen $x_{ds}=\overline{x}$ und $x_{sd}=\underline{x}$ erhalten.

Die zweite Zeile stellt die Ergebnisse einer fokussierten ILMPC dar ($\gamma_E = 0$) mit einem Horizont von $N_{fok} = 70$. Damit kann die Rechenzeit um zwei Drittel reduziert werden (80 ms→27 ms). Die Lerngeschwindigkeit verlangsamt sich um ein Vielfaches. Die Fehlerkosten J von fokussiertem Entwurf und nichtfokussiertem Entwurf für $t \to \infty$ sind nahezu gleich. Der Positionsfehler für $t \to \infty$ liegt bei beiden Varianten unter $\pm 2.5\,\mu$m, was einer sehr guten Genauigkeit entspricht. Noch leicht bessere Ergebnisse können über eine konstante Abtastzeit erreicht werden ($< \pm 1.5\,\mu$m). Hierbei steigt jedoch der Rechenaufwand. Die erzielten Regelgenauigkeiten liegen leicht überhalb der Rauschgrenze.

Die ILMPC-Ergebnisse (energiebasiert, fokussiert, variable Abtastzeit) am Pumpenprüfstand sind alle sehr zufriedenstellend. Die Ergebnisse zeigen, dass auch komplexe ILC-Verfahren auf hochdynamischen periodischen Prozessen echtzeitfähig anwendbar sind.

7 Prozesszeitenoptimierung über ILC am Beispiel einer Balancierplattform

Die Optimierung von Prozesszykluszeiten ist gerade in der Industrie von großer Relevanz. Kann die Prozesszyklusdauer in der Warenproduktion gesenkt werden, hat dies direkte Folgen auf deren Wirtschaftlichkeit. So ergibt sich eine Senkung der Produktionskosten und damit eine Steigerung der Gewinne. Für bekannte Systemumgebungen lässt sich ein mathematisches Modell aufstellen, auf dessen Basis eine optimale Trajektorienplanung berechenbar ist [VDS⁺09]. In den meisten Anwendungen ist die Systemumgebung jedoch nur teilweise bekannt bzw. gänzlich unbekannt und muss als Systemstörung d aufgefasst werden. Eine optimale Trajektorienberechnung lässt sich für solche Fälle nicht offline bestimmen.

In diesem Kapitel wird eine Online-Prozesszeitenoptimierung auf Basis eines ILMPC-Entwurfs vorgestellt. Hierbei werden zwei Ziele verfolgt: die Minimierung des Regelfehlers während des Prozesses sowie die Minimierung der Prozesszykluszeit unter Berücksichtigung von Systembeschränkungen. Das iterative Verfahren ist geeignet für zyklische Pfadverfolgungsprozesse und wird in dieser Arbeit am Beispiel einer Balancierplattform demonstriert.

7.1 Modellierung

7.1.1 Systemaufbau

Der Aufbau der verwendeten Balancierplattform lässt sich in einfacher Weise beschreiben.

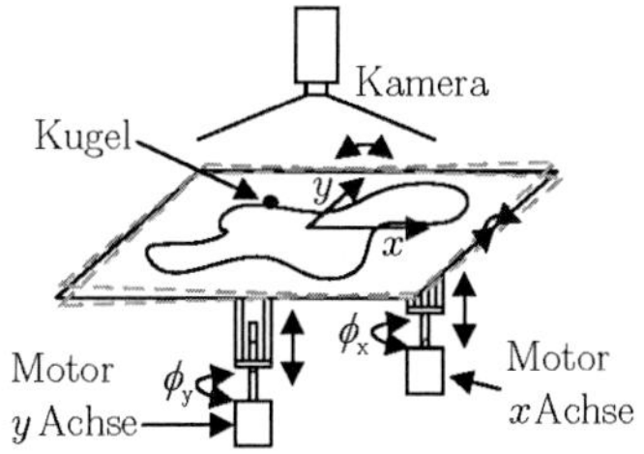

Abbildung 7.1: Balancierplattform: Aufbau

Abbildung 7.1 zeigt die Zusammenhänge. Hierbei ist eine Balancierplattform, welche im Zentrum beweglich gelagert ist, dargestellt. Über befestigte Kugelrollspindeln in x und y-Richtung kann die Plattform durch zwei Gleichstromservomotoren um die x-Achse und y-Achse geneigt werden. Die Motorwinkel ϕ_x und ϕ_y lassen sich durch Inkrementalgeber erfassen. Die Motorströme i_x und i_y sowie Motorspannungen u_x und u_y werden gemessen. Eine Kamera beobachtet den Prozess. Aufgabe ist es einen geschlossenen Pfad mit einer metallischen Kugel abzufahren. Dies gelingt durch eine Neigungswinkelregelung der Plattform, wobei die Positionsmessung der Kugel über eine Kamera erfolgt. Bildverarbeitungsalgorithmen detektieren den Glanzpunkt der Kugel und damit deren Lage. Über eine Schwellwertfilterung der Kamerabilder wird der längste geschlossene Pfad auf der Plattform detektiert und als Referenzpfad festgelegt. Das Höhenprofil der Plattform ist unbekannt und beschreibt die Systemstörung. Der Prozess wird zyklisch durchlaufen. Systembeschränkungen sind durch die maximalen Motorspannungen ($\pm 24\,\mathrm{V}$), die maximalen Neigungswinkel der Plattform ($\pm 11\,°$) und die Begrenzungen der Plattform ($0 < x, y < 300\,\mathrm{mm}$) gegeben. Die Anlage wird über eine durch Lichtschranken gesteuerte Notabschaltung geschützt.

7.1.2 Systembeschreibung

Die mathematische Systembeschreibung der Anlage ist durch zwei verkoppelte Teilsysteme aufgebaut. Die Plattformdynamik beschreibt den überlagerten Prozess, die Motordynamik die unterlagerten Vorgänge. Sowohl für die x-Achse, als auch für die y-Achse muss ein Modell aufgestellt werden. Eine direkte Verkopplung der x/y-Modelle liegt nicht vor.

Die Motordynamik ist durch die elektrischen Zusammenhänge einer Gleichstrommaschine bestimmt. Abbildung 7.2 stellt den Aufbau dar. Dieser ist für beide Achsen (x, y) gleich.

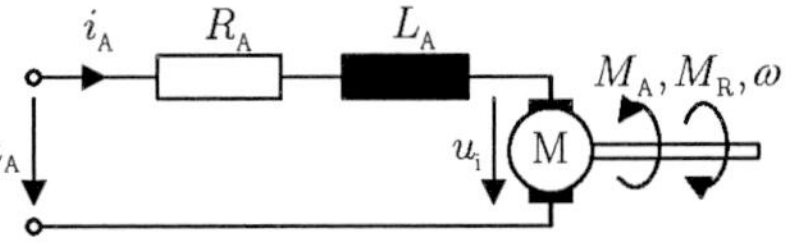

Abbildung 7.2: Balancierplattform: Gleichstromservomotor

Hierfür ergibt sich die Systembeschreibung

$$u_\mathrm{A} = R_\mathrm{A} i_\mathrm{A} + L_\mathrm{A} \dot{i}_\mathrm{A} + u_\mathrm{i}, \tag{7.1}$$

wobei u_A der angelegten Spannung entspricht, R_A den elektrischen Widerstand und L_A die elektrische Induktivität des Gleichstrommotors darstellt. Die induzierte Motorspannung $u_\mathrm{i} = c_\mathrm{M}\omega$ setzt sich aus der Motorkonstante c_M und der Motorgeschwindigkeit $\omega = \dot{\phi}$ zusammen. Neben einer elektrischen Beschreibung sind die mechanischen Kräfte des Gleichstrommotors relevant. Diese sind durch die Dynamik

$$M_\mathrm{A} - M_\mathrm{R} - \cancel{M_\mathrm{L}} = c_\mathrm{M} i_\mathrm{A} - b_\mathrm{M}\omega = J_\mathrm{M}\dot{\omega} \tag{7.2}$$

bestimmt, wobei $M_A = c_M i_A$ dem mechanischen Moment des Motors entspricht, $M_R = b_M \omega$ das Reibmoment mit Reibkonstante b_M darstellt und M_L das vernachlässigbare Moment durch die Zentrifugalkraft der befestigten Plattform beschreibt. Das resultierende Moment ergibt sich aus dem Trägheitsmoment des Motors J_M und der Winkelbeschleunigung $\dot{\omega}$. Diese Zusammenhänge ergeben die Gesamtmotordynamik

$$\begin{bmatrix} \dot{\phi} \\ \ddot{\phi} \\ \dot{i}_A \end{bmatrix} = \begin{bmatrix} 0 & 1 & 0 \\ 0 & -\frac{b_M}{J_M} & +\frac{c_M}{J_M} \\ 0 & -\frac{c_M}{L_A} & -\frac{R_A}{L_A} \end{bmatrix} \begin{bmatrix} \phi \\ \dot{\phi} \\ i_A \end{bmatrix} + \begin{bmatrix} 0 \\ 0 \\ \frac{1}{L_A} \end{bmatrix} u_A. \tag{7.3}$$

Die Dynamik der Kugel lässt sich über deren Kräftebilanz und Momentenbilanz formulieren. Abbildung 7.3 illustriert die Zusammenhänge.

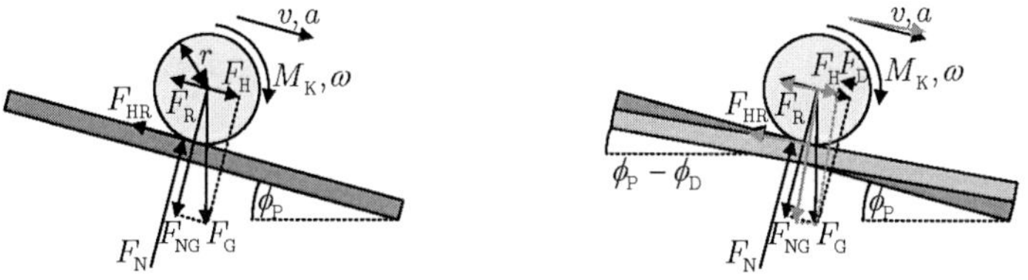

Abbildung 7.3: Balancierplattform: Kugeldynamik

In der linken Abbildung stellt ϕ_P den Neigungswinkel der Plattform dar und $F_G = mg$ die Gewichtskraft der Kugel mit Masse m und Gravitationsbeschleunigung g. Aus der Gewichtskraft ergibt sich die Hangabtriebskraft $F_H = mg \sin \phi_P$ sowie die Normalenkraft $F_N = F_{NG} = mg \cos \phi_P$. Weiter wird für die Plattform angenommen, dass die Haftreibungsbedingung $F_{HR} < \mu_{HR} F_N$ stets erfüllt ist und damit kein Gleiten sondern ausschließlich Rollen der Kugel auftritt. Der Widerstandreibkoeffizient wird zu $F_R = \mu_S v$ angenommen, wobei v der Geschwindigkeit der Kugel entspricht. Dies erlaubt eine Formulierung der Kräfte- und Momentenbilanz. Es folgt

$$\begin{aligned} F_H - F_R - F_{HR} &= m\dot{v} \\ F_{HR} r &= M_K, \end{aligned} \tag{7.4}$$

wobei $M_K = J_K \dot{\omega}$ dem Moment der Kugel entspricht mit Massenträgheitsmoment $J_K = \frac{2}{5} m r^2$ und Winkelbeschleunigung $\dot{\omega} = \dot{v}/r$. Durch Einsetzen und Umformen ergibt sich schließlich

$$\begin{aligned} F_{HR} r &= J_K \dot{\omega} = \frac{2}{5} m r^2 \dot{\omega} \Rightarrow F_{HR} = \frac{2}{5} m \dot{v} \\ \Rightarrow \dot{v} &= \frac{5}{7} g (\sin \phi_P - \mu_S v). \end{aligned} \tag{7.5}$$

Die Geschwindigkeit der Kugel enthält eine horizontale und vertikale Komponente. Für die spätere Betrachtung wird jedoch lediglich die Horizontalbewegung genutzt. Da es sich bei der Neigung der Plattform um kleine Winkel handelt wird angenommen, dass die Horizontalgeschwindigkeit v_h und -beschleunigung $\dot{v}_\mathrm{h}$ gleich der tatsächlichen Geschwindigkeit und Beschleunigung ist $v_\mathrm{h} = v\cos\phi_\mathrm{P} \approx v$, $\dot{v}_\mathrm{h} = \dot{v}\cos\phi_\mathrm{P} \approx \dot{v}$. Weiter bezieht sich die Herleitung der Kugeldynamik auf die Neigung einer Achse. Für die Balancierplattform ist jedoch eine Neigung in x und y-Richtung möglich. Es ergeben sich damit separierte Dynamiken in x und y-Richtung mit v_x, v_y bzw. $\dot{v}_\mathrm{x}$, $\dot{v}_\mathrm{y}$ (Horizontalbewegungen).

Die unbekannte Störgröße des Prozesses wird maßgeblich durch das nicht mit modellierte Höhenprofil der Plattform beschrieben. Dadurch ändert sich der tatsächliche Neigungswinkel ϕ_P um ϕ_D (Abbildung 7.3, rechts). Die Auswirkungen auf die Dynamik lassen sich als Störkraft $F_{\mathrm{Dx|y}} = d_{\mathrm{Px|y}}$ interpretieren. Es ergibt sich

$$\dot{v}_{\mathrm{x|y}} = \frac{5}{7} g(\sin\phi_{\mathrm{Px|y}} - \mu_\mathrm{S} v_{\mathrm{x|y}}) - d_{\mathrm{Px|y}}(x, y), \tag{7.6}$$

wobei $d_{\mathrm{Px|y}}(x, y)$ von der Position der Kugel abhängt. Weiter gilt der Zusammenhang $\sin\phi_{\mathrm{Px|y}} = h_{\mathrm{Px|y}} / \sqrt{l^2_{\mathrm{Px|y}} + h^2_{\mathrm{Px|y}}} \approx h_{\mathrm{Px|y}} / l_{\mathrm{Px|y}} = k_\mathrm{g}\phi_{\mathrm{x|y}} / (2\pi l_{\mathrm{Px|y}})$. Hierbei beschreibt $l_{\mathrm{Px|y}}$ die Länge zwischen Aufhängungspunkt der Plattform (Mittelpunkt) und Befestigung der jeweiligen Achse und $h_{\mathrm{Px|y}}$ deren Höhendifferenz. Über die Kugelrollspindeln der Achsen ergibt sich mit Gewindesteigung k_g die Kopplung $h_{\mathrm{Px|y}} = k_\mathrm{g}\phi_{\mathrm{x|y}}/(2\pi)$ zu den jeweiligen Motorwinkeln $\phi_{\mathrm{x|y}}$. Dies erlaubt eine Formulierung der Gesamtdynamik in x-Richtung zu

$$\begin{bmatrix} \dot{x} \\ \ddot{x} \\ \dot{\phi}_\mathrm{x} \\ \ddot{\phi}_\mathrm{x} \\ \dot{i}_\mathrm{Ax} \end{bmatrix} = \begin{bmatrix} 0 & 1 & 0 & 0 & 0 \\ 0 & -\frac{5}{7} g\mu_\mathrm{S} & \frac{5}{7} g k_\mathrm{g}/(2\pi l_\mathrm{Px}) & 0 & 0 \\ 0 & 0 & 0 & 1 & 0 \\ 0 & 0 & 0 & -\frac{b_\mathrm{M}}{J_\mathrm{M}} & +\frac{c_\mathrm{M}}{J_\mathrm{M}} \\ 0 & 0 & 0 & -\frac{c_\mathrm{M}}{L_\mathrm{A}} & -\frac{R_\mathrm{A}}{L_\mathrm{A}} \end{bmatrix} \begin{bmatrix} x \\ \dot{x} \\ \phi_\mathrm{x} \\ \dot{\phi}_\mathrm{x} \\ i_\mathrm{Ax} \end{bmatrix} + \begin{bmatrix} 0 \\ 0 \\ 0 \\ 0 \\ \frac{1}{L_\mathrm{A}} \end{bmatrix} u_\mathrm{Ax} - \begin{bmatrix} 0 \\ 1 \\ 0 \\ 0 \\ 0 \end{bmatrix} d_\mathrm{Px}(x, y). \tag{7.7}$$

Eine Formulierung in y-Richtung gelingt analog. Die hierfür getroffenen Modellvereinfachungen sind aufgrund der kleinen Neigungswinkel sinnvoll. Geringe Abweichungen zur tatsächlichen Systemdynamik sind in der Störbetrachtung integriert.

7.2 Identifikation

Nach der Systemmodellierung können die Systemparameter nun identifiziert werden. Die Identifikation wurde hierfür in die Teilsysteme elektrischer Kreis und mechanischer Kreis aufgeteilt.

7.2.1 Identifikation des elektrischen Teilsystems

Für die Identifikation des elektrischen Teilsystems wurde das Verfahren der kleinsten Fehlerquadrate analog zu Abschnitt 5.2.2 verwendet und mit dem Datenblatt der Motoren abgeglichen. Hierbei ergaben sich die Parameter nach Tabelle 7.1, wobei mit J_{M} das Massenträgheitsmoment von Motor und montierter Kugelrollspindel gemeint ist. Die Parameter sind für beide Achsen identisch.

Parameter	Wert
R_{A}	$6.2\,\Omega$
L_{A}	$0.75\,\mathrm{mH}$
J_{M}	$60\mathrm{e}{-7}\,\mathrm{kgm}^2$
c_{M}	$32.5\,\mathrm{mNm/A}$
b_{M}	$10\mathrm{e}{-7}\,\mathrm{Nms}$

Tabelle 7.1: Balancierplattform: Identifizierte Motorparameter

7.2.2 Identifikation des mechanischen Teilsystems

Zur Identifikation der mechanischen Parameter wurde ebenfalls das Verfahren der kleinsten Fehlerquadrate angewendet und Parameter μ_{S} bestimmt. Die restlichen Parameter sind messbar. Tabelle 7.2 fasst die Parameter zusammen.

Parameter	Wert
μ_{s}	$6.2\,\mathrm{s/m}$
$l_{\mathrm{Px\|y}}$	$113\|113\,\mathrm{mm}$
k_{g}	$1.25\,\mathrm{mm}$
g	$9.81\,\mathrm{m/s}^2$

Tabelle 7.2: Balancierplattform: Identifizierte und gemessene Plattformparameter

7.3 Regler- und Beobachterentwurf

Für den Reglerentwurf gibt es verschiedenste Möglichkeiten. Beispielsweise kann das System in eine Regelungsnormalform überführt und dann eine flachheitsbasierte Trajektorienfolgeregelung angewendet werden. Ein Integrator-Backstepping-Entwurf ist ebenfalls denkbar. In dieser Arbeit wird ein kaskadierter Entwurf vorgestellt.

Zunächst wird das mechanische Teilsystem ohne Störung betrachtet, wobei der Winkel $\phi_{\mathrm{x|y}} = \phi_{\mathrm{x|y_r}}$ als frei wählbar angenommen wird. Mit der Wahl des mechanischen $x|y$-Achsen-Eingangs $u_{\mathrm{px|y}} = \frac{5}{7} g k_{\mathrm{g}}/(2\pi l_{\mathrm{Px|y}})\phi_{\mathrm{x|y_r}} = \ddot{x}_{\mathrm{r}}|\ddot{y}_{\mathrm{r}} + \frac{5}{7} g \mu_{\mathrm{S}} \dot{x}_{\mathrm{r}}|\dot{y}_{\mathrm{r}} - K_{\mathrm{P}} e_{\mathrm{x|y}} - K_{\mathrm{D}} \dot{e}_{\mathrm{x|y}}$, wobei K_{P} und

K_D so gewählt seien, dass das System (7.8) stabil ist, ergibt sich mit $e_{\mathrm{x|y}} = x|y - x_\mathrm{r}|y_\mathrm{r}$ und $e_{\phi\mathrm{x|y}} = \phi_{\mathrm{x|y}} - \phi_{\mathrm{x|y_r}}$ für den mechanischen Kreis

$$\begin{bmatrix} \dot{e}_{\mathrm{x|y}} \\ \ddot{e}_{\mathrm{x|y}} \end{bmatrix} = \begin{bmatrix} 0 & 1 \\ -K_\mathrm{P} & -K_\mathrm{D}^* \end{bmatrix} \begin{bmatrix} e_{\mathrm{x|y}} \\ \dot{e}_{\mathrm{x|y}} \end{bmatrix} + \begin{bmatrix} 0 \\ \frac{5}{7} g k_\mathrm{g}/(2\pi l_{\mathrm{Px|y}}) \end{bmatrix} e_{\phi\mathrm{x|y}} \quad \text{mit } K_\mathrm{D}^* = K_\mathrm{D} - \frac{5}{7} g \mu_\mathrm{S}. \tag{7.8}$$

Unter der Annahme, dass $e_{\phi\mathrm{x|y}} = 0$ und $d_{\mathrm{Px|y}} = 0$, ist das mechanische Teilsystem stabil.

Der unterlagerte elektrische Kreis kann zunächst auf Regelungsnormalform gebracht werden, sodass sich

$$\begin{aligned} \begin{bmatrix} \dot{z}_{1\mathrm{x|y}} \\ \dot{z}_{2\mathrm{x|y}} \\ \dot{z}_{3\mathrm{x|y}} \end{bmatrix} &= \begin{bmatrix} 0 & 1 & 0 \\ 0 & 0 & 1 \\ 0 & -\frac{c_\mathrm{M}^2 + R_\mathrm{A} b_\mathrm{M}}{J_\mathrm{M} R_\mathrm{A}} & -\frac{R_\mathrm{A}}{L_\mathrm{A}} - \frac{b_\mathrm{M}}{J_\mathrm{M}} \end{bmatrix} \begin{bmatrix} z_{1\mathrm{x|y}} \\ z_{2\mathrm{x|y}} \\ z_{3\mathrm{x|y}} \end{bmatrix} + \begin{bmatrix} 0 \\ 0 \\ \frac{1}{L_\mathrm{A}} \end{bmatrix} u_{\mathrm{Ax|y}} \\ \text{mit } \begin{bmatrix} z_{1\mathrm{x|y}} \\ z_{2\mathrm{x|y}} \\ z_{3\mathrm{x|y}} \end{bmatrix} &= \begin{bmatrix} \frac{J_\mathrm{M}}{c_\mathrm{M}} & 0 & 0 \\ 0 & \frac{J_\mathrm{M}}{c_\mathrm{M}} & 0 \\ 0 & -\frac{b_\mathrm{M}}{c_\mathrm{M}} & 1 \end{bmatrix} \begin{bmatrix} \phi_{\mathrm{x|y}} \\ \dot{\phi}_{\mathrm{x|y}} \\ i_\mathrm{A} \end{bmatrix} \end{aligned} \tag{7.9}$$

ergibt. Mit $u_{\mathrm{Ax|y}} = L_\mathrm{A} \left(\frac{c_\mathrm{M}^2 + R_\mathrm{A} b_\mathrm{M}}{J_\mathrm{M} R_\mathrm{A}} z_{2\mathrm{x|y_r}} + (\frac{R_\mathrm{A}}{L_\mathrm{A}} + \frac{b_\mathrm{M}}{J_\mathrm{M}}) z_{3\mathrm{x|y_r}} - K_1 e_{1\mathrm{zx|y}} - K_2 e_{2\mathrm{zx|y}} - K_3 e_{3\mathrm{zx|y}} \right)$ folgt

$$\begin{bmatrix} \dot{e}_{1\mathrm{zx|y}} \\ \dot{e}_{2\mathrm{zx|y}} \\ \dot{e}_{3\mathrm{zx|y}} \end{bmatrix} = \begin{bmatrix} 0 & 1 & 0 \\ 0 & 0 & 1 \\ -K_1 & -K_2^* & -K_3^* \end{bmatrix} \begin{bmatrix} e_{1\mathrm{zx|y}} \\ e_{2\mathrm{zx|y}} \\ e_{3\mathrm{zx|y}} \end{bmatrix} \quad \text{mit} \quad \begin{aligned} K_2^* &= K_2 + (c_\mathrm{M}^2 + R_\mathrm{A} b_\mathrm{M})/(J_\mathrm{M} R_\mathrm{A}) \\ K_3^* &= K_3 + R_\mathrm{A}/L_\mathrm{A} + b_\mathrm{M}/J_\mathrm{M}, \end{aligned} \tag{7.10}$$

wobei $e_{1\mathrm{zx|y}} = \frac{J_\mathrm{M}}{c_\mathrm{M}} e_{\phi\mathrm{x|y}}$. $e_{2\mathrm{zx|y}}$ und $e_{3\mathrm{zx|y}}$ ergeben sich aus den Ableitungen. Hierbei seien K_1, K_2 und K_3 so gewählt, dass das System (7.10) stabil ist. Daraus resultiert das Gesamtsystem

$$\begin{bmatrix} \dot{e}_{\mathrm{x|y}} \\ \ddot{e}_{\mathrm{x|y}} \\ \dot{e}_{1\mathrm{zx|y}} \\ \dot{e}_{2\mathrm{zx|y}} \\ \dot{e}_{3\mathrm{zx|y}} \end{bmatrix} = \begin{bmatrix} 0 & 1 & 0 & 0 & 0 \\ -K_\mathrm{P} & -K_\mathrm{D}^* & \frac{5}{7} \frac{g k_\mathrm{g} c_\mathrm{M}}{2\pi l_{\mathrm{Px|y}} J_\mathrm{M}} & 0 & 0 \\ 0 & 0 & 0 & 1 & 0 \\ 0 & 0 & 0 & 0 & 1 \\ 0 & 0 & -K_1 & -K_2^* & -K_3^* \end{bmatrix} \begin{bmatrix} e_{\mathrm{x|y}} \\ \dot{e}_{\mathrm{x|y}} \\ e_{1\mathrm{zx|y}} \\ e_{2\mathrm{zx|y}} \\ e_{3\mathrm{zx|y}} \end{bmatrix}, \tag{7.11}$$

welches aufgrund der stabilen Blockdiagonalsysteme für $d_{\mathrm{Px|y}} = 0$ stabil ist. Ist $d_{\mathrm{Px|y}} \neq 0$, bleibt die Dynamik ebenfalls stabil. Asymptotische Konvergenz wird jedoch nicht erreicht. Hierzu wird in dieser Dissertation ein ILMPC-Entwurf verwendet.

Gemessene Zustandsgrößen des Systems sind die Positionen x und y, die Winkel ϕ_x und ϕ_y und die Spannungen u_{Ax} und u_{Ay}. So wie der Reglerentwurf separierbar ist, kann auch der Beobachterentwurf in das elektrische und das mechanische Teilsystem aufgeteilt werden.

Für den elektrischen Kreis wurde ein klassischer Luenberger-Beobachter verwendet. Da die Winkelmessung $\phi_{\mathrm{x|y}}$ sehr rauscharm ist und die Modellbeschreibung hochwertig, ist der Beobachtungsfehler des unterlagerten Teilsystems vernachlässigbar.

Der mechanische Kreis wird durch die Systemstörung beeinflusst. Eine Systembeobachtung gelingt daher beispielsweise über einen diskreten zyklischen Beobachterentwurf nach Abschnitt 3.4.2. Die Positionsmessung ist mit einer Genauigkeit von $\pm 1.5\,\mathrm{mm}$ starkem Rauschen unterlegen. Um eine bessere Rauschunterdrückung zu gewährleisten, wurde ein Mittelwertfilter der Länge N_F eingesetzt. Nach Abschnitt 3.4.2 ergibt sich damit

$$\begin{bmatrix} \tilde{\boldsymbol{Z}}_{\mathrm{nx|y}j+1} \\ \tilde{\boldsymbol{S}}_{\mathrm{nx|y}j+1} \end{bmatrix} = \begin{bmatrix} \boldsymbol{\Phi}_\mathrm{L}^* & \boldsymbol{\Gamma}_\mathrm{s} \\ -\boldsymbol{L}_\mathrm{dz}\boldsymbol{C}_\mathrm{znz}\boldsymbol{\Phi}_\mathrm{L}^* & \boldsymbol{I}_\mathrm{m} - \boldsymbol{L}_\mathrm{dz}\boldsymbol{C}_\mathrm{znz}\boldsymbol{L}_\mathrm{s} \end{bmatrix} \begin{bmatrix} \tilde{\boldsymbol{Z}}_{\mathrm{nx|y}j+1} \\ \tilde{\boldsymbol{S}}_{\mathrm{nx|y}j+1} \end{bmatrix} + \begin{bmatrix} \boldsymbol{\Gamma}_\mathrm{L} & \boldsymbol{0} \\ \boldsymbol{L}_\mathrm{dz}\boldsymbol{C}_\mathrm{znz}\boldsymbol{\Gamma}_\mathrm{L} & \boldsymbol{I}_\mathrm{m} - \boldsymbol{I} \end{bmatrix} \begin{bmatrix} \boldsymbol{\Delta w}_\mathrm{x|y} \\ \boldsymbol{S}_{\mathrm{n}x|y} \end{bmatrix}, \tag{7.12}$$

wobei $\boldsymbol{\Gamma}_\mathrm{L}$ analog zu $\boldsymbol{\Gamma}_\mathrm{s}$ aufgebaut ist (jedoch mit $\boldsymbol{L}_\mathrm{d}$ statt $\boldsymbol{B}_\mathrm{dzn}$) und sich $\boldsymbol{L}_\mathrm{dz}$, $\boldsymbol{I}_\mathrm{m}$ mit $L_\mathrm{dzF} = L_\mathrm{dz}/(2N_\mathrm{F}+1)$ und $I_\mathrm{m} = 1/(2N_\mathrm{F}+1)$ zu

$$\boldsymbol{L}_\mathrm{dz} = \begin{bmatrix} L_\mathrm{dzF} & \cdots & L_\mathrm{dzF} & & L_\mathrm{dzF} & \cdots \\ \cdots & L_\mathrm{dzF} & \cdots & L_\mathrm{dzF} & & \ddots \\ & & \ddots & \ddots & & \\ \cdots & L_\mathrm{dzF} & & L_\mathrm{dzF} & \cdots & L_\mathrm{dzF} \end{bmatrix}, \quad \boldsymbol{I}_\mathrm{m} = \begin{bmatrix} I_\mathrm{m} & \cdots & I_\mathrm{m} & & I_\mathrm{m} & \cdots \\ \cdots & I_\mathrm{m} & \cdots & I_\mathrm{m} & & \ddots \\ & & \ddots & \ddots & & \\ \cdots & I_\mathrm{m} & & I_\mathrm{m} & \cdots & I_\mathrm{m} \end{bmatrix} \tag{7.13}$$

bestimmen. Für die Störung ist bekannt, dass diese nichtlinear von x und y abhängt (siehe (7.7)). Für den betrachteten Prozess bleibt sie jedoch innerhalb der Grenzen $\pm 0.15\,{}^\mathrm{m}/_{\mathrm{s}^2}$. Die Änderungsrate der Störung bleibt zwischen $\pm 0.1\,{}^\mathrm{m}/_{\mathrm{s}^3}$. Damit lässt sich eine invariante Menge für die Störschätzung berechnen ($\mathcal{W}_\mathrm{dx|y} \rightarrow |\tilde{d}| < 0.0068\,{}^\mathrm{m}/_{\mathrm{s}^2}$) sowie eine maximale Abweichung für die Zustandsschätzung ($\mathcal{W}_\mathrm{ox|y} \rightarrow |\tilde{x}|\,|\,|\tilde{y}| < 1.5\,\mathrm{mm}|1.5\,\mathrm{mm}$, $|\dot{\tilde{x}}|\,|\,|\dot{\tilde{y}}| < 9.2\,\mathrm{mm/s}|9.2\,\mathrm{mm/s}$). Die Worst-Case-Abschätzungen für die Stellwinkel $\phi_\mathrm{Px|y}$ aufgrund der durch die Unsicherheiten beeinflussten Regelung ergeben $|[K_\mathrm{P}\ K_\mathrm{D}](\mathcal{W}_\mathrm{ox|y} \oplus \mathcal{W}_\mathrm{dx|y})| < 0.0276\,\mathrm{rad}$. Tabelle 7.3 fasst die Regelungs- und Beobachtungsparameter nochmals zusammen.

Parameter	Wert
$[K_\mathrm{P}\ K_\mathrm{D}]$	$[44.7\,{}^1/_{\mathrm{s}^2}\ 13.7\,{}^1/_\mathrm{s}]$
$[K_1\ K_2\ K_3]$	$[3.8\mathrm{e}^5\,{}^1/_{\mathrm{s}^3}\ 7.4\mathrm{e}^3\,{}^1/_{\mathrm{s}^2}\ 6\mathrm{e}^2\,{}^1/_\mathrm{s}]$
$\boldsymbol{L}_\mathrm{e}$	$[7.7\mathrm{e}^2\,{}^1/_\mathrm{s}\ 1.5\mathrm{e}^5\,{}^1/_{\mathrm{s}^2}\ 2.6\mathrm{e}^3\,{}^\mathrm{A}/_\mathrm{s}]$
$\boldsymbol{L}_\mathrm{d}$	$[33.5\,{}^1/_\mathrm{s}\ 61.5\,{}^1/_{\mathrm{s}^2}]$
L_dzF	$50\,{}^1/_{\mathrm{s}^2}$
N_F	50
T_se	$0.001\,\mathrm{s}$
T_sm	$0.005\,\mathrm{s}$
$\lvert\mathcal{W}_\mathrm{dx\|y}\rvert$	$< 0.0068\,{}^\mathrm{m}/_{\mathrm{s}^2}$
$\lvert\mathcal{W}_\mathrm{ox\|y}\rvert$	$\lvert\tilde{x}\rvert < 1.5\,\mathrm{mm}$, $\lvert\tilde{y}\rvert < 1.5\,\mathrm{mm}$, $\lvert\dot{\tilde{x}}\rvert < 9.2\,{}^\mathrm{mm}/_\mathrm{s}$, $\lvert\dot{\tilde{y}}\rvert < 9.2\,{}^\mathrm{mm}/_\mathrm{s}$
$\mathcal{W}_\mathrm{ugx\|y} = [K_\mathrm{P}\ K_\mathrm{D}](\mathcal{W}_\mathrm{ox\|y} \oplus \mathcal{W}_\mathrm{dx\|y})$	$\lvert\Delta\phi_\mathrm{Px\|y}\rvert < 0.0276\,\mathrm{rad}$

Tabelle 7.3: Balancierplattform: Regelungs- und Beobachtungsparameter

Hierbei stellt $\boldsymbol{L}_\mathrm{e}$ den Beobachter des elektrischen Teilsystems (Abtastzeit: T_se), $\boldsymbol{L}_\mathrm{z}$ den Beobachter des mechanischen Teils (T_sm) und L_dzF den Beobachter der Stördynamik dar.

Die ermittelte Störung muss in eine positionsabhängige Darstellung überführt werden. Dies gelingt für den Prüfstand über eine zweidimensionale Polynomapproximation mit Ordnung 7 und dem Verfahren der kleinsten Fehlerquadrate.

7.4 Prozesszeitenoptimierung

Eine Prozesszeitenoptimierung zyklischer Prozesse über ILC-Methoden ist überall dort möglich, wo eine Bahnkurve bekannt ist, jedoch der zeitliche Zusammenhang (Trajektorie) frei vorgegeben werden kann. Dies trifft beispielsweise auf Pick-and-Place-Systeme (Industrieprozesse) oder auch auf die betrachtete Balancierplattform dieser Dissertation zu.

Für die ILC-Algorithmen lassen sich hierfür zwei Ziele definieren. Dies ist zum einen die zyklische Verbesserung der Regelgenauigkeit und zum anderen eine Minimierung der Prozesszykluszeit T_z. Um beide Ziele zu vereinen, ist es erforderlich die aufzustellenden ILC-Kosten in eine ortsabhängige und damit zeitunabhängige Darstellung zu überführen.

7.4.1 Ortsabhängige Kostenfunktion

Für eine Überführung der zeitabhängigen Kostenfunktion in eine ortsabhängige Kostenfunktion ergibt sich

$$J_{\mathrm{t}} = \min_{\boldsymbol{e}_{\mathrm{zn}}, \boldsymbol{\Delta u}_{\mathrm{nILC}j}} \frac{1}{2} \int_0^{T_z} \begin{bmatrix} \boldsymbol{e}_{\mathrm{zn}j+1} \\ \boldsymbol{\Delta u}_{\mathrm{nILC}j} \end{bmatrix}^T \begin{bmatrix} \boldsymbol{\mathcal{Q}}_{\mathrm{e}} & \\ & \boldsymbol{\mathcal{Q}}_{\mathrm{u}} \end{bmatrix} \begin{bmatrix} \boldsymbol{e}_{\mathrm{zn}j+1} \\ \boldsymbol{\Delta u}_{\mathrm{nILC}j} \end{bmatrix} \mathrm{d}t \rightarrow J_{\mathrm{s}} = \min_{\boldsymbol{e}_{\mathrm{zn}}, \boldsymbol{\Delta u}_{\mathrm{nILC}j}} \frac{1}{2} \int_{C_{\mathrm{p}}} \begin{bmatrix} \boldsymbol{e}_{\mathrm{zn}j+1} \\ \boldsymbol{\Delta u}_{\mathrm{nILC}j} \end{bmatrix}^T \begin{bmatrix} \boldsymbol{\mathcal{Q}}_{\mathrm{e}} & \\ & \boldsymbol{\mathcal{Q}}_{\mathrm{u}} \end{bmatrix} \begin{bmatrix} \boldsymbol{e}_{\mathrm{zn}j+1} \\ \boldsymbol{\Delta u}_{\mathrm{nILC}j} \end{bmatrix} \mathrm{d}s, \tag{7.14}$$

wobei unter C_{p} die Bahnkurve des Prozesses zu verstehen ist. Für die Balancierplattform ist C_{p} geschlossen, sodass weiter $\int \rightarrow \oint$ und $\boldsymbol{e}_{\mathrm{zn}j+1} \rightarrow \boldsymbol{e}_{\mathrm{zn}\sim j+1}$. Die Kostenelemente $l(\boldsymbol{e}_{\mathrm{zn}j+1}(t), \boldsymbol{\Delta u}_{\mathrm{znILC}j}(t))$ aus J_{t} in (7.14) müssen für eine Transformation $\mathrm{d}t \rightarrow \mathrm{d}s$ rein ortsabhängig sein. Ist dies der Fall, gelingt über die Diskretisierung der Kostenfunktion J_{t} mit Kostenelementen $l_k(\boldsymbol{e}_{\mathrm{zn}k\,j+1}, \boldsymbol{\Delta u}_{\mathrm{znILC}k\,j})$ die Approximation $l_{\mathrm{s}k} \approx l_k \frac{\Delta s_k}{T_{\mathrm{s}k}}$ und damit Berechnung von J_{s}. Die N zeitlichen Kostenelemente werden damit in N örtliche Kostenelemente überführt (N Wegpunkte/Stützstellen der Bahnkurve). ILC-Ergebnisse mit gleichen Wegpunkten aber unterschiedlichen Prozesszeiten sind nun vergleichbar.

Für die Balancierplattform wird ein reduzierter ILC-Entwurf verwendet, wobei der mechanische Kreis das betrachtete System darstellt. Dies ist möglich, da die Störung lediglich auf diesen Teil wirkt. Das ILC-Modell bestimmt sich zu

$$\begin{bmatrix} \dot{e}_{\mathrm{x|y}} \\ \ddot{e}_{\mathrm{x|y}} \end{bmatrix} = \begin{bmatrix} 0 & 1 \\ -K_{\mathrm{P}} & -K_{\mathrm{D}}^{*} \end{bmatrix} \begin{bmatrix} e_{\mathrm{x|y}} \\ \dot{e}_{\mathrm{x|y}} \end{bmatrix} + \begin{bmatrix} 0 \\ 1 \end{bmatrix} (u_{\mathrm{ILCx|y}} + w_{\mathrm{x|y}}) - \begin{bmatrix} 0 \\ 1 \end{bmatrix} d_{\mathrm{Px|y}}(x, y). \tag{7.15}$$

$w_{\mathrm{x|y}}$ wird aufgrund der hochdynamischen unterlagerten Regelung zu Null angenommen ($w_{\mathrm{x|y}} \approx 0$). Für optimale Störausregelung gilt $u_{\mathrm{ILCx|y}} = d_{\mathrm{Px|y}}(x, y)$. Damit ist $u_{\mathrm{ILCx|y}}$ rein ortsabhängig. Um rein ortsabhängige Gesamtkosten zu erhalten, ist es zusätzlich erforderlich, dass $\mathcal{Q}_e$ rein ortsabhängig ist. Mit $\mathcal{Q}_e = \text{diag}([10\ 0])$ ist diese Bedingung erfüllt. Der Parameter für die unterlagerten Ableitungsbedingungen ergibt $\chi = 3$. Tabelle 7.4 fasst die Zusammenhänge des verwendeten ILC-Entwurfs nochmals zusammen.

Parameter	Wert
$\boldsymbol{Q}$	diag([10 0])
R	1
$\underline{x}\vert\overline{x}$	0 mm|300 mm
$\underline{y}\vert\overline{y}$	0 mm|300 mm
$\underline{e}_{x\vert y}\vert\overline{e}_{x\vert y}$	−20 mm|+20 mm
$\underline{\phi}_{Px\vert y}\vert\overline{\phi}_{Px\vert y}$	−0.13 rad | +0.13 rad
$S_x\vert S_u\vert S_d$	diag([4 4]) | 0.5 | 0.5
χ	3
N	400
N_t	200
$\mathcal{W}_{egx\vert y} = \mathcal{W}_{ox\vert y} \oplus \mathcal{W}_{dx\vert y} \oplus [K_P\ K_D](\mathcal{W}_{ox\vert y} \oplus \mathcal{W}_{dx\vert y})$	$\vert\Delta e_{x\vert y}\vert < 4.4\,\text{mm}$, $\vert\Delta \dot{e}_{x\vert y}\vert < 0.028\,\text{mm/s}$
$\mathcal{W}_{ugx\vert y}$	$\vert\Delta\phi_{Px\vert y}\vert < 0.0276\,\text{rad}$

Tabelle 7.4: Balancierplattform: ILC-Parameter

Hierbei ergeben sich die Beschränkungen für x und y sowie für ϕ_{Px} und ϕ_{Py} aus den physikalischen Systemgrenzen. Die Beschränkungen für $e_{x|y}$ werden zur Einhaltung einer gewünschten Regelgenauigkeit eingesetzt. Aufgrund des groß gewählten transienten Horizonts kann die Menge $\mathcal{D}_{w \sim N_t}$ als vernachlässigbar klein angenommen werden. Unter der Annahme, dass $w_{x|y} \approx 0$, sind auch $\mathcal{W}_{nl}$ und $\mathcal{W}_{enl}$ vernachlässigbar klein. Damit bestimmt sich die Gesamtunsicherheitsmenge für Position und Geschwindigkeit aufgrund von Stör- und Beobachterunsicherheit zu $\mathcal{W}_{egx|y}$ (relevant für $x|y$-/$e_{x|y}$-Beschränkungen ($\overline{\mathbb{Q}}_{z|e_{x|y}k} = \mathbb{Q}_{z|e_{x|y}k} \ominus \mathcal{W}_{egx|y}$)). $\mathcal{W}_{ugx|y}$ beschreibt die Unsicherheit des mechanischen Eingangs $\phi_{Px|y}$ (relevant für $\phi_{Px|y}$-Beschränkungen ($\overline{\mathbb{Q}}_{u_{x|y}k} = \mathbb{Q}_{u_{x|y}k} \ominus \mathcal{W}_{ugx|y}$)).

7.4.2 Trajektorienberechnung

Für die Einregelung des zyklischen Prozesses ist es erforderlich, dass Referenztrajektorien aus den Wegpunkten der Bahnkurve berechnet werden. Zunächst erfolgt eine Initialtrajektorienberechnung, womit der Prozess gestartet wird. Alle Beschränkungen werden hierbei sicher eingehalten. Eine Verschnellerung der Prozesszykluszeiten und damit Neuberechnung der Trajektorien wird über eine ILMPC-Optimierung erreicht. Diese berechnet in jedem Prozessdurchlauf die Abschnitte, in denen eine Verschnellerung aufgrund der Systemgrenzen (Neigungswinkel, Fehlerschranken, Plattformbeschränkungen) möglich ist. Im Anschluss werden die berechneten Referenztrajektorien und Stellgrößen auf das System geschaltet.

Die Initialtrajektorienberechnung erfolgt auf Basis von Wegpunkten. Diese werden für das Balanciersystem zu Beginn des Prozesses von der Kamera zur Positions-/ Bahnkurvenerkennung berechnet. Im betrachteten Fall handelte es sich um $N_c = 80$ äquidistante Wegpunkte, zwischen welchen eine Referenztrajektorie zu bestimmen ist. Hierzu werden die maximalen Kurvengeschwindigkeiten

$$\overline{v}_c = \sqrt{\overline{a}_c r} \tag{7.16}$$

der einzelnen Bahnabschnitte berechnet. Mit $\overline{a}_c$ wird die maximale Kurvenbeschleunigung bezeichnet, welche sich aus der maximalen Haftreibung der Plattform bestimmt. r beschreibt den Krümmungsradius. Dieser ist über

$$r = \frac{(\dot{x}^2 + \dot{y}^2)^{3/2}}{|\dot{x}\ddot{y} - \dot{y}\ddot{x}|} \tag{7.17}$$

definiert und benötigt die Ableitungen der Bahnkurve. Zur Ableitungsberechnung wird in einem ersten Schritt eine Trajektorie ohne Berücksichtigung von $\overline{v}_c$ berechnet. Dies gelingt in einfacher Weise über eine Spline-Berechnung 3. Ordnung. Gleichzeitig wird die Wegpunktanzahl auf $N = 400$ erhöht. Eine Bestimmung von r wird damit möglich. Im Anschluss können dann die Bahnabschnittszeiten T_{sk} über die Geschwindigkeiten $\overline{v}_k = \min(\overline{v}_{ck}, \overline{v})$ und Weglängen l_k der einzelnen Abschnitte k mittels

$$T_{sk} = c_s \frac{l_k}{\overline{v}_k} \quad \text{mit } l_k = \int_{a_k}^{b_k} \sqrt{\dot{x}(t)^2 + \dot{y}(t)^2}\,\mathrm{d}t \tag{7.18}$$

korrigiert werden. $\overline{v}$ beschreibt die maximal zulässige Geschwindigkeit aufgrund der Kamerabildwiederholungsrate. $c_s > 1$ beschreibt einen Sicherheitsfaktor, da die beschriebene Trajektorienberechnung die Systembeschränkungen von $\phi_{Px|y}$ und die Systemstörungen nicht enthält. Eine spätere Verschnellerung der Prozesszykluszeiten wird dann durch einen ILC-Algorithmus realisiert. Für die Trajektorienberechnung mit korrigierten Zeiten nach (7.18) werden Splines 5. Ordnung verwendet. Diese hohe Ordnung wird aufgrund der Systemdynamik benötigt. Die Welligkeit der Bahnkurve erhöht sich damit leicht. Sie bleibt jedoch aufgrund der Vorkonditionierung über Splines 3. Ordnung marginal. Hiermit ist die Initialtrajektorienberechnung abgeschlossen. Abbildung 7.4 stellt zur besseren Verdeutlichung nochmals eine beispielhafte Bahnkurve und deren zugehörige Wegpunkte dar.

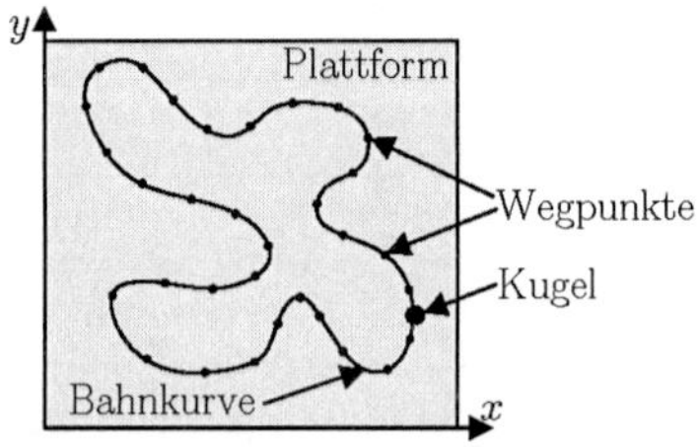

Abbildung 7.4: Balancierplattform: Bahnkurve und Wegpunkte

Die einzelnen Zeiten der Bahnabschnitte T_{sk} lassen sich in einem Vektor $\boldsymbol{T}_\mathrm{s}$ zusammenfassen und über einen ILC-Algorithmus von Zyklus zu Zyklus verschnellern. Die zu durchlaufenden definierten Wegpunkte bleiben dabei erhalten. Die Systembeschränkungen werden berücksichtigt. Man spricht hierbei auch von einer dynamischen Trajektorienberechnung. Tabelle 7.5 zeigt die benötigten Parameter der Trajektorienberechnung.

Parameter	Wert
N_c	80
N	400
$\overline{a}_\mathrm{c}/c_\mathrm{s}^2$	$1\,\mathrm{m/s^2}$
$\overline{v}/c_\mathrm{s}$	$0.11\,\mathrm{m/s}$

Tabelle 7.5: Balancierplattform: Trajektorienparameter

7.4.3 Prozesszeitenreduktion

Zur einfacheren Beschreibung einer Prozesszeitenverschnellerung kann die Bahnkurve aus N Wegpunkten in $N_\mathrm{s} \leq N, N_\mathrm{s} \in \mathbb{N}$ Bahnabschnitte/Sektoren $\mathfrak{S}$ unterteilt werden. Diese N_s Sektoren enthalten eine ganzzahlige Anzahl an Wegpunkten n_s mit $\sum_{s=1}^{N_\mathrm{s}} n_\mathrm{s} = N$ und $\sum_{N_\mathrm{s}} \sum_{k_{\mathrm{n_s}}} T_{\mathrm{s}k_{\mathrm{n_s}}} = T_\mathrm{z}$. Ziel der in dieser Arbeit beschriebenen Prozesszeitenreduktion ist es über eine iterativ lernende Regelung die Bahnsektorenzeiten $T_{\mathrm{sn_s}k_{\mathrm{n_s}}} = \sum_{k_{\mathrm{n_s}}} T_{\mathrm{s}k_{\mathrm{n_s}}}$ zu verkürzen. Algorithmus 9 beschreibt den Ablauf des Verfahrens.

Algorithmus 9 Prozesszeitenreduktion

```
1: Berechne J_s0
2: if J_s0 nicht lösbar then
3:     return
4: Ausführen von U_nILC(J_s0)
5: for j = 0 → ∞ do
6:     Berechne J_sj+1 und J_sj+1,+
7:     if J_sj+1,+ lösbar && J_sj+1,+ ≤ J_sj then
8:         Ausführen von U_nILC(J_sj+1,+)→ T_s := T_s+
9:     else
10:        Ausführen von U_nILC(J_sj+1)
11:    Berechne 𝔏_− und 𝔖_−; Berechne T_s+
```

Der Algorithmus 9 startet mit einer ILMPC-Optimierung $J_{\mathrm{s}0}$ nach Abschnitt 3.3 für eine Initialtrajektorienberechnung nach Abschnitt 7.4.2. Ist die Bahnkurve des zyklischen Prozesses zusätzlich geschlossenen, erfolgt die Optimierung auf Basis des PEF mit $\boldsymbol{e}_{\mathrm{zn}\sim}$. Hierbei wird auch der transiente Fehlerverlauf aufgrund der ILC-Systemaufschaltung berücksichtigt. Die Kostenfunktion selbst ist über die Formulierung (7.14) in einer ortsabhängigen Beschreibung dargestellt. Ist das Optimierungsproblem $J_{\text{s}0}$ zulässig und damit lösbar, kann die ILC direkt auf den Prozess geschaltet werden. Alle weiteren ILC-Optimierungen für diese Prozesszykluszeit sind ebenfalls zulässig (rekursive Lösbarkeit). Nach jedem angewendeten Durchlauf (Ausführen von $\boldsymbol{U}_{\text{nILC}}$) werden zwei neue ILC-Optimierungen berechnet. Zum einen eine Optimierung $J_{\text{s}j+1}$ für die aktuelle Prozesszykluszeit, welche stets zulässig ist. Zum anderen eine Optimierung mit verschnellerter Zykluszeit $J_{\text{s}j+1,+}$. Hierfür berechnen sich die Bahnabschnittszeiten zu $\boldsymbol{T}_{\text{s}+} = \boldsymbol{T}_{\text{s}} - \Delta T_{\text{s}} \boldsymbol{F}_{\text{s}}$. Die Referenztrajektorien ergeben sich entsprechend. ΔT_{s} beschreibt die Verkleinerungskonstante. Faktor $\boldsymbol{F}_{\text{s}}$ markiert die möglichen Bahnabschnitte einer Prozesszeitenverkürzung. Zu Beginn des Verfahrens entspricht $\boldsymbol{F}_{\text{s}} = [1\ 1\ ...]^T$ einem 1-Vektor der Länge N. Werden in Schritt 6 von Algorithmus 9 keine Systembeschränkungen erreicht, gilt $J_{\text{s}j+1} = J_{\text{s}j+1,+}$, da die Kostenfunktionen ortsbezogen sind. Ein Ausführen von $\boldsymbol{U}_{\text{nILC}}(J_{\text{s}j+1,+})$ ist damit möglich und bewirkt zusätzlich zur Fehlerminimierung auch eine Reduktion der Prozesszykluszeit. Die neue Prozesszykluszeit kann damit auf $T_{\text{p}} := T_{\text{p}+}$ bzw. $\boldsymbol{T}_{\text{s}} := \boldsymbol{T}_{\text{s}+}$ gesetzt werden. Aufgrund der rekursiven Lösbarkeit sind auch alle weiteren ILC-Optimierungen für diese Prozesszykluszeit lösbar. Für den Fall, dass $J_{\text{s}j+1,+}$ die Systembeschränkungen verletzt, lässt sich lediglich $\boldsymbol{U}_{\text{nILC}}(J_{\text{s}j+1})$ ausführen. Die Sektoren $\mathfrak{S}_-$ mit aktiven bzw. verletzten Beschränkungen $\mathfrak{L}_-$ aus Optimierung $J_{\text{s}j+1,+}$ sind anschließend zu ermitteln. Über die Wahl von $F_{\text{s}i_{\mathfrak{S}_-}} = 0$ werden diese für alle weiteren Bahnabschnittszeitreduktionen ausgeschlossen. Darstellung

$$\boldsymbol{F}_{\text{s}} = \begin{bmatrix} F_{\text{s}0} & \cdots & F_{\text{s}N} \end{bmatrix}^T = \begin{bmatrix} 1 & \cdot\cdot & 1 & \overbrace{0 \cdot\cdot 0}^{\text{Beschränkung } \mathfrak{L}_- \text{ erreicht für } \mathfrak{S}_-} & 1 & \cdot\cdot & 1 \end{bmatrix}^T \tag{7.19}$$

zeigt beispielhaft den Zusammenhang zwischen $\boldsymbol{F}_{\text{s}}$ und $\mathfrak{S}_-$. Für den Fall, dass $J_{\text{s}j+1,+}$ die Beschränkungen berührt aber das Optimierungsproblem lösbar bleibt, gibt es mehrere Möglichkeiten. Eine Variante ist, falls eine Kostensenkung $J_{\text{s}j+1,+} < J_{\text{s}j}$ vorliegt, das Ergebnis $\boldsymbol{U}_{\text{nILC}}(J_{\text{s}j+1,+})$ auszuführen und $\boldsymbol{T}_{\text{s}}$ auf $\boldsymbol{T}_{\text{s}} := \boldsymbol{T}_{\text{s}+}$ zu setzen. Dies schränkt nicht die weitere Lösbarkeit des Verfahrens ein, jedoch die erreichbare Regelgüte. Der Fokus liegt damit auf der Prozesszeitenreduktion. Diese Möglichkeit ist in Algorithmus 9 dargestellt. Alternativ kann $\boldsymbol{U}_{\text{nILC}}(J_{\text{s}j+1})$ angewendet und $\mathfrak{S}_-$ bestimmt werden. Somit liegt der Fokus auf der Fehlerminimierung. Je nach Anwendung ist entsprechend auszuwählen.

Die Wahl von ΔT_{s} ist entscheidend für die erreichbare minimale Prozesszeit. Große Werte von ΔT_{s} ermöglichen eine schnelle Prozesszeitenreduktion. Für kleine Werte kann in der Regel eine geringere endgültige Prozesszeit ($j \to \infty$) ermittelt werden. Eine adaptive Verkleinerung von ΔT_{s} nach jedem Prozesszyklus ermöglicht einen Kompromiss. Selbiges gilt für die Anzahl der Sektoren N_{s}. Für eine geringe Sektorenanzahl wird $J_{\text{s}j+1}$ üblicherweise nur selten ausgeführt. Eine Prozesszeitenreduktion gelingt bereits nach wenigen Zyklen. Eine hohe Sektorenanzahl ermöglicht eine feinere Auflösung der aktiven Beschränkungen und damit generell eine geringere Prozesszeit für $j \to \infty$. Hierfür werden im Allgemeinen viele Zyklen benötigt. Eine adaptive Anpassung von N_{s} von klein nach groß ist daher sinnvoll.

Für die in dieser Arbeit betrachtete Balancierplattform wurde aus Gründen einer übersichtlichen Ergebnisdarstellung $\Delta T_{\text{s}} = 25\,\text{ms}$, $N_{\text{s}} = 80$ und $n_{\text{s}} = 5$ konstant gewählt.

7.5 Ergebnisse

Die beschriebene Prozesszeitenoptimierung wird in dieser Arbeit an einer Balancierplattform erprobt. Die entsprechenden Parameter sind den Abschnitten 7.2, 7.3 und 7.4 zu entnehmen. Aufgrund der großen Prädiktionslänge von $N = 400$ ist das ILMPC-Optimierungsproblem in Sparse-Form aufgebaut. Die Problemlösung erfolgt über ein PDIP-Verfahren nach Algorithmus 6 unter Nutzung von LDL-Zerlegungen. Das Optimierungsproblem enthält eine nichtlineare Stördynamik und lineare Beschränkungen. Die ILMPC-Optimierung mit mehr als 20000 Optimierungsvariablen ist eingebettet in den Algorithmus 9 zur Prozesszeitenreduktion. Eine Abarbeitungsschleife des Algorithmus kann in 100 ms ausgeführt werden (dSPACE 1006, AMD Opteron - 2.8 GHz). Abbildung 7.5 präsentiert die Prüfstandergebnisse der Balancierplattform.

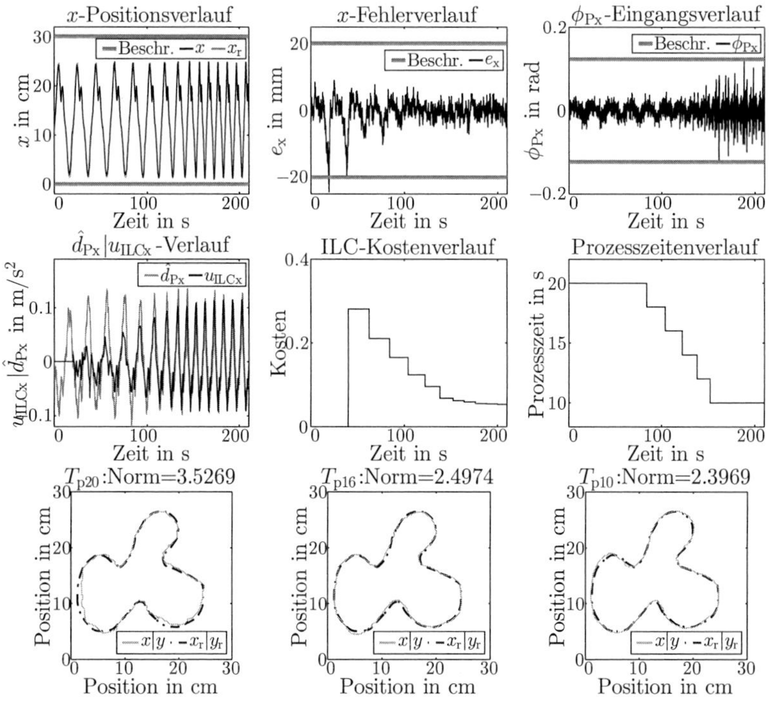

Abbildung 7.5: Balancierplattform: Ergebnisse der Prozesszeiten- und Fehlerreduktion

Hierbei ist zu erkennen, dass nach Aktivierung der iterativ lernenden Regelung alle geforderten Beschränkungen eingehalten werden. Von Zyklus zu Zyklus wird die Prozesszyklusdauer verkürzt bis zu einer Zeit von 10 s. Für diese werden die Beschränkungen bestmöglich ausgenutzt. Eine weitere Verkleinerung der Zykluszeit ist aufgrund der ϕ_{Px}-Beschränkung nicht möglich. Gleichzeitig verringert sich zyklisch der Regelfehler. Der additive ILC-Ausgang $u_{\mathrm{ILCx|y}}$ wird, wie erwartet, dem Störprofil immer ähnlicher. Die ILC-Kosten sinken während des Gesamtprozesses. Die letzte Zeile aus Abbildung 7.5 stellt die Bahnkurve sowie die tatsächlich abgefahrenen Profile für drei der umgesetzten Prozesszykluszeiten dar (20 s, 16 s, 10 s). Die abklingenden ortsbezogenen aufsummierten Fehlernormen zeigen das konvergente Fehlerverhalten. Die erreichte Regelgenauigkeit für T_{p10} liegt innerhalb eines ± 4.5 mm-Bandes. Die Ergebnisse sind sehr zufriedenstellend. Mit einer höheren Kameraauflösung/Bildwiederholungsrate lassen sich sogar noch bessere Ergebnisse erzielen.

Für leicht aufgeweitete Systembeschränkungen $-0.14\,\mathrm{rad} \leq \phi_{\mathrm{Px|y}} \leq 0.14\,\mathrm{rad}$ lässt sich die Zyklusdauer weiter verkleinern. Abbildung 7.6 zeigt die Ergebnisse.

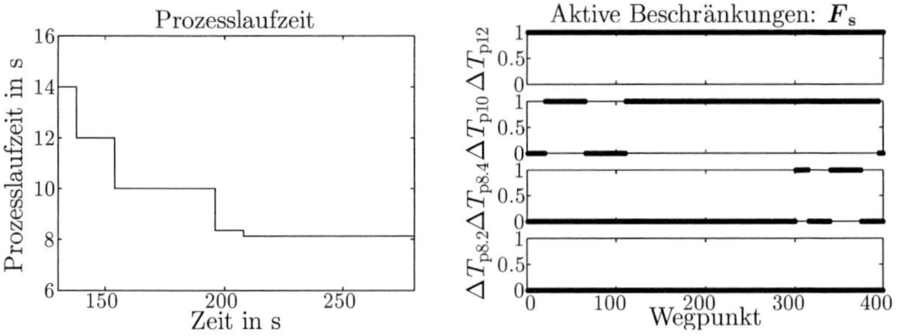

Abbildung 7.6: Balancierplattform: Prozesszeitenreduktion

Es sind die Prozesszykluszeiten der letzten Verkleinerungsschritte dargestellt. Ab $T_{\mathrm{p}} = 10\,\mathrm{s}$ werden einzelne Beschränkungen bereits aktiv, sodass die Prozesszeitenreduktion von 2 s auf $\Delta T_{\mathrm{p10}} = 1.6\,\mathrm{s}$ sinkt ($\Delta T_{\mathrm{p}j} = \Delta T_{\mathrm{s}} \sum_{i=1}^{N} F_{\mathrm{s}i\,j}$). Im nächsten Zyklus steigt die Anzahl der aktiven Beschränkungen stark an, woraus $\Delta T_{\mathrm{p8.4}} = 0.2\,\mathrm{s}$ resultiert. Danach greifen alle Beschränkungen und eine weitere Prozesszeitenreduktion ist nicht mehr möglich. Die Ergebnisse decken sich mit den Erwartungen. Die Minimaldauer T_{p} hängt maßgeblich von den Systemgrenzen/-störungen ab.

8 Zusammenfassung und Ausblick

8.1 Zusammenfassung

In dieser Arbeit wurden iterativ lernende Regelungen unter Verwendung modellprädiktiver Methoden (ILMPC) vorgestellt. Die präsentierten ILC-Konzepte eignen sich für zyklische Prozesse und werden üblicherweise zur Kompensation repetitiver Störgrößen eingesetzt. Auch eine Behandlung von Systemparameterunsicherheiten ist möglich. Die zugrundeliegenden Algorithmen bewirken eine iterative Verbesserung der Regelgüte der in der Regel trajektorienfolgegeregelten Prozesse. Sie besitzen monotone Konvergenzeigenschaften und ermöglichen aufgrund des modellbasierten Entwurfs eine schnelle Konvergenzrate. Die entwickelten Verfahren sind diskret aufgebaut und eignen sich für periodische und nichtperiodische zyklische Prozesse. Über die Optimierung einer Kostenfunktion sind Systembeschränkungen in den Entwurf integriert. Die Systemdynamik wird hierbei prädiziert.

In der bisherigen Literatur wurde die Thematik der iterativ lernenden modellprädiktiven Regelung bereits angegangen. Hierbei liegt der Fokus auf den modellprädiktiven Regelungen. Für den geregelten Prozess wird eine MPC mit kurzem Prädiktionshorizont entworfen und um die Störgrößenbetrachtung eines iterativ lernenden Konzepts erweitert. Aufgrund der kurzen Prädiktionshorizonte ist die Performanz der Verfahren in der Regel eingeschränkt. Die monotone Konvergenz und Lösbarkeit der Entwürfe lässt sich im Allgemeinen nicht zeigen. Die Methoden ersetzen die Regelung des betrachteten Prozesses, sodass bestehende nur von außen veränderbare Systeme nicht behandelbar sind.

Die in dieser Dissertation vorgestellten Verfahren sind einem üblicherweise geregelten Prozess kaskadiert überlagert. Einzige Schnittstelle von ILMPC und Prozess stellen neu berechnete Referenztrajektorien dar. Diese Separation macht die präsentierten Verfahren auch für bestehende Systeme nutzbar. Der gewählte Prädiktionshorizont umfasst die komplette Prozesszyklusdauer, woraus eine monotone Konvergenz und gute Performanz resultiert. Vorhandene Systembeschränkungen werden durch die rekursive Lösbarkeit der Optimierungsmethoden sicher eingehalten. Die präsentierten Verfahren eignen sich für nichtlineare Systeme/Störungen/Beschränkungen sowie für nichtlineare Kosten. Zur Systemvereinfachung können die Methoden in einen Entwurf mit reduzierter Ordnung umgewandelt werden. Ein entsprechender Ansatz wurde in dieser Arbeit präsentiert. Die resultierenden unterlagerten Dynamiken sind dabei über eine robuste Mengenbeschreibung in den Entwurf integriert. Für die Methoden selbst ist es erforderlich, die Stördynamik der Prozesse zu ermitteln. In dieser Dissertation wurden verschiedene Ansätze sowie deren Vor- und Nachteile präsentiert.

Die entwickelten ILMPC-Methoden beschreiben die komplette Prozessdauer, woraus ein großer Prädiktionshorizont und übermäßiger Speicher- und Rechenaufwand resultiert. Gerade für Industrieprozesse mit geringen Hardwareressourcen ist dies ein kritischer Punkt. Daher wurden in dieser Dissertation Ansätze zur gezielten Speicher- und Rechenzeitreduktion von ILMPC-Verfahren entwickelt. Die Ansätze lassen sich in zwei Bereiche einteilen und sind größtenteils auch auf MPC-Probleme übertragbar. Der erste Bereich deckt entwurfsseitige Veränderungen ab, der zweite Bereich behandelt algorithmenseitige Abwandlungen.

Die entwickelten entwurfsseitigen Ansätze verändern das betrachtete ILMPC-Optimierungsproblem mit dem Ziel, die Horizontlänge N zu verkürzen. Einer der vorgestellten Ansätze behandelt eine variable Abtastzeitenbeschreibung. Überall dort, wo die System- bzw. Stördynamik es erfordert, werden kleine ILC-Schrittweiten eingesetzt. Die restliche Dynamik wird grob abgetastet. Der Speicher- und Rechenaufwand verringert sich hierbei um ein Vielfaches. Die Kosten der ILC-Optimierung erhöhen sich marginal. Eine weitere Entlastung der Hardwareressourcen ist über das entwickelte dynamisch fokussierte Lernverfahren möglich. Hierbei wird nicht der komplette Prozesszyklus betrachtet, sondern jede ILC-Iteration bestimmt für sich den Bereich der größten aufsummierten Fehlerkosten. Eine ILMPC-Optimierung für diesen Bereich erfolgt im Anschluss. Nach und nach wird so der komplette Prozess optimiert. Der Rechen- und Speicheraufwand sinkt. Die erreichbaren ILC-Kosten für $t \to \infty$ erhöhen sich leicht. Zusätzlich verringert sich die Lerngeschwindigkeit. Die monotonen Konvergenz- und Lösbarkeitseigenschaften der Verfahren bleiben erhalten. Eine Umwandlung in eine MPC-Beschreibung ist ebenfalls möglich.

Die entwickelten algorithmenseitigen Ansätze befassen sich mit dem Aufbau der resultierenden Optimierungsprobleme und deren Berechnung. Hierbei konnte gezeigt werden, dass je nach Problemgröße eine kompakte dichtbesetzte (engl.: *dense*) bzw. erweiterte dünnbesetzte (engl.: *sparse*) ILC-Problemformulierung dienlich ist. Eine zusätzlich entwickelte Dense/Sparse-Formulierung schließt die Lücke sinnvoller Darstellungsformen auch für mittlere Problemordnungen. Untersucht wurden die Formulierungen an leistungsfähigen Optimierungslösern 1. Ordnung (ADMM, FDA) und 2. Ordnung (PDIP) derzeitiger Literatur. Es ließ sich zeigen, dass je nach Formulierung unterschiedliche Verfahren geeignet sind (Dense→ADMM/FDA, Sparse→PDIP, Dense/Sparse→ADMM/FDA/PDIP). Hierbei wurden die Potentiale der betrachteten Verfahren bestmöglich genutzt. Dies betrifft insbesondere die geeignete Vorkonditionierung/Vorstrukturierung, geschickte Speicherausnutzung sowie günstige Berechnung linearer Systemgleichungen. Die ILC-Optimierungsergebnisse werden durch die unterschiedlichen Darstellungsformen nicht beeinflusst. Je nach Formulierung verschiebt sich jedoch das Speicher-/Rechenzeitverhältnis. Der entwickelte Dense/Sparse-Aufbau ermöglicht einen Kompromiss der Verhältnisse. Ist der Speicherbedarf weiter zu verkleinern, lässt sich das ILC-Optimierungsproblem auch in einer Small-Formulierung beschreiben. Hierbei werden alle Redundanzinformationen des Problems entfernt. Die Rechenzeit der Löser steigt jedoch stark an. Je nach Anwendung ist die entsprechende Formulierung auszuwählen. Die Zusammenhänge wurden in dieser Arbeit ausführlich beschrieben.

Eine der bedeutendsten Eigenschaften der entwickelten ILMPC-Verfahren stellt die Erweiterbarkeit der Methoden dar. So wurden die Ansätze unter anderem für Unsicherheiten zyklischer Störgrößen erweitert. Diese Unsicherheiten können sowohl die Störamplitude als auch den zeitlichen Störeintritt betreffen. Als Testsystem der robustifizierten Ansätze diente die Schwimmbadchlorierung des Hallenbads *Hasenleiser, Stadtwerke Heidelberg*. Hierfür wurde zunächst ein dynamisches Modell hergeleitet und anschließend eine Identifikation und Reglerauslegung durchgeführt. Schwimmbadsysteme selbst sind totzeitbehaftet und äußert träge. Badebesucher stellen die Störgrößen der Chlorierung dar, wobei das Störprofil (Amplitude) und der Badebetrieb (zeitlicher Störeintritt) von Tag zu Tag und Woche zu Woche leicht variieren kann. Enge zulässige Normgrenzen der Dosierung erschweren die Regelungsaufgabe. Der entwickelte robuste ILMPC-Ansatz ermöglicht jedoch eine erfolgreiche Umsetzung. Eine praktische Erprobung der Verfahren war aufgrund des fortlaufenden Badebetriebs nicht möglich. Eine Simulation diente als Testumgebung. Die Ergebnisse waren sehr zufriedenstellend. Alle zulässigen Normgrenzen konnten sicher eingehalten werden.

Eine zweite Erweiterungsmöglichkeit der entwickelten ILMPC-Verfahren stellt eine Energieverbrauchsminimierung der betrachteten Systeme dar. Eine geeignete Integration in ein ILMPC-Problem konnte in dieser Dissertation erfolgreich hergeleitet werden. Hierbei wurde ein zweischichtiger Ansatz gewählt. Durch eine Offline-Vorberechnung der üblicherweise nichtkonvexen Energiebetrachtung ist der Energieverbrauch des betrachteten zyklischen Prozesses für ein erwartetes Störprofil zu minimieren. Eine konvexe Online-ILMPC-Berechnung ermöglicht eine Anpassung an das reale Prozess-/Störverhalten. Das Verfahren wurde erfolgreich an einer oszillierenden Magnetdosierpumpe getestet. Hierzu war zunächst eine Modellherleitung, Identifikation und Reglerauslegung erforderlich. Anschließend wurde ein rechen-/speichereffizienter energiebasierter ILMPC-Entwurf reduzierter Ordnung angewendet. Der Energiebedarf konnte halbiert, Leistungs- und Systemgrenzen eingehalten und die Dosiergenauigkeit gesteigert werden. Die Ergebnisse am realen hochdynamischen nichtlinearen System waren auch für einen fokussierten Entwurf mehr als zufriedenstellend.

Mit der Prozesszeitenoptimierung zyklischer Prozesse konnte in dieser Arbeit eine dritte Erweiterungsmöglichkeit von ILMPC-Methoden hergeleitet werden. Diese Erweiterung ist für Systeme mit vorgegebener Bahnkurve (z. B. Pick-and-Place Roboter) und wiederholenden Systemstörungen möglich. Aufgabe der ILMPC ist es hierbei sowohl die Regelgüte iterativ zu verbessern als auch die Prozesszyklusdauer nach und nach zu verkürzen. Die Systembeschränkungen sind dabei stets einzuhalten und die Systemstörungen zu berücksichtigen. Ein entsprechender Entwurf wurde hergeleitet und an einer Kugelbalancierplattform erfolgreich implementiert und getestet. Eine Modellherleitung, Identifikation und Reglerauslegung sowie eine Prozesszeitenoptimierung auf Basis von ILMPC-Methoden wurde in dieser Arbeit ausführlich beschrieben. Die Ergebnisse am Prüfstand waren zufriedenstellend. Alle Systembeschränkungen konnten eingehalten werden. Die Prozesszykluszeit wurde mehr als halbiert und der Regelfehler um ein Vielfaches reduziert.

Die Ergebnisse dieser Dissertation sind gerade für industrielle zyklische Prozesse von großer Relevanz. So werden mit dem robusten ILMPC-Entwurf sicherheitskritische Anwendungen behandelbar. Der energiebasierte ILMPC-Entwurf ermöglicht eine Steigerung der Wirtschaftlichkeit industrieller Prozesse. Eine Prozesszeitenoptimierung über ILMPC erhöht die Produktivität. Die entwickelten Ansätze gelingen speicher- und recheneffizient.

8.2 Ausblick

Für zukünftige Arbeiten gilt es, die Kopplung zwischen ILMPC-Design und Optimierungslösern noch enger zu gestalten. Hier hat sich gezeigt, dass eine enge Verzahnung einen entscheidenden Geschwindigkeitsvorteil in der Problemlösung bewirken kann. Eine Forschung auf diesem Gebiet ist vielversprechend.

Die variablen Abtastzeiten werden in dieser Arbeit auf Basis der Stör- und Prozessdynamik bestimmt. Eine zusätzliche Berücksichtigung von Systemgrenzen ermöglicht jedoch eine noch genauere Betrachtung kritischer Prozessabschnitte. Hierzu ist die Abtastzeitenberechnung neu zu formulieren. Eine Untersuchung in dieser Richtung ist folgerichtig.

Für einen reduzierten Entwurf wurden Polynomansätze für die Bereiche zwischen den einzelnen Stützstellen der entsprechenden ILMPC-Verfahren gewählt. Je nach betrachtetem Problem ist es allerdings möglich, dass auch andere Ansätze geeignet sind. Eine ausführliche Analyse auf diesem Gebiet ist sinnvoll.

Der energiebasierte ILMPC-Entwurf ist in eine nichtkonvexe Offline- und konvexe Online-Optimierung aufgeteilt. Eine noch engere systematische Verknüpfung dieser beiden Optimierungsebenen ist erforschenswert. Auch die Betrachtung recheneffizienter nichtkonvexer Online-Optimierungen stellt einen interessanten Forschungsschwerpunkt dar.

Die Prozesszeitenoptimierung über ILMPC-Methoden hängt maßgeblich von einer geeigneten Parameterwahl der Prozesszeitenverschnellerung ab. Insbesondere eine adaptive Anpassung erscheint vielversprechend. Eine Studie in dieser Richtung ist zielführend.

A Mathematische Grundlagen

A.1 Normen

Definition A.1 (Vektornorm [Mey00]). *Wird ein Vektorraum V durch eine Abbildung $||\cdot|| : V \to \mathbb{R}_0^+$ mit den Eigenschaften*

$$\begin{aligned} &1) \quad ||\boldsymbol{x}|| \geq 0; \quad ||\boldsymbol{x}|| = 0 \quad \textit{genau dann, wenn } \boldsymbol{x} = 0 \textit{ ist,} \\ &2) \quad ||\lambda \boldsymbol{x}|| = |\lambda| ||\boldsymbol{x}|| \qquad \lambda \in \mathbb{R}, \\ &3) \quad ||\boldsymbol{x} + \boldsymbol{y}|| \leq ||\boldsymbol{x}|| + ||\boldsymbol{y}|| \qquad \boldsymbol{x}, \boldsymbol{y} \in V, \end{aligned} \tag{A.1}$$

in die Menge $\mathbb{R}^+$ abgebildet, so wird die Abbildung als Norm auf dem Vektorraum V bezeichnet.

Der Raum auf dem eine Norm erklärt ist, wird als *normierter Raum* bezeichnet.

Definition A.2 (Matrixnorm [Mey00]). *Eine Matrixnorm $||\cdot||$ beschreibt eine Abbildung $||\cdot|| : \mathbb{K}^{m\times n} \to \mathbb{R}_0^+$ mit den Eigenschaften*

$$\begin{aligned} &1) \quad ||\boldsymbol{A}|| \geq 0; \quad ||\boldsymbol{A}|| = 0 \quad \textit{genau dann, wenn } \boldsymbol{A} = 0 \textit{ ist,} \\ &2) \quad ||\lambda \boldsymbol{A}|| = |\lambda| \, ||\boldsymbol{A}|| \qquad \lambda \in \mathbb{R}, \\ &3) \quad ||\boldsymbol{A} + \boldsymbol{B}|| \leq ||\boldsymbol{A}|| + ||\boldsymbol{B}|| \qquad \boldsymbol{A}, \boldsymbol{B} \in \mathbb{K}^{m\times n}, \end{aligned} \tag{A.2}$$

wobei $\mathbb{K}^{m\times n}$ die zulässige Menge der reellen oder komplexen Matrizen bezeichnet.

Definition A.3 (Induzierte Matrixnorm [Mey00]). *Wird eine Matrixnorm aus einer Vektornorm abgeleitet, so wird sie als induzierte Matrixnorm bezeichnet. Sie wird mit der Matrix $\boldsymbol{A} \in \mathbb{R}^{m\times n}$ und dem Vektor $\boldsymbol{x} \in \mathbb{R}^n$ durch*

$$||\boldsymbol{A}|| = \max_{||\boldsymbol{x}||=1} \frac{||\boldsymbol{A}\boldsymbol{x}||}{||\boldsymbol{x}||} \tag{A.3}$$

definiert.

Definition A.4 (Betragsnorm [Mey00]). *Der Betrag einer reellen Zahl $x \in \mathbb{R}$ wird durch*

$$||x|| = |x| = \sqrt{x^2} \tag{A.4}$$

beschrieben. Der Betrag $|\boldsymbol{A}|$ einer Matrix $\boldsymbol{A} \in \mathbb{R}^{m\times n}$ enthält die Einträge $|a_{ij}| \forall i = 1, ..., m$ und $j = 1, ..., n$.

Definition A.5 (Euklidische Norm [Mey00]). *Die euklidische Norm für $\mathbb{R}^n$ ist durch*

$$||\boldsymbol{x}||_2 = \sqrt{x_1^2 + x_2^2 + \cdots + x_n^2} = \sqrt{\boldsymbol{x}^T\boldsymbol{x}} \tag{A.5}$$

beschrieben. Die durch $\boldsymbol{Q}$ gewichtete Norm ergibt sich zu

$$||\boldsymbol{x}||_Q = \sqrt{\boldsymbol{x}^T\boldsymbol{Q}\boldsymbol{x}}. \tag{A.6}$$

Die euklidische Norm kann auch über das Skalarprodukt $\langle \boldsymbol{x}, \boldsymbol{y} \rangle = \boldsymbol{x}^T\boldsymbol{y}$ zweier Vektoren $\boldsymbol{x} \in \mathbb{R}^n, \boldsymbol{y} \in \mathbb{R}^n$ mit $||\boldsymbol{x}||_2 = \sqrt{\langle \boldsymbol{x}, \boldsymbol{x} \rangle}$ definiert werden.

Definition A.6 (Spektralnorm [Mey00]). *Die Spektralnorm für $\mathbb{R}^n$ ist durch*

$$||\boldsymbol{A}||_2 = \max_{||\boldsymbol{x}||_2=1} ||\boldsymbol{A}\boldsymbol{x}||_2 = \sqrt{\lambda_{\max}(\boldsymbol{A}^T\boldsymbol{A})} = \bar{\sigma}(\boldsymbol{A}) \tag{A.7}$$

beschrieben. $\bar{\sigma}$ wird hierbei auch als maximaler Singulärwert bezeichnet. Die durch $\boldsymbol{Q}$ gewichtete Spektralnorm ergibt sich zu

$$||\boldsymbol{x}||_Q = \sqrt{\lambda_{\max}(\boldsymbol{A}^T\boldsymbol{Q}\boldsymbol{A})}. \tag{A.8}$$

Definition A.7 (Maximumsnorm [Mey00]). *Die Maximumsnorm für $\mathbb{R}^n$ ist durch*

$$||\boldsymbol{x}||_\infty = \max_{i=1,\ldots,n} |x_i| \tag{A.9}$$

beschrieben.

Definition A.8 (Zeilensummennorm [Mey00]). *Die Zeilensummennorm für $\mathbb{R}^{m\times n}$ ist durch*

$$||\boldsymbol{A}||_\infty = \max_{||\boldsymbol{x}||_\infty=1} ||\boldsymbol{A}\boldsymbol{x}||_\infty = \max_{i=1,\cdots,m} = \sum_{j=1}^{n} |a_{ij}| \tag{A.10}$$

beschrieben.

Definition A.9 (Summennorm [Mey00]). *Die Summennorm für $\mathbb{R}^n$ ist durch*

$$||\boldsymbol{x}||_1 = \sum_{i=1}^{n} |x_i| \tag{A.11}$$

beschrieben.

Definition A.10 (Spaltensummennorm [Mey00]). *Die Spaltensummennorm für $\mathbb{R}^{m\times n}$ ist durch*

$$||\boldsymbol{A}||_1 = \max_{||\boldsymbol{x}||_1=1} ||\boldsymbol{A}\boldsymbol{x}||_1 = \max_{j=1,\cdots,n} \sum_{i=1}^{m} |a_{ij}| \tag{A.12}$$

beschrieben.

Satz A.1 (Chauchy-Schwarz-Ungleichung [SS09]). *Für zwei beliebige Vektoren $\boldsymbol{x} \in \mathbb{R}^n$ und $\boldsymbol{y} \in \mathbb{R}^n$ gilt:*

$$|\boldsymbol{x}^T\boldsymbol{y}| \leq ||\boldsymbol{x}||_2||\boldsymbol{y}||_2 \tag{A.13}$$

Satz A.2 (Verträglichkeit einer Matrix [Mey00]). *Jede induzierte Matrixnorm wird als verträglich zur abgeleiteten Vektornorm bezeichnet. Es gilt damit die Ungleichung*

$$||\boldsymbol{A}\boldsymbol{x}|| \leq ||\boldsymbol{A}||\,||\boldsymbol{x}||. \tag{A.14}$$

A.2 Matrizen

Definition A.11 (Blockmatrizen). *Jede Matrix $\boldsymbol{A}$ kann in einzelne Teilmatrizen $\boldsymbol{A}_{ij}$ zerlegt*

$$\boldsymbol{A} = \begin{bmatrix} \boldsymbol{A}_{11} & \boldsymbol{A}_{12} & \cdots & \boldsymbol{A}_{1n} \\ \boldsymbol{A}_{21} & \boldsymbol{A}_{22} & \cdots & \boldsymbol{A}_{2n} \\ \vdots & \vdots & \ddots & \vdots \\ \boldsymbol{A}_{m1} & \boldsymbol{A}_{m2} & \cdots & \boldsymbol{A}_{mn} \end{bmatrix} \tag{A.15}$$

und über Teilmatrizen aufgebaut werden. Die einzelnen Blöcke $\boldsymbol{A}_{ij}$ der Matrix können als Elemente behandelt werden. Für die Blockelemente gelten die bekannten Rechenregeln einer Matrix. Die Dimensionen der einzelnen Blöcke müssen zueinander passend sein.

Definition A.12 (Diagonalmatrix). *Eine Diagonalmatrix enthält ausschließlich Elemente auf der Diagonalen der Matrix. Sie wird durch die Form*

$$\boldsymbol{A} = \begin{bmatrix} a_{11} & 0 & \cdots & 0 \\ 0 & a_{22} & & \vdots \\ \vdots & & \ddots & 0 \\ 0 & \cdots & 0 & a_{nn} \end{bmatrix} = \operatorname{diag}(a_{11}, ..., a_{nn}) = \operatorname{diag}(\boldsymbol{a}) \qquad \text{mit } \boldsymbol{A} \in \mathbb{R}^{n \times n} \tag{A.16}$$

beschrieben. Eine Blockdiagonalmatrix $\operatorname{diag}(\boldsymbol{A}_{11}, \boldsymbol{A}_{22}, ..., \boldsymbol{A}_{nn})$ *besitzt Blockmatrizen auf der Diagonalen.*

Definition A.13 (Toeplitz-Matrix [Mey00]). *Eine Matrix $\boldsymbol{A}$ wird Toeplitz-Matrix*

$$\boldsymbol{A} = \begin{bmatrix} a_0 & a_{-1} & \cdots & a_{-(n-1)} & a_{-n} \\ a_1 & a_0 & a_{-1} & & a_{-(n-1)} \\ a_2 & a_1 & a_0 & \ddots & \vdots \\ \vdots & \ddots & \ddots & \ddots & a_{-1} \\ a_m & \cdots & a_2 & a_1 & a_0 \end{bmatrix} \in \mathbb{R}^{(m+1)\times(n+1)} \tag{A.17}$$

genannt, wenn die einzelnen Elemente durch $a_{ij} = a_{i+1,j+1} = a_{i-j}$ beschrieben sind. Die untere bzw. obere Dreiecksmatrix einer Toeplitz-Matrix ist quadratisch. Sie ist durch die Elemente ihrer ersten Spalte bzw. Zeile vollständig bestimmt. Bei einer Block-Toeplitz-Matrix sind die einzelnen Elemente durch $\boldsymbol{A}_{ij} = \boldsymbol{A}_{i+1,j+1} = \boldsymbol{A}_{i-j}$ beschrieben.

Definition A.14 (Spektralradius [Mey00]). *Der Spektralradius ρ mit*

$$\rho(\boldsymbol{A}) = \max_{1 \leq i \leq n} |\lambda_i(\boldsymbol{A})| \tag{A.18}$$

beschreibt den Betrag des betragsmäßig größten Eigenwerts einer Matrix $\boldsymbol{A}$. Hierbei beschreibt $\lambda_i(\boldsymbol{A})$ den Eigenwert der Matrix $\boldsymbol{A}$ mit Index i. Die Matrix $\boldsymbol{A}$ hat die Dimension $n \times n$ und damit n Eigenwerte.

Definition A.15 (Maximaler Singulärwert [Mey00]). *Der maximale Singulärwert einer Matrix $\boldsymbol{A}$ beschreibt die Wurzel des größten Eigenwerts von $\boldsymbol{A}^T\boldsymbol{A}$.*

$$\bar{\sigma}(\boldsymbol{A}) = \sqrt{\lambda_{\max}(\boldsymbol{A}^T\boldsymbol{A})} \tag{A.19}$$

Die Inverse einer Matrix $\boldsymbol{A}^{-1}$ ist durch

$$\boldsymbol{A}\boldsymbol{A}^{-1} = \boldsymbol{A}^{-1}\boldsymbol{A} = \boldsymbol{I} \tag{A.20}$$

bestimmt. Sie besitzt die Eigenschaften

$$\begin{aligned} \left(\boldsymbol{A}^{-1}\right)^{-1} &= \boldsymbol{A}, \\ (\boldsymbol{A}_1 \cdot \boldsymbol{A}_2 \cdots \boldsymbol{A}_k) &= \boldsymbol{A}^{-1} \cdots \boldsymbol{A}_2^{-1} \cdot \boldsymbol{A}_1^{-1}, \\ \left(\boldsymbol{A}^k\right)^{-1} &= \left(\boldsymbol{A}^{-1}\right)^k, \\ \left(\boldsymbol{A}^T\right)^{-1} &= \left(\boldsymbol{A}^{-1}\right)^T, \\ \det\left(\boldsymbol{A}^{-1}\right) &= \det(\boldsymbol{A})^{-1}. \end{aligned} \tag{A.21}$$

Existiert eine Inverse für eine Matrix $\boldsymbol{A}$ wird sie auch als reguläre Matrix bezeichnet. Gilt für eine Matrix $\boldsymbol{A}$ weiter $\boldsymbol{A}\boldsymbol{A}^T = \boldsymbol{A}^T\boldsymbol{A} = \boldsymbol{I}$ wird von einer unitären Matrix gesprochen. Die Inverse kann auch durch Inversion der einzelnen Teilblöcke ausgedrückt werden

$$\begin{aligned} \begin{bmatrix} \boldsymbol{A} & \boldsymbol{B} \\ \boldsymbol{C} & \boldsymbol{D} \end{bmatrix}^{-1} &= \begin{bmatrix} \boldsymbol{A}^{-1} + \boldsymbol{A}^{-1}\boldsymbol{B}\boldsymbol{S}^{-1}\boldsymbol{C}\boldsymbol{A}^{-1} & -\boldsymbol{A}^{-1}\boldsymbol{B}\boldsymbol{S}^{-1} \\ -\boldsymbol{S}^{-1}\boldsymbol{C}\boldsymbol{A}^{-1} & \boldsymbol{S}^{-1} \end{bmatrix} \\ &= \begin{bmatrix} (\boldsymbol{A} - \boldsymbol{B}\boldsymbol{D}^{-1}\boldsymbol{C})^{-1} & -(\boldsymbol{A} - \boldsymbol{B}\boldsymbol{D}^{-1}\boldsymbol{C})^{-1}\boldsymbol{B}\boldsymbol{D}^{-1} \\ -\boldsymbol{D}^{-1}\boldsymbol{C}(\boldsymbol{A} - \boldsymbol{B}\boldsymbol{D}^{-1}\boldsymbol{C})^{-1} & \boldsymbol{D}^{-1}\boldsymbol{C}(\boldsymbol{A} - \boldsymbol{B}\boldsymbol{D}^{-1}\boldsymbol{C})^{-1}\boldsymbol{B}\boldsymbol{D}^{-1} + \boldsymbol{D}^{-1} \end{bmatrix}, \end{aligned} \tag{A.22}$$

wobei $\boldsymbol{S} = \boldsymbol{D} - \boldsymbol{C}\boldsymbol{A}^{-1}\boldsymbol{B}$ das Schurkomplement darstellt. Hierbei wird $\boldsymbol{A}^{-1} + \boldsymbol{A}^{-1}\boldsymbol{B}\boldsymbol{S}^{-1}\boldsymbol{C}\boldsymbol{A}^{-1} = (\boldsymbol{A} - \boldsymbol{B}\boldsymbol{D}^{-1}\boldsymbol{C})^{-1}$ auch Woodbury-Matrix-Identität genannt [Mey00].

Definition A.16 (Rechts- und Linkspseudoinverse [Mey00]). *Eine Matrix $\boldsymbol{A}^+$, für welche die Bedingungen*

$$\boldsymbol{A}^+\boldsymbol{A} = \boldsymbol{I}, \qquad \boldsymbol{A}\boldsymbol{A}^+ \neq \boldsymbol{I} \tag{A.23}$$

gelten, wird als Linkspseudoinverse bezeichnet. Gelten für die Matrix $\boldsymbol{A}^+$ die Bedingungen

$$\boldsymbol{A}\boldsymbol{A}^+ = \boldsymbol{I}, \qquad \boldsymbol{A}^+\boldsymbol{A} \neq \boldsymbol{I}, \tag{A.24}$$

wird diese als Rechtspseudoinverse bezeichnet. Für den Fall

$$\boldsymbol{A}\boldsymbol{A}^+ = \boldsymbol{A}^+\boldsymbol{A} = \boldsymbol{I} \tag{A.25}$$

ist die Pseudoinverse gleich der Inversen der Matrix $\boldsymbol{A}$.

Definition A.17 (Rang einer Matrix [Mey00]). *Der Rang einer Matrix $\boldsymbol{A} \in \mathbb{R}^{m \times n}$ ist durch die Anzahl der Singulärwerte ungleich Null bestimmt.*

$$r = \operatorname{rang}(\boldsymbol{A}) \tag{A.26}$$

Definition A.18 (Kern einer Matrix [Mey00]). *Der Kern einer Matrix* $\boldsymbol{A} \in \mathbb{R}^{m \times n}$ *ist ein Vektorraum der Dimension*

$$k = n - \text{rang}(\boldsymbol{A}). \tag{A.27}$$

Es wird auch $k = \ker(\boldsymbol{A})$ *geschrieben.*

Definition A.19 (Singulärwertzerlegung [Mey00]). *Als Singulärwertzerlegung einer Matrix* $\boldsymbol{A} \in \mathbb{R}^{m \times n}$ *mit Rang* r *wird das Produkt*

$$\boldsymbol{A} = \boldsymbol{W}\boldsymbol{\Sigma}\boldsymbol{V}^T \tag{A.28}$$

bezeichnet, wobei $\boldsymbol{W} \in \mathbb{R}^{m \times m}$ *und* $\boldsymbol{V} \in \mathbb{R}^{n \times n}$ *unitäre Matrizen und* $\boldsymbol{\Sigma} \in \mathbb{R}^{m \times n}$ *eine Matrix der Form*

$$\boldsymbol{\Sigma} = \left[\begin{array}{c|c} \boldsymbol{\Sigma}_r & \boldsymbol{0} \\ \hline \boldsymbol{0} & \boldsymbol{0} \end{array}\right] \qquad \text{mit } \boldsymbol{\Sigma}_r = diag(\sigma_1, ..., \sigma_r) \tag{A.29}$$

darstellt. Die Pseudoinverse ergibt sich zu $\boldsymbol{A}^+ = \boldsymbol{V}\boldsymbol{\Sigma}^+\boldsymbol{U}^T$.

Definition A.20 (Positive Definitheit [Mey00]). *Eine Matrix* $\boldsymbol{A}$ *wird als positiv definit bezeichnet, wenn alle Hauptminoren von* $\boldsymbol{A}$

$$a_{11}, det\left(\begin{bmatrix} a_{11} & a_{12} \\ a_{21} & a_{22} \end{bmatrix}\right), ..., det\left(\begin{bmatrix} a_{11} & \cdots & a_{1n} \\ \vdots & \cdots & \vdots \\ a_{n1} & \cdots & a_{nn} \end{bmatrix}\right) \tag{A.30}$$

positiv sind. Die positive Definitheit kann durch $\boldsymbol{A} \succ \boldsymbol{0}$ *ausgedrückt werden. Es gilt die Bedingung:*

$$\boldsymbol{A} \succ \boldsymbol{0} \Leftrightarrow \boldsymbol{x}^T\boldsymbol{A}\boldsymbol{x} > 0, \qquad \forall \boldsymbol{x} \neq \boldsymbol{0} \tag{A.31}$$

Hieraus ergeben sich die weiteren Bedingungen

$$\begin{aligned} \boldsymbol{A} \succ \boldsymbol{0} &\Leftrightarrow \boldsymbol{x}^T\boldsymbol{A}\boldsymbol{x} > 0, & \forall \boldsymbol{x} \neq \boldsymbol{0} && \text{(positiv definit)}, \\ \boldsymbol{A} \succeq \boldsymbol{0} &\Leftrightarrow \boldsymbol{x}^T\boldsymbol{A}\boldsymbol{x} \geq 0, & \forall \boldsymbol{x} \neq \boldsymbol{0} && \text{(positiv semidefinit)}, \\ \boldsymbol{A} \prec \boldsymbol{0} &\Leftrightarrow \boldsymbol{x}^T\boldsymbol{A}\boldsymbol{x} < 0, & \forall \boldsymbol{x} \neq \boldsymbol{0} && \text{(negativ definit)}, \\ \boldsymbol{A} \preceq \boldsymbol{0} &\Leftrightarrow \boldsymbol{x}^T\boldsymbol{A}\boldsymbol{x} \leq 0, & \forall \boldsymbol{x} \neq \boldsymbol{0} && \text{(negativ semidefinit)}. \end{aligned} \tag{A.32}$$

Definition A.21 (Lineare Matrixungleichung [BGFB94]). *Für die affine Funktion*

$$\boldsymbol{F} : \mathbb{R}^m \rightarrow \mathbb{R}^{n \times n}, \quad \boldsymbol{x} \mapsto \boldsymbol{F}(\boldsymbol{x}) = \boldsymbol{F}_0 + \sum_{i=1}^{m} x_i \boldsymbol{F}_i, \tag{A.33}$$

mit $\boldsymbol{x} \in \mathbb{R}^m$ *und den symmetrischen Matrizen* $\boldsymbol{F}_i \in \mathbb{R}^{n \times n}$ *kann die Matrixungleichung*

$$\boldsymbol{F}_0 + \sum_{i=1}^{m} x_i \boldsymbol{F}_i \succ \boldsymbol{0} \tag{A.34}$$

aufgestellt werden. Die lineare Matrixungleichung (engl.: Linear Matrix Inequality(LMI)) stellt eine konvexe Menge $\{\boldsymbol{x} | \boldsymbol{F}(\boldsymbol{x}) \succ \boldsymbol{0}\}$ *dar.*

Definition A.22 (Kongruenztransformation [BV04]). *Aus der Definition der positiv definiten Matrix*

$$\boldsymbol{A} \succ \boldsymbol{0} \Leftrightarrow \boldsymbol{x}^T \boldsymbol{A} \boldsymbol{x} > 0, \qquad \forall \boldsymbol{x} \neq \boldsymbol{0} \tag{A.35}$$

ergibt sich für die reguläre Matrix $\boldsymbol{M}$ *die Äquivalenz*

$$\boldsymbol{A} \succ \boldsymbol{0} \Leftrightarrow \boldsymbol{M}^T \boldsymbol{A} \boldsymbol{M} \succ \boldsymbol{0}. \tag{A.36}$$

Die Transformation wird als Kongruenztransformation bezeichnet.

Lemma A.1 (Schurkomplement [BGFB94]). *Ist die Matrix* $\boldsymbol{M}$ *symmetrisch, so ist diese genau dann positiv definit*

$$\boldsymbol{M} = \begin{bmatrix} \boldsymbol{A} & \boldsymbol{B} \\ \boldsymbol{B}^T & \boldsymbol{D} \end{bmatrix} \succ \boldsymbol{0}, \tag{A.37}$$

falls die Ungleichungen

$$\boldsymbol{D} \succ 0 \qquad \boldsymbol{A} - \boldsymbol{B}\boldsymbol{D}^{-1}\boldsymbol{B}^T \succ 0 \tag{A.38}$$

erfüllt sind.

A.3 Mengen und Polyeder

A.3.1 Mengen

Definition A.23 (Konvexe Menge [GK02]). *Eine Menge* $\mathcal{S} \subseteq \mathbb{R}^n$ *heißt konvex, falls für jedes Paar* $(\boldsymbol{s}_1, \boldsymbol{s}_2) \in \mathcal{S} \times \mathcal{S}$ *und jedes* $\lambda \in [0, 1]$ *die Bedingung* $\lambda \boldsymbol{s}_1 + (1 - \lambda)\boldsymbol{s}_2 \in \mathcal{S}$ *gilt.*

Definition A.24 (Konvexe Hülle [GK02]). *Die konvexe Hülle einer Menge* $\mathcal{S} \subseteq \mathbb{R}^n$ *ist die kleinste konvexe Menge die* $\mathcal{S}$ *enthält. Man schreibt* $\operatorname{conv}(\mathcal{S}) = \bigcap \{ \overline{\mathcal{S}} \subseteq \mathbb{R}^n | \mathcal{S} \subseteq \overline{\mathcal{S}}, \overline{\mathcal{S}} \text{ ist konvex} \}$.

Definition A.25 (Affine Menge [GK02]). *Eine Menge* $\mathcal{S} \subseteq \mathbb{R}^n$ *heißt affin, falls für jedes Paar* $(\boldsymbol{s}_1, \boldsymbol{s}_2) \in \mathcal{S} \times \mathcal{S}$ *und jedes* $\lambda \in \mathbb{R}$ *die Bedingung* $\lambda \boldsymbol{s}_1 + (1 - \lambda)\boldsymbol{s}_2 \in \mathcal{S}$ *gilt.*

Definition A.26 (Offene ϵ-Kugel [GK02]). *Eine offene* ϵ*-Kugel mit Radius* $\epsilon > 0$ *um einen Punkt* $\boldsymbol{x}_{\mathrm{z}} \in \mathbb{R}^n$ *ist über* $\mathcal{K}_\epsilon(\boldsymbol{x}_{\mathrm{z}}) = \{ \boldsymbol{x} \in \mathbb{R}^n | \, ||\boldsymbol{x} - \boldsymbol{x}_{\mathrm{z}}|| < \epsilon \}$ *definiert.*

Definition A.27 (Innere Kugel einer Menge [GK02]). *Für eine Menge* $\mathcal{S} \subseteq R^n$ *ist eine innere Kugel durch* $\operatorname{int} \mathcal{S} = \{ \boldsymbol{s} \in \mathcal{S} | \exists \epsilon > 0, \mathcal{K}_\epsilon(\boldsymbol{s}) \subseteq \mathcal{S} \}$ *bestimmt (Interior).*

Definition A.28 (Relative innere Kugel einer Menge [GK02]). *Eine innere Kugel einer Menge* $\mathcal{S} \subseteq \mathbb{R}^n$ *wird als relative Kugel bezeichnet, falls* $\operatorname{relint} \mathcal{S} = \{ \boldsymbol{s} \in \mathcal{S} | \exists \epsilon > 0, \mathcal{K}_\epsilon(\boldsymbol{s}) \cap \operatorname{aff} \mathcal{S} \subseteq \mathcal{S} \}$ *gilt, wobei* $\operatorname{aff} \mathcal{S} = \bigcap \{ \bar{\mathcal{S}} \subseteq \mathbb{R}^n | \mathcal{S} \subset \bar{\mathcal{S}}, \bar{\mathcal{S}} \text{ ist affin} \}$ *die affine Hülle der Menge* $\mathcal{S}$ *darstellt.*

Definition A.29 (Offene/Geschlossene Menge [GK02]). *Eine Menge* $\mathcal{S} \subseteq \mathbb{R}^n$ *heißt offen, falls* $\mathcal{S} = \operatorname{relint} \mathcal{S}$ *gilt. Die Menge heißt geschlossen, falls ihr Komplement* $\mathcal{S}_{\mathrm{K}} = \{ \boldsymbol{s} | \boldsymbol{s} \notin \mathcal{S} \}$ *als offen bezeichnet wird.*

Definition A.30 (Beschränkte Menge [GK02]). *Eine Menge $\mathcal{S} \subseteq \mathbb{R}^n$ heißt beschränkt, falls diese im Inneren einer Kugel $\mathcal{K}_\epsilon(\cdot)$ mit $\epsilon < \infty$ liegt. Es gilt $\mathcal{S} \subseteq \mathcal{K}_\epsilon(\boldsymbol{s})$ und $\exists \epsilon < \infty, \boldsymbol{s} \in \mathbb{R}^n$.*

Definition A.31 (Kompakte Menge [GK02]). *Eine Menge $\mathcal{S} \subset \mathbb{R}^n$ heißt kompakt, falls sie geschlossen und beschränkt ist.*

Definition A.32 (Asymptotische Notation [Neb12]). *Sei $f \in \mathrm{Abb}(\mathbb{N}_0, \mathbb{R}_0^+)$. Folgende Mengen von Funktionen werden definiert:*

$$\begin{aligned}
\mathcal{O}(f) &= \{g \in \mathrm{Abb}(\mathbb{N}_0, \mathbb{R}_0^+) | (\exists c > 0)(\exists n_0 \in \mathbb{N}_0)(\forall n \geq n_0)(g(n) \leq c \cdot f(n))\}, \\
\Omega(f) &= \{g \in \mathrm{Abb}(\mathbb{N}_0, \mathbb{R}_0^+) | (\exists c > 0)(\exists n_0 \in \mathbb{N}_0)(\forall n \geq n_0)(g(n) \geq c \cdot f(n))\}, \\
\Theta(f) &= \{g \in \mathrm{Abb}(\mathbb{N}_0, \mathbb{R}_0^+) | g \in \mathcal{O}(f) \cap \Omega(f)\}
\end{aligned} \tag{A.39}$$

Dabei ist $\mathrm{Abb}(\mathbb{N}_0, \mathbb{R}_0^+)$ die Menge der Abbildungen von der Menge der natürlichen Zahlen inklusive der Null in die Menge der nicht negativen reellen Zahlen.

A.3.2 Polyeder

Definition A.33 (Halbraum und Hyperebene [GK02]). *Eine Menge wird als Halbraum in $\mathbb{R}^n$ bezeichnet, falls sie die Bedingung $\mathcal{P} = \{\boldsymbol{x} \in \mathbb{R}^n | \boldsymbol{a}^T \boldsymbol{x} \leq b\}$ mit $\boldsymbol{a} \in \mathbb{R}^n$ und $b \in \mathbb{R}$ erfüllt. Die Menge $\mathcal{P} = \{\boldsymbol{x} \in \mathbb{R}^n | \boldsymbol{a}^T \boldsymbol{x} = b\}$ wird als Hyperebene bezeichnet.*

Definition A.34 (Polyeder [GK02]). *Eine Menge wird als Polyeder bezeichnet, falls diese durch eine endliche Anzahl an Halbräumen beschrieben werden kann.*

Definition A.35 (Polytop [GK02]). *Ein Polytop beschreibt einen beschränkten Polyeder.*

A.4 Systeme und Funktionen

A.4.1 Systeme

Definition A.36 (autonome und nichtautomone Systeme [SL91]). *Ein System $\boldsymbol{x}_{k+1} = \boldsymbol{f}(\boldsymbol{x}_k)$ mit $\boldsymbol{f} : \mathbb{R}^n \mapsto \mathbb{R}^n, k \in \mathbb{N}_0$ wird als autonom bezeichnet, falls es nicht explizit von den Zeitschritten k abhängt. Sonst gilt es als nichtautonom und besitzt die Form $\boldsymbol{x}_{k+1} = \boldsymbol{f}(\boldsymbol{x}_k, k)$ mit $\boldsymbol{f} : \mathbb{R}^n \mapsto \mathbb{R}^n, k \in \mathbb{N}_0$.*

Definition A.37 (Ruhelagen diskreter nichtautonomer Systeme [SL91]). *Ein Zustand $\boldsymbol{x}_\mathrm{R}$ wird als Ruhelage eines zeitdiskreten Systems bezeichnet, falls $\boldsymbol{x}_\mathrm{R} = \boldsymbol{f}(\boldsymbol{x}_\mathrm{R}, k), \forall k \geq k_0 \in \mathbb{N}_0$.*

Definition A.38 (Stabilität diskreter nichtautonomer Systeme [Mar03]). *Eine Ruhelage $\boldsymbol{x}_\mathrm{R}$ heißt*

- *stabil, falls zu jedem $\epsilon > 0$ ein Wert $\delta(\epsilon, k_0) > 0$ existiert, sodass*
  $||\boldsymbol{x}_{k_0} - \boldsymbol{x}_\mathrm{R}|| < \delta(\epsilon, k_0) \Rightarrow ||\boldsymbol{x}_k - \boldsymbol{x}_\mathrm{R}|| < \epsilon \quad \forall k > k_0,$

- *gleichmäßig stabil, falls zu jedem* $\epsilon > 0$ *ein Wert* $\delta(\epsilon) > 0$ *existiert, sodass* $||\boldsymbol{x}_{k_0} - \boldsymbol{x}_\mathrm{R}|| < \delta(\epsilon) \Rightarrow ||\boldsymbol{x}_k - \boldsymbol{x}_\mathrm{R}|| < \epsilon \quad \forall k > k_0$,
- *asymptotisch stabil, falls sie stabil ist und ein* $\delta'(k_0) > 0$ *existiert, sodass* $||\boldsymbol{x}_0 - \boldsymbol{x}_\mathrm{R}|| < \delta'(k_0) \Rightarrow \lim_{k\to\infty} \boldsymbol{x}_k = \boldsymbol{x}_\mathrm{R}$,
- *gleichmäßig asymptotisch stabil, falls sie gleichmäßig stabil ist und ein* $\delta' > 0$ *existiert, sodass* $||\boldsymbol{x}_0 - \boldsymbol{x}_\mathrm{R}|| < \delta' \Rightarrow \lim_{k\to\infty} \boldsymbol{x}_k = \boldsymbol{x}_\mathrm{R}$ *und für jedes* $\epsilon' > 0$ *ein* $K = K(\epsilon')$ *existiert, sodass* $||\boldsymbol{x}_0 - \boldsymbol{x}_\mathrm{R}|| < \delta' \Rightarrow ||\boldsymbol{x}_k|| < \epsilon' \quad \forall k \geq k + K$,
- *instabil, falls sie nicht stabil ist.*

Satz A.3 (Transformation in Regelungsnormalform (SISO) [Ada09]). *Das lineare SISO-System*

$$\begin{aligned} \dot{\boldsymbol{x}}(t) &= \boldsymbol{A}\boldsymbol{x}(t) + \boldsymbol{B}u(t) \\ y(t) &= \boldsymbol{C}\boldsymbol{x}(t) + \boldsymbol{D}u(t) \end{aligned} \tag{A.40}$$

kann durch die Zustandstransformation $\boldsymbol{z} = \boldsymbol{T}\boldsymbol{x}$ *mit der Transformationsmatrix*

$$\boldsymbol{T} = \begin{bmatrix} \boldsymbol{\lambda}^T \\ \boldsymbol{\lambda}^T\boldsymbol{A} \\ \vdots \\ \boldsymbol{\lambda}^T\boldsymbol{A}^{n-1} \end{bmatrix}, \quad \boldsymbol{\lambda}^T = \begin{bmatrix} 0 & \cdots & 0 & 1 \end{bmatrix} \boldsymbol{Q}_S^{-1}, \quad \boldsymbol{Q}_S = \begin{bmatrix} \boldsymbol{B} & \boldsymbol{A}\boldsymbol{B} & \cdots & \boldsymbol{A}^{n-1}\boldsymbol{B} \end{bmatrix} \tag{A.41}$$

und $\boldsymbol{A}_\mathrm{z} = \boldsymbol{T}\boldsymbol{A}\boldsymbol{T}^{-1}$, $\boldsymbol{B}_\mathrm{z} = \boldsymbol{T}\boldsymbol{B}$, $\boldsymbol{C}_\mathrm{z} = \boldsymbol{C}\boldsymbol{T}^{-1}$, $\boldsymbol{D}_\mathrm{z} = \boldsymbol{D}$ *auf die Regelungsnormalform*

$$\begin{bmatrix} \dot{z} \\ \ddot{z} \\ \vdots \\ \overset{(n)}{z} \end{bmatrix} = \begin{bmatrix} 0 & 1 & & 0 \\ \vdots & & \ddots & \\ 0 & 0 & & 1 \\ -a_0 & -a_1 & \cdots & -a_{n-1} \end{bmatrix} \begin{bmatrix} z \\ \dot{z} \\ \vdots \\ \overset{(n-1)}{z} \end{bmatrix} + \begin{bmatrix} 0 \\ \vdots \\ 0 \\ 1 \end{bmatrix} u \quad \Rightarrow \quad \begin{aligned} \boldsymbol{z} &= \boldsymbol{A}_\mathrm{z}\boldsymbol{z} + \boldsymbol{B}_\mathrm{z}u \\ y &= \boldsymbol{C}_\mathrm{z}\boldsymbol{z} + \boldsymbol{D}_\mathrm{z}u \end{aligned} \tag{A.42}$$
$$y = \begin{bmatrix} b_0 - a_0 b_n & \cdots & b_{n-1} - a_{n-1}b_n \end{bmatrix} \boldsymbol{z} + b_n u$$

gebracht werden. Hierbei entspricht n *der Systemordnung. Die Koeffizienten* $a_i, b_i \forall i = 0, ..., n$ *ergeben sich aus der Übertragungsfunktion des Systems*

$$G(s) = \frac{b_n s^n + b_{n-1}s^{n-1} + ... + b_1 s + b_0}{s^n + a_{n-1}s^{n-1} + ... + a_1 s + a_0}. \tag{A.43}$$

Das System muss vollständig steuerbar sein (Steuerbarkeitsmatrix $\boldsymbol{Q}_S$ *ist regulär).*

Beweis. Ausgangspunkt ist die Suche einer Transformation $z_1 = \boldsymbol{\lambda}^T\boldsymbol{x}$, die das System in die Form (A.42) überführt. Für die Ableitungen muss die Bedingung

$$\begin{aligned}
\dot{z}_1(t) &= z_2(t) &&= \boldsymbol{\lambda}^T \boldsymbol{A}\boldsymbol{x}(t) + \boldsymbol{\lambda}^T \boldsymbol{B}u(t) && \text{mit} && \boldsymbol{\lambda}^T\boldsymbol{B} \stackrel{!}{=} 0 \\
&\vdots && && && \vdots \\
\overset{(n-1)}{z_1}(t) &= \dot{z}_{n-1}(t) &&= \boldsymbol{\lambda}^T \boldsymbol{A}^{n-1}\boldsymbol{x}(t) + \boldsymbol{\lambda}^T \boldsymbol{A}^{n-2}\boldsymbol{B}u(t) && && \boldsymbol{\lambda}^T\boldsymbol{A}^{n-2}\boldsymbol{B} \stackrel{!}{=} 0 \\
\overset{(n)}{z_1}(t) &= \dot{z}_n(t) &&= \boldsymbol{\lambda}^T \boldsymbol{A}^{n}\boldsymbol{x}(t) + \boldsymbol{\lambda}^T \boldsymbol{A}^{n-1}\boldsymbol{B}u(t) && && \boldsymbol{\lambda}^T\boldsymbol{A}^{n-1}\boldsymbol{B} \stackrel{!}{=} 1
\end{aligned} \tag{A.44}$$

gelten, was die Zwangsbedingung

$$\boldsymbol{\lambda}^T \underbrace{\begin{bmatrix}\boldsymbol{B} & \boldsymbol{AB} & \cdots & \boldsymbol{A}^{n-1}\boldsymbol{B}\end{bmatrix}}_{\boldsymbol{Q}_\mathrm{S}} = \begin{bmatrix}0 & \cdots & 0 & 1\end{bmatrix} \Rightarrow \boldsymbol{\lambda}^T = \begin{bmatrix}0 & \cdots & 0 & 1\end{bmatrix} \boldsymbol{Q}_\mathrm{S}^{-1}$$

ergibt. Hierbei muss $\boldsymbol{Q}_\mathrm{S}$ regulär sein und das System damit steuerbar. Es folgt die Transformation $\boldsymbol{T}$ nach (A.41). Ein Koeffizientenvergleich von Übertragungsfunktion und Regelungsnormalform ergibt (A.42). □

Satz A.4 (Transformation in Regelungsnormalform (MIMO) [Ada09]). *Ein Mehrgrößensystem der Form*

$$\begin{aligned}
\dot{\boldsymbol{x}}(t) &= \boldsymbol{A}\boldsymbol{x}(t) + \boldsymbol{B}\boldsymbol{u}(t) = \boldsymbol{A}\boldsymbol{x}(t) + \sum_{i=1}^{m} \boldsymbol{B}_i u_i(t) \\
\boldsymbol{y}(t) &= \boldsymbol{C}\boldsymbol{x}(t) + \boldsymbol{D}\boldsymbol{u}(t) \Rightarrow y_i(t) = \boldsymbol{C}_i\boldsymbol{x}(t) + \boldsymbol{D}_i\boldsymbol{u}(t) \quad \forall i = 1, ..., m
\end{aligned} \tag{A.45}$$

mit der Ordnung n und m Eingängen und Ausgängen kann durch die Zustandstransformation $\boldsymbol{z} = \boldsymbol{T}\boldsymbol{z}$ über Transformationsmatrix

$$\boldsymbol{T} = \begin{bmatrix} \boldsymbol{\lambda}_1^T \\ \vdots \\ \boldsymbol{\lambda}^T\boldsymbol{A}^{\nu_1-1} \\ \hline \vdots \\ \hline \boldsymbol{\lambda}_m^T \\ \vdots \\ \boldsymbol{\lambda}_m^T\boldsymbol{A}^{\nu_m-1} \end{bmatrix}, \quad \boldsymbol{z} = \begin{bmatrix} z_{1_1} \\ \vdots \\ z_{1_{\nu_1}} \\ \hline \vdots \\ \hline z_{m_1} \\ \vdots \\ z_{m_{\nu_m}} \end{bmatrix}, \quad \begin{bmatrix} \boldsymbol{\lambda}_1^T \\ \vdots \\ \boldsymbol{\lambda}_m^T \end{bmatrix} = \begin{bmatrix} \boldsymbol{e}_1^T \\ \vdots \\ \boldsymbol{e}_m^T \end{bmatrix} \boldsymbol{Q}_S^{-1}, \quad \boldsymbol{Q}_S^T = \begin{bmatrix} \boldsymbol{B}_1^T \\ \vdots \\ (\boldsymbol{A}^{\nu_1-1}\boldsymbol{B}_1)^T \\ \hline \vdots \\ \hline \boldsymbol{B}_m^T \\ \vdots \\ (\boldsymbol{A}^{\nu_m-1}\boldsymbol{B}_m)^T \end{bmatrix} \tag{A.46}$$

und $\boldsymbol{A}_\mathrm{z} = \boldsymbol{TAT}^{-1}$, $\boldsymbol{B}_\mathrm{z} = \boldsymbol{TB}$, $\boldsymbol{C}_\mathrm{z} = \boldsymbol{CT}^{-1}$, $\boldsymbol{D}_\mathrm{z} = \boldsymbol{D}$ auf die Regelungsnormalform

$$\left.\begin{aligned}
\dot{z}_{i_1}(t) &= z_{i_2}(t) \\
&\vdots \\
\dot{z}_{i_{\nu_i-1}}(t) &= z_{i_{\nu_i}}(t) \\
\dot{z}_{i_{\nu_i}}(t) &= \boldsymbol{a}_i^T\boldsymbol{z}(t) + \boldsymbol{b}_i^T\boldsymbol{u}(t), \quad \forall i = 1, ..., m
\end{aligned}\right. \Rightarrow \begin{aligned}
\dot{\boldsymbol{z}}(t) &= \boldsymbol{A}_\mathrm{z}\boldsymbol{z}(t) + \boldsymbol{B}_\mathrm{z}\boldsymbol{u}(t) \\
\boldsymbol{y}(t) &= \boldsymbol{C}_\mathrm{z}\boldsymbol{z}(t) + \boldsymbol{D}_\mathrm{z}\boldsymbol{u}(t)
\end{aligned} \tag{A.47}$$

mit $\boldsymbol{a}_i^T = \boldsymbol{\lambda}_i^T\boldsymbol{A}^{\nu_i}\boldsymbol{T}^{-1}$ und $\boldsymbol{b}_i^T = \boldsymbol{\lambda}_i^T\boldsymbol{A}^{\nu_i}\boldsymbol{B}$ gebracht werden. Das System muss vollständig steuerbar sein (Steuerbarkeitsmatrix $\boldsymbol{Q}_S$ ist regulär).

Der Beweis ist analog zum SISO Fall aufgebaut.

A.4.2 Funktionen

Definition A.39 (Kontinuierliche Funktion [Nes04]). *Eine Funktion* $\boldsymbol{f} : \mathcal{D} \rightarrow \mathbb{R}^{n_\mathrm{f}}$ *heißt kontinuierlich im Punkt* $\hat{\boldsymbol{x}}$ *mit* $\mathcal{D} \subseteq \mathbb{R}^n$*, falls* $\forall \epsilon > 0 \exists \delta : ||\boldsymbol{x} - \hat{\boldsymbol{x}}|| < \delta \Rightarrow ||\boldsymbol{f}(\boldsymbol{x}) - \boldsymbol{f}(\hat{\boldsymbol{x}})|| < \epsilon$ *gilt. Die Funktion heißt kontinuierlich, falls sie kontinuierlich für alle* $\boldsymbol{x} \in \mathcal{D}$ *ist.*

Definition A.40 (Lipschitz kontinuierlich [Nes04]). *Eine Funktion* $\boldsymbol{f} : \mathcal{D} \rightarrow \mathbb{R}^{n_\mathrm{f}}$ *mit* $\mathcal{D} \subseteq \mathbb{R}^n$ *heißt Lipschitz kontinuierlich, falls die Bedingung* $||\boldsymbol{f}(\boldsymbol{x}) - \boldsymbol{f}(\boldsymbol{y})|| \leq L||\boldsymbol{x} - \boldsymbol{y}|| \forall \boldsymbol{x}, \boldsymbol{y} \in \mathcal{D}$ *mit der Lipschitz-Konstante* $L \in \mathbb{R}$ *gilt.*

Definition A.41 (Konvexe/Konkave Funktion). *Eine Funktion* $f : \mathcal{D} \rightarrow \mathbb{R}$ *heißt konvex, falls* $\mathcal{D} \subseteq \mathbb{R}^n$ *eine konvexe Menge ist und* $f(\lambda \boldsymbol{x} + (1-\lambda)\boldsymbol{y}) \leq \lambda f(\boldsymbol{x}) + (1-\lambda) f(\boldsymbol{y})$ *für alle* $\boldsymbol{x}, \boldsymbol{y} \in \mathcal{D}$ *und* $\lambda \in [0,\, 1]$ *gilt. Eine Funktion heißt konkav, falls* $-f(\cdot)$ *konvex ist. Eine Funktion heißt strikt konvex, falls* $\leq$ *zu* $<$ *wird für alle* $\boldsymbol{x} \neq \boldsymbol{y}$ *und* $0 < \lambda < 1$ *ist. Eine Funktion* $f : \mathcal{D} \rightarrow \mathbb{R}$ *heißt gleichmäßig konvex, falls* $\mathcal{D} \subseteq \mathbb{R}^n$ *eine konvexe Menge ist und* $f(\lambda \boldsymbol{x} + (1-\lambda)\boldsymbol{y}) + \mu\lambda(1-\lambda)||\boldsymbol{x} - \boldsymbol{y}||^2 \leq \lambda f(\boldsymbol{x}) + (1-\lambda) f(\boldsymbol{y})$ *für alle* $\boldsymbol{x}, \boldsymbol{y} \in \mathcal{D}$, $\lambda \in [0,\, 1]$ *gilt.*

Satz A.5. *Für eine konvexe Funktion* $f : \mathcal{D} \rightarrow \mathbb{R}$ *mit* $\mathcal{D} \subseteq \mathbb{R}^n$ *gelten folgende Bedingungen:*

- *Es gilt* $f(\boldsymbol{y}) \geq f(\boldsymbol{x}) + \nabla f(\boldsymbol{x})^T(\boldsymbol{y} - \boldsymbol{x})$, $\boldsymbol{x}, \boldsymbol{y} \in \mathcal{D}$. *Ist* f *strikt konvex, so ist die Ungleichung für* $\boldsymbol{x} \neq \boldsymbol{y}$ *strikt erfüllt.*
- *Die Hesse-Matrix* $\nabla^2 f(\boldsymbol{x})$ *ist positiv semidefinit, falls* $\mathcal{D} \subseteq \mathbb{R}^n$ *eine offene Menge ist. Ist* $\nabla^2 f(\boldsymbol{x})$ *positiv definit, so ist* f *strikt konvex. Es gilt* $\mu < ||\nabla^2 f(\boldsymbol{x})|| < L$ *und* $||\nabla f(\boldsymbol{x}) - \nabla f(\boldsymbol{y})|| \leq L||\boldsymbol{x} - \boldsymbol{y}||$ *sowie* $\langle \nabla f(\boldsymbol{x}) - \nabla f(\boldsymbol{y}), \boldsymbol{x} - \boldsymbol{y} \rangle \geq \mu ||\boldsymbol{x} - \boldsymbol{y}||^2$.
- *Ist* f *gleichmäßig konvex und ist* $L_\mathrm{f}(\boldsymbol{x}^*)$ *die konvexe untere Levelmenge mit* $\boldsymbol{x}^* \in \mathbb{R}^n$*, so besitzt* f *ein eindeutig bestimmtes (striktes) globales Minimum (*$\boldsymbol{x}^*$*).*
- *Ist* f *konvex, so gilt* $f(\boldsymbol{y}) \leq f(\boldsymbol{x}) + \nabla f(\boldsymbol{x})^T(\boldsymbol{y} - \boldsymbol{x}) + \frac{L}{2}||\boldsymbol{y} - \boldsymbol{x}||_2^2 \, \forall \boldsymbol{x}, \boldsymbol{y} \in \mathbb{R}^n$.
- *Ist* f *strikt konvex, so gilt* $f(\boldsymbol{y}) \geq f(\boldsymbol{x}) + \nabla f(\boldsymbol{x})^T(\boldsymbol{y} - \boldsymbol{x}) + \frac{\mu}{2}||\boldsymbol{y} - \boldsymbol{x}||_2^2 \, \forall \boldsymbol{x}, \boldsymbol{y} \in \mathbb{R}^n$.

Die Beweise zu den Bedingungen aus Satz A.5 können [Nes04] entnommen werden.

Definition A.42 (Definitheit: zeitinvariante Funktion [Mar03]). *Eine Funktion* $V : \mathbb{S} \rightarrow \mathbb{R}$ *ist*

- *positiv semidefinit in* $\mathbb{S} \subset \mathbb{R}^n$*, falls*
  (i) $V(\boldsymbol{0}) = 0$, *(ii)* $V(\boldsymbol{x}_k) \geq 0 \quad \forall \boldsymbol{x}_k \in \mathbb{S}$,
- *positiv definit in* $\mathbb{S} \subset \mathbb{R}^n$*, falls (ii) ersetzt werden kann durch*
  (ii') $V(\boldsymbol{x}_k) > 0 \quad \forall \boldsymbol{x}_k \in \mathbb{S}$,
- *negativ definit (semidefinit) in* $\mathbb{S} \subset \mathbb{R}^n$*, falls* $-V$ *positiv definit (semidefinit) ist.*

Definition A.43 (Definitheit: zeitvariante Funktion [Mar03]). *Eine Funktion* $V : \mathbb{S} \times \mathbb{N}_0 \rightarrow \mathbb{R}$ *ist*

- *positiv semidefinit in* $\mathbb{S} \subset \mathbb{R}^n$*, falls*
  (i) $V_k(\mathbf{0}) = 0 \quad \forall k \in \mathbb{N}_0$, *(ii)* $V_k(\boldsymbol{x}_k) \geq 0 \quad \forall \boldsymbol{x}_k \in \mathbb{S} \quad \forall k \in \mathbb{N}_0$,
- *positiv definit in* $\mathbb{S} \subset \mathbb{R}^n$*, falls (ii) ersetzt werden kann durch*
  (ii') es existiert eine positiv definite Funktion $V_1 : \mathbb{S} \rightarrow \mathbb{R}$ *unabhängig von* k*, sodass* $V_1(\boldsymbol{x}_k) \leq V(\boldsymbol{x}_k, k) \quad \forall \boldsymbol{x}_k \in \mathbb{S} \quad \forall k \in \mathbb{N}_0$,
- *negativ definit (semidefinit) in* $\mathbb{S} \subset \mathbb{R}^n$*, falls* $-V$ *positiv definit (semidefinit) ist,*
- *dekreszent, falls eine positiv definite Funktion* $V_2 : \mathbb{S} \rightarrow \mathbb{R}$*, welche nicht von* k *abhängt, existiert, und es gilt* $V_k(\boldsymbol{x}_k) \leq V_2(\boldsymbol{x}_k) \quad \forall \boldsymbol{x}_k \in \mathbb{S} \quad \forall k \in \mathbb{N}_0$,
- *radial unbeschränkt, falls eine positiv definite Funktion* $V_1 : \mathbb{S} \rightarrow \mathbb{R}$*, welche nicht von* k *abhängt, existiert, mit* $V_1(\boldsymbol{x}_k) \rightarrow \infty$ *für* $||\boldsymbol{x}_k|| \rightarrow \infty$ *und es gilt*
  $V_1(\boldsymbol{x}_k) \leq V_k(\boldsymbol{x}_k) \quad \forall \boldsymbol{x}_k \in \mathbb{S} \quad \forall k \in \mathbb{N}_0$.

Lemma A.2 ([Rug96]). *Der Minimal- und Maximalwert der quadratischen Form* $\boldsymbol{x}^T \boldsymbol{P} \boldsymbol{x}$ *auf der Einheitshyperkugel* $\boldsymbol{\mathcal{K}} = \{\boldsymbol{x} \in \mathbb{R}^n | \, ||\boldsymbol{x}||_2 = 1\}$ *für die symmetrische Matrix* $\boldsymbol{P} \in \mathbb{R}^{n \times n}$ *ist durch*

$$\min_{\boldsymbol{x} \in \boldsymbol{\mathcal{K}}} \boldsymbol{x}^T \boldsymbol{P} \boldsymbol{x} = \lambda_1(\boldsymbol{P}), \quad \max_{\boldsymbol{x} \in \boldsymbol{\mathcal{K}}} \boldsymbol{x}^T \boldsymbol{P} \boldsymbol{x} = \lambda_{\mathrm{r}}(\boldsymbol{P})$$

gegeben, wobei λ_1 *dem betragsmäßig kleinsten und* λ_{r} *dem betragsmäßig größten Eigenwert von* $\boldsymbol{P}$ *entspricht. Hieraus folgt die Rayleigh-Ritz-Ungleichung*

$$\lambda_1(\boldsymbol{P}) ||\boldsymbol{x}||_2^2 \leq \boldsymbol{x}^T \boldsymbol{P} \boldsymbol{x} \leq \lambda_{\mathrm{r}}(\boldsymbol{P}) ||\boldsymbol{x}||_2^2.$$

Beweis zu Theorem 2.10. Die Funktion $V_k(\boldsymbol{x}_k) = \boldsymbol{x}_k^T \boldsymbol{P} \boldsymbol{x}_k$ ist positiv definit, dekreszent und radial unbeschränkt, da

$$\alpha_1 ||\boldsymbol{x}_k||_2^2 \leq V_k(\boldsymbol{x}_k) \leq \alpha_2 ||\boldsymbol{x}_k||_2^2 \quad \forall \boldsymbol{x}_k \in \mathbb{R}^n \; \forall k \in \mathbb{N}_0 \quad \text{mit } \alpha_1 = \lambda_1(\boldsymbol{P}) > 0, \alpha_2 = \lambda_{\mathrm{r}}(\boldsymbol{P}) > 0$$

nach Lemma A.2 für $\boldsymbol{P} \succ \mathbf{0}$. Weiter gilt für das System in Theorem 2.10 mit $\boldsymbol{u}_k = -\boldsymbol{K} \boldsymbol{x}_k$

$$\Delta V_k(\boldsymbol{x}_k) = \boldsymbol{x}_{k+1}^T \boldsymbol{P} \boldsymbol{x}_{k+1} - \boldsymbol{x}_k \boldsymbol{P} \boldsymbol{x}_k = \boldsymbol{x}_k^T \underbrace{\left((\boldsymbol{A}_k - \boldsymbol{B}_{\mathrm{u}k} \boldsymbol{K})^T \boldsymbol{P} (\boldsymbol{A}_k - \boldsymbol{B}_{\mathrm{u}k} \boldsymbol{K}) - \boldsymbol{P} \right)}_{\boldsymbol{P}_{k+}} \boldsymbol{x}_k.$$

Mit Lemma A.2 und (2.98) ist $\Delta V_k(\boldsymbol{x}_k)$

$$\Delta V_k(\boldsymbol{x}_k) \leq \alpha_3 ||\boldsymbol{x}_k||_2^2 \; \forall \boldsymbol{x}_k \in \mathbb{R}, \forall k \in \mathbb{N}_0 \quad \text{mit } \alpha_3 = \max_{k \in \mathbb{N}_0} \lambda_r(\boldsymbol{P}_{k+}) < 0. \tag{A.48}$$

damit negativ definit, was den Beweis abschließt. □

Theorem A.1. *Für ein System* $\boldsymbol{e}_{\mathrm{zn}k+1} = \boldsymbol{A}_{\mathrm{zn}} \boldsymbol{e}_{\mathrm{zn}k} + \boldsymbol{B}_{\mathrm{uzn}} \boldsymbol{u}_{\mathrm{nILC}k} + \boldsymbol{B}_{\mathrm{dzn}} \boldsymbol{d}_{\mathrm{n}k} + \boldsymbol{B}_{\mathrm{uzn}} \boldsymbol{w}_{\mathrm{nl}k}$ *mit der Systemunsicherheit* $\boldsymbol{w}_{\mathrm{nlk}}^T \boldsymbol{Q}_{\mathrm{w}} \boldsymbol{w}_{\mathrm{nlk}} < 1$ *kann eine möglichst kleine invariante Menge* $\mathcal{W}_{\mathrm{enl}}$

mit $\overline{\boldsymbol{e}}_{\mathrm{zn}k}^T \boldsymbol{P}_{ew} \overline{\boldsymbol{e}}_{\mathrm{zn}k} < 1$ *und* $\overline{\boldsymbol{e}}_{\mathrm{zn}k} \in \mathbb{R}^n$ *über die Minimierung von*

$$\begin{aligned} &\min \ \log\det(\boldsymbol{P}_{\mathrm{ew}}^{-1}), \\ &\mathrm{Nb.:} \quad \begin{bmatrix} \boldsymbol{P}_{\mathrm{ew}} - \boldsymbol{A}_{zn}^T \boldsymbol{P}_{ew} \boldsymbol{A}_{zn} & -\boldsymbol{A}_{\mathrm{zn}}^T \boldsymbol{P}_{\mathrm{ew}} \boldsymbol{B}_{\mathrm{uzn}} \\ -\boldsymbol{B}_{\mathrm{uzn}}^T \boldsymbol{P}_{\mathrm{ew}} & -\boldsymbol{B}_{\mathrm{uzn}}^T \boldsymbol{P}_{\mathrm{ew}} \boldsymbol{B}_{\mathrm{uzn}} \end{bmatrix} \succ \alpha \begin{bmatrix} \boldsymbol{P}_{\mathrm{ew}} & \\ & -\boldsymbol{Q}_{\mathrm{w}} \end{bmatrix}, \ \boldsymbol{P}_{\mathrm{ew}} \succ \boldsymbol{0}, \ \alpha > 0 \end{aligned} \tag{A.49}$$

bestimmt werden. Hierbei ist $\boldsymbol{P}_{\mathrm{ew}} \in \mathbb{R}^{n\times n}$ *symmetrisch positiv definit,* $\alpha \in \mathbb{R}^+$ *und* $\overline{\boldsymbol{e}}_{zn} = \boldsymbol{e}_{\mathrm{zn}} - \boldsymbol{e}_{\mathrm{znw}_0}$*, wobei* $\boldsymbol{e}_{\mathrm{znw}_0}$ *die Dynamik für* $\boldsymbol{w}_{\mathrm{zn}} = \boldsymbol{0}$ *repräsentiert.*

Beweis. Die Abweichung aufgrund der Unsicherheit $\boldsymbol{w}_{\mathrm{nl}}$ bestimmt sich zu $\overline{\boldsymbol{e}}_{\mathrm{zn}}$. Für die Lyapunov-Funktion $V = \overline{\boldsymbol{e}}_{\mathrm{zn}}^T \boldsymbol{P}_{\mathrm{ew}} \overline{\boldsymbol{e}}_{\mathrm{zn}} > 0$ mit der symmetrischen positiv definiten Matrix $\boldsymbol{P}_{\mathrm{ew}}$ gilt die Differenzenbedingung

$$\Delta V_k = V_{k+1} - V_k = \begin{bmatrix} \overline{\boldsymbol{e}}_{\mathrm{zn}k} \\ \boldsymbol{w}_{\mathrm{nl}} \end{bmatrix}^T \begin{bmatrix} \boldsymbol{A}_{\mathrm{zn}}^T \boldsymbol{P}_{\mathrm{ew}} \boldsymbol{A}_{\mathrm{zn}} - \boldsymbol{P}_{\mathrm{ew}} & \boldsymbol{A}_{\mathrm{zn}}^T \boldsymbol{P}_{\mathrm{ew}} \boldsymbol{B}_{\mathrm{uzn}} \\ \boldsymbol{B}_{\mathrm{uzn}}^T \boldsymbol{P}_{\mathrm{ew}} \boldsymbol{A}_{\mathrm{zn}} & \boldsymbol{B}_{\mathrm{uzn}}^T \boldsymbol{P}_{\mathrm{ew}} \boldsymbol{B}_{\mathrm{uzn}} \end{bmatrix} \begin{bmatrix} \overline{\boldsymbol{e}}_{\mathrm{zn}k} \\ \boldsymbol{w}_{\mathrm{nl}} \end{bmatrix} < 0. \tag{A.50}$$

Für den Fall, dass $\overline{\boldsymbol{e}}_{\mathrm{zn}}^T \boldsymbol{P}_{\mathrm{ew}} \overline{\boldsymbol{e}}_{\mathrm{zn}} < 1$ eine invariante Menge für $\boldsymbol{w}_{\mathrm{nl}}^T \boldsymbol{Q}_{\mathrm{w}} \boldsymbol{w}_{\mathrm{nl}} < 1$ beschreibt, muss für

$$\alpha \begin{bmatrix} \overline{\boldsymbol{e}}_{\mathrm{zn}k} \\ \boldsymbol{w}_{\mathrm{nl}k} \end{bmatrix}^T \begin{bmatrix} \boldsymbol{P}_{\mathrm{ew}} & \\ & -\boldsymbol{Q}_{\mathrm{w}} \end{bmatrix} \begin{bmatrix} \overline{\boldsymbol{e}}_{\mathrm{zn}k} \\ \boldsymbol{w}_{\mathrm{nl}k} \end{bmatrix} > 0 \tag{A.51}$$

die Differenzengleichung (A.50) erfüllt sein. Durch Anwendung des Schurkomplements folgt (A.49). Die Minimierung von $\mathrm{logdet}\boldsymbol{P}_{\mathrm{ew}}^{-1}$ entspricht der Minimierung der logarithmierten und multiplizierten invertierten Eigenwerte. Eine Ellipse kann durch ihre Hauptachsen $\frac{1}{\sqrt{\lambda_1}}\boldsymbol{v}_1, ..., \frac{1}{\sqrt{\lambda_n}}\boldsymbol{v}_n$ eindeutig bestimmt werden, wobei $\lambda_i \forall i = 1, ..., n$ den Eigenwerten und $\boldsymbol{v}_i \forall i = 1, ..., n$ den normierten Eigenvektoren entspricht. Damit kann eine Minimierung der invertierten Eigenwerte als Minimierung der invarianten Menge (Ellipse) verstanden werden. Die Nebenbedingung aus (A.49) kann durch Kongruenztransformation so umgeformt werden, dass diese nicht mehr von $\boldsymbol{P}_{\mathrm{ew}}$, sondern von $\boldsymbol{P}_{\mathrm{ew}}^{-1}$ abhängt, wodurch die Minimierung lösbar wird. Die Minimierung (A.49) ist bilinear und muss iterativ gelöst werden. □

Theorem A.2. *Die Minimierung einer äußeren n-dimensionalen Ellipse, welche ein symmetrisches vorgegebenes n-dimensionales Polytop* $\mathcal{P}$ *um den Ursprung vollständig enthält und durch* $\boldsymbol{x}^T \boldsymbol{P} \boldsymbol{x} = 1$ *gegeben ist, kann durch*

$$\begin{aligned} &\min \ -\log\det\boldsymbol{P} \\ &\mathrm{Nb.:} \quad \boldsymbol{P} \succeq \boldsymbol{0}, \quad \boldsymbol{v}_i^T \boldsymbol{P} \boldsymbol{v}_i \le 1 \ \forall i = 1, ..., n_{\mathrm{v}} \end{aligned} \tag{A.52}$$

beschrieben werden. Hierbei stellt $\boldsymbol{P} \in \mathbb{R}^{n\times n}$ *eine symmetrische positiv definite Matrix dar und* $\boldsymbol{v}_i \in \mathbb{R}^{n\times 1}$ *die* n_{v} *Eckpunkte des Polytops* $\mathcal{P}$.

Beweis. Eine n-dimensionale Ellipse ist durch $\boldsymbol{x}^T \boldsymbol{P} \boldsymbol{x} = 1$ eindeutig bestimmt. Gilt für alle Eckpunkte eines Polytops die Bedingung $\boldsymbol{v}_i^T \boldsymbol{P} \boldsymbol{v}_i \le 1 \forall i = 1, ..., n_{\mathrm{v}}$, so liegen diese alle innerhalb der Ellipse $\boldsymbol{x}^T \boldsymbol{P} \boldsymbol{x} = 1$. Durch (A.52) wird eine Minimierung bewirkt. □

Theorem A.3. *Die Maximierung einer inneren n-dimensionalen Ellipse ($\boldsymbol{x}^T \boldsymbol{P} \boldsymbol{x} = 1$), welche vollständig von einem symmetrischen vorgegebenen n-dimensionalen Polytop $\mathcal{P} = \{\boldsymbol{x} \in \mathbb{R}^n | \boldsymbol{a}_i^T \boldsymbol{x} \leq b_i \forall i = 1, ..., n_{\text{ug}}\}$ um den Ursprung umschlossen wird, kann durch*

$$\begin{aligned} &\min \ -\log \det \boldsymbol{P}^{-1} \\ &\text{Nb.}: \quad \boldsymbol{P}^{-1} \succeq \boldsymbol{0}, \quad \boldsymbol{a}_i^T \boldsymbol{P}^{-1} \boldsymbol{a_i} \leq b_i^2 \ \forall i = 1, ..., n_{\text{ug}} \end{aligned} \tag{A.53}$$

bestimmt werden, wobei $\boldsymbol{P} \in \mathbb{R}^{n \times n}$ eine symmetrisch positiv definite Matrix beschreibt.

Beweis. Eine Ellipse ist durch $\boldsymbol{x}^T \boldsymbol{P} \boldsymbol{x} = 1$ eindeutig bestimmt. Durch Transformation ergibt sich $\boldsymbol{y}^T \boldsymbol{y} = 1$ mit $\boldsymbol{y} = \boldsymbol{P}^{\frac{1}{2}} \boldsymbol{x}$. Diese Ellipse soll innerhalb eines Polytops $\mathcal{P}$ liegen, womit $\boldsymbol{a}_i^T \boldsymbol{x} < b_i \forall i = 1, ..., n_{\text{ug}}$ bzw. aufgrund der Symmetrie $\boldsymbol{a}_i^T \boldsymbol{x} \boldsymbol{x}^T \boldsymbol{a}_i \leq b_i^2 \forall i = 1, ..., n_{\text{ug}}$ gelten muss. Wird $\boldsymbol{x} = \boldsymbol{P}^{-\frac{1}{2}} \boldsymbol{y}$ eingesetzt, ergeben sich die Nebenbedingungen aus (A.53). Durch $-\log \det \boldsymbol{P}^{-1}$ wird die Ellipse maximiert. □

Satz A.6. *Ein Polytop $\mathcal{P}_1$ kann durch ein Polytop $\mathcal{P}_2 \subseteq \mathcal{P}_1$ abgeschätzt werden, indem aus Polytop $\mathcal{P}_1$ Ecken entfernt werden. Dadurch verringert sich die Anzahl der Nebenbedingungen. Die Mindesteckenzahl beträgt $n + 1$, wobei n die Dimension der Polytope beschreibt.*

Beweis. Aufgrund der konvexen Eigenschaften von Polytopen folgt direkt die Behauptung. Für eine hochwertige Approximation müssen jeweils die Ecken entfernt werden, welche die kleinste Volumenänderung bewirken. □

Satz A.7. *Ein Polytop $\mathcal{P}_1$ mit Dimension n kann stets durch ein Boxpolytop*

$$\mathcal{P}_2 = \{\boldsymbol{x} \in \mathbb{R}^n | x_i \leq \max(v_{11i}, ..., v_{1n_{vi}}), \ x_i \geq \min(v_{11i}, ..., v_{1n_{vi}}) \ \forall i = 1, ..., n\} \tag{A.54}$$

überapproximiert werden, wobei $\boldsymbol{x} = \left[x_1 ... x_n\right]^T$ gilt und $\boldsymbol{v}_{1j} = \left[v_{1j1} ... v_{1jn}\right]^T$ mit $j = 1, ..., n_v$ die n_v Ecken des Polytops $\mathcal{P}_1$ beschreiben.

Beweis. Aufgrund der konvexen Eigenschaften eines Polytops folgt direkt die Behauptung. □

Definition A.44. *[Mey00] Sei $\boldsymbol{A}$ eine nichtleere Teilmenge des Vektorraums $\boldsymbol{V}$. Die lineare Hülle von $\boldsymbol{A}$ (bezeichnet durch* span($\boldsymbol{A}$)*) ist die Menge aller Linearkombinationen der Elemente aus $\boldsymbol{A}$.*

$$\text{span}(\boldsymbol{A}) = \left\{ \sum_{i=1}^{k} \lambda_i \boldsymbol{v}_i | k \in \mathbb{N}, \lambda_i \in \mathbb{R}, \boldsymbol{v}_i \in \boldsymbol{A} \right\} \tag{A.55}$$

A.4.3 Optimalitätsbedingungen

Für allgemeine restringierte Optimierungsprobleme gelten verschiedene Optimalitätsbedingungen. Diese seien im folgenden Verlauf anhand von Definitionen, Lemmata, Sätzen und Theoremen beschrieben und in [NW99, GK02] bewiesen.

Definition A.45. *Sei $\mathcal{X} \subseteq \mathbb{R}^n$ eine nichtleere Menge. Dann heißt ein Vektor $\boldsymbol{d} \in \mathbb{R}^n$ tangential zu $\mathcal{X}$ im Punkt $\boldsymbol{x} \in \mathcal{X}$, wenn Folgen $\{\boldsymbol{x}_k\} \subseteq \mathcal{X}$ und $\{t_k\} \subseteq \mathbb{R}$ existieren, sodass $\boldsymbol{x}_k \to \boldsymbol{x}$, $t_k \to 0$ und $(\boldsymbol{x}_k - \boldsymbol{x})/t_k \to \boldsymbol{d}$ für $k \to \infty$. Die Menge aller dieser Richtungen heißt Tangentialkegel von $\mathcal{X}$ in $\boldsymbol{x} \in \mathcal{X}$ und wird durch*

$$\mathcal{T}_{\mathcal{X}}(\boldsymbol{x}) = \{\boldsymbol{d} \in \mathbb{R}^n | \exists \{\boldsymbol{x}_k\} \subseteq \mathcal{X}\ \exists t_k \to 0 : \boldsymbol{x}_k \to \boldsymbol{x} \text{ und } (\boldsymbol{x}_k - \boldsymbol{x})/t_k \to \boldsymbol{d}\} \tag{A.56}$$

beschrieben.

Lemma A.3. *Seien $\mathcal{X} \subseteq \mathbb{R}^n$ eine nichtleere Menge, $f : \mathbb{R}^n \to \mathbb{R}$ stetig differenzierbar und $\boldsymbol{x}^* \in \mathcal{X}$ ein lokales Minimum des Optimierungsproblems*

$$\min f(\boldsymbol{x}) \quad \text{Nb.} : \boldsymbol{x} \in \mathcal{X}. \tag{A.57}$$

Dann gilt $\nabla f(\boldsymbol{x}^*)^T \boldsymbol{d} \geq 0$ für alle $\boldsymbol{d} \in \mathcal{T}_{\mathcal{X}}(\boldsymbol{x}^*)$ (Optimalitätsbedingung erster Ordnung).

Definition A.46. *Sei $\boldsymbol{x} \in \mathcal{X}$ ein zulässiger Punkt des Optimierungsproblems*

$$\begin{aligned} &\min f(\boldsymbol{x}) \\ &\text{Nb.}: \quad g_i(\boldsymbol{x}) \leq 0, \quad i = 1, ..., m, \\ &\qquad\quad h_j(\boldsymbol{x}) = 0, \quad j = 1, ..., p, \end{aligned} \tag{A.58}$$

dann heißt

$$\mathcal{T}_{\text{lin}}(\boldsymbol{x}) = \{\boldsymbol{d} \in \mathbb{R}^n | \nabla g_i(\boldsymbol{x})^T \boldsymbol{d} \leq 0 (i \in I(\boldsymbol{x})), \nabla \boldsymbol{h}_j(\boldsymbol{x})^T \boldsymbol{d} = 0 (j = 1, ..., p)\} \tag{A.59}$$

linearisierter Tangentialkegel von $\mathcal{X}$ in $\boldsymbol{x}$, wobei $I(\boldsymbol{x}) = \{i \in \{1, ..., m\} | g_i(\boldsymbol{x}) = 0\}$ die Menge der aktiven Ungleichungsrestriktionen im Punkt $\boldsymbol{x}$ bezeichnet.

Lemma A.4. *Sei $\boldsymbol{x} \in \mathcal{X}$ ein zulässiger Punkt des Optimierungsproblems* (A.58). *Dann gilt $\mathcal{T}_{\mathcal{X}}(\boldsymbol{x}) \subseteq \mathcal{T}_{\text{lin}}(\boldsymbol{x})$.*

Definition A.47. *Ein zulässiger Punkt $\boldsymbol{x}$ des restringierten Optimierungsproblems* (A.58) *genügt der Regularitätsbedingung von Abadie (engl.:Abadie constraint qualification (ACQ)), wenn $\mathcal{T}_{\mathcal{X}}(\boldsymbol{x}) = \mathcal{T}_{\text{lin}}(\boldsymbol{x})$ gilt.*

Definition A.48. *Die durch*

$$\mathcal{L}(\boldsymbol{x}, \boldsymbol{\lambda}, \boldsymbol{\mu}) = f(\boldsymbol{x}) + \sum_{i=1}^{m} \mu_i g_i(\boldsymbol{x}) + \sum_{j=1}^{p} \lambda_j h_j(\boldsymbol{x}) \tag{A.60}$$

definierte Abbildung $\mathcal{L} : \mathbb{R}^n \times \mathbb{R}^m \times \mathbb{R}^p \to \mathbb{R}$ heißt Lagrangefunktion des restringierten Optimierungsproblems (A.58).

Definition A.49. *Für ein Optimierungsproblem*

$$\min \boldsymbol{f}(\boldsymbol{x}) \quad \text{Nb.} : \boldsymbol{h}(\boldsymbol{x}) = \boldsymbol{0} \tag{A.61}$$

mit $f : \mathbb{R}^n \to \mathbb{R}$ und $\boldsymbol{h} : \mathbb{R}^n \to \mathbb{R}^p$ wird

$$\mathcal{L}_\rho(\boldsymbol{x}, \boldsymbol{\lambda}, \rho) = f(\boldsymbol{x}) + \frac{\rho}{2} ||\boldsymbol{h}(\boldsymbol{x})||_2^2 + \boldsymbol{\lambda}^T \boldsymbol{h}(x) \tag{A.62}$$

als erweiterte Lagrangefunktion (engl.: augmented Lagrangian) bezeichnet.

Definition A.50. *Seien die Funktionen f, g und h stetig differenzierbare Funktionen des Optimierungsproblems* (A.58).

- *Die Bedingungen*

$$\begin{aligned} \nabla_{\boldsymbol{x}} \mathcal{L}(\boldsymbol{x}, \boldsymbol{\lambda}, \boldsymbol{\mu}) &= 0 \\ \boldsymbol{h}(\boldsymbol{x}) &= 0 \\ \boldsymbol{\mu} \geq \boldsymbol{0}, \boldsymbol{g}(\boldsymbol{x}) \leq \boldsymbol{0}, \boldsymbol{\mu}^T \boldsymbol{g}(\boldsymbol{x}) &= 0 \end{aligned} \tag{A.63}$$

  heißen Karush-Kuhn-Tucker-Bedingungen (KKT-Bedingungen) des Optimierungsproblems (A.58), *wobei*

$$\nabla_{\boldsymbol{x}} \mathcal{L}(\boldsymbol{x}, \boldsymbol{\lambda}, \boldsymbol{\mu}) = \nabla f(\boldsymbol{x}) + \sum_{i=1}^{m} \mu_i \nabla g_i(\boldsymbol{x}) + \sum_{j=1}^{p} \lambda_j \nabla h_j(\boldsymbol{x}) \tag{A.64}$$

  den Gradienten der Lagrangefunktion $\mathcal{L}$ bezüglich der $\boldsymbol{x}$-Variablen bezeichnet.

- *Jeder Vektor $(\boldsymbol{x}^*, \boldsymbol{\lambda}^*, \boldsymbol{\mu}^*) \in \mathbb{R}^n \times \mathbb{R}^p \times \mathbb{R}^m$, der den KKT-Bedingungen genügt, heißt KKT-Punkt des Optimierungsproblems* (A.58). *Die Vektoren $\boldsymbol{\lambda}^*$, $\boldsymbol{\mu}^*$ werden Lagrange-Multiplikatoren genannt.*

Satz A.8. *Ist $\boldsymbol{x}^* \in \mathbb{R}^n$ ein lokales Minimum des Optimierungsproblems* (A.58), *welches ACQ genügt, dann existieren Lagrange-Multiplikatoren $\boldsymbol{\lambda}^* \in \mathbb{R}^p$ und $\boldsymbol{\mu}^* \in \mathbb{R}^m$ derart, dass $(\boldsymbol{x}^*, \boldsymbol{\lambda}^*, \boldsymbol{\mu}^*)$ ein KKT-Punkt von* (A.58) *ist.*

Definition A.51. *Ein zulässiger Punkt $\boldsymbol{x} \in \mathbb{R}^n$ des Optimierungsproblems* (A.58) *genügt der Regularitätsbedingung von Mangasarian-Fromovitz (engl.: Mangasarian-Fromovitz constraint qualification (MFCQ)), wenn die Gradienten $\nabla h_j(\boldsymbol{x})(j = 1, ..., p)$ linear unabhängig sind und ein Vektor $\mathbf{d} \in \mathbb{R}^n$ mit $\nabla g_i(\boldsymbol{x})^T \mathbf{d} < 0 (i \in I(\boldsymbol{x}))$ und $\nabla h_j(\boldsymbol{x})^T \mathbf{d} = 0 (j = 1, ..., p)$ existiert. Der Punkt wird regulärer Punkt genannt. Man spricht auch von der linearisierten Slater-Bedingung.*

Satz A.9. *Ein zulässiger Punkt $\boldsymbol{x} \in \mathbb{R}^n$ des Optimierungsproblems* (A.58) *genügt der Regularitätsbedingung der linearen Unabhängigkeit (engl.: Linear independence constraint qualification (LICQ)), wenn die Gradienten $\nabla g_i(\boldsymbol{x})(i \in I(\boldsymbol{x}))$ und $\nabla h_j(\boldsymbol{x})(k = 1, ..., p)$ linear unabhängig sind. Der Punkt heißt normal oder streng regulär.*

Satz A.10. *Sei $\boldsymbol{x}^*$ ein lokales Minimum des Optimierungsproblems* (A.58), *welches der MFCQ-Bedingung genügt. Dann existieren Lagrange-Multiplikatoren $\boldsymbol{\lambda}^* \in \mathbb{R}^p$ und $\boldsymbol{\mu}^* \in \mathbb{R}^m$ derart, dass $(\boldsymbol{x}^*, \boldsymbol{\lambda}^*, \boldsymbol{\mu}^*)$ ein KKT-Punkt von* (A.58) *ist.*

Satz A.11. *Sei $\boldsymbol{x}^*$ ein lokales Minimum des Optimierungsproblems* (A.58), *welches der LICQ-Bedingung genügt. Dann existieren eindeutig bestimmte Lagrange-Multiplikatoren $\boldsymbol{\lambda}^* \in \mathbb{R}^p$ und $\boldsymbol{\mu}^* \in \mathbb{R}^m$ derart, dass $(\boldsymbol{x}^*, \boldsymbol{\lambda}^*, \boldsymbol{\mu}^*)$ ein KKT-Punkt von* (A.58) *ist.*

Satz A.12. *Sei $f(\boldsymbol{x}) : \mathcal{X} \to \mathbb{R}$ konvex und die Nebenbedingungen $g_i(\boldsymbol{x})(i = 1, ..., m)$ und $h_i(\boldsymbol{x})(i = 1, ..., p)$ konvex sowie $\mathcal{X} \to \mathbb{R}^n$ nichtleer. Dann ist jedes lokale Minimum des konvexen Optimierungsproblems* (A.58) *bereits ein globales Minimum.*

Definition A.52. *Das konvexe Optimierungsproblem* (A.58) *genügt der Regularitätsbedingung von Slater, wenn es einen strikt zulässigen Vektor* $\boldsymbol{x} \in \mathbb{R}^n$ *bzgl. der Ungleichungs- und Gleichungsrestriktionen gibt und die Gleichungsrestriktionen affin sind. Es gilt* $g_i(\boldsymbol{x}) < 0$ $(i = 1, ..., m)$ *und* $h_j(\boldsymbol{x}) = \boldsymbol{b}_j^T \boldsymbol{x} - \beta_j$ $(j = 1, ..., p)$. *Das Optimierungsproblem ist gegeben durch*

$$\begin{aligned} &\min f(\boldsymbol{x}) \\ &\text{Nb.}: \quad g_i(\boldsymbol{x}) \leq 0, \quad i = 1, ..., m, \\ &\qquad\quad \boldsymbol{b}_j^T \boldsymbol{x} = \beta_j, \quad j = 1, ..., p. \end{aligned} \tag{A.65}$$

Satz A.13. *Sei* $\boldsymbol{x}^*$ *ein lokales Minimum des konvexen Optimierungsproblems* (A.58) *mit linear affinen Gleichungsrestriktionen, welches der Slater-Bedingung genügt. Dann existieren Lagrange-Multiplikatoren* $\boldsymbol{\lambda}^* \in \mathbb{R}^p$, $\boldsymbol{\mu}^* \in \mathbb{R}^m$ *derart, dass* $(\boldsymbol{x}^*, \boldsymbol{\lambda}^*, \boldsymbol{\mu}^*)$ *ein KKT-Punkt von* (A.58) *ist.*

Satz A.14. *Die Funktion*

$$q(\boldsymbol{\lambda}, \boldsymbol{\mu}) = \inf_{\boldsymbol{x} \in \mathcal{X}} \mathcal{L}(\boldsymbol{x}, \boldsymbol{\lambda}, \boldsymbol{\mu}) \tag{A.66}$$

heißt duale Funktion des primalen Optimierungsproblems

$$\min f(\boldsymbol{x}) \quad \text{Nb.}: \boldsymbol{x} \in \mathcal{X}, g_i(\boldsymbol{x}) \leq 0 (i = 1, ..., m), h_j(\boldsymbol{x}) = 0 (j = 1, ..., p). \tag{A.67}$$

Das Optimierungsproblem

$$\max q(\boldsymbol{\lambda}, \boldsymbol{\mu}) \quad \boldsymbol{\mu} \geq \boldsymbol{0}, \boldsymbol{\lambda} \in \mathbb{R}^p \tag{A.68}$$

heißt duales Problem von (A.67) *(Lagrange-Relaxation). Hierbei werden die Gleichungs- und Ungleichungsrestriktionen relaxiert.*

Satz A.15. *Ist* $\boldsymbol{x} \in \mathbb{R}^n$ *zulässig für das primale Problem* (A.67) *und* $(\boldsymbol{\lambda}, \boldsymbol{\mu}) \in \mathbb{R}^p \times \mathbb{R}^m$ *zulässig für das duale Problem* (A.68), *so gilt* $q(\boldsymbol{\lambda}, \boldsymbol{\mu}) \leq f(\boldsymbol{x})$. *Seien* $\inf(P) = \inf\{f(\boldsymbol{x}) | \boldsymbol{x} \in \mathcal{X}, \boldsymbol{g}(\boldsymbol{x}) \leq \boldsymbol{0}, \boldsymbol{h}(\boldsymbol{x}) = \boldsymbol{0}\}$ *und* $\sup(D) = \sup\{q(\boldsymbol{\lambda}, \boldsymbol{\mu}) | \boldsymbol{\lambda} \geq \boldsymbol{0}, \boldsymbol{\mu} \in \mathbb{R}^m\}$ *die Optimalwerte des primalen und dualen Problems, so besteht die Ungleichung*

$$\sup(D) \leq \inf(P). \tag{A.69}$$

Man spricht von schwacher Dualität.

Satz A.16. *Die duale Funktion* q *und der zugehörige Bereich* $\text{dom}(q)$ *haben die Eigenschaften, die Menge* $\text{dom}(q)$ *ist konvex und die Funktion* $q : \text{dom}(q) \to \mathbb{R}$ *ist konkav.*

Satz A.17. *Die Menge* $\mathcal{X} \subseteq \mathbb{R}^n$ *sei nichtleer und konvex, die Zielfunktion* $f : \mathbb{R}^n \to \mathbb{R}$ *und die Restriktionsfunktionen* $\boldsymbol{g} : \mathbb{R}^n \to \mathbb{R}^m$ *seien konvex und* $\boldsymbol{h} : \mathbb{R}^n \to \mathbb{R}^p$ *seien affin für das Optimierungsproblem* (A.67). *Ist* $\inf(P)$ *endlich und gibt es ein* $\boldsymbol{x}$, *das zum relativen Inneren von* $\mathcal{X}$ *gehört mit* $\boldsymbol{g}(\boldsymbol{x}) \leq \boldsymbol{0}$, $\boldsymbol{h}(\boldsymbol{x}) = \boldsymbol{0}$, *so ist das duale Problem lösbar und es gilt*

$$\sup(D) = \inf(P). \tag{A.70}$$

Man spricht von starker Dualität.

Definition A.53. *Man spricht von einem Sattelpunkt der Lagrangefunktion $\mathcal{L}$, welcher die Eigenschaften $(\boldsymbol{x}^*, \boldsymbol{\lambda}^*, \boldsymbol{\mu}^*) \in \mathbb{R}^n \times \mathbb{R}^p \times \mathbb{R}^m$, $\boldsymbol{\mu}^* \geq \mathbf{0}$ erfüllt, wenn die Ungleichungen*

$$\mathcal{L}(\boldsymbol{x}^*, \boldsymbol{\lambda}, \boldsymbol{\mu}) \leq \mathcal{L}(\boldsymbol{x}^*, \boldsymbol{\lambda}^*, \boldsymbol{\mu}^*) \leq \mathcal{L}(\boldsymbol{x}, \boldsymbol{\lambda}^*, \boldsymbol{\mu}^*) \tag{A.71}$$

für alle $(\boldsymbol{x}, \boldsymbol{\lambda}, \boldsymbol{\mu}) \in \mathbb{R}^n \times \mathbb{R}^p \times \mathbb{R}^m$ mit $\boldsymbol{\mu} \geq \mathbf{0}$ gelten.

Satz A.18. *Für das konvexe Optimierungsproblem* (A.65) *gelten folgende Aussagen:*

- *Ist $(\boldsymbol{x}^*, \boldsymbol{\lambda}^*, \boldsymbol{\mu}^*) \in \mathbb{R}^n \times \mathbb{R}^p \times \mathbb{R}^m$ ein Sattelpunkt der Lagrangefunktion $\mathcal{L}$, so ist $\boldsymbol{x}^*$ ein globales Minimum von* (A.65)*.*
- *Ist $\boldsymbol{x}^*$ ein Minimum von* (A.65) *und genügt der Slater-Bedingung, existieren Lagrange-Multiplikatoren $\boldsymbol{\lambda}^* \in \mathbb{R}^p$, $\boldsymbol{\mu}^* \in \mathbb{R}^m$, sodass $(\boldsymbol{x}^*, \boldsymbol{\lambda}^*, \boldsymbol{\mu}^*)$ ein Sattelpunkt der Lagrangefunktion $\mathcal{L}$ ist.*
- *Sind alle Restriktionen von* (A.65) *linear, so ist $\boldsymbol{x}^*$ genau dann ein Minimum, wenn es ein $\boldsymbol{\lambda}^* \in \mathbb{R}^p$ und $\boldsymbol{\mu}^* \in \mathbb{R}^m$ gibt, sodass $(\boldsymbol{x}^*, \boldsymbol{\lambda}^*, \boldsymbol{\mu}^*)$ ein Sattelpunkt der Lagrangefunktion $\mathcal{L}$ ist.*

Satz A.19. *Sei $\boldsymbol{x}^*$ normal und ein zulässiges lokales Minimum des Optimierungsproblems* (A.58) *mit den eindeutig bestimmten Lagrange-Multiplikatoren $\boldsymbol{\lambda}^* \in \mathbb{R}^p$ und $\boldsymbol{\mu}^* \in \mathbb{R}^m$ zu $\boldsymbol{x}^*$ und seien f, $\boldsymbol{g}$ und $\boldsymbol{h}$ zweimal stetig differenzierbar. Dann gilt*

$$\boldsymbol{d}^T \nabla^2_{\boldsymbol{xx}} \mathcal{L}(\boldsymbol{x}^*, \boldsymbol{\lambda}^*, \boldsymbol{\mu}^*) \boldsymbol{d} \geq 0 \quad \forall \boldsymbol{d} \in \mathcal{T}_c(\boldsymbol{x}^*) \tag{A.72}$$

wobei $\mathcal{T}_c(\boldsymbol{x}^*) = \{\boldsymbol{d} \in \mathbb{R}^n | \nabla_{\boldsymbol{x}} g_i(\boldsymbol{x}^*) \boldsymbol{d} \leq 0, i \in I(\boldsymbol{x}^*) \forall \lambda_i = 0, \nabla_{\boldsymbol{x}} g_i(\boldsymbol{x}^*) \boldsymbol{d} = 0, i \in I(\boldsymbol{x}^*) \forall \lambda_i > 0, \nabla_{\boldsymbol{x}} h_j(\boldsymbol{x}^*) \boldsymbol{d} \leq 0, j = 1, ..., p\}$ (notwendiges Optimalitätskriterium zweiter Ordnung).

Satz A.20. *Sei $(\boldsymbol{x}^*, \boldsymbol{\lambda}^*, \boldsymbol{\mu}^*)$ ein KKT-Punkt von* (A.58) *und seien f, $\boldsymbol{g}$ und $\boldsymbol{h}$ zweimal stetig differenzierbar mit*

$$\boldsymbol{d}^T \nabla^2_{\boldsymbol{xx}} \mathcal{L}(\boldsymbol{x}^*, \boldsymbol{\lambda}^*, \boldsymbol{\mu}^*) \boldsymbol{d} > 0 \quad \forall \boldsymbol{d} \in \mathcal{T}_c(\boldsymbol{x}^*), \boldsymbol{d} \neq \mathbf{0}. \tag{A.73}$$

Dann ist $\boldsymbol{x}$ ein strikt lokales Minimum (hinreichendes Optimalitätskriterium zweiter Ordn.).

Definition A.54. *Eine Folge $\boldsymbol{x}_{k+1}$ konvergiert linear gegen $\boldsymbol{x}^*$, falls es ein $0 < c < 1$ gibt, sodass*

$$||\boldsymbol{x}_{k+1} - \boldsymbol{x}^*|| \leq c||\boldsymbol{x}_k - \boldsymbol{x}^*|| \quad \forall k \in \mathbb{N}_0 \tag{A.74}$$

Definition A.55. *Eine Folge konvergiert superlinear gegen $\boldsymbol{x}^*$, falls es eine gegen Null konvergierende Folge c_k gibt, sodass*

$$||\boldsymbol{x}_{k+1} - \boldsymbol{x}^*|| \leq c_k||\boldsymbol{x}_k - \boldsymbol{x}^*|| \quad \forall k \in \mathbb{N}_0 \tag{A.75}$$

A.4.4 Problempermutation

Zur Lösung von ILC-Problemen können verschiedene Optimierungsalgorithmen verwendet werden. Diese erfordern unter anderem das iterative Lösen von linearen Gleichungssystemen der Form (4.67). Für die Algorithmen 3, 4, 5 und 6 kann dieses Gleichungssystem über Permutationsmatrizen in eine geeignete Form überführt werden. Der Rechenaufwand zur Lösung dieser Gleichungssysteme wird damit linear über die Horizontlänge N.

Der Neuaufbau (Permutation) von (4.67) ist für periodische Sparse-ILC-Probleme mit ZOH-ILC-Ausgang durch die Permutationsmatrix $\boldsymbol{P}_{\mathrm{K}} = \mathrm{diag}(\boldsymbol{P}_{\mathrm{K}\theta}, \boldsymbol{P}_{\mathrm{K}\lambda})$ bestimmt. Nach Gleichung (4.67) und Gleichung (4.69) gilt $[\boldsymbol{v}_{\mathrm{P}\theta k+1}^T\ \boldsymbol{v}_{\mathrm{P}\lambda k+1}^T]^T = \boldsymbol{P}_{\mathrm{K}}^T[\boldsymbol{v}_{\theta k+1}^T\ \boldsymbol{v}_{\lambda k+1}^T]^T$. Wird die Permutationsmatrix so gewählt, dass $\boldsymbol{\theta}_{j+1} = \begin{bmatrix}\boldsymbol{E}_{\mathrm{s}\sim j+1}^T & \boldsymbol{U}_{\mathrm{ILC}j+1}^T & \boldsymbol{E}_{\mathrm{s}j+1}^T\end{bmatrix}^T$ und $\boldsymbol{b}_{\mathrm{g}}$ zu

$$\begin{aligned}
\boldsymbol{\theta}_{\mathrm{P}} &= \boldsymbol{P}_{\mathrm{K}\theta}^T\boldsymbol{\theta} \\
&= \begin{bmatrix}\boldsymbol{u}_{\mathrm{ILC}N-1}^T & \boldsymbol{e}_{\sim N-1}^T & \boldsymbol{u}_{\mathrm{ILC}N-2}^T & \cdots & \boldsymbol{x}_{N_{\mathrm{t}}}^T & \boldsymbol{u}_{\mathrm{ILC}N_{\mathrm{t}}-1}^T & \boldsymbol{x}_{\sim N_{\mathrm{t}}-1}^T & \cdots & \boldsymbol{x}_1^T & \boldsymbol{u}_{\mathrm{ILC}0}^T & \boldsymbol{x}_{\sim 0}^T\end{bmatrix}^T \\
\boldsymbol{b}_{\mathrm{gP}} &= \boldsymbol{P}_{\mathrm{K}\lambda}^T\boldsymbol{b}_{\mathrm{g}} \\
&= \begin{bmatrix}\boldsymbol{b}_{\mathrm{g}\sim N-1}^T & \boldsymbol{b}_{\mathrm{g}\sim N-2}^T & \cdots & \boldsymbol{b}_{\mathrm{g}N_{\mathrm{t}}-1}^T & \boldsymbol{b}_{\mathrm{g}\sim N_{\mathrm{t}}-1}^T & \cdots & \boldsymbol{b}_{\mathrm{g}0}^T & \boldsymbol{b}_{\mathrm{g}\sim 0}^T\end{bmatrix}^T
\end{aligned} \tag{A.76}$$

werden, kann für die meisten Ungleichungsmatrizen $\boldsymbol{A}_{\mathrm{u}}$ das Gleichungssystem (4.67) in linearer Zeit gelöst werden. Es ergibt sich dann

$$\begin{aligned}
\boldsymbol{H}_{\mathrm{P}} &= \begin{bmatrix}
\boldsymbol{Q}_{\mathrm{e}N-1} & \boldsymbol{Q}_{\mathrm{eu}N-1} & & & & & & & & \\
\boldsymbol{Q}_{\mathrm{eu}N-1}^T & \boldsymbol{Q}_{\mathrm{u}N-1} & & & & & & & & \\
 & & \ddots & & & & & & & \\
 & & & \boldsymbol{Q}_{\mathrm{e_t}N_{\mathrm{t}}-1} & & & & & & \\
 & & & & \boldsymbol{Q}_{\mathrm{e}N_{\mathrm{t}}-1} & \boldsymbol{Q}_{\mathrm{eu}N_{\mathrm{t}}-1} & & & & \\
 & & & & \boldsymbol{Q}_{\mathrm{eu}N_{\mathrm{t}}-1}^T & \boldsymbol{Q}_{\mathrm{u}N_{\mathrm{t}}-1} & & & & \\
 & & & & & & \ddots & & & \\
 & & & & & & & \boldsymbol{Q}_{\mathrm{e_t}N_{\mathrm{t}}-1} & & \\
 & & & & & & & & \boldsymbol{Q}_{\mathrm{e}0} & \boldsymbol{Q}_{\mathrm{eu}0} \\
 & & & & & & & & \boldsymbol{Q}_{\mathrm{eu}0}^T & \boldsymbol{Q}_{\mathrm{u}0}
\end{bmatrix}, \\
\boldsymbol{A}_{\mathrm{gP}} &= \begin{bmatrix}
 & -\boldsymbol{I} & \boldsymbol{B}_{\mathrm{u}N-2} & \boldsymbol{A}_{N-2} & & & & & \\
 & & & \ddots & & & & & \\
 & & & & -\boldsymbol{I} & \boldsymbol{B}_{\mathrm{u}N_{\mathrm{t}}-1} & & \boldsymbol{A}_{N_{\mathrm{t}-1}} & \\
 & & & & & -\boldsymbol{I} & & \boldsymbol{B}_{\mathrm{u}N_{\mathrm{t}-1}} & \boldsymbol{A}_{N_{\mathrm{t}}-1} \\
 & & & & & \ddots & \ddots & & \ddots \\
 & & & & & & -\boldsymbol{I} & \boldsymbol{B}_{\mathrm{u}0} & \\
\boldsymbol{B}_{\mathrm{u}N-1} & \boldsymbol{A}_{N-1} & & & & & & & -\boldsymbol{I}
\end{bmatrix},
\end{aligned} \tag{A.77}$$

mit $\boldsymbol{H}_{\mathrm{P}} = \boldsymbol{P}_{\mathrm{K}\theta}\boldsymbol{H}\boldsymbol{P}_{\mathrm{K}\theta}^T$ und $\boldsymbol{A}_{\mathrm{g}} = \boldsymbol{P}_{\mathrm{K}\lambda}\boldsymbol{A}_{\mathrm{g}}\boldsymbol{P}_{\mathrm{K}\theta}^T$. Die $\boldsymbol{L}$-Matrix ist dann dünnbesetzt. Für ILC-Ausgänge höherer Ordnung ergibt sich die gleiche Permutationsmatrix. Für Dense/Sparse-ILC-Probleme kann eine Permutationsmatrix in analoger Weise gefunden werden.

B Veröffentlichungen, Patentanmeldungen und studentische Arbeiten

B.1 Veröffentlichungen

Kennel, F. ; Görges, D. ; Liu, S.: Energy Management for Smart Grids with Electric Vehicles Based on Hierarchical MPC. In: *IEEE Transaction on Industrial Informatics* 9 (2013), Nr. 3, S. 1528–1537

Kennel, F. ; Liu, S.: Iterative Learning Control for Periodic Systems Using Model Predictive Methods with Adaptive Sampling Rates. In: *Proceedings of the 19th IFAC World Congress* Bd. 19, 2014, S. 158–163

Kennel, F. ; Morgenstern, D. ; Liu, S.: A Comparison of Different Control Methods for Injection Valves. In: *Proceedings of the IEEE International Conference on Industrial Technology*, 2015, S. 22–27

Kennel, F. ; Liu, S.: Process Time Optimization in Reduced Order ILC. In: *Proceedings of the IEEE Multi-Conference on Systems and Control*, 2016, S. 1464–1469

B.2 Patentanmeldungen

Kennel, F. ; Liu, S.: *Verfahren zur Verbesserung von Dosierprofilen von Verdrängerpumpen.* Deutsche Patentanmeldung 10 2013 109 412.0 , Internationale Patentanmeldung PCT/EP2014/067815, 11.06.2014

Kennel, F. ; Liu, S.: *Verfahren zur Bestimmung einer physikalischen Größe in einer Verdrängerpumpe* Deutsche Patentanmeldung 10 2013 109 410.4 , Internationale Patentanmeldung PCT/EP2014/067816, 11.06.2014

Kennel, F. ; Liu, S.: *Modellierung und Online-Identifikation hydraulischer Prozesse sowie die Implementierung in modellbasierte Regelungsstrategien* Deutsche Patentanmeldung 10 2013 109 411.2 , Internationale Patentanmeldung PCT/EP2014/067817, 11.06.2014

B.3 Studentische Arbeiten

Leifeld, F.: *Recheneffiziente iterativ lernende Regelung periodischer Prozesse über antikausale Filter* Studienarbeit, 2013

Morgenstern, D.: *Entwurf und Analyse verschiedener Regelungsstrategien an einem nichtlinearen elektromechanischen Aktuator* Studienarbeit, 2013

Ngatat, M. B.: *Identifikation einer hydraulischen Strecke über modellbasierte Regelungsmethoden* Studienarbeit, 2014

Greliche, K. ; Hallerbach, S.: *Iterative Learning Control Design for Trajectory Tracking of a Ball on a Plate Balancing System* Projektarbeit, 2014

Steiner, T.: *Dynamisches fokussiertes Lernen am Beispiel einer oszillierenden Verdrängerpumpe* Projektarbeit, 2016

Wu, M.: *Statische und dynamische FEM-Berechnung eines elektromagnetischen Aktuators* Bachelorarbeit, 2012

Schäfer, M.: *Prozesszeitenoptimierung über eine iterativ lernende Regelung am Beispiel einer Balancierplattform* Bachelorarbeit, 2016

Gao, M.: *Modellbasierte Identifikation hydraulischer Prozesse am Beispiel einer oszillierenden Verdrängerpumpe* Masterarbeit, 2014

Ticala, B.: *Modellierung und Identifikation eines hysteresebehafteten Dosierpumpenantriebs* Diplomarbeit, 2012

Kripp, E.: *Iterativ lernende Regelung periodischer Prozesse über robuste modellprädiktive Regelungsmethoden* Diplomarbeit, 2014

Peters, B.: *Iterativ lernende Regelung periodischer Prozesse mit variabler Abtastzeit und iterativ lernenden Regelungskonzepten* Diplomarbeit, 2014

Greliche, K.: *Calculation and Memory Efficient Energy based Iterative Learning Control for Constrained Periodic Nonlinear Processes* Diplomarbeit, 2015

Hallerbach, S.: *Energieoptimale Trajektorienplanung für beschränkte periodische nichtlineare Prozesse* Diplomarbeit, 2015

Literaturverzeichnis

[AB09] ALESSIO, A. ; BEMPORAD, A.: A Survey on Explicit Model Predictive Control. In: *Nonlinear Model Predictive Control: Towards New Challenging Applications* Bd. 384, 2009, S. 345–369

[ABH+98] ANDREASEN, V. ; BRØNS, M. ; HJORTH, P. ; HOGAN, J. ; WOOD, D.: *Grundfos: Chlorination of Swimming Pools.* European Study Group with Industry, 1998

[Ada09] ADAMY, J.: *Nichtlineare Regelung.* Springer, 2009

[ÅH95] ÅSTRÖM, K. J. ; HÄGGLUND, T.: *PID Controllers: Theory, Design and Tuning.* Research Triangle Park, N.C., 1995

[AKM84a] ARIMOTO, S. ; KAWAMURA, S. ; MIYAZAKI, F.: Bettering Operation of Dynamic Systems by Learning: A New Control Theory for Servomechanism or Mechatronics Systems. In: *Proceedings of 23rd Conference on Decision and Control.* Las Vegas, USA, December 1984, S. 1064–1069

[AKM84b] ARIMOTO, S. ; KAWAMURA, S. ; MIYAZAKI, F.: Bettering Operations of Robots by Learning. In: *Journal of Robotic Systems* 1 (1984), Nr. 2, S. 123–140

[AKM86] ARIMOTO, S. ; KAWAMURA, S. ; MIYAZAKI, F.: Convergence, Stability and Robustness of Learning Control Schemes for Robot Manipulators. In: *Proceedings of the International Symposium on Robot Manipulators on Recent Trends in Robotics: Modeling, Control and Education.* Elsevier, New York, USA, 1986, S. 307–316

[AOR96] AMANN, N. ; OWENS, D. H. ; ROGERS, E.: Iterative Learning Control for Discrete-Time Systems with Exponential Rate of Convergence. In: *Proceedings - Control Theory and Applications* 143 (1996), Nr. 2, S. 217–224

[AORW96] AMANN, N. ; OWENS, D. H. ; ROGERS, E. ; WAHL, A.: An $\mathcal{H}_\infty$ Approach to Linear Iterative Learning Control Design. In: *International Journal of Adaptive Control and Signal Processing* 10 (1996), Nr. 6, S. 767–781

[ARMC07] ALAMO, T. ; RAMÍREZ, D. R. ; MUÑOZ DE LA PEÑA, D. ; CAMACHO, E. F.: Min-Max MPC using a Tractable QP Problem. In: *Automatica* 43 (2007), Nr. 4, S. 673–700

[BA11] BARTON, K. L. ; ALLEYNE, A. G.: A Norm Optimal Approach to Time-Varying ILC with Application to a Multi-Axis Robotic Testbed. In: *IEEE Transactions on Control Systems Technology* 19 (2011), Nr. 1, S. 166–180

[BA14] BAYER, F. A. ; ALLGÖWER, F.: Robust Economic Model Predictive Control with Linear Average Constraints. In: *Proceedings of the 53rd IEEE Conference on Decision and Control*, 2014, S. 6707–6712

[BBM11] BORRELLI, F. ; BEMPORAD, A. ; MORARI, M.: *Predictive Control for Linear and Hybrid Systems*. University Press, 2011

[Ber82] BERTSEKAS, D. P.: *Constrained Optimization and Lagrange Multiplier Methods*. Academic Press, 1982

[BGFB94] BOYD, S. ; GHAOUI, L. El ; FERON, E. ; BALAKRISHNAN, V.: *Linear Matrix Inequalities in System and Control Theory*. Siam, 1994

[BHA14] BRUNNER, F. D. ; HEEMELS, W. P. M. H. ; ALLGÖWER, F.: Robust Self-Triggered MPC for Constrained Linear Systems. In: *Proceedings of the European Control Conference*, 2014, S. 472–477

[BKJS05] BUKKEMS, B. ; KOSTIĆ, D. ; JAGER, B. de ; STEINBUCH, M.: Learning-Based Identification and Iterative Learning Control of Direct-Drive Robots. In: *IEEE Transactions on Control Systems Technology* 13 (2005), Nr. 4, S. 537–549

[BM99] BEMPORAD, A. ; MORARI, M.: Robust Model Predictive Control: A Survey. In: *Robustness in Identification and Control* Bd. 245, 1999, S. 207–226

[BO15] BOLDER, J. ; OOMEN, T.: Rational Basis Functions in Iterative Learning Control - With Experimental Verification on a Motion System. In: *IEEE Transactions on Control Systems Technology* 23 (2015), Nr. 2, S. 722–129

[BOKS14] BOLDER, J. ; OOMEN, T. ; KOEKEBAKKER, S. ; STEINBUCH, M.: Using Iterative Learning Control with Basis Functions to Compensate Medium Deformation in a Wide-Format Inkjet Printer. In: *Mechatronics* 24 (2014), Nr. 8, S. 944–953

[BPC+10] BOYD, S. ; PARIKH, N. ; CHU, E. ; PELEATO, B. ; ECKSTEIN, J.: Distributed Optimization and Statistical Learning via the Alternating Direction Method of Multipliers. In: *Foundations and Trends in Machine Learning* 3 (2010), Nr. 1, S. 1–122

[BV04] BOYD, S. ; VANDENBERGHE, L.: *Convex Optimization*. Cambridge University Press, 2004

[BX98] BIEN, Z. ; XU, J.: *Iterative Learning Control: Analysis, Design, Integration and Applications*. USA : Kluwer Academic Publishers, 1998

[CB99] CAMACHO, E. F. ; BORDONS, C.: *Model Predictive Control*. Springer, 1999

[CB08] CUELI, J. R. ; BORDONS, C.: Iterative Nonlinear Model Predictive Control. Stability, Robustness and Applications. In: *Control Engineering Practice* 16 (2008), Nr. 9, S. 1023–1034

[CB12] CHY, M. M. I. ; BOULET, B.: Iterative Learning Model Predictive Controller of Plastic Sheet Temperature for a Thermoforming Process. In: *American Control Conference*, 2012, S. 627–633

[CC00] CONSTANTINESCU, D. ; CROFT, E. A.: Smooth and Time-Optimal Trajectory Planning for Industrial Manipulators along Specified Paths. In: *Journal of Robotic Systems* 17 (2000), Nr. 5, S. 233–249

[CCKR12] CANNON, M. ; CHENG, Q. ; KOUVARITAKIS, B. ; RAKOVIĆ, S. V.: Stochastic Tube MPC with State Estimation. In: *Automatica* 48 (2012), Nr. 3, S. 536–541

[CNC14] CRUZ, D. M. ; NORMEY-RICO, J. E. ; CASTELLÓ, R. Costa: Repetitive Model Based Predictive Controller to Reject Periodic Disturbances. In: *Proceedings of the 18th IFAC World Congress*, 2014

[CS02] CHEN, W. ; SAIF, M.: A Robust Iterative Learning Observer-based Fault Diagnosis of Time Delay Nonlinear Systems. In: *Proceedings of the 15th IFAC World Congress*. Barcelona, Spain, 2002

[CW99] CHEN, Y. ; WEN, C.: *Iterative Learning Control: Convergence, Robustness and Applications*. London, UK : Springer, 1999

[DAR11] DIEHL, M. ; AMRIT, R. ; RAWLINGS, J. B.: A Lyapunov Function for Economic Optimizing Model Predictive Control. In: *IEEE Transaction on Automatic Control* 56 (2011), Nr. 3, S. 703–707

[Dav06] DAVIS, T. A.: *Direct Methods for Sparse Linear Systems*. Siam, 2006

[DCP96] DEVASIA, S. ; CHEN, D. ; PADEN, B.: Nonlinear Inversion-Based Output Tracking. In: *IEEE Transaction on Automatic Control* 41 (1996), Nr. 7, S. 930–942

[Dem97] DEMMEL, J. W.: *Applied Numerical Linear Algebra*. Siam, 1997

[DMJC99] DOH, T. ; MOON, J. ; JIN, K. B. ; CHUNG, M. J.: Robust Iterative Learning Control with Current Feedback for Uncertain Linear Systems. In: *International Journal of Systems Science* 30 (1999), Nr. 1, S. 39–47

[DMS99] DE NICOLAO, G. ; MAGNI, L. ; SCATTOLINI, R.: Robustness of Receding Horizon Control for Nonlinear Discrete-time Systems. In: *Robustness in Identification and Control* Bd. 245, Springer, 1999, S. 408–421

[DZZ+12] DOMAHIDI, A. ; ZGRAGGEN, A. U. ; ZEILINGER, M. N. ; MORARI, M. ; JONES, C. N.: Efficient Interior Point Methods for Multistage Problems Arising in Receding Horizon Control. In: *IEEE 51 Annual Conference on Decision and Control*, 2012, S. 668–674

[Eck12] ECKSTEIN, J.: Augmented Lagrangian and Alternating Direction Methods for Convex Optimization: A Tutorial and Some Illustrative Computational Results

/ MSIS, Rutgers University, USA. 2012. – Forschungsbericht

[EDC14] Ellis, M. ; Durand, H. ; Christofides, P. D.: A Tutorial Review of Economic Model Predictive Control Methods. In: *Journal of Process Control* 24 (2014), Nr. 8, S. 1156–1178

[ELP+02] Elci, H. ; Longman, R. W. ; Phan, M. Q. ; Juang, J. ; Ugoletti, R.: Simple Learning Control Made Practival by Zero-Phase Filtering: Applications to Robotics. In: *IEEE Transactions on Circuits and Systems I: Fundamental Theroy and Applications* 49 (2002), Nr. 6, S. 753–767

[FPW98] Franklin, G. F. ; Powell, J. D. ; Workman, M. L.: *Digital Control of Dynamic Systems.* Addison Wesley Longman, 1998

[Fre12] Freeman, C. T.: Constrained Point-to-Point Iterative Learning Control with Experimental Verification. In: *Control Engineering Practice* 20 (2012), Nr. 5, S. 489–498

[GB14a] Giselsson, P. ; Boyd, S.: Diagonal Scaling in Douglas-Rachford Splitting and ADMM. In: *IEEE Conference on Decision and Control*, 2014, S. 5033–5039

[GB14b] Giselsson, P. ; Boyd, S.: Preconditioning in Fast Dual Gradient Methods. In: *Proceedings of the 53rd IEEE Conference on Decision and Control*, 2014, S. 5040–5045

[Gis13] Giselsson, P.: *Improving Fast Dual Ascent for MPC - Part II: The Embedded Case.* ArXiv e-prints, December 2013

[GK02] Geiger, C. ; Kanzow, C.: *Theorie und Numerik restringierter Optimierungsaufgaben.* Springer, 2002

[GL06] Gupta, M. ; Lee, J. H.: Period-Robust Repetitive Model Predictive Control. In: *Journal of Process Control* 16 (2006), Nr. 6, S. 545–555

[GM15] Guo, Y. ; Mishra, S.: Constrained Optimal Iterative Learning Control for Mixed-Norm Cost Functions. In: *American Control Conference*, 2015, S. 4886–4891

[GN01] Gunnarsson, S. ; Norrlöf, M.: On the Design of ILC Algorithms using Optimization. In: *Automatica* 37 (2001), Nr. 12, S. 2011–2016

[Gol02] Goldsmith, P.B.: On the Equivalence of Causal LTI Iterative Learning Control and Feedback Control. In: *Automatica* 38 (2002), Nr. 4, S. 703–708

[GOS12] Gregory, J. ; Olivares, A. ; Staffetti, E.: Energy-Optimal Trajectory Planning for Robot Manipulators with Holonomic Constraints. In: *Systems and Control Letters* 61 (2012), Nr. 2, S. 279–291

[GSR13] Guth, M. ; Seel, T. ; Raisch, J.: Iterative Learning Control with Variable Pass Length Applied to Trajectory Tracking on a Crane with Output Constraints. In: *IEEE 52nd Annual Conference on Decision and Control*, 2013, S. 6676–6681

[GTSJ14] GHADIMI, E. ; TEIXEIRA, A. ; SHAMES, I. ; JOHANSSON, M.: *Optimal Parameter Selection for the Alternating Direction Method of Multipliers (ADMM): Quadratic Problems.* ArXiv e-prints, April 2014

[GTSJ15] GHADIMI, E. ; TEIXEIRA, A. ; SHAMES, I. ; JOHANSSON, M.: Optimal Parameter Selection for the Alternating Direction Method of Multipliers (ADMM): Quadratic Problems. In: *IEEE Transaction on Automatic Control* 60 (2015), Nr. 3, S. 644–658

[GZ08] GASPARETTO, A. ; ZANOTTO, V.: A Technique for Time-Jerk Optimal Planning of Robot Trajectories. In: *Robotics and Computer-Integrated Manufacturing* 24 (2008), Nr. 3, S. 415–426

[HADJ08] HAKVOORT, W. B. J. ; AARTS, R. G. K. M. ; DIJK, J. van ; JONKER, J. B.: Lifted System Iterative Learning Control Applied to an Industrial Robot. In: *Control Engineering Practice* 16 (2008), Nr. 4, S. 377–391

[Hal15] HALLERBACH, S.: *Energieoptimale Trajektorienplanung für beschränkte periodische nichtlineare Prozesse.* Technische Universität Kaiserslauern, Diplomarbeit, 2015

[Hen02] HENGEN, H.: *System- und signalorientierter Entwurf iterativ lernender Regelungen*, Technische Universität Kaiserslautern, Diss., 2002

[Hil00] HILLENBRAND, S.: *Iterativ lernende Regelungen mit reduzierter Abtastrate*, Technische Universität Kaiserslautern, Diss., 2000

[HKB+13] HOVORKA, R. ; KREMEN, J. ; BLAHA, J. ; MITIAS, M. ; ANDERLOVA, K. ; BOSANSKA, L. ; ROUBICEK, T. ; WILINSKA, M. E. ; CHASSIN, L. J. ; SVACINA, S. ; HALUZIK, M.: Blood Glucose Control by a Model Predictive Control Algorithm with Variable Sampling Rate Versus a Routine Glucose Management Protocol in Cardiac Surgery Patients: A Randomized Controlled Trial. In: *Journal of Clinical Endocrinology and Metabolism* 92 (2013), Nr. 8, S. 2960–2964

[HOF06] HÄTÖNEN, J. ; OWENS, D. H. ; FENG, K.: Basis Functions and Parameter Optimisation in High-Order Iterative Learning Control. In: *Automatica* 42 (2006), Nr. 2, S. 287–294

[Hos15] HOSSEINNIA, S. H.: Robust Model Predictive Control using Iterative Learning. In: *European Control Conference*, 2015, S. 3514–3519

[HP00] HILLENBRAND, S. ; PANDIT, M.: An Iterative Learning Controller with Reduced Sampling Rate for Plants with Variations of Initial States. In: *International Journal of Control* 73 (2000), Nr. 10, S. 882–889

[HPM+12] HALVGAARD, R. ; POULSON, N. K. ; MADSEN, H. ; JØRGENSEN, J.B. ; MARRA,

F. ; Bondy, D. E. M.: Electric Vehicle Charge Planning using Economic Model Predictive Control. In: *IEEE International Electric Vehicle Conference*, 2012, S. 1–6

[IAT92] Ishihara, T. ; Abe, K. ; Takeda, H.: A Discrete-Time Design of Robust Iterative Learning Controllers. In: *IEEE Transactions on Systems, Man and Cybernetics* 22 (1992), Nr. 1, S. 74–84

[IM11] Isermann, R. ; Münchhof, M.: *Identification of Dynamic Systems*. Springer, 2011

[Isi95] Isidori, A.: *Nonlinear Control Systems*. Springer, 1995

[JPS13] Janssens, P. ; Pipeleers, G. ; Swevers, J.: A Data-Driven Constrained Norm-Optimal Iterative Learning Control Framework for LTI Systems. In: *IEEE Transactions on Control Systems Technology* 21 (2013), Nr. 2, S. 546–551

[KBM94] Kothare, M. V. ; Balakrishnan, V. ; Morari, M.: Robust Constrained Model Predictive Control using Linear Matrix Inequalities. In: *Proceedings of the American Control Conference*, 1994, S. 440–444

[KBM96] Kothare, M. V. ; Balakrishnan, V. ; Morari, M.: Robust Constrained Model Predictive Control Using Linear Matrix Inequalities. In: *Automatica* 32 (1996), Nr. 10, S. 1361–1379

[KEQ+12] Kallenbach, E. ; Eick, R. ; Quendt, P. ; Ströhla, T. ; Feindt, K. ; Kallenbach, M. ; Radler, O.: *Elektromagnete: Grundlagen, Berechnung, Entwurf und Anwendung*. Vieweg und Teubner, 2012

[KF11] Kögel, M. ; Findeisen, R.: Fast Predictive Control of Linear, Time-Invariant Systems using an Algorithm based on the Fast Gradient Method and Augmented Lagrange Multipliers. In: *Proceedings of the 20th IEEE Multi-Conference on Systems and Control*, 2011, S. 780–785

[KGBM04] Kvasnica, M. ; Grieder, P. ; Baotić, M. ; Morari, M.: Multi-Parametric Toolbox (MPT). In: *Proocedings of the 7th International Workshop on Hybrid Systems: Computation and Control*, 2004, S. 448–462

[KGL13] Kennel, F. ; Görges, D. ; Liu, S.: Energy Management for Smart Grids with Electric Vehicles Based on Hierarchical MPC. In: *IEEE Transaction on Industrial Informatics* 9 (2013), Nr. 3, S. 1528–1537

[KH05] Kwon, W. H. ; Han, S. H.: *Receding Horizon Control*. Springer, 2005

[KL14] Kennel, F. ; Liu, S.: Iterative Learning Control for Periodic Systems Using Model Predictive Methods with Adaptive Sampling Rates. In: *Proceedings of the 19th IFAC World Congress* Bd. 19, 2014, S. 158–163

[KL16] Kennel, F. ; Liu, S.: Process Time Optimization in Reduced Order ILC. In: *Proceedings of the IEEE Multi-Conference on Systems and Control*, 2016, S. 1464–1469

[KML15] Kennel, F. ; Morgenstern, D. ; Liu, S.: A Comparison of Different Control Methods for Injection Valves. In: *Proceedings of the IEEE International Conference on Industrial Technology*, 2015, S. 22–27

[KP14] Khalil, H. K. ; Praly, L.: High-Gain Observer in Nonlinear Feedback Control. In: *International Journal of Robust and Nonlinear Control* 24 (2014), Nr. 6, S. 993–1015

[KS72] Kwakernaak, H. ; Sivan, R.: *Linear Optimal Control Systems.* Wiley Interscience, 1972

[LAAC10] Limòn, D. ; Alvarado, I. ; Álamo, T. ; Camacho, E. F.: Robust Tube-Based MPC for Tracking of Constrained Linear Systems with Additive Disturbances. In: *Journal of Process Control* 20 (2010), Nr. 3, S. 248–260

[LAR+09] Limòn, D. ; Álamo, T. ; Raimondo, D. M. ; Muñoz de la Peña, D. ; Bravo, J. M. ; Ferramosca, A. ; Camacho, E. F.: Input-to-State Stability: A Unifying Framework for Robust Model Predictive Control. In: *Lecture Notes in Control and Information Sciences* Bd. 384, 2009, S. 1–26

[Laz06] Lazar, M.: *Model Predictive Control of Hybrid Systems: Stability and Robustness*, Technical University of Eindhoven, Diss., 2006

[Löf03] Löfberg, J: *Minimax Approaches to Robust Model Predictive Control*, Linköping University, Diss., 2003

[LK13] Liu, X. ; Kong, X.: Nonlinear Fuzzy Model Predictive Iterative Learning Control for Drum-Type Boiler-Turbine system. In: *Journal of Process Control* 23 (2013), Nr. 8, S. 1023–1040

[LL07] Lee, J. H. ; Lee, K. S.: Iterative Learning Control applied to Batch Processes: An Overview. In: *International Symposium on Advanced Control of Chemical Processes* 15 (2007), Nr. 10, S. 1306–1318

[LLCG13] Lu, J. ; Li, D. ; Cao, Z. ; Gao, F.: Rejection of Periodic Disturbances Based on Adaptive Repetitive Model Predictive Control. In: *Proceedings of the 10th IFAC International Symposium on Dynamics and Control of Process Systems*, 2013, S. 768–773

[LLK00] Lee, J. H. ; Lee, K. S. ; Kim, W. C.: Model-Based Iterative Learning Control with a Quadratic Criterion for Time-Varying Linear Systems. In: *Automatica* 36 (2000), Nr. 5, S. 641–657

[LNL01] Lee, J. H. ; Natarajan, S. ; Lee, K. S.: A Model-Based Predictive Control Approach to Repetitive Control of Continuous Processes with Periodic Operations. In: *Journal of Process Control* 11 (2001), Nr. 2, S. 195–207

[Lon00] LONGMAN, R. W.: Iterative Learning Control and Repetitive Control for Engineering Practice. In: *International Journal of Control* 73 (2000), Nr. 10, S. 930–954

[Lou89] LOUIS, A. K.: *Inverse und schlecht gestellte Probleme.* Teubner, 1989

[LSK+03] LEITE, J. V. ; SADOWSKI, N. ; KUO-PENG, P. ; BATISTELA, N. J. ; BASTOS, J. P. A.: The Inverse Jiles-Atherton Model Parameters Identification. In: *IEEE Transaction on Magnetics* 39 (2003), Nr. 3, S. 1397–1400

[Mac00] MACIEJOWSKI, J.: *Predictive Control with Constraints.* Prentice Hall, 2000

[MAC02] MARRUEDO, D. L. ; ÁLAMO, T. ; CAMACHO, E. F.: Input-to-State Stable MPC for Constrained Discrete-Time Nonlinear Systems with bounded Additive Uncertainties. In: *Proceedings of the 41th IEEE Conference on Decision and Control* Bd. 4, 2002, S. 4619–4624

[Mar03] MARQUEZ, H. J.: *Nonlinear Control Systems: Analysis and Design.* John Wiley & Sons, 2003

[May14] MAYNE, D. Q.: Model Predictive Control: Recent Developments and Future Promise. In: *Automatica* 50 (2014), Nr. 12, S. 2967–2986

[Meh92] MEHROTRA, S.: On the Implementation of a Primal-Dual Interior Point Method. In: *Siam J. Optimization* 2 (1992), Nr. 4, S. 575–601

[Mey00] MEYER, C. D.: *Matrix Analysis and Applied Linear Algebra.* Siam, 2000

[MKWF11] MAYNE, D. Q. ; KERRIGAN, E. C. ; WYK, E. J. ; FALUGI, P.: Tube-Based Robust Nonlinear Model Predictive Control. In: *International Journal of Robust and Nonlinear Control* 21 (2011), Nr. 11, S. 1341–1353

[ML99] MORARI, M. ; LEE, J. H.: Model Predictive Control: Past, Present and Future. In: *Computers and Chemical Engineering* 23 (1999), Nr. 4-5, S. 667–682

[Moo93] MOORE, K. L.: *Iterative Learning Control for Deterministic Systems.* London : Springer, 1993

[MRC07] MUÑOZ DE LA PEÑA, D. ; RAMÍREZ, D. R. ; CAMACHO, E. F.: Min-Max Model Predictive Control as a Quadratic Programm. In: *IET Control Theory & Applications* 1 (2007), Nr. 1, S. 328–333

[MRRS00] MAYNE, D. Q. ; RAWLINGS, J. B. ; RAO, C. V. ; SCOKAERT, P. O. M.: Constrained Model Predictive Control: Stability and Optimality. In: *Automatica* 36 (2000), Nr. 6, S. 789–814

[MS07] MAGNI, L. ; SCATTOLINI, R.: Robustness and Robust Design of MPC for Nonlinear Discrete-Time Systems. In: *Assessment and Future Directions of*

Nonlinear Model Predictive Control Bd. 358, Springer, 2007, S. 239–254

[MSR05] MAYNE, D. Q. ; SERON, M. M. ; RAKOVIĆ, S. V.: Robust Model Predictive Control of Constrained Linear Systems with Bounded Disturbances. In: *Automatica* 41 (2005), Nr. 2, S. 219–224

[MTT11] MISHRA, S. ; TOPCU, U. ; TOMIZUKA, M.: Optimization-Based Constrained Iterative Learning Control. In: *IEEE Transaction on Control Systems Technology* 19 (2011), Nr. 6, S. 1613–1621

[Neb12] NEBEL, M.: *Entwurf und Analyse von Algorithmen.* Springer Vieweg, 2012

[Nes04] NESTEROV, Y.: *Introductory Lectures on Convex Optimization: A Basic Course.* Kluwer Academic Publishers, 2004

[NG02] NORRLÖF, M. ; GUNNARSSON, S.: Time and Frequency Domain Convergence Properties in Iterative Learning Control. In: *International Journal of Control* 75 (2002), Nr. 14, S. 1114–1126

[NSHR08] NAHRSTAEDT, H. ; SCHAUER, T. ; HESSE, S. ; RAISCH, J.: Iterativ Lernende Regelung einer Gang-Neuroprothese. In: *Automatisierungstechnik* 56 (2008), Nr. 9, S. 494–501

[NW99] NOCEDAL, J. ; WRIGHT, S.: *Numerical Optimization.* Springer, 1999

[OC15] O' CONNOR, D. V.: *Primal-Dual Decomposition by Operator Splitting and Applications to Image Deblurring*, University of California, USA, Diss., 2015

[OD08] OWENS, D. H. ; DALEY, S.: Iterative Learning Control - Monotonicity and Optimization. In: *International Journal of Applied Mathematics and Computer Science* 18 (2008), Nr. 3, S. 279–293

[OH05] OWENS, D. H. ; HÄTÖNEN, J.: Iterative Learning Control - An Optimization Paradigm. In: *Annual Reviews in Control* 29 (2005), Nr. 1, S. 57–70

[OSB13] O'DONOGHUE, B. ; STATHAPOULOS, G. ; BOYD, S.: A Splitting Method for Optimal Control. In: *IEEE Transaction on Control Systems Technology* 21 (2013), Nr. 6, S. 2432–2442

[PL88] PHAN, M. ; LONGMAN, R. W.: A Mathematical Theory of Learning Control for Linear Discrete Multivariable Systems. In: *Proceedings of the AIAA/AAS Astrodynamics Conference*, 1988, S. 740–746

[RACM06] RAMÍREZ, D. R. ; ALAMO, T. ; CAMACHO, E. F. ; MUÑOZ DE LA PEÑA, D.: Min-Max MPC Based on a Computationally Efficient Upper Bound of the Worst Case Cost. In: *Journal of Process Control* 16 (2006), Nr. 5, S. 511–519

[RCG98] ROUSSEL, L. ; CANUDAS-DE-WIT, C. ; GOSWAMI, A.: Generation of Energy Optimal Complete Gait Cycles for Biped Robots. In: *Proceedings of the IEEE International Conference on Robotics and Automation*, 1998, S. 2036–2041

[Ric12] RICHTER, S.: *Computational Complexitiy Certification of Gradient Methods for Real-Time Model Predictive Control.* Zurich, Switzerland, Swiss Federal Institute of Technology in Zurich, Diss., 2012

[RKKM05] RAKOVIĆ, S. V. ; KERRIGAN, E. C. ; KOURAMAS, K. I. ; MAYNE, D. Q.: Invariant Approximations of the Minimal Robust Positively Invariant Set. In: *IEEE Transaction on Automatic Control* 50 (2005), Nr. 3, S. 406–410

[RLR+06] RATCLIFFE, J. D. ; LEWIN, P. L. ; ROGERS, E. ; HÄTÖNEN, J. J. ; OWENS, D. H.: Norm-Optimal Iterative Learning Control Applied to Gantry Robots for Automation Applications. In: *IEEE Transactions on Robotics* 22 (2006), Nr. 6, S. 1303–1307

[RM09] RAWLINGS, J. B. ; MAYNE, D. Q.: *Model Predictive Control: Theory and Design.* Nob Hill Publishing, 2009

[Roo96] ROOVER, D. d.: Synthesis of a Robust Iterative Learning Controller using an $\mathcal{H}_\infty$ Approach. In: *Proceedings of the 35th Conference on Decision and Control*, 1996, S. 3044–3049

[Ros03] ROSSITER, J. A.: *Model-Based Predictive Control.* CRC Press, 2003

[Ros11] ROSENBAUM, S.: *Entwurf elektromagnetischer Aktoren unter Berücksichtigung von Hysterese*, TU Ilmenau, Diss., 2011

[Rot97] ROTHFUSS, R.: *Anwendung der flachheitsbasierten Analyse und Regelung nichtlinearer Mehrgrößensysteme*, Technical University of Düsseldorf, Diss., 1997

[RRSB10] ROSENBAUM, S. ; RUDERMAN, M. ; STRÖHLA, T. ; BERTRAM, T.: Use of Jiles-Atherton and Preisach Hysteresis Models for Inverse Feed-Forward Control. In: *IEEE Transactions on Magnetics* 46 (2010), Nr. 12, S. 3984–3989

[Rug96] RUGH, W. J.: *Linear System Theory.* Prentice Hall, 1996

[RW97] RALPH, D. ; WRIGHT, S. J.: Superlinear Convergence of an Interior-Point Method for Monotone Variational Inequalities. In: *PREPRINT ANL/MCS-P622-1196, MATHEMATICS AND COMPUTER SCIENCE DIVISION, ARGONNE NATIONAL LABORATORY, ARGONNE, ILL*, 1997, S. 345–385

[RW00] RALPH, D. ; WRIGHT, S. J.: Superlinear Convergence of an Interior-Point Method Despite Dependent Constraints. In: *Mathematics of Operations Research* 25 (2000), Nr. 2, S. 179–194

[RWR98] RAO, C. V. ; WRIGHT, S. J. ; RAWLINGS, J. B.: Application of Interior-Point Methods to Model Predictive Control. In: *Journal of Optimization Theory and Applications* 99 (1998), Nr. 3, S. 723–757

[Saa03] SAAD, Y.: *Iterative Methods for Sparse Linear Systems.* Siam, 2003

[Sch00] SCHLICHTHÄRLE, D.: *Digital Filters: Basics and Design.* Springer, 2000

[SGW07] SHI, J. ; GAO, F. ; WU, T.: Single-Cycle and Multi-Cycle Generalized 2D Model Predictive Iterative Learning Control (2D-GPILC) Schemes for Batch Processes. In: *Journal of Process Control* 17 (2007), Nr. 9, S. 715–727

[She06] SHENOI, B. A.: *Introduction to Digital Signal Processing and Filter Design.* Wiley Interscience, 2006

[SL91] SLOTINE, J. E. ; LI, W.: *Applied Nonlinear Control.* Prentice Hall, 1991

[SLV+14] SEEL, T. ; LAIDIG, D. ; VALTIN, M. ; WERNER, C. ; RAISCH, J. ; SCHAUER, T.: Feedback Control of Foot Eversion in the Adaptive Peronael Stimulator. In: *Proceedings of the 22nd Mediterranean Conference of Control and Automation*, 2014, S. 1482–1487

[SO87] SUGIE, T. ; ONO, T.: An Iterative Learning Control Law for Dynamical Systems. In: *Proceedings of the 10th Triennal World Congress.* München, 1987, S. 339–344

[SS09] SCHEID, H. ; SCHWARZ, W.: *Elemente der Linearen Algebra und der Analysis.* Spektrum Akademischer Verlag, 2009

[Ste02] STEINBUCH, M.: Repetetive Control for Systems with Uncertain Period-Time. In: *Automatica* 38 (2002), Nr. 12, S. 2103–2109

[Tic12] TICALA, B.: *Modellierung und Identifikation eines hysteresebehafteten Dosierpumpenantriebs.* Technische Universität Kaiserslautern, Diplomarbeit, 2012

[TJY99] TZOU, Y. ; JUNG, S. ; YEH, H.: Adaptive Repetetive Control of PWM Inverters for Very Low THD AC-Voltage Regulation with Unknown Loads. In: *IEEE Transactions on Power Electronics* 14 (1999), Nr. 5, S. 973–981

[TX03] TAYEBI, A. ; XU, J.: Observer-Based Iterative Learning Control for a Class of Time-Varying Nonlinear Systems. In: *IEEE Transaction on Circuits and Systems I: Fundamental Theory and Applications* 50 (2003), Nr. 3, S. 452–455

[Van78] VAN LOAN, C. F.: Computing Integrals Involving the Matrix Exponential. In: *IEEE Transactions on Automatic Control* 23 (1978), Nr. 3, S. 395–404

[VDS+09] VERSCHEURE, D. ; DEMEULENAERE, B. ; SWEVERS, J. ; DE SCHUTTER, J. ; DIEHL, M.: Time-Optimal Path Tracking for Robots: A Convex Optimization Approach. In: *IEEE Transaction on Automatic Control* 54 (2009), Nr. 10, S. 2318–2327

[VDS13] VOLCKAERT, M. ; DIEHL, M. ; SWEVERS, J.: Generalization of Norm Optimal ILC for Nonlinear Systems with Constraints. In: *Mechanical Systems and Signal Processing* 39 (2013), Nr. 1-2, S. 280–296

[Wal11] WALLÉN, J.: *Estimation-Based Iterative Learning Control*, Linköping University, Diss., 2011

[WDD10] WANG, Y. ; DASSAU, E. ; DOYLE, F. J.: Closed-Loop Control of Artificial Pancreatic β-Cell in Type 1 Diabetes Mellitus Using Model Predictive Iterative Learning Control. In: *IEEE Transactions on Biomedical Engineering* 57 (2010), Nr. 2, S. 211–219

[Wri97] WRIGHT, S. J.: *Primal-Dual Interior-Point Methods*. Siam, 1997

[Wu12] WU, M.: *Statische und dynamische FEM-Berechnung eines elektromagnetischen Aktuators*. Technische Universität Kaiserslautern, Bachelorarbeit, 2012

[WZG07] WANG, Y. ; ZHOU, D. ; GAO, F.: Iterative Learning Model Predictive Control for Multi-Phase Batch Processes. In: *Journal of Process Control* 18 (2007), Nr. 6, S. 543–557

[XT03] XU, J. ; TAN, Y.: *Linear and Nonlinear Iterative Learning Control*. Berlin : Springer, 2003

[Xu97] XU, J.: Analysis of Iterative Learning Control for a Class of Nonlinear Discrete-Time Systems. In: *Automatica* 33 (1997), Nr. 10, S. 1905–1907

[YMCA13] YU, S. ; MAIER, C. ; CHEN, H. ; ALLGÖWER, F.: Tube MPC Scheme based on Robust Control Invariant Set with Application to Lipshitz Nonlinear Systems. In: *System & Control Letters* 62 (2013), Nr. 2, S. 194–200

[Zir10] ZIRKEL, Daniel: *Flachheitsbasierter Entwurf von Mehrgrößenregelungen am Beispiel eines Brennstoffzellensystems*, Technische Universität Kaiserslautern, Diss., 2010

[ZNR42] ZIEGLER, J. G. ; NICHOLS, N. B. ; ROCHESTER, N. Y.: Optimum Settings for Automatic Controllers. In: *Transaction on ASME* 64 (1942), Nr. 11, S. 759–768

Lebenslauf

Persönliche Daten

Name: Fabian Kennel

Wohnort: Konrad-Zuse-Straße 53

Geburtsdatum: 06.05.1988

Geburtsort: Kaiserslautern

Staatsangehörigkeit: deutsch

Schulausbildung

1994 - 1998	Pestalozzi-Schule Kaiserslautern
1998 - 2007	Hohenstaufen-Gymnasium Kaiserslautern Abschluss: „Allgemeine Hochschulreife“, Auszeichnung der Deutschen Physikalischen Gesellschaft

Studium

04/2007 - 01/2012	Studium der Elektrotechnik an der TU Kaiserslautern
27.01.2012	Abschluss als „Dipl.-Ing.“ Vertiefungsrichtung „Automatisierungstechnik“ *Studienarbeit:* „Regelung und aktive Schwingungsdämpfung eines Regalbediengeräts“ *Diplomarbeit:* „Energiemanagement in Smart Grids mit Elektrofahrzeugen basierend auf modellprädiktiven Regelungsmethoden“
14.06.2012	Preisträger der Stiftung Pfalzmetall

Praktika

10/2007	Praktikum bei den Technischen Werken Kaiserslautern
09/2008 - 10/2008	Praktikum beim Fraunhofer-Institut für Techno- und Wirtschaftsmathematik, Kaiserslautern
01/2011 - 05/2011	Praktikum beim Deutschen Zentrum für Luft- und Raumfahrt e.V., Bremen

Berufserfahrung

10/2008-01/2012	Hilfswissenschaftlicher Mitarbeiter Fraunhofer- Institut für Techno- und Wirtschaftsmathematik, Kaiserslautern
seit 01/2012	Wissenschaftlicher Mitarbeiter Lehrstuhl für Regelungssysteme Fachbereich Elektro- und Informationstechnik Technische Universität Kaiserslautern

Sonstiges

2002 - 2004	Mitarbeiterausbildung der ev. Jugend Kaiserslautern
03/2003 - 10/2015	Kinderchorarbeit und Leitung von Kindermusicals der protestantischen Friedenskirche Kaiserslautern
08/2007 - 08/2011	Freiwillige Feuerwehr Kaiserslautern

Kaiserslautern, im März 2017

In der Reihe *„Forschungsberichte aus dem Lehrstuhl für Regelungssysteme"*, herausgegeben von Steven Liu, sind bisher erschienen:

1	Daniel Zirkel	Flachheitsbasierter Entwurf von Mehrgrößenregelungen am Beispiel eines Brennstoffzellensystems ISBN 978-3-8325-2549-1, 2010, 159 S.	35.00 €
2	Martin Pieschel	Frequenzselektive Aktivfilterung von Stromoberschwingungen mit einer erweiterten modellbasierten Prädiktivregelung ISBN 978-3-8325-2765-5, 2010, 160 S.	35.00 €
3	Philipp Münch	Konzeption und Entwurf integrierter Regelungen für Modulare Multilevel Umrichter ISBN 978-3-8325-2903-1, 2011, 183 S.	44.00 €
4	Jens Kroneis	Model-based trajectory tracking control of a planar parallel robot with redundancies ISBN 978-3-8325-2919-2, 2011, 279 S.	39.50 €
5	Daniel Görges	Optimal Control of Switched Systems with Application to Networked Embedded Control Systems ISBN 978-3-8325-3096-9, 2012, 201 S.	36.50 €
6	Christoph Prothmann	Ein Beitrag zur Schädigungsmodellierung von Komponenten im Nutzfahrzeug zur proaktiven Wartung ISBN 978-3-8325-3212-3, 2012, 118 S.	33.50 €
7	Guido Flohr	A contribution to model-based fault diagnosis of electro-pneumatic shift actuators in commercial vehicles ISBN 978-3-8325-3338-0, 2013, 139 S.	34.00 €

8	Jianfei Wang	Thermal Modeling and Management of Multi-Core Processors ISBN 978-3-8325-3699-2, 2014, 144 S. 35.50 €
9	Stefan Simon	Objektorientierte Methoden zum automatisierten Entwurf von modellbasierten Diagnosesystemen ISBN 978-3-8325-3940-5, 2015, 197 S. 36.50 €
10	Sven Reimann	Output-Based Control and Scheduling of Resource-Constrained Processes ISBN 978-3-8325-3980-1, 2015, 145 S. 34.50 €
11	Tim Nagel	Diagnoseorientierte Modellierung und Analyse örtlich verteilter Systeme am Beispiel des pneumatischen Leitungssystems in Nutzfahrzeugen ISBN 978-3-8325-4157-6, 2015, 306 S. 49.50 €
12	Sanad Al-Areqi	Investigation on Robust Codesign Methods for Networked Control Systems ISBN 978-3-8325-4170-5, 2015, 180 S. 36.00 €